セミナー
ライブラリ 物理学＝3

演習　電磁気学［新訂版］

加藤正昭　著
和田純夫　改訂

サイエンス社

サイエンス社のホームページのご案内
http://www.saiensu.co.jp
ご意見・ご要望は　rikei@saiensu.co.jp　まで.

新訂版まえがき

今回，私の恩師の一人，故 加藤正昭先生のご高著の改訂をさせていただくことになった．演習書といっても先生が心血を注がれた労作であり，その改訂版に関われることは私にとって非常に光栄なことである．

この本には細部にまで先生の物理に対する洞察力が行き渡っており，改訂などしないほうがいいという見方もあるだろう．しかし書かれたのは30年前であるという事実も大きい．原著のまえがきには「できるだけやさしくなるように心がけた」と書かれているが，昨今の演習書を見ると,「さらにやさしく」というのが時代の要請のようである．先生の解説は確かに高度な数学や数学的厳密性にこだわっていないが，じっくり考える必要のある奥深い話が多い．現在の基準からみると「やさしくはない」部分もかなりある．

改訂にあたっての私の方針は次の通りである．電磁気学は奥深い学問である．一見して単純な問題に見えても複雑な要素がからんでいる．一つの問題にもさまざまな見方があり，それに応じて解法もさまざまである．電磁気学のそのような面白さを見せてくれるのがこの本の特徴であり，それを損なわないということを改訂にあたっての大原則とした．その結果，この本の「難しさ」も残ったが，大学最初の電磁気学の授業から，その後の電磁気関連の諸授業にも通用する骨太の演習書という特徴は残せたと思う．

「やさしさ」の追求という点では，ところどころで語句を追加し，また説明の順番を変える作業を行った．私自身が読んでいて，ここにこの一言があれば，あるいはこういう順番になっていたらもっとすっと読めたのではと思えるような部分の変更である．また，上記のこの本の特徴を損なわない程度の，難しく細かい問題の削除，そして簡単な問題の多少の追加を行った．

内容に関しては一つだけ大きな変更をした．磁気現象の説明には，磁荷から出発する流儀と，電流から出発する流儀がある．以前は前者の本が多かったが，現在の主流は後者だと思う．実験や理論の発展により，磁荷（磁気単極子）はもし仮に宇宙のどこかに存在するにしても，電磁気学の範囲では議論できないことがはっきりしたためでもあるだろう．そこでこの本も，第 3 章では電流のビオ-サバールの法則から出発する流儀に書き換えた．そのため，磁気双極子と環状電流に関する等価定理は，電気双極子と環状電流の等価定理として説明することになった．ただし磁性体を記述するときには両方の流儀を知っておくことに意味があるので，第 5 章では磁荷の話を残してある．また，全体として，実用的な磁位を多用しているこの本の特徴も損なわないようにした．

自分で改訂をしていて僭越な発言だが，是非とも多くの人に手に取っていただきたい本である．

2010 年 4 月

和 田 純 夫

まえがき

電磁気学は，力学とくらべて，十分な理解に達するのがなかなか難しい学問である．その理由を考えてみると，一つには，力学の場合のように日常的な経験に基づく直観に頼ることが難しいということもある．しかし，より本質的な理由は，電磁気学がベクトル場の理論だからであろう．

いずれにせよ．一度や二度電磁気学を学んで，それで広い範囲の応用に熟達しようとするのは，少し望み過ぎである．むしろはじめは，電磁気学の基礎法則をしっかり会得することを目標とすべきだと思う．

本書は，大学で電磁気学を学ぶ人のための自習用演習書で，教養課程から専門課程までの広い範囲の読者を対象と考えているが，その内容は，電磁気学に現われる重要な概念や基礎法則について，十分な理解を得ることを主な目的としている．法則を具体的に応用する形の問題の場合も，上記の目的にかなうものを選んである．したがって，解法の技術に重点がある問題，たとえば，いろいろな境界条件のもとで静電場のラプラス方程式を解く問題や，ベクトルポテンシャルを用いて磁場を計算する問題等は省いたし，電磁波についても，ごく基礎的な問題だけをとり上げてある．一方，たとえば重ね合わせの原理は，電磁気学のみならず物理学全体で広く成り立つ法則性であるので，特に強調してある．本書で省いた分野に興味をもつ読者は，電磁気学一般についての理解を得た後で，それぞれの方向の成書について学んで頂きたい．

程度はできるだけやさしくなるよう，心がけたつもりである．しかし，物理学の一般的特徴として，基礎法則は常に数学の言葉で述べられる．電磁気学が電場，磁場というベクトル場を対象とする以上，基礎法則についての生き生きとした描像をもつためには，ベクトル解析の理解を避けて通ることはできない．数学は数学の書物で学ぶべきだという正統的な立場もあろうが，私はむしろ，電磁気学で使う程度のベクトル解析ならば，電磁気学自身の中で学ぶことができると考えている．その程度の理解で結構役に立つのである．必要な所でかなりていねいに説明してあるから，ベクトル解析に慣れていない読者も，記号に眩惑されずにくいついてほしい．

例題や問題の難易についての一応の目安として，電磁気学を初めて学ぶ場合にはとばした方がよいと思われるものには，記号 ♣ をつけておいた．ここで読者にお願いしたいのは，本書の問題を片端しから全部解いていこうというような気は，ゆめ起さないでほしいということである．むしろ，少数でもよいから，自分の性に合った問題について，それをいろいろな角度からじっくりと考える習慣を身につけてほしい．さらに進んで，自分で問題を作ってみるようになれば，立派なものである．

本書にとり上げた程度の問題には，ほとんどの場合，いくつかの扱い方が可能である．本書ではその中から，牛刀は避け，できるだけ直観的描像の得やすいような方法を選び，説明してある．数学的な厳密さはあまり気にしていない．読者が，本書の泥臭さに反発を感じ，もっとすっきりした考え方を自分で工夫されるならば，著者にとっては望外の喜びである．

単位系については，現在 MKSA 単位系が定着しているので，問題は無かろう．(単位は巻末の付表にまとめて示してある．) 面倒なのは，磁性体を扱うときに，いわゆる EB 対応と EH 対応という二つの流儀があることで，本書では前者をとったが，それは，磁場を表わすのにできるだけ一つの場 $\boldsymbol{B}$ だけで押し通す方が，初学者には親切であろうと思ったからで，それ以上の深い意味はない．個人的には，電荷と磁荷の対称性が見やすい EH 対応の方に，むしろ魅力を感じている．

終りに，本書の執筆をお勧め下さった上智大学教授 鈴木 皇 氏に厚く御礼を申し上げる．私の電磁気学の理解は，東京大学教養学部教授岩本文明氏の御教示に負う所が多い．本書でとり上げた問題の中にも，同氏との討論がきっかけとなって作られたものがかなりある．この機会に深く感謝の意を表したい．また，本書ができ上るまでに，サイエンス社の橋元淳一郎，弦間和男両氏に大変御世話になったことを記し，御礼を申し述べる．

1980 年 4 月

加 藤 正 昭

目　　次

問 題 解 答

● 電気用図記号について ●

本書の回路図は，JIS C 0617 の電気用図記号の表記（表左）にしたがって作成したが，実際の作業現場や論文などでは従来の表記（表右）を用いる場合も多い．参考までによく使用される記号の対応を以下の表に示す．

	新JIS記号（C 0617）	旧JIS記号（C 0301）
電気抵抗，抵抗器		
スイッチ	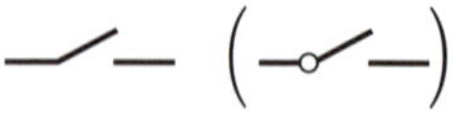	
半導体 （ダイオード）	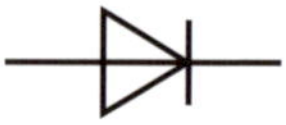	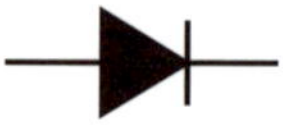
接地 （アース）	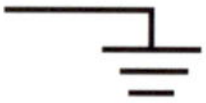	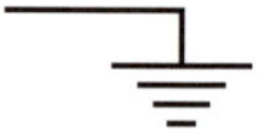
インダクタ，コイル		
電源	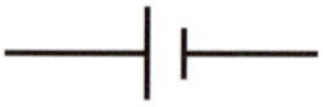	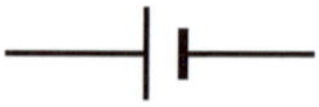
ランプ		

演習 電磁気学［新訂版］

序章　記号の要約

• ベクトル •　ベクトルには $\boldsymbol{a}$ のように太字を用いる．$\boldsymbol{a}$ の長さは $|\boldsymbol{a}|$ または a で表し，$\boldsymbol{a}$ の方向の単位ベクトル（長さ 1 のベクトル）は $\widehat{\boldsymbol{a}}$ で表す．

• スカラー積 •　二つのベクトル $\boldsymbol{a} = (a_x, a_y, a_z)$ と $\boldsymbol{b} = (b_x, b_y, b_z)$ の間の角を θ とすれば，スカラー積（内積）$\boldsymbol{a}\cdot\boldsymbol{b}$ は

$$\boldsymbol{a}\cdot\boldsymbol{b} \equiv ab\cos\theta = a_x b_x + a_y b_y + a_z b_z \tag{1}$$

• ベクトル積 •　$\boldsymbol{a}$ と $\boldsymbol{b}$ のベクトル積（外積）$\boldsymbol{a}\times\boldsymbol{b}$ は，それ自身一つのベクトルで，長さは $\boldsymbol{a}$ と $\boldsymbol{b}$ がつくる平行四辺形の面積 $ab\sin\theta$ に等しく，方向は $\boldsymbol{a}$ と $\boldsymbol{b}$ が張る面に垂直で，$\boldsymbol{a}$ から $\boldsymbol{b}$ へ右ねじをまわすとき，ねじが進む向きを向く．したがって特に

$$\boldsymbol{a}\times\boldsymbol{b} = -\boldsymbol{b}\times\boldsymbol{a} \tag{2}$$

$$\boldsymbol{a}\times\boldsymbol{a} = \boldsymbol{0} \tag{3}$$

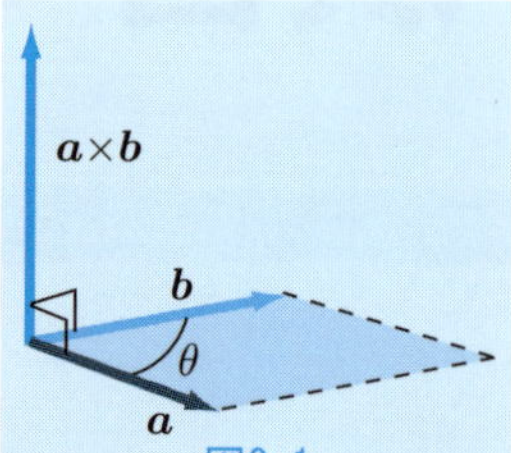

図0.1

である．$\boldsymbol{c} = \boldsymbol{a}\times\boldsymbol{b}$ を成分で表せば

$$\begin{aligned} c_x &= a_y b_z - a_z b_y \\ c_y &= a_z b_x - a_x b_z \\ c_z &= a_x b_y - a_y b_x \end{aligned} \tag{4}$$

（この式が上の (2) と (3) の関係をみたしていることを確かめよ．）

次の二つの公式は有用である．

$$\boldsymbol{a}\cdot(\boldsymbol{b}\times\boldsymbol{c}) = \boldsymbol{b}\cdot(\boldsymbol{c}\times\boldsymbol{a}) = \boldsymbol{c}\cdot(\boldsymbol{a}\times\boldsymbol{b}) \tag{5}$$

$$\boldsymbol{a}\times(\boldsymbol{b}\times\boldsymbol{c}) = (\boldsymbol{a}\cdot\boldsymbol{c})\boldsymbol{b} - (\boldsymbol{a}\cdot\boldsymbol{b})\boldsymbol{c} \tag{6}$$

(5) はベクトル $\boldsymbol{a}, \boldsymbol{b}, \boldsymbol{c}$ が張る平行六面体の体積を表す．(6) の左辺は $\boldsymbol{b}$ と $\boldsymbol{c}$ に垂直なベクトル $\boldsymbol{b}\times\boldsymbol{c}$ と垂直だから，結局，$\boldsymbol{b}$ と $\boldsymbol{c}$ が張る面内にあり，かつ $\boldsymbol{a}$ に垂直である．それを具体的に示したのが (6) の右辺である．特に (5) は有用である．

• 微分演算子 •　座標の原点を O，空間の任意の点を P，ベクトル $\overrightarrow{\mathrm{OP}}$ を $\boldsymbol{r} = (x, y, z)$ とする．空間の点は $\mathrm{P}, \boldsymbol{r}, (x, y, z)$ 等の記号で表す．空間の点の関数 $\phi(\mathrm{P}) = \phi(\boldsymbol{r}) = \phi(x, y, z)$ があるとき，これを x, y, z で偏微分したものは，一つのベクトルの x, y, z 成分となる．このベクトルを $\boldsymbol{\nabla}\phi(\boldsymbol{r})$ あるいは $\mathrm{grad}\,\phi(\boldsymbol{r})$ と表し，$\phi(\boldsymbol{r})$ の**勾配**（gradient）とよぶ．

$$\boldsymbol{\nabla}\phi(\boldsymbol{r}) = (\nabla_x\phi, \nabla_y\phi, \nabla_z\phi) = \left(\frac{\partial\phi}{\partial x}, \frac{\partial\phi}{\partial y}, \frac{\partial\phi}{\partial z}\right) \tag{7}$$

ϕ はスカラーであるから，**微分演算子** $\boldsymbol{\nabla}$（**ナブラ・ベクトル**という）自身がベクトルの性格をもつ．

$$\text{ナブラ・ベクトル：}\quad \boldsymbol{\nabla} = (\nabla_x, \nabla_y, \nabla_z) = \left(\frac{\partial}{\partial x}, \frac{\partial}{\partial y}, \frac{\partial}{\partial z}\right) \tag{8}$$

• **スカラー場とベクトル場** •　空間の位置 $\boldsymbol{r}$ の関数を場（ば）とよぶ．$\phi(\boldsymbol{r})$ はスカラー場という．同様に，空間の各点 $\boldsymbol{r}$ でベクトル $\boldsymbol{v}(\boldsymbol{r})$ が定まっているとき，$\boldsymbol{v}(\boldsymbol{r})$ をベクトル場という．$\boldsymbol{\nabla}$ はベクトルであるから，$\boldsymbol{\nabla}$ と $\boldsymbol{v}(\boldsymbol{r})$ のスカラー積 $\boldsymbol{\nabla}\cdot\boldsymbol{v}(\boldsymbol{r})$ やベクトル積 $\boldsymbol{\nabla}\times\boldsymbol{v}(\boldsymbol{r})$ をつくることができる．前者を $\boldsymbol{v}(\boldsymbol{r})$ の**発散**（divergence），後者を**回転**（rotation）とよぶ．詳しくは 1.5 節および 3.4 節を見よ．

• **テイラー展開** •　接近した二点 $\boldsymbol{r}$ と $\boldsymbol{r}+\Delta\boldsymbol{r}$ における関数 $\phi(\boldsymbol{r})$ の値の差 $\Delta\phi$ を考える．$\phi(\boldsymbol{r}+\Delta\boldsymbol{r})$ を三つの変数 x, y, z についてテイラー展開し，$\Delta\boldsymbol{r}$ について一次までとれば

$$\begin{aligned}
\Delta\phi &= \phi(\boldsymbol{r}+\Delta\boldsymbol{r}) - \phi(\boldsymbol{r}) \\
&= \phi(x+\Delta x, y+\Delta y, z+\Delta z) - \phi(x,y,z) \\
&= \left\{\phi(x,y,z) + \frac{\partial\phi}{\partial x}\Delta x + \frac{\partial\phi}{\partial y}\Delta y + \frac{\partial\phi}{\partial z}\Delta z + \cdots\right\} - \phi(x,y,z) \\
&\fallingdotseq \frac{\partial\phi}{\partial x}\Delta x + \frac{\partial\phi}{\partial y}\Delta y + \frac{\partial\phi}{\partial z}\Delta z \\
&= \Delta\boldsymbol{r}\cdot\boldsymbol{\nabla}\phi
\end{aligned} \tag{9}$$

最後の形はベクトル $\boldsymbol{\nabla}\phi$ とベクトル $\Delta\boldsymbol{r}$ のスカラー積である．$\Delta\phi = 0$ となる方向，つまり ϕ が変わらない方向 $\Delta\boldsymbol{r}$ と勾配 $\boldsymbol{\nabla}\phi$ は直交する．

• **積分** •　曲線 C に沿って，$\boldsymbol{v}(\boldsymbol{r})$ の接線方向成分 v_l を線積分したものを $\displaystyle\int_C v_l dl$ と表す（v_l はベクトル $\boldsymbol{v}$ の l 方向の成分という意味である）．dl を l 方向を向くベクトルとみなせば $\displaystyle\int_C \boldsymbol{v}\cdot d\boldsymbol{l}$ とも書ける．$v_l = |\boldsymbol{v}|\cos\theta$ だからである（図 0.2）．C が xy 面内にあるとき，その各点における v_l を垂直方向に表せば（図 0.3），上の線積分はこの図の帯状の部分の面積に等しい．

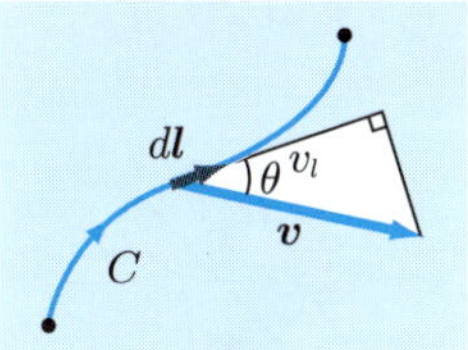

図0. 2

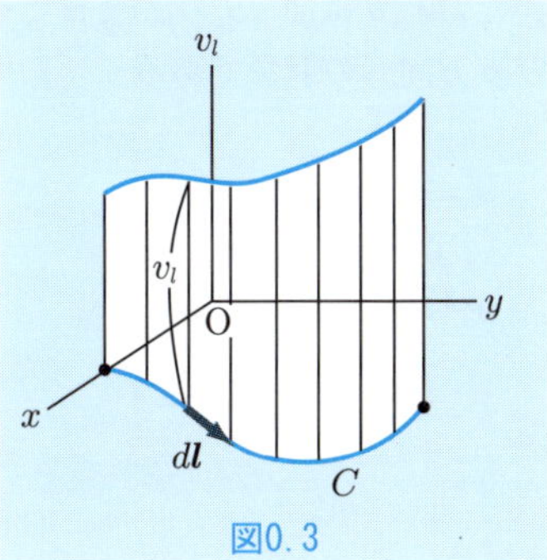

図0. 3

曲面 S があり，v_n を S 上の各点での，S に垂直な成分（法線（normal）成分）とする．領域 S 内で v_n を面積分したものを $\int_S v_n dS$ と表す．S を底面とし高さを v_n とする立体の体積である．

またスカラー場 $f(\boldsymbol{r})$ の（三次元的な）領域 V 内での体積積分を $\int_V f dV$ と表す．

• 極座標 •　三次元空間内の点 P の座標としては，デカルト座標 (x, y, z) のほかに，極座標 (r, θ, φ) も用いる．両者の関係は

$$\begin{aligned} x &= r\sin\theta\cos\varphi \\ y &= r\sin\theta\sin\varphi \\ z &= r\cos\theta \end{aligned} \tag{10}$$

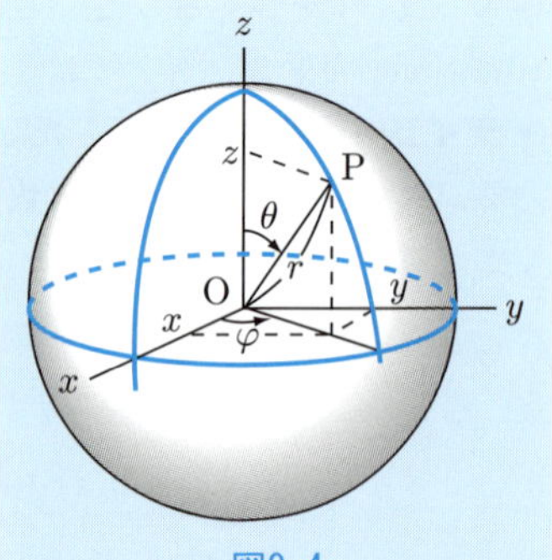

図0. 4

範囲は

$$0 \leqq r < \infty, \quad 0 \leqq \theta \leqq \pi, \quad 0 \leqq \varphi \leqq 2\pi$$

体積積分要素はデカルト座標では

$$dV = dxdydz$$

だが，極座標では，$\Delta r, \Delta\theta, \Delta\varphi$ の幅に入る体積より

$$\begin{aligned} dV &= dr \cdot (rd\theta) \cdot (r\sin\theta d\varphi) \\ &= r^2 \sin\theta dr d\theta d\varphi \end{aligned} \tag{11}$$

• 立体角 •　面 S が点 P に対して張る（あるいは P が S を見る）**立体角** Ω（オメガ）は，S を底面，P を頂点とする錐面が，P を中心とする単位球面（半径 1 の球面）から切り取る面積（正確に言えば (面積)/(半径)²）を意味し，無次元の量である．P のまわりの全立体角は，単位球面の表面積ゆえ，4π である．点 $\boldsymbol{r}$ にある微小面積 dS が原点 O に対して張る立体角を $d\Omega$ とすると

$$dS\cos\theta = r^2 d\Omega \tag{12}$$

の関係がある．ただし θ は面 dS の法線 $\boldsymbol{n}$ とベクトル $\boldsymbol{r}$ のなす角で，したがって (12) の左辺は dS の $\boldsymbol{r}$ 方向への射影である．

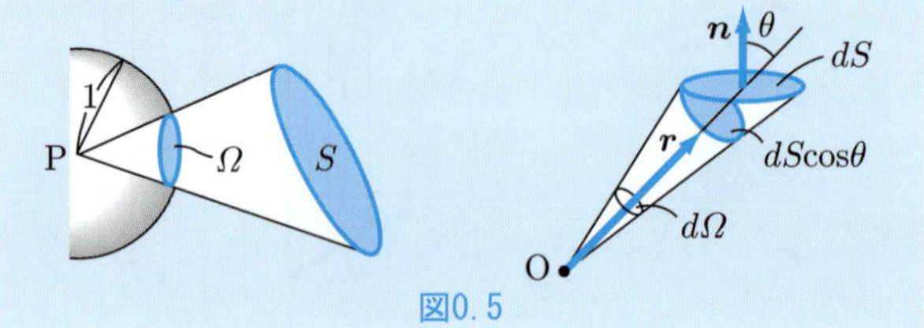

図0. 5

半頂角 θ の円錐の頂点 P が底面を見る立体角を $\Omega(\theta)$ とすれば,

$$\Omega(\theta) = 2\pi(1 - \cos\theta) \tag{13}$$

この式を導くには, θ の増分 $d\theta$ に対する $\Omega(\theta)$ の増分（図 0.6（右）の単位球の帯状部分）$d\Omega = 2\pi \sin\theta d\theta$ を積分すればよい.

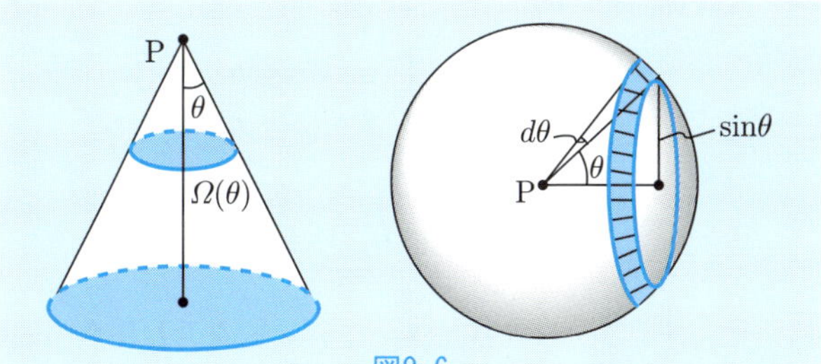

図0. 6

● **立体角の符号** ●　向きのついたループ C があるとき, C が張る面 S をある点から見る立体角の符号は, その点から C が反時計まわりに見えるならば正, 時計まわりに見えるならば負と定義する. 右図では, $\Omega > 0, \Omega' < 0$ である. しかし詳しくいえば, 立体角は位置の関数として多価関数で, $4\pi n$（n は整数）だけの不定性がある（3.1 節参照）.

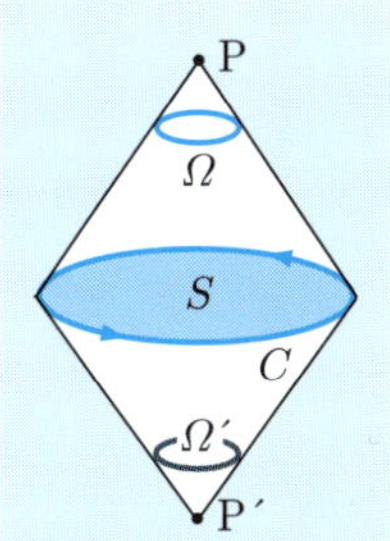

図0. 7

● **デルタ関数** ●　いま

$$\delta_\varepsilon(x-a) = \begin{cases} 1/\varepsilon & (|x-a| < \varepsilon/2) \\ 0 & (|x-a| \geqq \varepsilon/2) \end{cases} \tag{14}$$

で定義された関数 $\delta_\varepsilon(x-a)$ を考え, 極限 $\varepsilon \to 0$ をとったとき, $\delta_\varepsilon(x-a)$ が近づく“関数”を $\delta(x-a)$ とすれば, この“関数”は

$$\delta(x-a) = \begin{cases} \infty & (x = a) \\ 0 & (x \neq a) \end{cases} \tag{15}$$

$$\int_{-\infty}^{\infty} \delta(x-a)dx = 1 \tag{16}$$

という性質をもつ. 上の積分の積分範囲は, $x = a$ を含む任意の有限範囲でもよい. 上の性質をもつ“関数”$\delta(x-a)$ を, ディラックの**デルタ関数**とよぶ. 任意の連続関数 $f(x)$ とデルタ関数 $\delta(x-a)$ の積を積分すると,

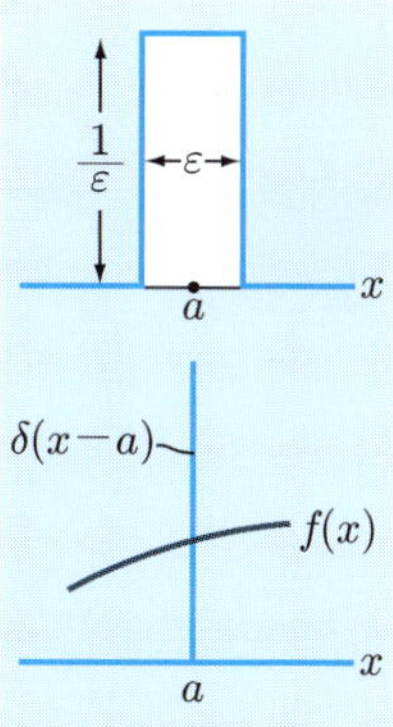

図0. 8

$$\int_{-\infty}^{\infty} f(x)\delta(x-a)dx = f(a)\int_{-\infty}^{\infty} \delta(x-a)dx$$
$$= f(a) \tag{17}$$

を得る．これがデルタ関数のもっとも重要な性質である．

三次元のデルタ関数 $\delta^{(3)}(\boldsymbol{r}-\boldsymbol{a})$ も，上と同様に

$$\delta^{(3)}(\boldsymbol{r}-\boldsymbol{a}) = \begin{cases} \infty & (\boldsymbol{r}=\boldsymbol{a}) \\ 0 & (\boldsymbol{r}\neq\boldsymbol{a}) \end{cases} \tag{18}$$

$$\int \delta^{(3)}(\boldsymbol{r}-\boldsymbol{a})dV = 1 \tag{19}$$

という性質によって定義する．積分範囲は，点 $\boldsymbol{r}=\boldsymbol{a}$ を含む任意の領域とする．(14) と同様に表せば，半径 ε の球の体積を V_ε として，関数

$$\delta_\varepsilon^{(3)}(\boldsymbol{r}-\boldsymbol{a}) = \begin{cases} 1/V_\varepsilon & (|\boldsymbol{r}-\boldsymbol{a}|<\varepsilon) \\ 0 & (|\boldsymbol{r}-\boldsymbol{a}|\geqq\varepsilon) \end{cases} \tag{20}$$

の $\varepsilon\to 0$ の極限が $\delta^{(3)}(\boldsymbol{r}-\boldsymbol{a})$ である．一次元デルタ関数で表せば

$$\delta^{(3)}(\boldsymbol{r}-\boldsymbol{a}) = \delta(x-a_x)\delta(y-a_y)\delta(z-a_z) \tag{21}$$

1 静電場

1.1 クーロンの法則，ガウスの法則

• **クーロンの法則** •　点 O にある電荷 Q が，点 P にある電荷 q に及ぼす力は，OP の距離 r の二乗に逆比例し，電気量 Q および q に比例する．$\overrightarrow{\mathrm{OP}} = \boldsymbol{r}$ とし，$\boldsymbol{r}$ 方向の単位ベクトルを $\widehat{\boldsymbol{r}}$ $(\widehat{\boldsymbol{r}} = \boldsymbol{r}/r)$ で表せば

$$\boldsymbol{F} = \frac{1}{4\pi\varepsilon_0}\frac{qQ}{r^2}\widehat{\boldsymbol{r}} \tag{1}$$

ε_0 は定数で，**真空の誘電率**とよばれ，SI 単位系では $1/4\pi\varepsilon_0 =$ 光速度 $\times 10^{-7} \simeq 9\times10^9$

• **電場（電界）** •　上の式を分解して，点 O の電荷 Q がその周囲の空間に**電場**(でんば)

$$\boldsymbol{E}(\mathrm{P}) = \frac{1}{4\pi\varepsilon_0}\frac{Q}{r^2}\widehat{\boldsymbol{r}} = \frac{1}{4\pi\varepsilon_0}\frac{Q}{r^3}\boldsymbol{r} \tag{2}$$

をつくり，この電場が点 P の電荷 q に力

$$\boldsymbol{F} = q\boldsymbol{E}(\mathrm{P}) \tag{3}$$

を及ぼす，と書き表す．

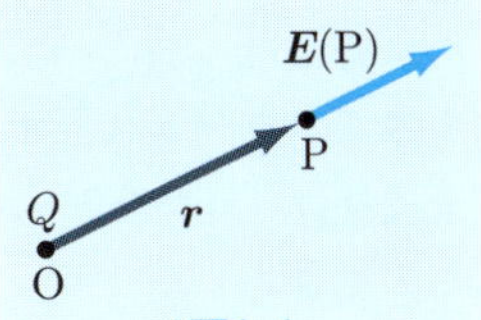

図1.1

• **重ね合わせの原理** •　いくつかの電荷 $q_1, q_2, \cdots, q_n$ が点 $\mathrm{P}_1, \mathrm{P}_2, \cdots, \mathrm{P}_n$ にあるとき，それらがつくる電場は，一つ一つの電荷が単独につくる電場のベクトル和である．すなわち，ベクトル $\overrightarrow{\mathrm{P}_i\mathrm{P}}$ を $\boldsymbol{R}_i$ で表せば，点 P の電場は

$$\boldsymbol{E}(\mathrm{P}) = \sum_{i=1}^{n}\frac{1}{4\pi\varepsilon_0}\frac{q_i}{R_i^2}\widehat{\boldsymbol{R}}_i \tag{4}$$

• **連続的に分布した電荷がつくる電場** •　点 P′ の付近に分布している電気量を，単位体積当り $\rho(\mathrm{P}')$ とする．ρ を**電荷密度**とよぶ．微小体積 dV' 中にある電荷は $\rho(\mathrm{P}')dV'$ であるから，この電荷分布がつくる電場は，式 (4) で和を積分に変えた式

$$\boldsymbol{E}(\mathrm{P}) = \frac{1}{4\pi\varepsilon_0}\int\frac{\widehat{\boldsymbol{R}}}{R^2}\rho(\mathrm{P}')dV' \tag{5}$$

で与えられる．ここで $\boldsymbol{R} = \overrightarrow{\mathrm{P'P}}$ である．

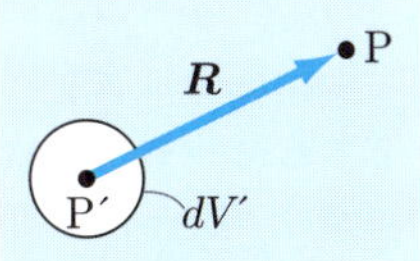

図1.2

• 静電場と定常な流れの場との類推 •　点 O に流体の定常的なわき出しがあり，単位時間当りのわき出し量を Q (m^3/sec) とする．この流体が空間のあらゆる方向に等方的に流れていくならば，流速は O からの距離 r の二乗に逆比例して減少する．点 P における流速を $\boldsymbol{v}$(P) とすれば

$$\boldsymbol{v}(\mathrm{P}) = \frac{1}{4\pi}\frac{Q}{r^2}\widehat{\boldsymbol{r}}$$

これを点電荷によるクーロン場 (2) と比較すれば，両者の間の次の対応がわかる．

$$\boldsymbol{v} \leftrightarrow \varepsilon_0 \boldsymbol{E}, \quad \text{わき出し}\ Q \leftrightarrow \text{電荷}\ Q$$

• ガウスの法則 •　図 1.3 のような定常な流れの中に表と裏が決まっている面 S を考える．S を単位時間に通過する流量は，積分 $\int_S v_n dS$ で表され，この積分を，S を通る**フラックス（流束）**とよぶ（v_n は速度 $\boldsymbol{v}$ の面 S に対する法線成分で，$\boldsymbol{v}$ が S の裏から表へ貫く場合は $v_n > 0$，逆の場合は $v_n < 0$ とする）．特に S が閉曲面のときは，S を通るフラックス，すなわち S から単位時間に外へ出る全流量は（外側を S の表とする），S の内部にあるわき出しの総量 Q に等しい．

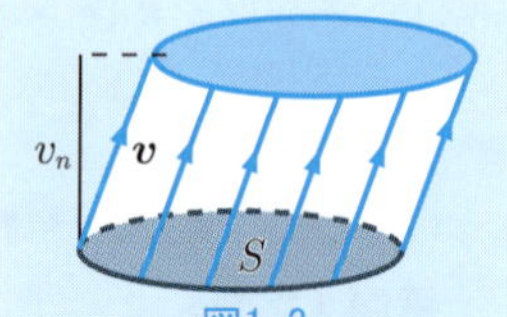

図1.3

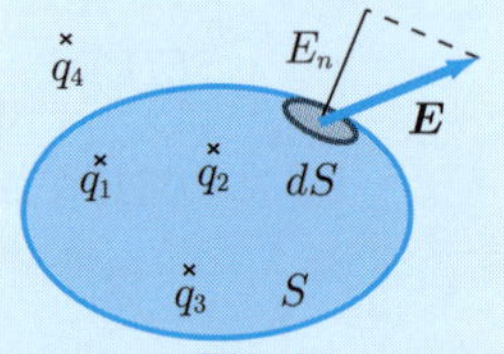

図1.4

$$\int_S v_n dS = Q$$

静電場の場合にも，上の関係をそのまま翻訳できる．面 S についての積分 $\int_S \varepsilon_0 E_n dS$ を，S を通る**電束**という．特に S が閉曲面のときは，S を通る電束は S の内部にある電荷の総量 Q に等しい．

$$\int_S \varepsilon_0 E_n dS = Q \tag{6}$$

これが**ガウスの法則**である．$\boldsymbol{E}$ の源になる電荷は S の外部にもありうるが，その電荷による電場はまず内部に入り ($E_n < 0$)，そのあと出ていく ($E_n > 0$) ので，(6) の積分をすると，外部の電荷を源とする電場の寄与は打ち消されてしまうのである．電荷分布が与えられたとき電場を求めるには，一般には式 (4), (5) によるが，電荷分布が対称性をもつ場合には，ガウスの法則だけから電場を求めることができる（例題 1 参照）．

例題 1 **球面電荷**

半径 a の球面上に電荷が一様に分布している．球内外の電場を求めよ．ただし電荷の面密度（単位面積当りに分布する電荷）を σ とする．

ヒント 球面上にわき出しが一様に分布しているときの流れを想像すれば良い．わき出しの分布が球対称であるから，流れも球対称になる．

解答 **球内の電場** 球面を出た流れが球内に向かうわけにはいかない．球内にはわき出しや吸いこみ（すなわち電荷）がないからである．したがって球内では $\boldsymbol{E} = 0$ である．

球外の電場 球面上の微小面積 dS_0 の上にある電荷 σdS_0 を考える．それから出た電束は，図 1.5 のような円錐の内部を，無限遠に向かって流れていく．途中に電荷がないので，円錐の任意の断面を通る電束は一定で，σdS_0 に等しい．中心から距離 r の点の電場の大きさを $E(r)$ とすれば，図 1.5 の dS を通る電束は $\varepsilon_0 E(r)dS$ であるから，$\varepsilon_0 E(r)dS = \sigma dS_0$．$dS : dS_0 = r^2 : a^2$ に注意すれば

$$E(r) = \frac{\sigma}{\varepsilon_0}\frac{a^2}{r^2} \quad (r > a)$$

を得る．あるいは，球面上の全電荷 $4\pi a^2\sigma \equiv Q$ を用いて

$$E(r) = \frac{1}{4\pi\varepsilon_0}\frac{Q}{r^2} \quad (r > a) \qquad (*)$$

と表すこともできる．すなわち球外の電場は，全電荷が中心 O に集中しているときの電場と区別がつかない．

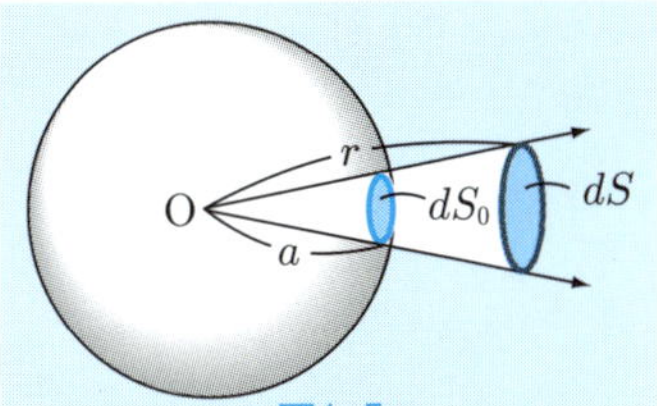

図1.5

上の考え方は，結局，円錐面にガウスの法則を適用したことにほかならない．もちろん，よくやるように，半径 r の球面 S にガウスの法則を適用しても良い．そのときは，

$$\int_S \varepsilon_0 E_n dS = 4\pi r^2 \varepsilon_0 E(r) = Q \quad (r > a)$$

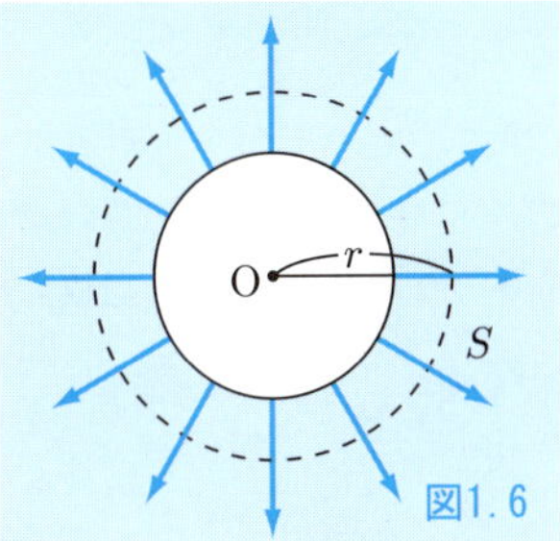

図1.6

となり $(*)$ が得られる．S を球内部にとれば $(r < a)$ 右辺は 0 となり，$E(r) = 0$ が得られる．

問　題

1.1 無限に長い直線の上に，線密度 λ で電荷が一様に分布している．電場を求めよ．

1.2 半径 a の無限に長い円筒面の上に，面密度 σ で電荷が一様に分布している．電場を求めよ．

例題 2　　　　**平面電荷**

間隔 d で平行におかれた二枚の無限に広い平面の上に，それぞれ面密度 $+\sigma$ および $-\sigma$ で電荷が一様に分布している．いかなる電場ができるか．ただし，平面は厚さはないものとする（厚さを考える話は例題 9 で扱う）．

ヒント　重ね合わせの原理を用いる．

解答　まず一枚の平面がつくる電場を求める．平面上に面密度 σ でわき出しが分布していれば，流れは $v=\sigma/2$ ずつ，両側に向かって対称に流れる．流線が広がらないので，v は板からの距離にはよらない．同様に平面上の電荷分布（面密度 σ）がつくる電場は，強さ

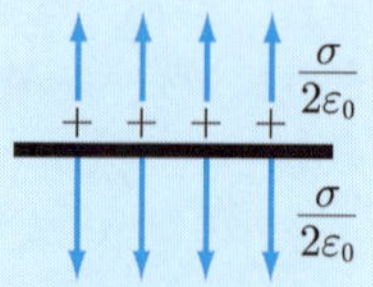

図1.7

$$E=\sigma/2\varepsilon_0$$

で平面の両側に対称にできる.（ガウスの法則を使うのならば，σ をはさむ薄い円筒を考える．上下対称性，および円筒側面からは電場は出ていかないことから，上の結果が得られる.）

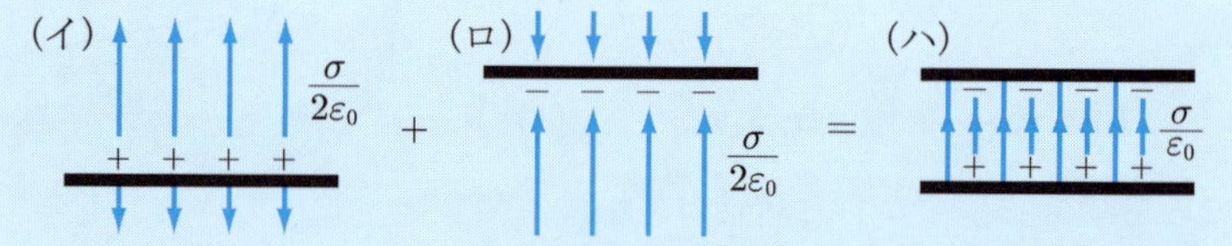

図1.8

次に二枚の平面がつくる電場を考えよう．それぞれの平面は単独には図 1.8（イ）および（ロ）のような電場をつくるので，それを重ね合わせれば，図 1.8（ハ）のような電場になる．すなわち二枚の平面の間には

$$E=\frac{\sigma}{\varepsilon_0}$$

の一様な電場ができる．一方外側では,（イ）と（ロ）が打ち消し合って電場は消えてしまう．これは，平行板コンデンサーの電場にほかならない．

問　題

2.1　半径 a の球の内部が，一様な電荷密度で帯電している．球内外の電場を求めよ．全電荷を Q とする．

2.2　半径 a の無限に長い円柱の内部が，一様な電荷密度で帯電している．いかなる電場ができるか．軸方向の単位長さ当りの電荷の総量を λ とする．

例題 3　**球面内部の電場**

半径 a の球面上に一様な面密度 σ で電荷が分布しているとき（例題 1），球の内部には電場が存在しないことを，クーロンの法則から直接確かめよ．

ヒント　球内の任意の点を P とする．球面上の各部分が点 P につくる電場は，全体として打ち消し合って $\boldsymbol{E}=0$ となっているはずである．この打ち消し方を考えよう．

解答　中心 O と点 P を通るように z 軸をとる．球面上の任意の微小面要素を dS とし，dS を底面，P を頂点とする錐面を dS と反対の方向に延長したとき，それが球面から切り取る微小面要素を dS' とする．z 軸を含み，dS, dS' を通る平面で球を切ったときの切り口（大円）を，図に示してある．

球面全体は，このような面要素の対 (dS, dS') に分割できるから，P において $\boldsymbol{E}=0$ なることを示すには，dS と dS' が P につくる電場 $d\boldsymbol{E}$ と $d\boldsymbol{E}'$ が打ち消すことを示せば良い．$d\boldsymbol{E}$ と $d\boldsymbol{E}'$ は同方向で反対向きであるから，大きさが等しいことを示す．

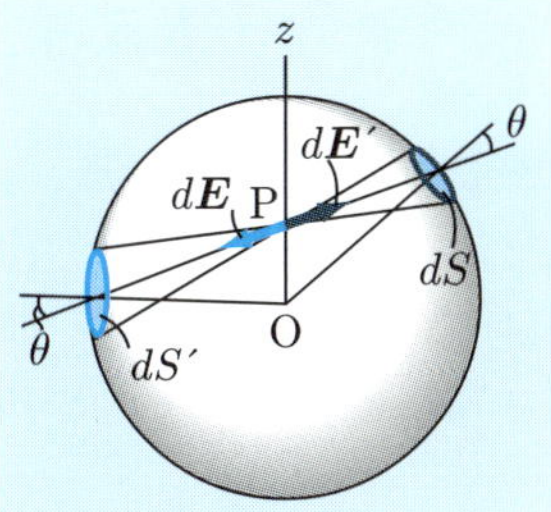

図1.9

dS, dS' と点 P の距離を R, R' とすれば，クーロンの法則から

$$dE=\frac{1}{4\pi\varepsilon_0}\frac{\sigma dS}{R^2},\quad dE'=\frac{1}{4\pi\varepsilon_0}\frac{\sigma dS'}{R'^2}$$

である．ところが dS が P に対して張る立体角を $d\Omega$ とすれば，序章の (12) により

$$dS\cos\theta=R^2 d\Omega,\quad dS'\cos\theta=R'^2 d\Omega$$

角度 θ の定義は図に示してあり，両側で等しい（二等辺三角形の性質）．したがって

$$dE=\frac{\sigma}{\varepsilon_0}\frac{d\Omega}{4\pi\cos\theta}=dE'$$

となり，$dE=dE'$ が示された．

問　題

3.1　逆二乗法則 $F\propto r^{-2}$ が $F\propto r^{-n}$ に変ったと仮定すると，上の例題の球内には，どの方向の電場ができるか．$n>2$ と $n<2$ それぞれに対して答えよ．

3.2　直線上に一様な線密度 λ で電荷が分布している場合の電場（問題 1.1）を，クーロンの法則から直接求めよ．

3.3♣ 半径 a の円筒面上に一様な面密度 σ で電荷が分布している場合の電場（問題 1.2）を，直線電荷による電場の重ね合わせとして求めよ．

3.4♣ 半径 a の球面上に一様な面密度 σ で電荷が分布している場合の球外の電場（例題 1）を，クーロンの法則から直接求めよ．

1.2 電　位

• 電位 •　静電場の中で，単位電気量をもつ試験電荷を無限遠から点 P まで運ぶのに要する仕事 $\phi(\mathrm{P})$ を，点 P の**電位**という．電場 $\boldsymbol{E}$ の中で試験電荷をゆっくり動かすには，電場 $\boldsymbol{E}$ を打ち消すだけの外力 $\boldsymbol{F} = -\boldsymbol{E}$ を電荷に加えることが必要で，電荷を $d\boldsymbol{l}$ だけ動かす間に外力 $\boldsymbol{F}$ がする仕事は $\boldsymbol{F}\cdot d\boldsymbol{l} = -\boldsymbol{E}\cdot d\boldsymbol{l}$ であるから，電位 $\phi(\mathrm{P})$ は次式の線積分で与えられる（E_l は $d\boldsymbol{l}$ 方向の $\boldsymbol{E}$ の成分）．

$$\phi(\mathrm{P}) = -\int_{\infty}^{\mathrm{P}} \boldsymbol{E}\cdot d\boldsymbol{l} = \int_{\mathrm{P}}^{\infty} \boldsymbol{E}\cdot d\boldsymbol{l} = \int_{\mathrm{P}}^{\infty} E_l dl \quad (1)$$

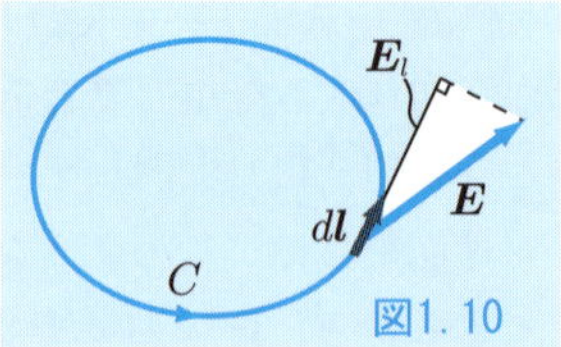

図1.10

一般に静電場の中では，任意の閉曲線 C について

$$\oint_C \boldsymbol{E}\cdot d\boldsymbol{l} = \oint_C E_l dl = 0 \quad (2)$$

が成り立つので線積分 (1) つまり $\phi(\mathrm{P})$ は端の点 P の位置だけで決まり，P と無限遠を結ぶ道にはよらない（(2) はストークスの定理（3.4 節）から証明できるが，下記の (4) で定義した $\phi(\mathrm{P})$ が (6) をみたすことから逆に，(2) を示すこともできる）．

• 電位差 •　二点 P と P_0 の電位の差

$$V = \phi(\mathrm{P}) - \phi(\mathrm{P}_0) = -\int_{\mathrm{P}_0}^{\mathrm{P}} \boldsymbol{E}\cdot d\boldsymbol{l} \left(= \int_{\mathrm{P}}^{\mathrm{P}_0} \boldsymbol{E}\cdot d\boldsymbol{l} \right) \quad (3)$$

を電位差とよぶ．(1) より，電位 $\phi(\mathrm{P})$ は点 P と無限遠点との電位差である．

• 電荷分布 → 電位 •　**点電荷がつくる電位**　原点 O にある点電荷 Q がつくる電場は 1.1 節の式 (1) で与えられるので，これを上の積分 (1) に代入して ($\overline{\mathrm{OP}} = r$),

$$\phi(\mathrm{P}) = \frac{Q}{4\pi\varepsilon_0} \int_r^{\infty} \frac{dr'}{r'^2} = \frac{1}{4\pi\varepsilon_0} \frac{Q}{r} \quad (4)$$

連続的な電荷分布がつくる電位　点 P' の電荷密度を $\rho(\mathrm{P}')$ とすれば，点 P の電位は，微小体積 dV' 中の電荷 $\rho(\mathrm{P}')dV'$ が P につくる電位の重ね合わせとして得られる．すなわち $\overline{\mathrm{P'P}} = R$ として

$$\phi(\mathrm{P}) = \frac{1}{4\pi\varepsilon_0} \int \frac{\rho(\mathrm{P}')}{R} dV' \quad (5)$$

• 電位 → 電場 •　式 (3) により，近接した二点 $\boldsymbol{r} + \Delta\boldsymbol{r}$ と $\boldsymbol{r}$ の電位差は

$$\phi(\boldsymbol{r} + \Delta\boldsymbol{r}) - \phi(\boldsymbol{r}) = -\boldsymbol{E}(\boldsymbol{r})\cdot\Delta\boldsymbol{r}$$

で与えられるので，これから（序章の式 (9) 参照）電場が電位の勾配で表される．

$$\boldsymbol{E}(\boldsymbol{r}) = -\nabla\phi(\boldsymbol{r}) \quad (6)$$

電荷分布から (5), (6) の順に計算するのが，電場を求める一般的な方法である．

例題 4 ── **球面電荷の電位**

半径 a の球面上に，一様な面密度で電荷が分布している．球内外の電位を求めよ．全電荷を Q とする．

ヒント 例題 1 で求めた電場を，前ページの公式 (1) に代入すればよい．

解答 球内では $\boldsymbol{E}=0$，球外では，中心 O に点電荷 Q がある場合と同一の球対称な電場ができる．すなわち中心から距離 r の点 P の電場の大きさは

$$E(r)=\frac{1}{4\pi\varepsilon_0}\frac{Q}{r^2}$$

そこで P から無限遠まで公式 (1) の積分を行なえば

$$\phi(r)=\frac{Q}{4\pi\varepsilon_0}\int_r^\infty\frac{dr'}{r'^2}=\frac{1}{4\pi\varepsilon_0}\frac{Q}{r}\quad(r\geqq a)$$

これはもちろん点電荷のつくる電位に等しい．球内では試験電荷を動かすのに仕事がいらないので，いたるところ，球の表面と等電位である（ϕ(P) は P の連続関数）．したがって

$$\phi(r)=\frac{1}{4\pi\varepsilon_0}\frac{Q}{a}\quad(r\leqq a)$$

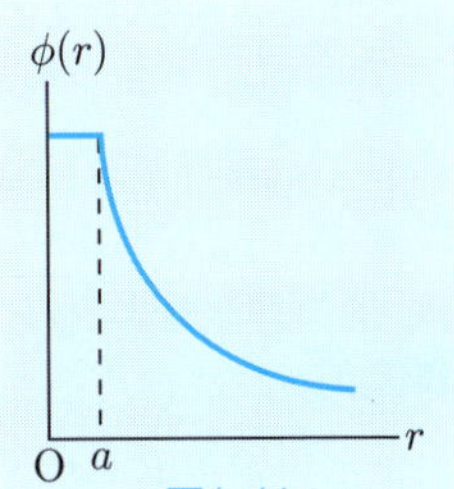

図1.11

問　題

4.1 半径 a の球の内部に，一様な密度で電荷が分布している．球内外の電位を求めよ．全電荷を Q とする．

4.2♣ 上の例題の球外の電位を，前ページの公式 (5) を用いて計算せよ．

4.3 原子核（原子番号 Z，質量数 A）の形は近似的に球とみなすことができ，その半径 R は，$R=r_0A^{1/3}$ ($r_0\fallingdotseq 1.2\times10^{-13}\,\mathrm{cm}$) で与えられる．球内部には，電荷 Zq_e（$-q_\mathrm{e}$ は電子の電荷）がほとんど一様な密度で分布している．この原子核に陽子を衝突させて核反応をおこさせるためには，陽子と原子核の間のクーロン斥力に打ち勝って陽子が核表面に到達できるように，陽子に十分な運動エネルギーを与えて原子核に当ててやる必要がある．必要な最小の運動エネルギーを，電子ボルト単位で与えよ†.

4.4 無限に長い直線上に，一様な密度 λ で電荷が分布している（問題 1.1）．電位を求めよ．

4.5 半径 a の無限に長い円柱内部に電荷が一様に分布している．円柱内外の電位を求めよ．軸方向の単位長さ当りに分布する電荷の総量を λ とする．

---

† **電子ボルト** (eV) は，電子が電位差 1 V の区間で加速されたときに得るエネルギーで，$q_\mathrm{e}=1.6\times10^{-19}\,\mathrm{C}$ であるから，$1\,\mathrm{eV}=1.6\times10^{-19}\,\mathrm{J}$ である．

例題 5　　　　　　　　　　　　　　　　**電気双極子**

正負の電荷 $\pm q$ が接近して並んだ配置を**電気双極子**とよび，$-q$ から $+q$ へのベクトル $\boldsymbol{d}$ と q の積 $\boldsymbol{p} = q\boldsymbol{d}$ を**双極子モーメント**とよぶ．z 方向を向いたモーメント $\boldsymbol{p}$ をもつ双極子が原点にあるとき，これがつくる電位分布および電場を求め，概略を図示せよ．

ヒント　$+q$ および $-q$ がつくる電位を重ね合わせる．

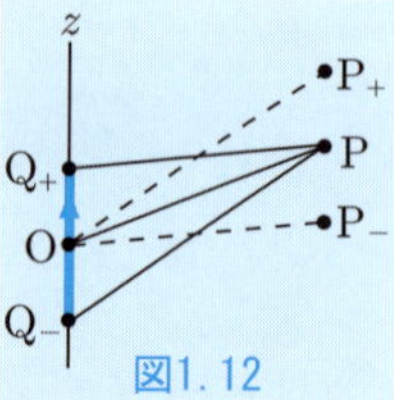

図1.12

解答　電荷 $\pm q$ がおかれている点を $\mathrm{Q}_\pm = (0, 0, \pm d/2)$ とする．また，場を考える点を $\mathrm{P} = (x, y, z)$ とし，P を z 方向に $\pm d/2$ ずらした点を $\mathrm{P}_\pm = (x, y, z \pm d/2)$ とする．まず，仮に原点 O に点電荷 q をおいたとき，これが P につくる電位を $\phi_0(\mathrm{P})$ で表す．Q_+ にある $+q$ が P につくる電位は，O においた q が P_- につくる電位 $\phi_0(\mathrm{P}_-)$ に等しい（図 1.2 参照）．同様に，Q_- にある $-q$ が P につくる電位は，O においた $-q$ が P_+ につくる電位 $-\phi_0(\mathrm{P}_+)$ に等しい．双極子が P につくる電位 $\phi(\mathrm{P})$ は，上の二つの電位の重ね合わせであるから，

$$\begin{aligned}\phi(\mathrm{P}) &= \phi_0(\mathrm{P}_-) - \phi_0(\mathrm{P}_+)\\ &= \phi_0(x, y, z - d/2) - \phi_0(x, y, z + d/2)\end{aligned}$$

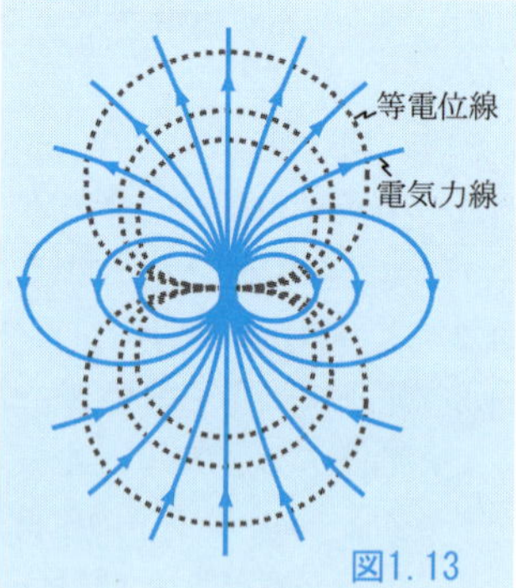

図1.13

微小量 d について一次までのテイラー展開をすれば，

$$\phi_0(x, y, z \mp d/2) \fallingdotseq \phi_0(x, y, z) \mp \frac{d}{2}\frac{\partial}{\partial z}\phi_0(x, y, z)$$

より

$$\begin{aligned}\phi(\mathrm{P}) &\fallingdotseq -d\frac{\partial}{\partial z}\phi_0(\mathrm{P})\\ &= -\boldsymbol{d}\cdot\boldsymbol{\nabla}\phi_0(\mathrm{P}) = \boldsymbol{d}\cdot\boldsymbol{E}_0(\mathrm{P})\end{aligned}$$

ここで $\boldsymbol{d} = (0, 0, d)$ は z 方向を向いたベクトルだが，$\boldsymbol{d}$ が一般の方向を向いているときもこの式が成立するのは明らかだろう（序章 (9) も参照）．$\boldsymbol{E}_0(\mathrm{P})$ は，原点においた点電荷 q が点 P につくる電場だが，その具体的な形を代入すれば

$$\begin{aligned}\phi(\mathrm{P}) &= \frac{q}{4\pi\varepsilon_0}\boldsymbol{d}\cdot\frac{\widehat{\boldsymbol{r}}}{r^2} = \frac{1}{4\pi\varepsilon_0}\frac{\boldsymbol{p}\cdot\widehat{\boldsymbol{r}}}{r^2}\\ &= \frac{p}{4\pi\varepsilon_0}\frac{\cos\theta}{r^2}\end{aligned}$$

ただし $\boldsymbol{r}$ は P の位置ベクトル，θ は $\boldsymbol{p}$ と $\boldsymbol{r}$ のなす角である．電場は[†]

---

† $\dfrac{\partial r}{\partial x} = \dfrac{\partial}{\partial x}\sqrt{x^2 + y^2 + z^2} = \dfrac{x}{r}$ より $\boldsymbol{\nabla} r = \widehat{\boldsymbol{r}}$，同様に $\boldsymbol{\nabla}\dfrac{1}{r^n} = -\dfrac{n}{r^{n+1}}\boldsymbol{\nabla} r = -n\dfrac{\widehat{\boldsymbol{r}}}{r^{n+1}}$．また $\boldsymbol{p}\cdot\boldsymbol{r} = p_x x + p_y y + p_z z$ より $\boldsymbol{\nabla}(\boldsymbol{p}\cdot\boldsymbol{r}) = \boldsymbol{p}$.

$$\boldsymbol{E}(\mathrm{P}) = -\boldsymbol{\nabla}\phi(\mathrm{P}) = -\frac{1}{4\pi\varepsilon_0}\boldsymbol{\nabla}\left(\frac{\boldsymbol{p}\cdot\boldsymbol{r}}{r^3}\right)$$
$$= -\frac{1}{4\pi\varepsilon_0}(\boldsymbol{p}\cdot\boldsymbol{r})\boldsymbol{\nabla}\left(\frac{1}{r^3}\right) + \frac{1}{r^3}\boldsymbol{\nabla}(\boldsymbol{p}\cdot\boldsymbol{r}) = \frac{1}{4\pi\varepsilon_0}\frac{1}{r^3}\Big(3(\boldsymbol{p}\cdot\widehat{\boldsymbol{r}})\widehat{\boldsymbol{r}} - \boldsymbol{p}\Big)$$

$\boldsymbol{p} = (0, 0, p)$ の場合に電場の各成分を具体的に求めると，

$$E_x = \frac{p}{4\pi\varepsilon_0}\frac{1}{r^3}\frac{3zx}{r^2}$$
$$E_z = \frac{p}{4\pi\varepsilon_0}\frac{1}{r^3}\left(\frac{3z^2}{r^2} - 1\right)$$

となる（E_y は E_x で x を y に置き換える）．これより，たとえば xz 平面上で $E_z = 0$ となるのは，$\sqrt{2}\,z = \pm x$ という直線上であることなどがわかる．

等電位線（青線）と電気力線（破線）の概略図を描くと図 1.13 のようになる．電気力線は，$+q$ からわき出し $-q$ に吸い込まれることを考えれば概略は想像がつくだろう．電気力線と等電位線はいたるところで直交していることに注意（序章 (9) の下の説明を参照）．

注意　以上のように，電場は電位の微分として求めるのが普通だが，電場を直接求めることもできる．たとえば z 成分の場合，原点にある点電荷がつくる E_{z_0} は

$$E_{z_0}(x, y, z) = \frac{9}{4\pi\varepsilon_0}\frac{z}{r^3}$$

であり，z 方向を向いた双極子がつくる E_z は

$$E_z = E_{z_0}\left(x, y, z - \frac{d}{2}\right) - E_{z_0}\left(x, y, z + \frac{d}{2}\right) \fallingdotseq -d\frac{\partial}{\partial z}E_{z_0}$$

である．これが上記の E_z に一致することはすぐにわかるだろう．

問　題

5.1　原点付近の点 $\boldsymbol{r}_1, \boldsymbol{r}_2, \cdots, \boldsymbol{r}_n$ に，電荷 $q_1, q_2, \cdots, q_n$ があるとき，原点から十分離れた所ではいかなる電位分布ができるか．ただし電荷の総和は 0 とする．

ヒント　原点に電荷 $-q_1, -q_2, \cdots, -q_n$ をおけば，双極子の集まりとなる．

5.2　原点に $-2q$ および $(0, 0, \pm d)$ の 2ヶ所（Q_+，Q_- とする）それぞれに $+q$ の電荷がある．d に比べて十分遠方 $(r \gg d)$ における電位を求めよ．電位は r の何乗に比例するか．

例題 6 **円板電荷の（軸上の）電位**

半径 a の円板上に，一様な面密度 σ で電荷が分布している．中心軸上で円板から距離 z の点 P における電位と電場を求めよ．

解答 円板上で，半径 ρ と $\rho+d\rho$ の二つの円ではさまれた輪の部分（図 1.14 参照）が P につくる電位を考える．この部分と P との距離は $R=\sqrt{z^2+\rho^2}$ で，ここに含まれている電荷は $\sigma 2\pi\rho d\rho$ であるから，P につくる電位は $\dfrac{\sigma}{4\pi\varepsilon_0}\dfrac{2\pi\rho d\rho}{R}$ である．円板全体からの寄与はこれを重ね合わせて（12 ページの公式 (5)）

$$\phi(\mathrm{P})=\frac{\sigma}{4\pi\varepsilon_0}\int_0^a \frac{2\pi\rho}{\sqrt{z^2+\rho^2}}d\rho=\frac{\sigma}{2\varepsilon_0}\left(\sqrt{z^2+a^2}-z\right)$$

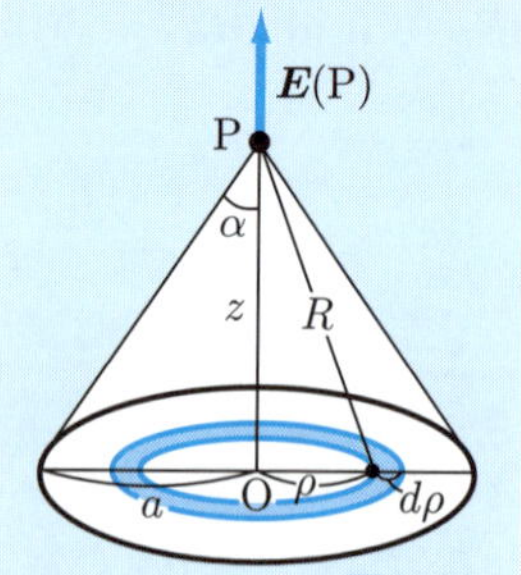

図1. 14

z 軸（中心軸）上の電場は，対称性から z 方向を向くことは明らかで，その大きさは

$$E(\mathrm{P})=E_z(z)=-\frac{\partial\phi}{\partial z}=\frac{\sigma}{2\varepsilon_0}\left(1-\frac{z}{\sqrt{z^2+a^2}}\right)=\frac{\sigma}{2\varepsilon_0}(1-\cos\alpha)$$

ただし α は図に示した角である．読者は，$z\to 0$ および $z\gg a$ の場合に，上の結果が，それぞれ無限に広い平面上の電荷および点電荷の電場に近づくことを確かめてほしい．

注意 一般に，xy 平面上にある任意の形の板に一様な面密度 σ で電荷が分布しているとき，任意の点 P にできる電場の z 成分は，P がその板を見る立体角 Ω により

$$E_z(\mathrm{P})=(\sigma/4\pi\varepsilon_0)\Omega$$

と表される（板の微小面積 dS が P につくる電場 $d\boldsymbol{E}$ の z 成分は $dE_z=dE\cos\theta=\dfrac{\sigma}{4\pi\varepsilon_0}\dfrac{dS\cos\theta}{R^2}=\dfrac{\sigma}{4\pi\varepsilon_0}d\Omega$，ただし $d\Omega$ は dS が P を見る立体角．板全体について和をとれば上の式になる）．上の例題の結果はこの式からも導ける．

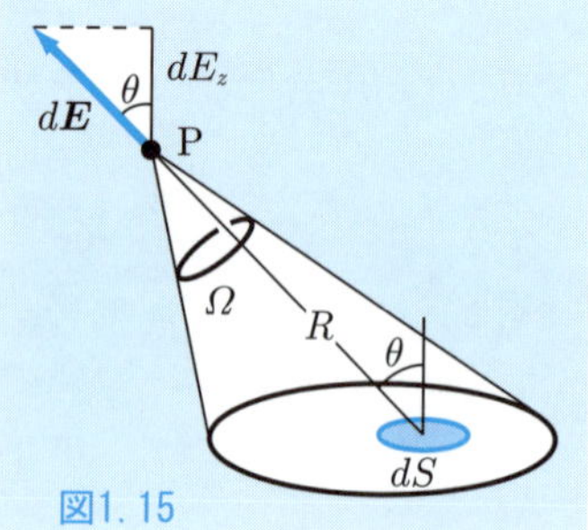

図1. 15

問 題

6.1 上の例題で，円板上の任意の点の電場の z 成分はどれだけか．

6.2♣ 長さ $2c$ の線分が，一様な線密度 λ で帯電している．このとき，等電位面は，線分の両端を焦点とする回転楕円体になることを示せ．

6.3♣ 例題 6 において，円板上の任意の点の電位を表す式をつくれ（電位を初等関数で表すことはできないので，できるだけ簡単な積分で示せ）．この結果から，中心からの距離 ρ とともに電位がどう変わるかを，定性的に調べよ．

例題 7　**電気双極子層**

一定の微小な厚さ δ をもつ任意の形の面の表と裏に，それぞれ面密度 $\pm\sigma$ の電荷が一様に分布した板がある．この板が外部の任意の点 P につくる電位 $\phi(\mathrm{P})$ は，点 P が板を見る立体角 $\Omega(\mathrm{P})$ によって表されることを示せ．

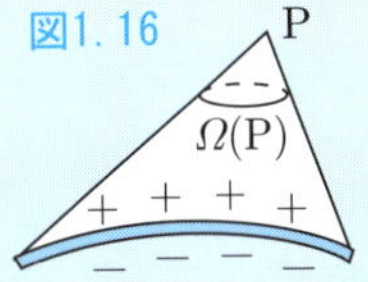

図1. 16

ヒント　板の微小部分が P につくる電位を求め，それを重ね合わせる．

解答　面積 dS，法線方向 $\boldsymbol{n}$ の微小部分には，電荷 $\pm\sigma dS$ が間隔 δ で並んでいるので，これはモーメント $\boldsymbol{p} = PdS\boldsymbol{n}$ の電気双極子とみなせる．ここで $P = \sigma\delta$ は，単位面積当りの双極子モーメントの大きさを表す（モーメントの大きさを表すのには斜体（イタリック）の P を使い，点を表す P と区別する）．電気双極子 $\boldsymbol{p}$ による電位（例題 5）は，$\dfrac{1}{4\pi}\dfrac{\boldsymbol{p}\cdot\widehat{\boldsymbol{r}}}{r^2}$．これに上の $\boldsymbol{p}$ の形を代入すれば，微小部分 dS が P につくる電位 $d\phi(\mathrm{P})$ は

$$d\phi(\mathrm{P}) = \frac{P}{4\pi\varepsilon_0}\frac{\boldsymbol{n}\cdot\widehat{\boldsymbol{r}}}{r^2}dS = \frac{P}{4\pi\varepsilon_0}\frac{\cos\theta dS}{r^2}$$

となる．ここで θ は，dS から P へのベクトル $\boldsymbol{r}$ と dS の法線 $\boldsymbol{n}$ の間の角である．上の最後の形は，序章の式 (12) によれば，P が dS を見る立体角 $d\Omega$ にほかならない．すなわち

$$d\phi(\mathrm{P}) = (P/4\pi\varepsilon_0)d\Omega$$

板の面全体について和をとれば，点 P の電位は

$$\phi(\mathrm{P}) = \frac{P}{4\pi\varepsilon_0}\Omega(\mathrm{P}), \quad P = \sigma\delta$$

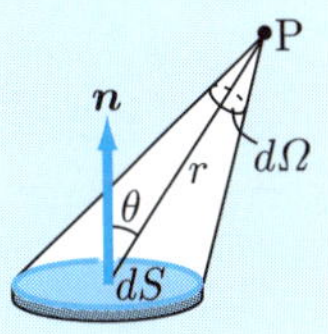

図1. 17

注意　前ページ例題 6（特に「注意」の $E_z(\mathrm{P})$ の式）との類似の理由を考えよ．

問　題

7.1　半径 a の導体円板二枚を間隔 δ でおいた平行板コンデンサーに，電荷がほぼ一様な面密度 $\pm\sigma$ で帯電している．コンデンサーの外部の中心軸上にはどのような電場ができるか．

7.2　例題 7 で板の両面の上下の接近した二点 P_+ と P_- を考える．P_+ から板を横切らずに（板の外を通って）P_- までいくと，その間に立体角 $\Omega(\mathrm{P})$ は 4π 減少し，したがって電位 $\phi(\mathrm{P})$ は板の両側で $\phi(\mathrm{P}_+) - \phi(\mathrm{P}_-) = P/\varepsilon_0$ の不連続をもつ．この不連続ができる原因を，板内の電場を考えることにより説明せよ．

例題 8♣ **球面電荷による双極子電場**

半径 a の球面上に，面密度 $\sigma = \sigma_0 \cos\theta$ で電荷が分布している．球の外部にはいかなる電場ができるか．ここで σ_0 は定数，θ は，球面上の各点の位置を極座標 (θ, φ) で表すときの，天頂角である．

ヒント 与えられた球面上の電荷分布は，電荷密度 $\pm\rho$ の二つの帯電球が，z 軸方向に微小距離 d だけずれて重なった結果生じたものとみなせることを使う（問題 8.1）．ただし $\sigma_0 = \rho d$.

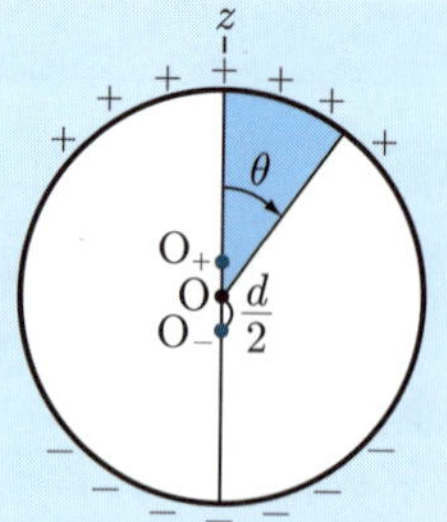

図1. 18

解答 中心を $O_+ = (0, 0, d/2)$ にもつ正電荷の球の電場と，中心を $O_- = (0, 0, -d/2)$ にもつ負電荷の球の電場の，重ね合わせとして求める．ところが，球対称に帯電した球が球外部につくる電場は，全電荷が中心に集中しているときの電場に等しいのであった．それゆえこの場合の球外の電場も，点 O_+ および O_- に，それぞれ点電荷 $+q$ および $-q$（$q \equiv (4\pi/3)a^3\rho$ は正電荷の球の全電荷）があるときの電場に等しいことになる．これは，d が微小距離であるから，モーメント $p = qd = (4\pi/3)a^3\rho d = (4\pi/3)a^3\sigma_0$ の電気双極子の電場にほかならない．したがって点 $\boldsymbol{r}$ の電場は例題 5 より

$$\boldsymbol{E}(\boldsymbol{r}) = \frac{\sigma_0}{3\varepsilon_0}\frac{a^3}{r^3}\Big(3(\boldsymbol{n}\cdot\widehat{\boldsymbol{r}})\widehat{\boldsymbol{r}} - \boldsymbol{n}\Big)$$

$\boldsymbol{n}$ は z 軸方向の単位ベクトルである．

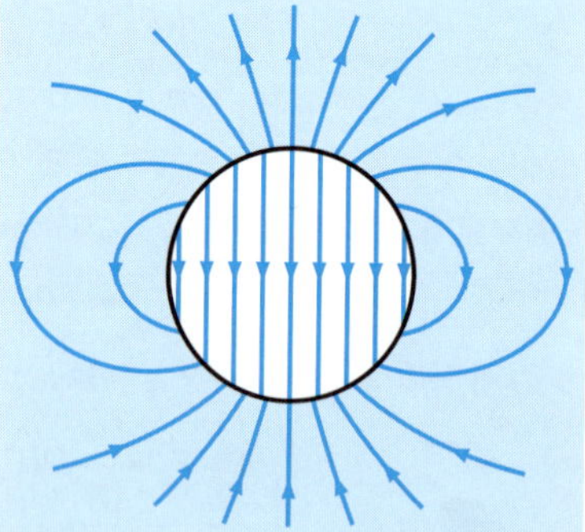

図1. 19

注意 この例題の電荷分布は遠方から見れば電気双極子であるから，遠方の電場が双極子の電場になることは自然である．しかし実際は遠方のみならず，球外のすべての点で双極子の電場になる．これはちょうど，球対称な電荷分布が，球外のすべての点で点電荷型の電場をつくるのと同じ事情である．電荷分布が $\cos\theta$ に比例するときは，球外では双極子型の電場しかできようがないのである．

問題

8.1♣ 半径の等しい二つの球の内部が，それぞれ一様な電荷密度 $\pm\rho$ の電荷でみたされている．この球が微小距離 d だけずれて重なると，上の例題の型の電荷分布が表面に現れることを示せ．

8.2♣ 上の例題で，球内には一様な電場 $\boldsymbol{E} = -\dfrac{\sigma_0}{3\varepsilon_0}\boldsymbol{n}$ ができることを示せ．

1.3 導　体

• 導体系の静電場の定性的性質 •　導体中に電流が流れていない状態を考える.

(1)　導体内部では $\boldsymbol{E}=0$（電流がゼロなのだから）.

(2)　ゆえに導体内部には電荷は存在しない.

(3)　ゆえに導体が帯電すると，電荷は導体表面に分布する．帯電していない導体でも，外部電場の中におくと表面に電荷分布が現れる（**静電誘導**）．これらの表面電荷は，導体内部のいたるところで $\boldsymbol{E}=0$ が実現するように分布する.

(4)　$\boldsymbol{E}=0$ だから導体内部は等電位．したがって導体表面は一つの等電位面となる．ある導体から出た電気力線は同じ導体に入ることはできない.

(5)　導体表面では電場は表面に直交する（等電位面と電場は常に直交する）．電荷面密度が σ の部分の電場の強さは $E=\sigma/\varepsilon_0$（図 1.20 参照）.

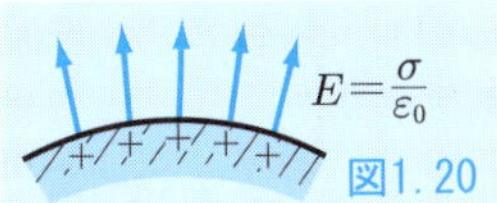

図1. 20

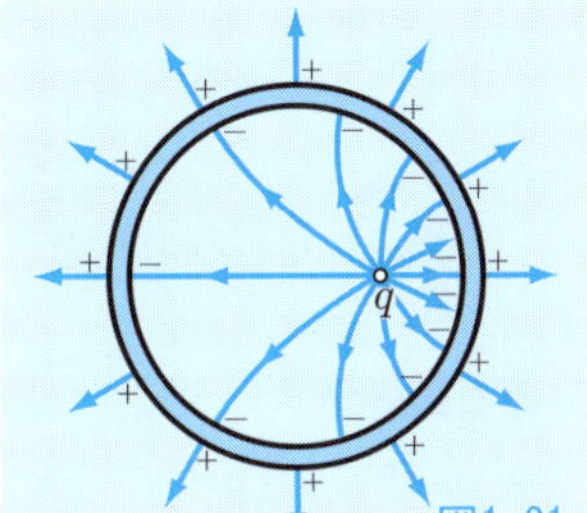

図1. 21

(6)　導体によって囲まれた空洞の内部と外部は，静電的に独立になる（**静電遮蔽**）．すなわち，導体を外部電場の中におくと，外側表面には誘導電荷が分布するが，導体中そして空洞内は（空洞内に電荷がない限り）$\boldsymbol{E}=0$ に保たれる．また空洞内に電荷 q をおくと，空洞の内壁に合計 $-q$，導体の外側表面に $+q$ の誘導電荷が現れるが，外側表面の分布の仕方は，空洞内の q の分布には依存しない（図 1.21 参照）．特に導体を接地すれば，外側表面の $+q$ は消え去り，空洞内部の影響は導体外部には全く現れない.

• 電場の一意性 •　導体 $\mathrm{L}_1, \mathrm{L}_2, \cdots, \mathrm{L}_n$ が導体空洞 L_0 の内部にあるとする．空間が無限遠まで続いている場合は，無限遠を導体 L_0 とみなす．導体 $\mathrm{L}_1, \cdots, \mathrm{L}_n$ の各々について，L_0 との電位差 Φ_i，あるいは電荷 Q_i $(i=1,\cdots,n)$ のどちらかは自由に指定することができる．この指定だけでは電荷の分布がわからないので，1.1 節の式 (5) によって電場を知ることはできないが，とにかくこの指定だけで電場は一意的に定まる．証明は問題 17.2 (32 ページ) 参照．何等かの工夫によって上記の指定を

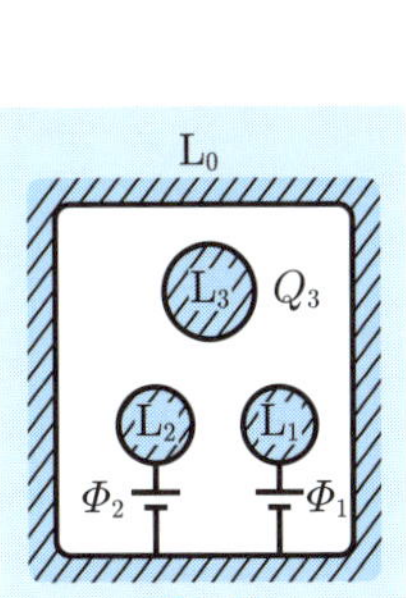

図1. 22

みたす電場を一つみつけることができれば，それが唯一の解であることを，この一意性の定理が保証してくれる．

• 静電容量 • コンデンサーの容量　二つの導体を接近しておいたものが**コンデンサー**である．二つの導体に電荷 $Q, -Q$ を帯電させたときの電位差を V とすれば，線形性（重ね合わせの原理）により，V は Q に比例する．これを $Q = CV$ と表し，C を**コンデンサーの容量**とよぶ．

単独の導体の容量　ある導体が単独に存在するとき，その電位 Φ はそれが帯電している電荷 Q に比例する．これを $Q = C\Phi$ で表し，C をこの導体の**容量**とよぶ．これは，この導体と無限遠が一つのコンデンサーをつくるとみたときの，コンデンサーの容量にほかならない．

• 対地電位 • 地球上の実験では，大地（地球）も導体の一つとして考慮に入れなければならないが，地球自身の電位や地球に帯電している電荷を知る必要はない．大地は巨大な容量をもつ導体で，通常は無限遠と同じはたらきをする．たとえば単独の導体を接地すればその電荷は消えるし，起電力 V の電池を通して接地すれば電荷 $Q = CV$ が帯電する（C はその導体の容量）．そこで大地を電位の基準にとれば,（無限遠を電位 ϕ の基準にとった）今までの式がそのまま使える．すなわち ϕ を**対地電位**と読みかえさえすればよい．もちろん問題によっては，大地が有限の距離にあることを考慮に入れなければならない．

• 共役な点と鏡像法 • 点 P と平面があったとき，P の，平面反対側の点を，P の（その平面に対する）**共役な点**，あるいは P の**鏡像**という．この平面を鏡とみなしたときの像の位置である．また，点 Q と球面（あるいは円）があった場合，図 1.23 のように定義された点 Q′ を，その球面（円）に関する Q の共役な点あるいは鏡像という．ただし c は，$b : a = a : c$ となるように決める．逆に Q は Q′ の共役な点であるともいう．球面上の任意の点を P とし，$\overline{\mathrm{PQ}} = R$, $\overline{\mathrm{PQ'}} = R'$ とすれば，三角形 QOP と POQ′ は相似であるから

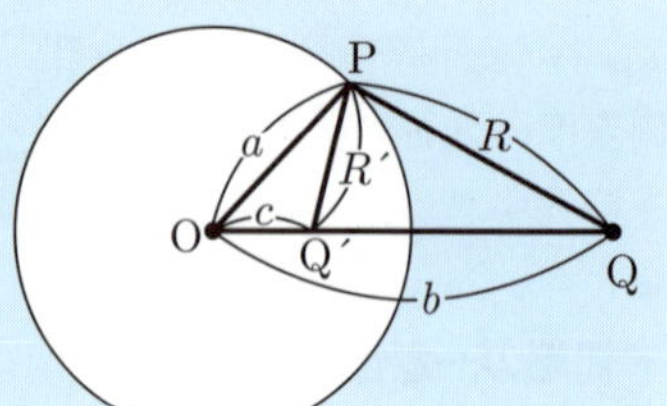

図1. 23

$$\frac{R'}{R} = \frac{a}{b} = \frac{c}{a} \equiv k$$

となる．逆に，与えられた二点 Q′, Q からの距離の比が一定値 k をもつ点 P の軌跡は，球（あるいは円）となる．これを**アポロニウスの球（円）**とよぶ．

無限の平面，あるいは球面（もしくは円筒形）の導体があり，その内または外に電荷があるとき，共役の点に仮想上の電荷を考えると，導体上に誘導される電荷の効果を代表することができる．これを**鏡像法**という．

例題 9 ――― **平行板による電場**

面積 S の平行板コンデンサーの二枚の（厚さのある）極板に，それぞれ $Q_1 = S\sigma_1$，$Q_2 = S\sigma_2$ の電荷を帯電させる．S は十分に大きく，端の影響は無視できるものとする．

(1)　コンデンサーの内外にできる電場を求めよ．

(2)　二枚の極板の，それぞれ内側と外側の表面について，電荷密度を求めよ．

ヒント　例題 2 と同様に重ね合わせの原理を用いる．

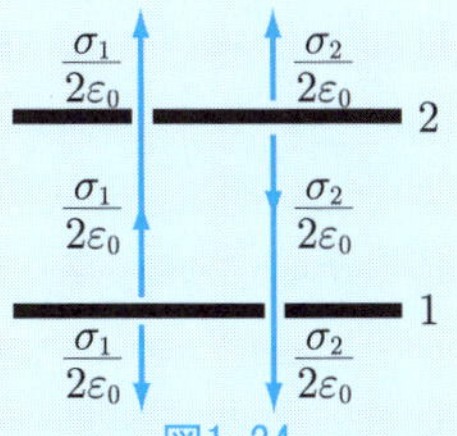

図1.24

解答　(1)　極板 1 は，電荷密度 σ_1 の平面状の電荷分布とみることができるから，それがつくる電場は，図 1.24 のように，上下対称で大きさ $\sigma_1/2\varepsilon_0$ をもつ．同様に極板 2 も，上下対称に大きさ $\sigma_2/2\varepsilon_0$ の電場をつくる．それを重ね合わせれば，図 1.25 に示すような，各領域の電場が求まる．ただし電場の符号は，上向きの場合を正にとってある．

(2)　電場は，導体表面の電荷密度 σ から，σ/ε_0 の割で導体外部にわき出す．極板の各表面を，図 1.25 のように a ～d と名付ければ，上に求めた電場から，電荷密度が

$$\sigma_{\rm a} = \sigma_{\rm d} = \frac{\sigma_1 + \sigma_2}{2}, \quad \sigma_{\rm b} = -\sigma_{\rm c} = \frac{\sigma_1 - \sigma_2}{2}$$

と得られる（面 b から出る電場は全部面 c で吸収されるのだから $\sigma_{\rm b} = -\sigma_{\rm c}$．それから $\sigma_{\rm a} = \sigma_{\rm d}$ も明らか）．

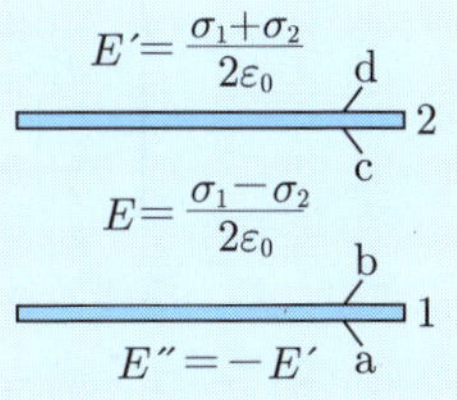

図1.25

別解　各面での電解度をまず $\sigma_{\rm a}$～$\sigma_{\rm d}$ とし，それらがつくる導体内部の電場がゼロという条件と，$\sigma_{\rm a} + \sigma_{\rm b} = \sigma_1$ などから，問題を解くこともできる．

注意　コンデンサーとして用いるときは，$Q_1 = -Q_2$，すなわち $\sigma_1 = -\sigma_2 \equiv \sigma$ である．そのときは上の結果は，$\sigma_{\rm a} = \sigma_{\rm d} = 0$，$\sigma_{\rm b} = -\sigma_{\rm c} = \sigma$，$E' = E'' = 0$，$E = \sigma/\varepsilon_0$ に帰着し，これから周知のように，容量 $C = \varepsilon_0 S/d$ （d は極板の間隔）が得られる．

問　題

9.1　面積 S の導体板を三枚平行におき，両端の導体（導体 1 と 2）を導線で結ぶ．導体 1 と 2 の間隔を l，導体 1 と 3 の間隔を $x\,(0 < x < l)$ とする．導体 3 に電荷 $Q = S\sigma$ を帯電させるときにできる電場，および三枚の導体板の各表面の電荷密度を求めよ．S は十分に大きいものとする．

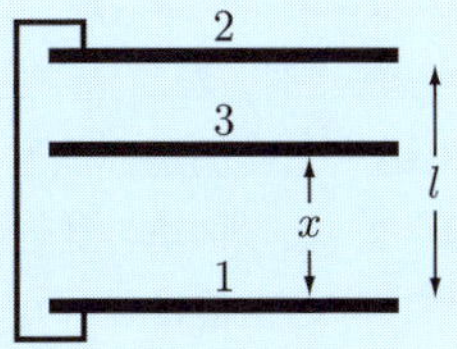

図1.26

例題 10　　**同心球面**

半径 a および b $(a<b)$ の同心球面の導体から成る球形コンデンサーがある．内球に q_a，外球に q_b の電荷を与えると，いかなる電場ができるか．また，内球および外球の電位はどれだけか．

ヒント　重ね合わせの原理を用いる．

解答　球面上に一様に分布した電荷 q は，球内には電場をつくらず，球外では動径方向を向く電場 $E(r)=q/4\pi\varepsilon_0 r^2$ をつくる．そこで

内球の q_a がつくる電場：　$0<r<a$ では 0，　$a<r$ では $E_a(r)=\dfrac{1}{4\pi\varepsilon_0}\dfrac{q_a}{r^2}$

外球の q_b がつくる電場：　$0<r<b$ では 0，　$b<r$ では $E_b(r)=\dfrac{1}{4\pi\varepsilon_0}\dfrac{q_b}{r^2}$

実際の電場はこの二つの重ね合わせであるから，大きさは

$$E(r)=\begin{cases} 0 & (r<a) \\ \dfrac{1}{4\pi\varepsilon_0}\dfrac{q_a}{r^2} & (a<r<b) \\ \dfrac{1}{4\pi\varepsilon_0}\dfrac{q_a+q_b}{r^2} & (b<r) \end{cases}$$

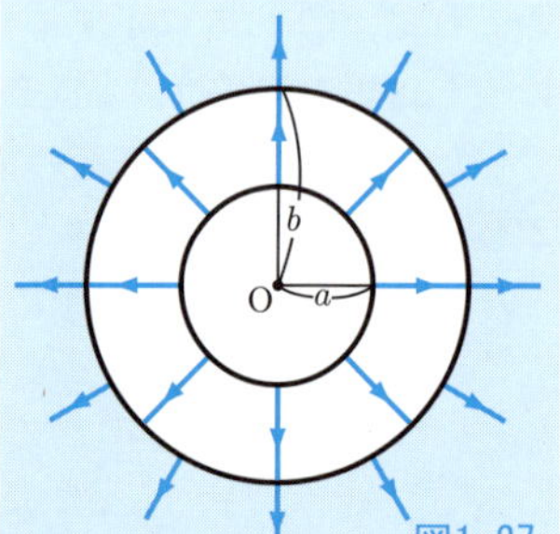

図1.27

念のため，導体の各表面に，どれだけの電荷が分布するかを考えてみよう．内球の内側の面には電荷は分布しない（空洞中に電荷がないから）．q_a は全部内球の外側の面に分布する．外球の内側の面には，電荷 $-q_a$ が分布する．それが内球の q_a から出た電束を全部吸収するのである．したがって外球の外側の面には q_a+q_b が分布することになり，それが上記の $r>b$ の場のわき出しとなる．

電位は，電場から定義どおりに求めればよい．内球と外球の電位を ϕ_a, ϕ_b とすれば

$$\phi_b=-\int_{\infty}^{b}E(r)dr=\frac{1}{4\pi\varepsilon_0}\frac{q_a+q_b}{b}$$

$$\phi_a=-\int_{b}^{a}E(r)dr+\phi_b=\frac{q_a}{4\pi\varepsilon_0}\left(\frac{1}{a}-\frac{1}{b}\right)+\phi_b=\frac{1}{4\pi\varepsilon_0}\left(\frac{q_a}{a}+\frac{q_b}{b}\right)$$

問　題

10.1　上の例題の球形コンデンサーの容量を求めよ．

10.2　上の例題の球形コンデンサーの外球を接地し，内球に電荷 q_a を与えると，内球の電位はどれだけになるか．また内球を接地して外球に電荷 q_b を与えると，外球の電位はどれだけになるか．

例題 11 　　二つの球面

半径 a および b の二つの導体球が，長い針金で結ばれている．

(1) この導体系に電荷を与えると，二つの球にどのように分配されるか．

(2) 球の表面における電場の強さの比を求めよ．

ヒント 二つの球の電位が等しくなるように電荷が分配される．

解答 (1) 二つの球は離れているので，それぞれが単独にあるときの電位の式を用いることができる．分配される電荷を q_a, q_b とすれば，二つの球の電位は

$$\phi_a = \frac{1}{4\pi\varepsilon_0}\frac{q_a}{a}, \quad \phi_b = \frac{1}{4\pi\varepsilon_0}\frac{q_b}{b}$$

となる．$\phi_a = \phi_b$ より $q_a : q_b = a : b$，すなわち電荷は半径に比例して分配される．

(2) 導体表面の電場は $E = \sigma/\varepsilon_0$ であるから，電場の比は電荷密度の比に等しく，

$$E_a : E_b = \frac{q_a}{a^2} : \frac{q_b}{b^2} = \frac{1}{a} : \frac{1}{b}$$

すなわち電場は半径に逆比例する．この例題は，導体の表面上で，曲率半径の小さい所ほど表面電場が強くなることの，簡単な実例としてよく知られている．

問　題

11.1 空気中においた直径 10 cm の金属球の電位は，最大どこまで上げ得るか．またそのとき帯電している電気量はどれだけか．ただし 1 気圧の空気の絶縁耐力を 3×10^6 V/m とする．ここで絶縁耐力とは，それ以上電場を強くするとイオン化による放電がおきてしまう，限界の電場の強さをいう．

11.2 半径 a および b $(a < b)$ の同心の導体球殻が針金で結ばれている（図 1.28）．この導体系に電荷を与えると，電荷は二つの球面にどのように分配されるか．二つの球殻の中心がずれている場合はどうか．

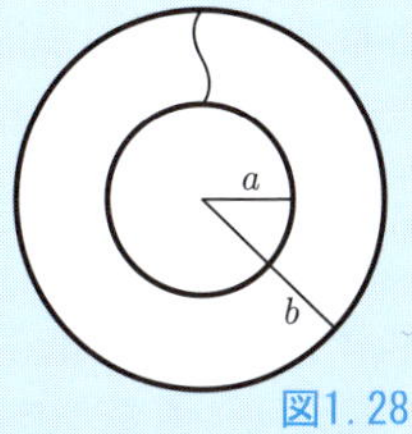

図1.28

11.3 容量 C_1 の帯電していない導体と，容量 C_2 で電荷 Q を帯電している導体を，起電力 V の電池を通して長い導線で結ぶ．各導体に分配される電荷を求めよ．

11.4♣ 半径 a の十分薄い導体円板がある（図 1.29）．

(1) 表面に面密度 $\sigma(\rho) = \dfrac{k}{\sqrt{a^2 - \rho^2}}$ で電荷が分布すれば，導体表面は等電位面になることを確かめよ．ここで ρ は中心 O からの距離，k は定数である．

(2) この円板の容量を同一半径の導体球の容量と比較し，その比を求めよ．

(3) 中心 O および縁の点 A における電場を求めよ．

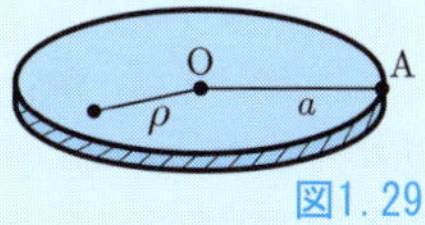

図1.29

例題 12 **鏡像法（平面）**

接地した十分に広い導体平面から距離 h 離れた点 Q に，点電荷 q をおく．導体の表面には静電誘導によって電荷分布ができ，この電荷分布と点電荷 q が源になって，空間中の電場ができる．その電位分布を求め，電気力線の概形をかけ．

ヒント 電荷 q の，導体平面に関する鏡像を考える．

解答 導体表面に現れる誘導電荷の分布がわかっていないので，1.2 節（12 ページ）の公式 (5) を用いて電位分布を求めることはできない．しかし電場の一意性の定理によれば，導体平面 S の上の電位が $\phi = 0$ で，S から右の空間にある電荷は点 Q にある q のみであるという指定により，S から右の電場は一意的に決まってしまう．それゆえ，この指定をみたす電位分布を何らかの方法で得ることができれば，それが解である．

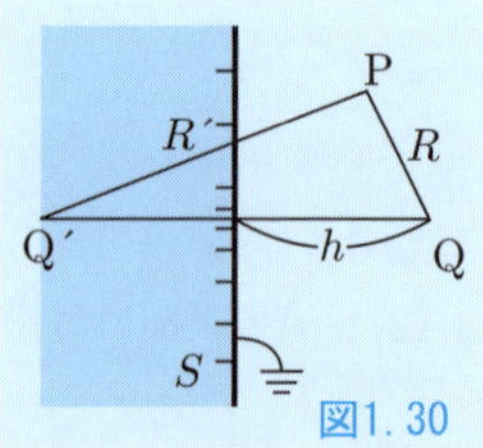

図1. 30

導体平面を鏡とみるとき Q の鏡像になる点を Q′ とする．まず導体平面を取り除き，代わりに点 Q′ に電荷 $-q$ をおく．すると任意の点 P の電位は，$\overline{\mathrm{QP}} = R$, $\overline{\mathrm{Q'P}} = R'$ として

$$\phi(\mathrm{P}) = \frac{q}{4\pi\varepsilon_0}\left(\frac{1}{R} - \frac{1}{R'}\right)$$

で与えられる．この電位分布のうち S から右の部分に注目すると，面 S 上では（$R = R'$ ゆえ）$\phi = 0$ をみたし，また電荷は点 Q ($R = 0$) にある q のみである．これはまさにもとの問題で指定された条件である．したがって S から左の部分を電位ゼロの導体でおきかえても，S から右の部分の電位分布は上の $\phi(\mathrm{P})$ のままで，それが求める解になる．電場は，電荷 q から出て $-q$ へ入る電場の右半分である．

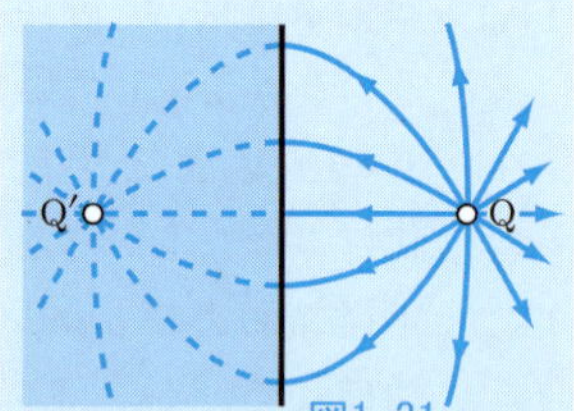

図1. 31

鏡像法は重要であるから，次のような直観的な考え方[†] もあわせて紹介しておこう．重ね合わせの原理により，点電荷 q がつくる電場と面 S 上の誘導電荷がつくる電場の和が，全体の電場である．q がつくる電場は Q から放射状に広がり，導体内にもそのまま入り込む（図 1.32）．導体内部では全体の電場はゼロであるから，S 上の電荷がつくる電場が，q の電場をちょうど打ち消しているはずである．すなわち S 上の電荷は，導体内部で，Q に収束するような電場をつ

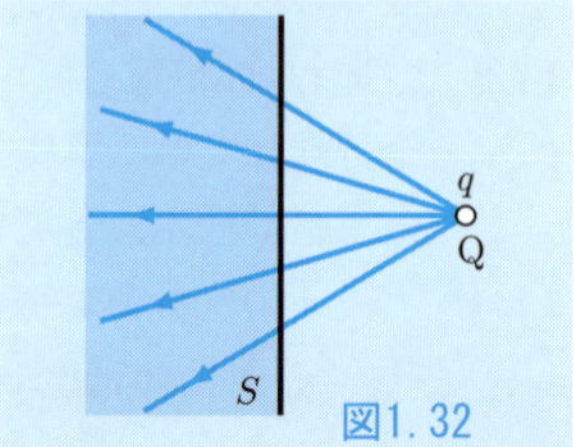

図1. 32

[†] 熊谷寛夫『電磁気学の基礎 —— 実験室における ——』（裳華房）

くる．ところが平面上の電荷分布がつくる電場は平面に関し対称であるから，S 上の電荷は，S から右の空間にも，図 1.33 のように Q′ に向かって収束する電場をつくる．この電場は，点 Q′ に電荷 $-q$ があるときにできる電場と同じである．こうして前ページの $\phi(\mathrm{P})$ のうち，第一項は点電荷 q がつくる電位，第二項は S 上の誘導電荷がつくる電位であることがわかった．

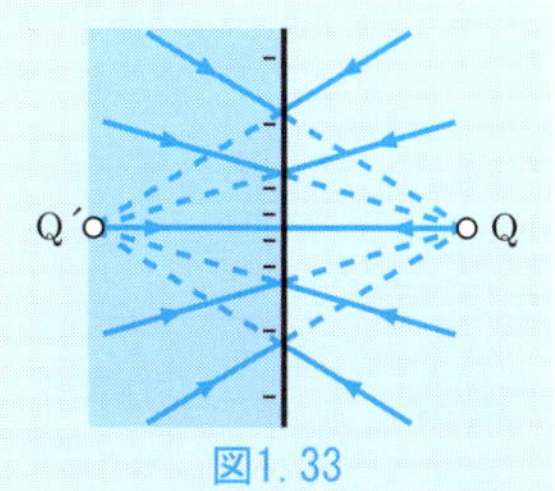

図1. 33

要約すれば，面 S の右側から見る限り，面 S の上の電荷分布と点 Q′ にある電荷 $-q$ は区別がつかない（これは光の反射の場合と同じ事情で，鏡像とよばれる理由である）．すなわち，S 上の誘導電荷の（電場の源としての）はたらきを，鏡像電荷 $-q$ が代理でつとめているわけである．

問　題

12.1 (1)　上の例題で，点 P が遠方のとき，電位は原点からの距離の何乗に比例するか．

(2)　導体表面上の各点における電荷密度，および誘導された全電荷を求めよ．

(3)　電荷 q が受ける力（鏡像力）を求めよ．

12.2 直角に交わる二枚の導体平面からそれぞれ距離 a, b の点に，点電荷 q がある．電場を求めるには，いかなる鏡像電荷を考えればよいか（図 1.34）．

12.3 無限に広い導体平面から距離 h 離れた所に，線密度 λ で一様に帯電した無限に長い直線がおかれている．空間の電位分布を求め，電気力線を描け．直線の単位長さ当りが受ける力はどれだけか（図 1.35）．

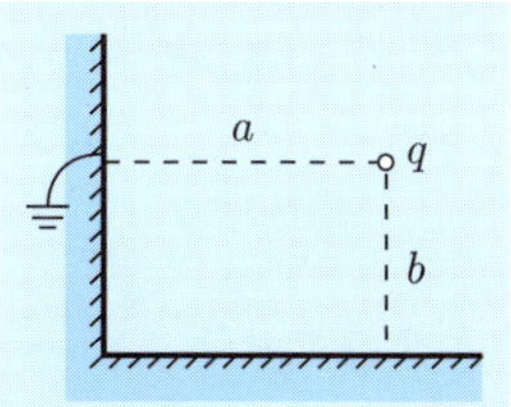

図1. 34

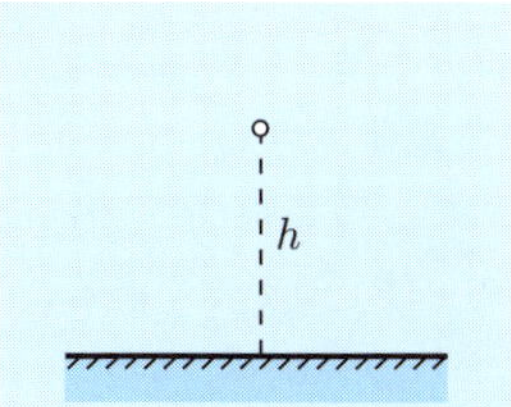

図1. 35

12.4 導体平面から距離 h のところに，半径 a $(a \ll h)$ の針金が平面と平行に張ってある．単位長さ当りの容量を求めよ．

12.5 直径 1 mm，長さ 10 cm の導線を，シャーシー（回路作成用の金属製の台）から 1 cm 離して張った．導線とシャーシーの間に生じる浮遊容量（回路図では意図されていない容量）はどれだけか．

例題 13 **鏡像法（球面）**

接地された導体球の近くの点 Q に，電荷 q がおかれている．空間の電位分布を求め，電場の様子を図示せよ．球の半径を a，球の中心と点 Q の距離を b $(b > a)$ とする．

ヒント 球面上の誘導電荷の影響は，球面に関し Q と共役な点 Q′ に鏡像電荷をおいて，代表させることができる．

解答 点電荷 q の引力による静電誘導で，球表面 S には電荷分布ができるが，その形はあらかじめはわからない．しかし例題 12 の場合と同様に，一意性の定理により，(イ) S の上では $\phi = 0$，(ロ) S の外部の電荷は点 Q にある q のみ，という指定で，電場は決まってしまう．それゆえ，この指定をみたす電位分布をさがしてくれば，それが解になる．

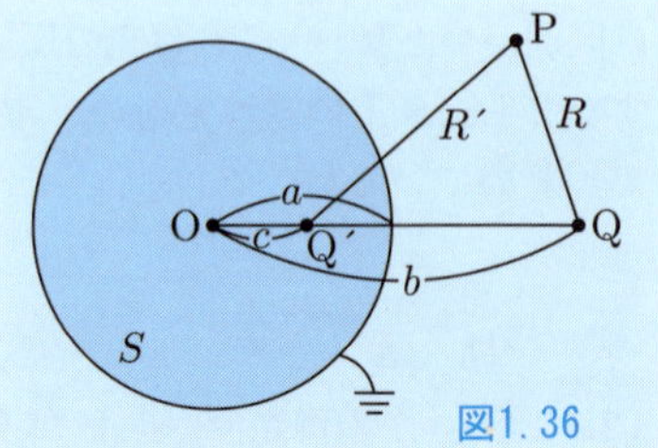

図1.36

球面 S に関し Q と共役な点を Q′ とする（共役な点の定義は，20 ページを見よ）．空間の任意の点を P とし，$\overline{\mathrm{QP}} = R$, $\overline{\mathrm{Q'P}} = R'$ とおく．特に P が球面 S の上にあるときには，20 ページに説明したように

$$\frac{R'}{R} = 一定 \equiv k = \frac{a}{b} = \frac{c}{a}$$

という関係が成り立つ．そこでまず導体球を取り除き，点 Q′ に電荷 $q' = -kq$ をおくと，任意の点 P の電位は

$$\phi(\mathrm{P}) = \frac{q}{4\pi\varepsilon_0}\left(\frac{1}{R} - \frac{k}{R'}\right)$$

となる．この電位分布は，P が S の上にあるときは上の関係から $\phi(\mathrm{P}) = 0$ を与え，また S の外部にある電荷は点 Q $(R = 0)$ にある q のみである．このように $\phi(\mathrm{P})$ は我々の指定をみたすので，等電位面 S の内部をそっくり導体球でおきかえても，S の外部の電位分布は上の $\phi(\mathrm{P})$ のままである．

任意の点 P における電場は，q がつくる電場と S 上の誘導電荷がつくる電場の重ね合わせであるが，後者は，あたかも，点 Q′ にある点電荷 q' がつくるように見える．すなわち，誘導電荷分布と鏡像電荷 q' は，S の外部から見たのでは区別することができない．これが，上の電位分布 $\phi(\mathrm{P})$ の意味である．

電気力線の様子を図 1.37 に示す．

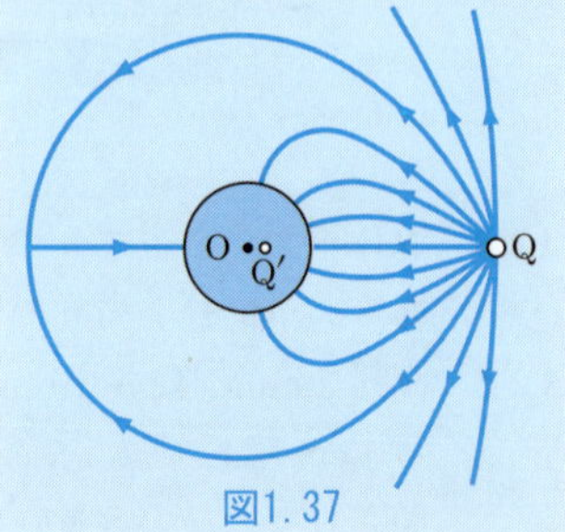

図1.37

問　題

13.1♣ 上の例題で，(1) 球面上の電荷分布，(2) 誘導される全電荷，および (3) 電荷 q が受ける力（鏡像力）を求めよ．

13.2 上の例題で導体球が絶縁されている（つまり帯電していない）場合には，電位分布および点電荷 q が受ける力はどう変るか（球内にもう一つ仮想上の電荷を考える）．

13.3 前問で，絶縁された導体球が電荷 q_1 を帯電しているとすれば，点電荷 q はいかなる力を受けるか（q と q_1 が同符号でも引力になる場合があることに注意せよ）．

13.4 内半径 a の導体球殻の内部の，中心から距離 c $(c < a)$ 離れた点 Q に，点電荷 q をおく（図 1.38）．

(1) 空洞内の電位分布および空洞内壁の電荷分布を求めよ．

(2) q にはいかなる力がはたらくか．

(3) 球殻が絶縁されているとして，球殻の外側の表面にはどのような電荷分布が現れるか．

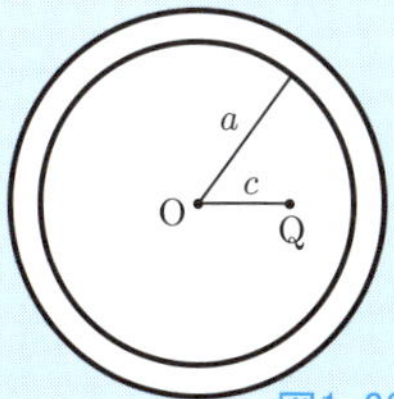

図1.38

13.5 半径 a の十分に長い円柱状の導体と，円柱に平行に張られた，電荷線密度 λ で一様に帯電した針金がある．円柱の中心軸と針金との間隔を b $(b > a)$ とする．円柱は帯電していないものとする（図 1.39）．(1) 空間の電位分布，(2) 円柱表面の電荷分布を求めよ．

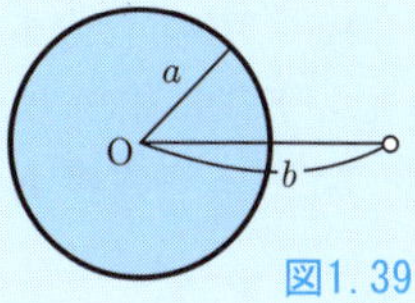

図1.39

13.6♣ 前問の円柱と針金をコンデンサーの両極と見て，その単位長さ当りの静電容量を計算せよ．ただし針金の半径を a' $(a' \ll a)$ とする．

13.7♣ 半径 a の十分に長い円柱状の導体が二つ，平行におかれている（図 1.40）．これをコンデンサーの両極とみるとき，円柱の単位長さ当りの容量を求めよ．二つの円柱の中心軸間の距離を d $(d > 2a)$ とする．

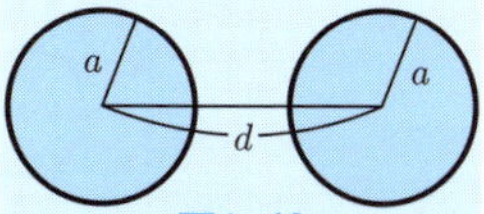

図1.40

13.8♣♣ 楕円 $x^2/a^2 + y^2/b^2 = 1$ $(a > b)$ を長軸のまわりに回転して得られる，葉巻型の回転楕円体の導体がある（図 1.41）．この導体の静電容量を求めよ．

ヒント　問題 6.2 の結果を用いよ．

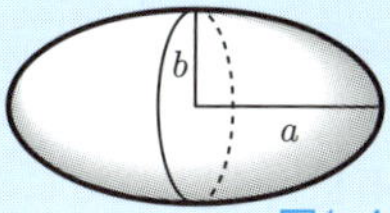

図1.41

例題 14♣ **導体球上の誘導電荷**

一様な電場 $\boldsymbol{E}_0$ の中に，半径 a の導体球をおく．

(1) 静電誘導により球面上に現れる電荷は，どのように分布するか．

(2) 球のまわりの空間の電場を求めよ．

ヒント 問題 8.2 の結果を用いる．

解答 (1) 導体球の内部では電場はゼロであるが，それは，外部電場 $\boldsymbol{E}_0$ と球面上の誘導電荷がつくる電場が打ち消し合って，そうなっているはずである．すなわち，球面上の電荷は，球内に一様な電場 $-\boldsymbol{E}_0$ をつくるように分布する．ところが問題 8.2 により，我々はそのような電荷分布をすでに知っている．すなわち球の中心を原点とし，$\boldsymbol{E}_0$ の方向を z 軸とする極座標を表すとき，面密度 $\sigma(\theta)=\sigma_0\cos\theta$ をもつ球面上の電荷分布は，球内に $-z$ 方向を向く強さ $\sigma_0/3\varepsilon_0$ の電場をつくる．これより，今の問題の誘導電荷の面密度は

$$\sigma(\theta)=3\varepsilon_0 E_0\cos\theta$$

であることがわかる．

(2) この電荷分布が球外につくる電場は，例題 8 により，モーメント $4\pi a^3\sigma_0/3$ ($=4\pi\varepsilon_0 a^3 E_0$) に相当する電気双極子型の電場である．これにはじめの外場 $\boldsymbol{E}_0$ を加えたものが点 $\boldsymbol{r}$ の電場 $\boldsymbol{E}(\boldsymbol{r})$ であるから

$$\boldsymbol{E}(\boldsymbol{r})=\boldsymbol{E}_0+\frac{a^3}{r^3}\Big(3(\boldsymbol{E}_0\cdot\widehat{\boldsymbol{r}})\widehat{\boldsymbol{r}}-\boldsymbol{E}_0\Big)$$

球表面では $\boldsymbol{E}(\boldsymbol{r})=3E_0\cos\theta\widehat{\boldsymbol{r}}$ で，電場は表面と直交する．

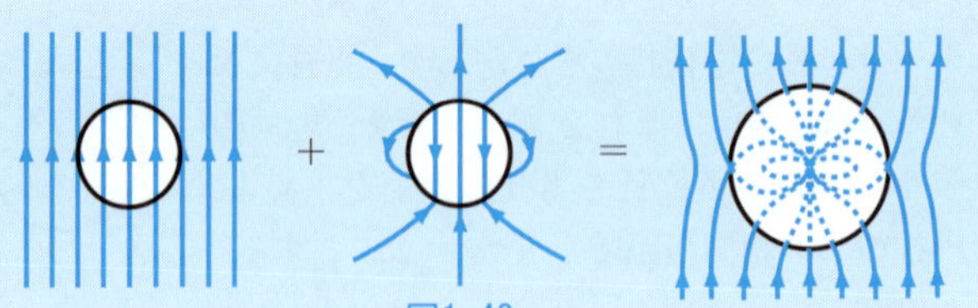

図1. 42

問題

14.1♣ 問題 13.2 において，点電荷 q を導体球から無限遠に引き離し，同時に q を無限に大きくする極限をとれば，上の例題 14 の結果が再現できることを示せ．

14.2♣ 上の例題の球には，$\boldsymbol{E}_0$ と垂直な平面で球を半分ずつに引き離そうとする力がはたらく．その力の大きさを求めよ．

14.3♣ 半径 a の導体球殻の中心に，モーメント $\boldsymbol{p}$ の電気双極子をおくとき，球殻の内壁に現れる電荷分布を求めよ．

1.4 電場のエネルギー

● **コンデンサーのエネルギー** ● 容量 C のコンデンサーの極板に帯電している電荷を $\pm Q$，極板間の電位差を V とする．この状態をつくるのに要した仕事，すなわちコンデンサーの**静電エネルギー**は（例題 15 の解答を参照），

$$U = \frac{1}{2}QV = \frac{1}{2}CV^2 = \frac{1}{2C}Q^2 \tag{1}$$

● **電荷分布がもつ静電エネルギー** ● 点電荷 $q_1, q_2, \cdots, q_n$ が点 $\boldsymbol{r}_1, \boldsymbol{r}_2, \cdots, \boldsymbol{r}_n$ におかれている．この配置がもつ静電エネルギーは

$$U = \frac{1}{2}\sum_{i=1}^{n} q_i \phi_i \tag{2}$$

ここで ϕ_i は，q_i 以外の電荷が点 $\boldsymbol{r}_i$ につくる電位である．電荷分布が連続的な場合には，和が積分に変わる．点 $\boldsymbol{r}$ における電荷密度と電位を $\rho(\boldsymbol{r})$ と $\phi(\boldsymbol{r})$ とすると，

$$U = \frac{1}{2}\int \rho(\boldsymbol{r})\phi(\boldsymbol{r})dV \tag{3}$$

● **導体系がもつ静電エネルギー** ● i 番目の導体の電荷，電位をそれぞれ $Q_i, \varPhi_i$ とすれば，

$$U = \frac{1}{2}\sum_{i} Q_i \varPhi_i \tag{4}$$

● **電場のエネルギー密度** ● 上のエネルギーの表式 (3), (4) は，電場が存在する領域についての体積積分

$$U = \int \frac{1}{2}\varepsilon_0 \boldsymbol{E}^2 dV \tag{5}$$

に書き変えることができる（例えば例題 17）．すなわち静電エネルギー U は，**エネルギー密度** $\dfrac{1}{2}\varepsilon_0 \boldsymbol{E}^2$ で空間に分布していると解釈することができる．

● **仮想仕事** ● 導体の位置を表す座標の一つを x とし，導体にはたらいている電気的な力の x 方向の成分を F とする．いま仮想的にこの導体を $\varDelta x$ だけ変位させることを考える．そのために外から加えるべき力は，F を打ち消すだけの力 $-F$ である．したがって外力がする仕事は $-F\varDelta x$ であり，エネルギーの増加 $\varDelta U$ は

$$-F\varDelta x = \varDelta U$$

そこで U が x の関数としてわかっていれば，力 F は次のように求まる．

$$F = -\frac{\partial U}{\partial x} \tag{6}$$

例題 15 **球面電荷のエネルギー**

半径 a の球面上に，電荷 Q が一様な面密度で分布している．この電荷分布がもつ静電エネルギーを，次の二つの方法で計算せよ．

(1) この電荷分布をつくり上げるのに必要な仕事を計算する．

(2) 電場にともなうエネルギーの和として求める．

解答 (1) 無限遠から球面まで電荷をわずかずつ運んでくる．途中の段階でも，電荷は球面上に一様に分布させる．球面上の電荷の量が λQ $(0 \leqq \lambda \leqq 1)$ になったとき，球面の電位は $\phi(\lambda) = \dfrac{1}{4\pi\varepsilon_0}\dfrac{\lambda Q}{a}$ であるから，そこへさらに $d\lambda \cdot Q$ の電荷を運んでくるには $\phi(\lambda)Qd\lambda$ の仕事が必要である．これを $\lambda = 0 \to 1$ について和をとれば，静電エネルギー U は

$$U = \int_0^1 \phi(\lambda)Qd\lambda = \frac{1}{4\pi\varepsilon_0}\frac{Q^2}{a}\int_0^1 \lambda d\lambda = \frac{Q^2}{8\pi\varepsilon_0 a}$$

と得られる．球面が導体ならば，その容量は $C = 4\pi\varepsilon_0 a$ だから (問題 10.1 の解で $b = \infty$ のケース)，上の計算は

$$\phi(\lambda) = \frac{\lambda Q}{C}, \quad U = \frac{Q^2}{C}\int_0^1 \lambda d\lambda = \frac{Q^2}{2C}$$

という一般論の一例にほかならない．

(2) 電場は球内ではゼロ，球外では球対称で，中心から距離 r の点における大きさは

$$E(r) = \frac{1}{4\pi\varepsilon_0}\frac{Q}{r^2}$$

であるから，エネルギー密度の積分は

$$U = \int_a^\infty \frac{\varepsilon_0}{2}\boldsymbol{E}^2 4\pi r^2 dr = \frac{Q^2}{8\pi\varepsilon_0}\int_a^\infty \frac{dr}{r^2} = \frac{Q^2}{8\pi\varepsilon_0 a}$$

問　題

15.1 容量 1 μF のコンデンサーが 200 V に帯電しているとき，貯えられている静電エネルギーはどれだけか．

15.2 原子番号 Z，質量数 A の原子核を，問題 4.3 で説明したような球状の電荷分布とみなすとき，その静電エネルギーはどれだけか．また，ウラン原子核 $(Z = 92, A = 238)$ の静電エネルギーを，電子ボルト単位で計算せよ．

15.3♣ 内径 a，外径 b の導体球殻に，小さな穴があけてある．はじめ球の中心においてある点電荷 q を，穴を通して無限遠まで運ぶには，どれだけの仕事が必要か．球殻は接地されているものとする．

例題 16　　**平行板間の力**

面積 S，間隔 x の平行板コンデンサーが，電荷 $\pm Q$ を帯電している．このとき両極板が及ぼし合う力を，仮想仕事を用いて求めよ．

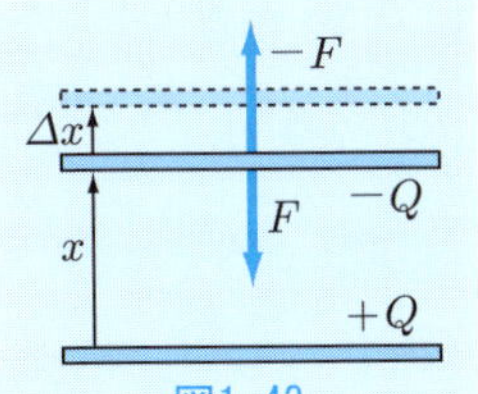

図1.43

解答　一方の極板にはたらいている力を F とする．この極板を仮想的に Δx だけ引き離すことを考えると，そのとき外から極板に加えるべき力は $-F$ であるから，この外力がなす仕事，すなわち仮想仕事は $-F\Delta x$ である．これが，コンデンサーのエネルギーの増加 ΔU となる．すなわち

$$-F\Delta x = \Delta U$$

コンデンサーの静電エネルギーは，極板間の電位差を V，容量を C とすれば

$$U = \frac{1}{2}QV = \frac{1}{2C}Q^2$$

であり，仮想変位の間，Q は一定であるから，U の増し高は

$$\Delta U = \frac{Q^2}{2}\Delta\left(\frac{1}{C}\right) = \frac{Q^2}{2}\frac{\Delta x}{\varepsilon_0 S}$$

である．ただし平行板コンデンサーの容量の式 $C = \varepsilon_0 S/x$ を用いた．したがって

$$F = -\frac{Q^2}{2\varepsilon_0 S}$$

を得る．極板間の電場の強さ $E = \sigma/\varepsilon_0 = Q/\varepsilon_0 S$ を用いれば，上の結果は

$$F = -\frac{1}{2}\varepsilon_0 E^2 S = -\frac{1}{2}QE$$

とも表される．負の符号は，F が x と逆向き，すなわち引力であることを示している．

問　題

16.1　半径 a の導体球面上に電荷 Q が存在している．球面すぐ外側の電場を $\boldsymbol{E}$ とすると，球面全体に働いている力は $Q\boldsymbol{E}/2$ であることを示せ（例題 15 の結果を使う）．

16.2　上の例題で極板にはたらく力は，一見，極板の電荷と電場の積，すなわち $F = -QE$ であるように思われる．この考えが正しくないのはなぜか．

16.3　地球表面には，約 100 V/m の強さの下向きの電場がある．

(1)　地表の電荷密度はどれだけか．地球全体に帯電している電荷はどれ程か．

(2)　地表には 1 m^2 当りどれだけの力がはたらいているか．

16.4♣　例題 16 で，$V =$ 一定 の条件で仮想変位を行い，仮想仕事の方法を機械的に適用すると，力 F の符号が逆にでる．その理由はなぜか．

例題 17♣　　**導体系のエネルギー**

n 個の導体 $L_1, L_2, \cdots, L_n$ が導体空洞 L_0 の中にある（空間が無限遠まで続いているときは，無限遠を L_0 とする）．電場のエネルギー密度 $\frac{1}{2}\varepsilon_0 \boldsymbol{E}^2$ を空間積分すると，静電エネルギー $\sum_{i=1}^{n}\frac{1}{2}Q_i\Phi_i$ が得られることを確かめよ．ここで Q_i は導体 L_i に帯電している電荷，Φ_i は導体 L_i と L_0 の電位差である．

ヒント　積分領域を電気力管に分けて考えるとわかりやすい．

解答　全空間を細い電気力管に分け，各電気力管ごとにエネルギー密度の積分を行う．導体 L_i から出て L_j に入る一本の電気力管の両端にある電荷を q_{il}, q_{jm} とすれば，$q_{jm} = -q_{il}$ である（ここで $i, j = 0, 1, \cdots, n$）．電気力管の任意の点の断面積を dS とすれば，そこを通る電束 $\varepsilon_0 EdS$ はこの電気力管の上で一定で，q_{il} に等しい（$\boldsymbol{E}$ は面 dS に垂直であり，その絶対値を E と記し，一つの dS 内では一定とする）．電気力管の微小体積を $dV = dSdl$ と表せば，電気力管についての積分は

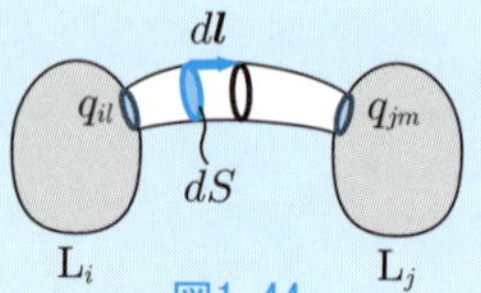

図1. 44

$$\int \varepsilon_0 \boldsymbol{E}^2 dV = \int \varepsilon_0 EdS \cdot Edl = q_{il}\int Edl$$

のように，L_i から L_j への電場の線積分に帰着する．この線積分は L_i と L_j の電位差 $\Phi_i - \Phi_j$ にほかならないので

$$\int \varepsilon_0 \boldsymbol{E}^2 dV = q_{il}(\Phi_i - \Phi_j) = q_{il}\Phi_i + q_{jm}\Phi_j$$

となる．次にすべての電気力管の寄与の和をとると，$\sum q_{il}\Phi_i$ の形になることが容易にわかる．ここで和は，すべての微小電荷 q_{il} についての和であるが，これをまず一つの導体 L_i の上で和をとり（そのとき Φ_i は共通），次に全導体について和をとると

$$\int \frac{1}{2}\varepsilon_0 \boldsymbol{E}^2 dV = \frac{1}{2}\sum q_{il}\Phi_i = \frac{1}{2}\sum_i \Phi_i \sum_l q_{il} = \frac{1}{2}\sum_i \Phi_i Q_i$$

と，目的の式に変形できた．導体 L_0 の電位は $\Phi_0 = 0$ ゆえ，上の和は $\sum_{i=1}^{n}$ となる．

問　題

17.1♣ すべての導体の電位がゼロのときは，電場は存在しないことを示せ．

17.2♣ 例題 17 の各導体 $(i = 1, \cdots, n)$ について，電荷 Q_i もしくは電位 Φ_i のどちらかを指定すれば，空間の電場は一意的に定まることを示せ．

ヒント　上の指定をみたす二通りの電場 $\boldsymbol{E}^{\mathrm{a}}(\boldsymbol{r})$, $\boldsymbol{E}^{\mathrm{b}}(\boldsymbol{r})$ が可能であると仮定し，その差 $\boldsymbol{E}^{\mathrm{d}} \equiv \boldsymbol{E}^{\mathrm{a}} - \boldsymbol{E}^{\mathrm{b}}$ について例題 17 と同じ計算を行なえば，$\boldsymbol{E}^{\mathrm{d}} \equiv 0$ をいうことができる．

1.5 静電場の基礎法則の微分型

• ベクトル場の発散（発散密度）• x 軸方向を向く流体の流れの中に，辺の長さ $\Delta x, \Delta y, \Delta z$ の微小な直方体を考える．単位時間にこの直方体から流れ出す流体の総体積は，点 $\boldsymbol{r} = (x, y, z)$ における流速を $v_x(x, y, z)$ とすれば

$$\left[v_x(x + \Delta x, y, z) - v_x(x, y, z)\right] \Delta y \Delta z \fallingdotseq \frac{\partial v_x}{\partial x} \Delta x \Delta y \Delta z = \frac{\partial v_x}{\partial x} \Delta V$$

$\Delta V = \Delta x \Delta y \Delta z$ はこの微小直方体の体積である．流速 $\boldsymbol{v}$ が y, z 成分ももつ場合に一般化すれば，この直方体から流れ出す流量は

$$\left(\frac{\partial v_x}{\partial x} + \frac{\partial v_y}{\partial y} + \frac{\partial v_z}{\partial z}\right) \Delta V \equiv \boldsymbol{\nabla} \cdot \boldsymbol{v} \Delta V \qquad (1)$$

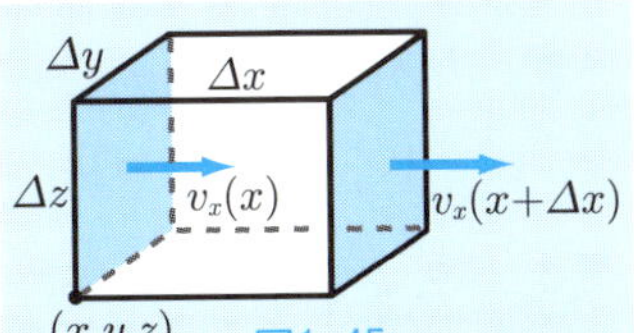

図1.45

となる．ここに現れた

$$\boldsymbol{\nabla} \cdot \boldsymbol{v} \equiv \frac{\partial}{\partial x} v_x + \frac{\partial}{\partial y} v_y + \frac{\partial}{\partial z} v_z \qquad (2)$$

という量はベクトル場 $\boldsymbol{v}(\boldsymbol{r})$ の**発散**（divergence）あるいは**発散密度**とよばれ，$\mathrm{div}\,\boldsymbol{v}$ とも記す．定常な流れの場合には，流れ出す流量に等しいわき出しが $\boldsymbol{\Delta V}$ の内部にあるはずで，したがって $\boldsymbol{\nabla} \cdot \boldsymbol{v}$ は単位体積当りのわき出しの強さに等しい．

• ベクトル解析のガウスの定理 • 任意の閉曲面 S から単位時間に流れ出す流量はフラックス $\int_S v_n dS$ で与えられるが（v_n は $\boldsymbol{v}$ の法線方向成分，1.1 節参照），S の内部の領域 V を微小体積 ΔV に分割すると，S からのフラックスは ΔV の表面からのフラックスの和に等しく，後者は式 (1) のように $\boldsymbol{\nabla} \cdot \boldsymbol{v}$ で表されるので

$$\int_S v_n dS = \int_V \boldsymbol{\nabla} \cdot \boldsymbol{v} dV \qquad (3)$$

表面積分を体積積分に変えるこの公式を，**ガウスの定理**とよぶ．

• ガウスの法則の微分型 • ガウスの法則 $\int_S \varepsilon_0 E_n dS = Q$ を微小直方体 ΔV に適用すると，左辺のフラックスは式 (1) と同様に $\varepsilon_0 \boldsymbol{\nabla} \cdot \boldsymbol{E} \Delta V$ となり，右辺は電荷密度を ρ とすれば $\rho \Delta V$ であるから，次の偏微分方程式が得られる．

$$\varepsilon_0 \boldsymbol{\nabla} \cdot \boldsymbol{E} = \rho \quad \text{すなわち} \quad \frac{\partial E_x}{\partial x} + \frac{\partial E_y}{\partial y} + \frac{\partial E_z}{\partial z} = \frac{\rho}{\varepsilon_0} \qquad (4)$$

• ポアソンの方程式 • 静電場は電位 $\phi(\boldsymbol{r})$ の勾配として $\boldsymbol{E} = -\boldsymbol{\nabla}\phi$ と表すことができるので，これを式 (4) に代入すれば，ϕ に対する微分方程式

$$\boldsymbol{\nabla}^2 \phi = -\frac{\rho}{\varepsilon_0}, \quad \boldsymbol{\nabla}^2 \equiv \boldsymbol{\nabla} \cdot \boldsymbol{\nabla} \equiv \frac{\partial^2}{\partial x^2} + \frac{\partial^2}{\partial y^2} + \frac{\partial^2}{\partial z^2} \qquad (5)$$

を得る．微分演算子 $\boldsymbol{\nabla}^2$ は**ラプラシアン**とよばれる（Δ と記すこともある）．

例題 18 **発散の計算**

次の二次元の速度場 $\boldsymbol{v} = (v_x, v_y)$ の発散 $\nabla \cdot \boldsymbol{v} = \dfrac{\partial v_x}{\partial x} + \dfrac{\partial v_y}{\partial y}$ を計算し，かつ流線の定性的様子を図示せよ．ただし c と ω は定数である．

(1) $\boldsymbol{v} = \left(\dfrac{1}{2}cx, \dfrac{1}{2}cy\right)$ (2) $\boldsymbol{v} = (-\omega y, \omega x)$

注意 ここでは $\boldsymbol{v}(\boldsymbol{r})$ を各点での流れの速度とみなして速度場とよぶ．

解答 (1) $\nabla \cdot \boldsymbol{v} = \dfrac{1}{2}c + \dfrac{1}{2}c = c$

原点 O を中心とする半径 a の円の内部に面密度 c のわき出しが一様に分布しているとき，円の内部の流れがこの形をもつ．O からの距離が ρ の点の速さは $v(\rho) = \dfrac{1}{2}c\rho$ で，O を中心として放射状に流れる．わき出しが一様に分布しているため，さきに進むほど速さが増すわけである．実際，O を中心とする半径 ρ $(\rho < a)$ の円を単位時間に通過する流量（フラックス）は $2\pi\rho v(\rho) = \pi\rho^2 c$（円の面積 $\times c$）で，これは明らかに，わき出しが単位面積当り c の割合で一様に分布していることを示している．

(2) $\nabla \cdot \boldsymbol{v} = 0$

原点 O のまわりに，平面が角速度 ω で剛体的に回転する場合の，各点の速度である．流線は O を中心とする渦で，O からの距離が ρ の点の速さは $v(\rho) = \omega\rho$ である．流線に沿って流量は一定なので，わき出しはどこにもない．

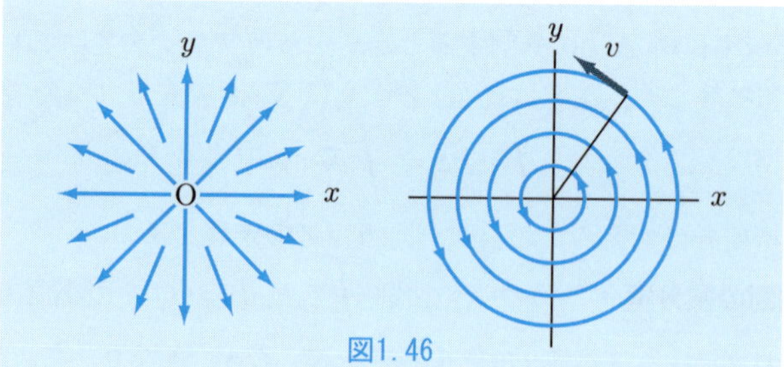

図1. 46

問 題

18.1 上の例題と同じことを，次の速度場について調べよ．ただし $\rho = \sqrt{x^2 + y^2}$ である．

(1) $\boldsymbol{v} = (cx, 0)$ (2) $\boldsymbol{v} = (cx, -cy)$ (3) $\boldsymbol{v} = (cy, cx)$

(4) $\boldsymbol{v} = \left(c\dfrac{x}{\rho^2}, c\dfrac{y}{\rho^2}\right)$ (5) $\boldsymbol{v} = \left(-\omega\dfrac{y}{\rho^2}, \omega\dfrac{x}{\rho^2}\right)$ (6) $\boldsymbol{v} = (cy, 0)$

(7) $v_x = \begin{cases} c/2 & (x > 0) \\ -c/2 & (x < 0) \end{cases}$, $v_y = 0$ (8) $v_x = 0$, $v_y = \begin{cases} c & (x > 0) \\ 0 & (x < 0) \end{cases}$

例題 19 　　　　**球電荷の電場**

一様な電荷密度 ρ で帯電した半径 a の球がある．球内外の電場が，ガウスの法則 $\varepsilon_0 \boldsymbol{\nabla} \cdot \boldsymbol{E}(\boldsymbol{r}) = \rho(\boldsymbol{r})$ をみたすことを確かめよ．

ヒント 問題 2.1 で求めた電場について，微分を実行すればよい．

解答 全電荷を $Q = \dfrac{4\pi}{3}a^3\rho$ とすれば，電場は

$$\boldsymbol{E}(\boldsymbol{r}) = \begin{cases} \dfrac{Q}{4\pi\varepsilon_0}\dfrac{\boldsymbol{r}}{r^3} & (r \geqq a) \\ \dfrac{\rho}{3\varepsilon_0}\boldsymbol{r} & (r \leqq a) \end{cases}$$

一方電荷密度は，$r > a$ で 0，$r < a$ では ρ である．まず $r > a$ における発散は（ここの電場は，もちろん原点に点電荷 Q があるときの電場に等しい），

$$\frac{\partial}{\partial x}\left(\frac{x}{r^3}\right) = \frac{1}{r^3} - 3\frac{x^2}{r^5}, \quad \frac{\partial}{\partial y}\left(\frac{y}{r^3}\right) = \frac{1}{r^3} - 3\frac{y^2}{r^5}, \quad \frac{\partial}{\partial z}\left(\frac{z}{r^3}\right) = \frac{1}{r^3} - 3\frac{z^2}{r^5}$$

より，

$$\boldsymbol{\nabla} \cdot \left(\frac{\boldsymbol{r}}{r^3}\right) = \frac{\partial}{\partial x}\left(\frac{x}{r^3}\right) + \frac{\partial}{\partial y}\left(\frac{y}{r^3}\right) + \frac{\partial}{\partial z}\left(\frac{z}{r^3}\right) = \frac{3}{r^3} - 3\frac{x^2+y^2+z^2}{r^5} = 0$$

で，確かに $\boldsymbol{\nabla} \cdot \boldsymbol{E} = 0$ が成り立つ．次に $r < a$ では，$\boldsymbol{\nabla} \cdot \boldsymbol{r} = 1 + 1 + 1 = 3$ より，ただちに $\varepsilon_0 \boldsymbol{\nabla} \cdot \boldsymbol{E} = \rho$ が得られる．

問　題

19.1 上の例題の電場に対応する電位（問題 4.1）が，ポアソンの方程式をみたすことを確かめよ．

19.2♣ 前問の計算によれば，原点にある点電荷がつくる電位 $\phi(\boldsymbol{r}) \propto \dfrac{1}{r}$ は，いたるところで $\boldsymbol{\nabla}^2\left(\dfrac{1}{r}\right) = 0$ をみたすように見えるが，実は $r = 0$ では $\dfrac{1}{r}$ は微分可能でないので，この結論は正しくない．微分を $r = 0$ まで延長する一つの方法として，まず点電荷に半径 a の広がりをもたせ，そこでラプラシアンを計算してから，極限 $a \to 0$ をとることが考えられる（微分と極限の順序の交換）．この方法で，次の公式を導け．

$$\boldsymbol{\nabla}^2\left(\frac{1}{r}\right) = -4\pi\delta^3(\boldsymbol{r})$$

19.3♣ 任意の電荷分布 $\rho(\boldsymbol{r})$ がつくる電位 $\phi(\boldsymbol{r}) = \dfrac{1}{4\pi\varepsilon_0}\displaystyle\int \frac{\rho(\boldsymbol{r}')}{|\boldsymbol{r} - \boldsymbol{r}'|}dV'$ が，ポアソンの方程式をみたすことを確かめよ．

2 定常電流

2.1 オームの法則

• **電流** •　ある面を通る**電流** I とは，単位時間にその面を通過する電気量のことである．面積 S の面を，面と垂直な方向に電流 I が通るとき，単位面積当りの電流 $j = I/S$ を**電流密度**とよび，電流の方向を向くベクトルとして $\boldsymbol{j}$ で表す．

• **オームの法則** •　金属導体では，導体中に電場があると電流が流れ，電流密度 $\boldsymbol{j}$ は電場 $\boldsymbol{E}$ に比例する．

$$\boldsymbol{j} = \sigma \boldsymbol{E} \tag{1}$$

比例定数 σ をその導体の**電気伝導度**（**導電率**），その逆数 $\rho \equiv 1/\sigma$ を**抵抗率**とよぶ．太さ S の導線中を電流 $I = jS$ が流れるとき，長さ l の区間 AB で $\boldsymbol{E}$ を線積分すれば

$$V \equiv \int_{\mathrm{A}}^{\mathrm{B}} \boldsymbol{E} \cdot d\boldsymbol{l} = \int_{\mathrm{A}}^{\mathrm{B}} \rho \boldsymbol{j} \cdot d\boldsymbol{l} = I\frac{\rho l}{S} \equiv IR \tag{2}$$

V は単位電荷が AB 間を通過するときに $\boldsymbol{E}$ がなす仕事で，AB 間の**電圧**とよばれる．**定常電流**（時間的に一定の電流）の場合には，$\boldsymbol{E}$ は時間変化しないクーロン電場（$\boldsymbol{E}_{\mathrm{C}}$ と書く）で，V は AB 間の電位差（**電位降下**）$V = \phi(\mathrm{A}) - \phi(\mathrm{B})$ にほかならない．$R = \rho \dfrac{l}{S}$ は AB 間の**抵抗**である．

• **ジュール熱** •　電流 I が流れているとき，区間 AB で電場が電荷に行なう仕事は，単位時間当り VI である（通過する電荷が単位時間に I であるから）．単位体積の導体中で電場がする仕事に換算すれば，(単位断面積・単位長さの導線を考えればわかるように）単位時間当り $\boldsymbol{j} \cdot \boldsymbol{E}$ である．この仕事は主に熱（**ジュール熱**）になる．抵抗 R の内部の単位時間当りの発熱量は

$$W = VI = I^2 R = V^2/R \tag{3}$$

• **起電力** •　定常電流の場合のように電流が流れ続けるためには，ジュール熱として失なわれるエネルギーを補給する仕事源が必要である．クーロン電場 $\boldsymbol{E}_{\mathrm{C}}$ は，電流回路を一周すると $\oint \boldsymbol{E}_{\mathrm{C}} \cdot d\boldsymbol{l} = 0$ ゆえ，そのような仕事源にはなり得ない．実際には，回路の一部分（たとえば電池内）でクーロン電場 $\boldsymbol{E}_{\mathrm{C}}$ 以外の力が電荷にはたらく．単位電荷当りのその力を $\boldsymbol{E}'$（電場とは限らない）と記すと，そこではオームの法則は

$$\boldsymbol{j} = \sigma(\boldsymbol{E}_{\mathrm{C}} + \boldsymbol{E}') \tag{4}$$

となる．この力 $\boldsymbol{E}'$ が単位電荷に行なう仕事は回路に沿った線積分

$$\mathscr{E} = \oint \boldsymbol{E}' \cdot d\boldsymbol{l} \tag{5}$$

で表され，これを**起電力**という（形式的に一周積分で表したが，実際には，$\boldsymbol{E}'$ は限られた部分にだけ存在するのが普通である）．回路全体の抵抗を R とすれば，(2) に (4) を使った式の一周積分（A = B），より

$$\mathscr{E} = IR \tag{6}$$

となり，抵抗による**電位降下** IR は起電力 $\mathscr{E}$ により回復される．起電力が電流に行う仕事は単位時間当り

$$\mathscr{E}I = I^2R \tag{7}$$

で，抵抗に発生するジュール熱に等しい．起電力の例としては，化学電池，磁気の力（ローレンツ力），誘導電場などがある．

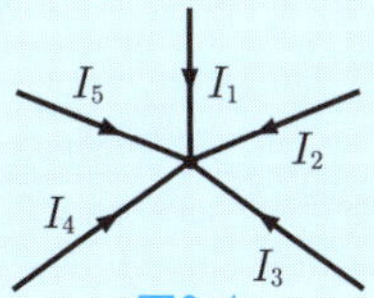

図2.1

• キルヒホッフの法則 •　回路網の合成抵抗や各導線に流れる電流を求めるときに用いる一般的方法である．

第一法則　回路網の任意の節点に流れこむ電流の代数和はゼロである．

$$\sum_i I_i = 0 \tag{8}$$

第二法則　回路網の中の任意のループについて，そのループを一周するときの抵抗による電位降下は，ループ中の起電力の和に等しい．

$$\sum_i I_i R_i = \sum_i \mathscr{E}_i \tag{9}$$

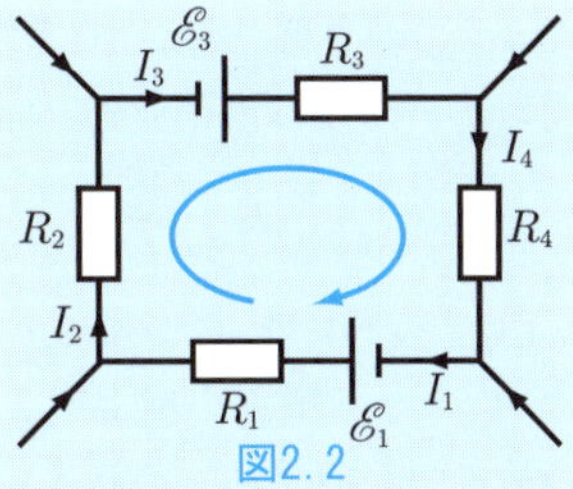

図2.2

回路が対称性をもつときは，キルヒホッフの法則を使わずに，抵抗の直列・並列の組み合わせで問題が解ける場合もある．またキルヒホッフの法則から重ね合わせの原理（例題 2）や鳳（ほう）-テブナンの定理（問題 4.3）を導いておき，応用上はそこから出発した方が，機械的にキルヒホッフの法則を適用するより見通しが良い場合が多い．

• 定電圧電源と定電流電源 •　回路に入る電源は，電池のように一定起電力を与える**定電圧電源**が普通で，起電力と内部抵抗（通常は小さい）を直列に結んだ等価回路で表される．一方，つなぐ抵抗の大きさによらずに一定電流を流す**定電流電源**を考えるのが便利なこともある．この場合は内部抵抗（通常は大きい）は並列に入る．

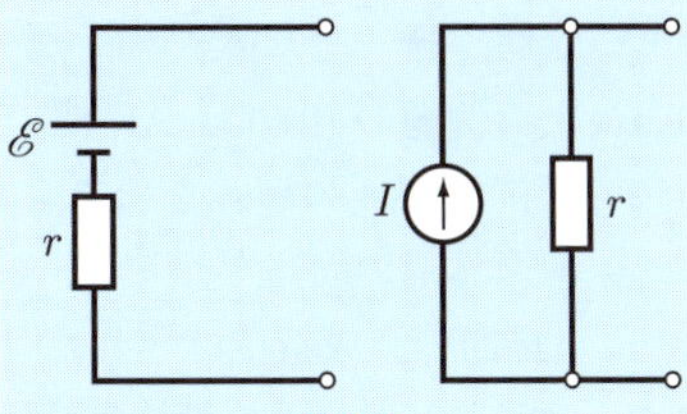

図2.3

例題 1　　**合成抵抗**

抵抗値が r の導線を組み合わせて，図 2.4 のような回路をつくる．AB 間の合成抵抗 R はそれぞれどれだけか．

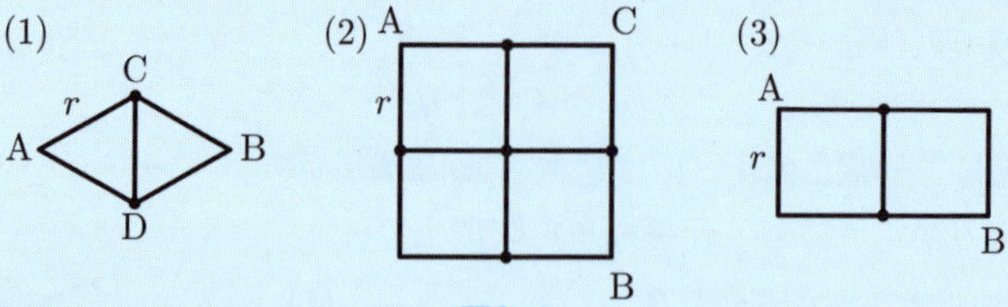

図2.4

解答　(1)　AB 間に電圧をかけるとき，対称性から，CD 間には電流は流れない（どちら向きに流れていいかわからないから）．したがって CD 間の導線ははずすことができ，残りは抵抗 $2r$ を並列につないだものであるから，$R = r$.

(2)　中心の節点は，図 2.5 のように二つに切り離すことができる．対称性から，FG 間はつないでも電流は流れないからである．回路は再び並列・直列の組み合わせとなり

$$R = \frac{1}{2}\left(r + \frac{1}{2} \times 2r + r\right) = \frac{3}{2}r$$

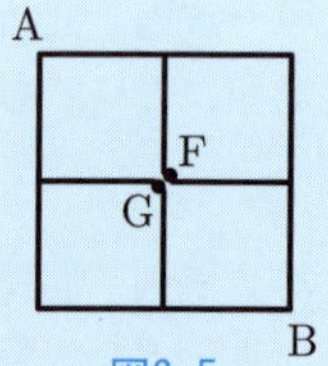

図2.5

(3)　これはキルヒホッフの法則による．対称性から図 2.6 のように電流を指定できる．AC 間の電位降下を二つの道について求め，これを等置すると

$$I_1 r + (I_1 - I_2)r = 2I_2 r$$

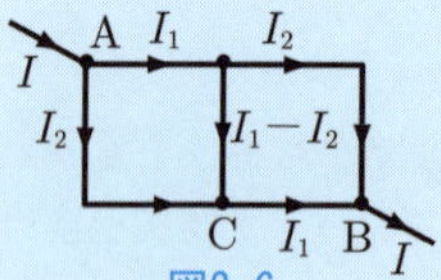

図2.6

ゆえに $2I_1 = 3I_2$ がでる．AB 間の電位降下 V は

$$V = I_1 r + 2I_2 r = (7/3)I_1 r = (7/5)Ir$$

ただし $I = I_1 + I_2 = (5/3)I_1$ は全電流である．したがって $R = V/I = (7/5)r$.

問　題

1.1　上の例題の (2) で，AC 間の抵抗はどれだけか．

1.2　抵抗値が r の導線を組み合わせ，図 2.7 のような正四面体形の回路をつくる．CD の中点を E とすると，AE 間の合成抵抗はどれだけか．

1.3　常温における銅の抵抗率はほぼ $2 \times 10^{-8}\,\Omega\cdot\mathrm{m}$ の値をもつ．断面積 $1\,\mathrm{mm}^2$ の銅線の抵抗は，長さがおよそ何 m で $1\,\Omega$ になるか．

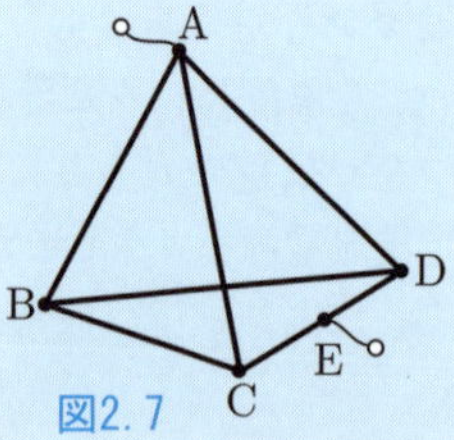

図2.7

例題 2　　　　**重ね合わせの原理**

重ね合わせの原理は物理学でしばしば登場する一般的法則であるが，回路では次の意味をもつ．

ある回路が複数個の（定電圧あるいは定電流）電源を含むとする．この電源のうち一つを残し他を取り除いた回路を考え，回路の各部分の電流，電圧を求める．この操作をすべての電源について行ない，得られた結果を加え合わせると，元の回路の各部分の電流，電圧が得られる．

この方針で，図 2.8 の抵抗 R_3 にかかる電圧を求めよ．

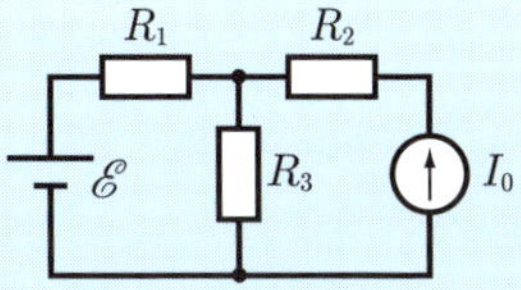

図2.8

解答　回路から電源を取り除くとき，それが定電圧電源ならばあとを短絡し，定電流電源ならばあとを開放のままにしておく．これは電源の物理的意味を考えれば明らかである．そこで与えられた回路は，図 2.9 の重ね合わせとなる．

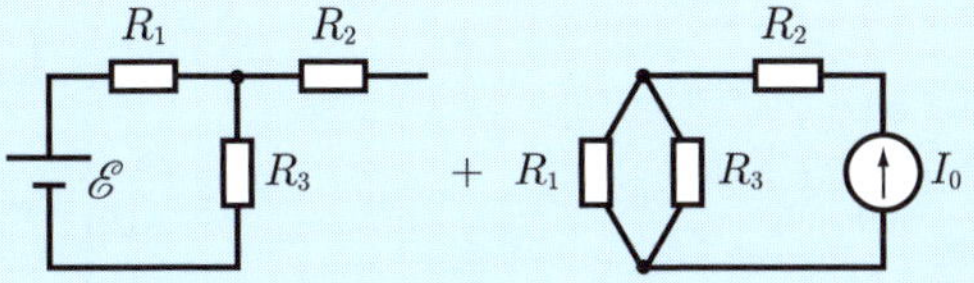

図2.9

R_3 の両端の電圧は，第一の回路では $(R_3/(R_1+R_3))\mathscr{E}$，第二の回路では，$R_1$ と R_3 の合成抵抗を R_{13} とすれば I_0R_{13} である．したがって答は $(R_3/(R_1+R_3))\mathscr{E}+(R_1R_3/(R_1+R_3))I_0$ となる（問題 2.1 も参照）．

注意　この原理はキルヒホッフの法則が一次方程式であることの結果である．

問　題

2.1　上の例題をキルヒホッフの法則から直接解き，重ね合わせの原理での計算と一致することを確かめよ．

2.2　上の例題で，R_1 を流れる電流を求めよ．

2.3　図 2.10 の回路で，AB 間の電圧は

$$V=\frac{\dfrac{\mathscr{E}_1}{R_1}+\dfrac{\mathscr{E}_2}{R_2}+\dfrac{\mathscr{E}_3}{R_3}}{\dfrac{1}{R_1}+\dfrac{1}{R_2}+\dfrac{1}{R_3}}$$

となることを，重ね合わせの原理を用いて示せ．

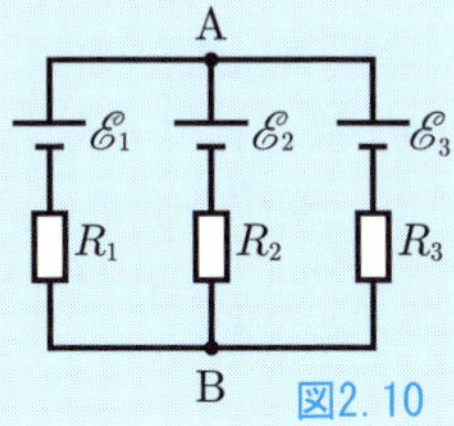

図2.10

例題 3 **無限の梯子型回路**

図2.11のように抵抗 r と r' をつないだ，無限に長い梯子型の回路がある．

(1) この回路を左端 A_1B_1 から見たときの合成抵抗 R_{in}（これを入力抵抗という）を求めよ．

(2) A_1B_1 間に電圧 V_1 を加えるとき，A_2B_2, $A_3B_3, \cdots$ 間の電圧 $V_2, V_3, \cdots$ はどれだけになるか．

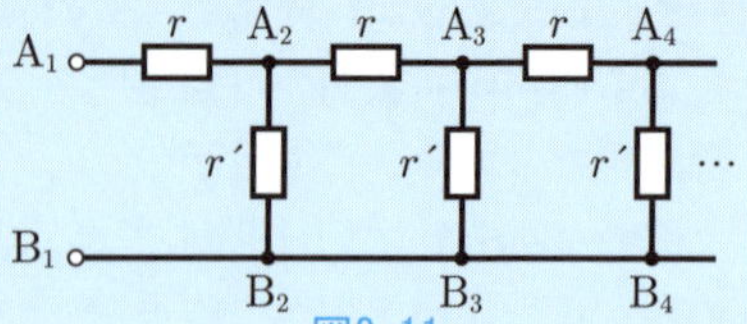

図2.11

ヒント 左端の r と r' を一つずつはずしても，梯子が無限に続くため，回路はもとと変わりないことに注意．

解答 (1) ヒントに述べた理由により，A_2B_2 から右を見たときの合成抵抗も R_{in} に等しい．もとの回路は，これに図2.12のように r' と r を加えたものであるから，A_1B_1 から右を見た抵抗は

$$R_{\text{in}} = r + r'R_{\text{in}}/(r' + R_{\text{in}})$$

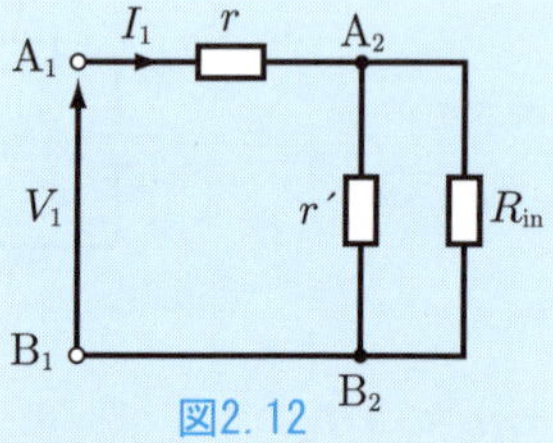

図2.12

したがって R_{in} は二次方程式

$$R_{\text{in}}^2 - rR_{\text{in}} - rr' = 0$$

をみたす．これを解き，負の根は捨てると

$$R_{\text{in}} = (1/2)(r + \sqrt{r^2 + 4rr'})$$

(2) A_1B_1 間に電圧 V_1 を加えると，電流 $I_1 = V_1/R_{\text{in}}$ が流れる．したがって A_2B_2 間の電圧 V_2 は，

$$V_2 = V_1 - I_1 r = (1 - r/R_{\text{in}})V_1 \equiv (1/m)V_1$$

ここで

$$m = \frac{1}{1 - r/R_{\text{in}}} = \frac{\sqrt{r^2 + 4rr'} + r}{\sqrt{r^2 + 4rr'} - r} = \left(1 + \frac{r}{2r'}\right) + \sqrt{\left(1 + \frac{r}{2r'}\right)^2 - 1}$$

この計算をくり返していけば，$V_3 = V_2/m = V_1/m^2, V_4 = V_1/m^3, \cdots$ と，電圧は一段ごとに等比級数的に減少することがわかる．

問題

3.1 図2.13の減衰器の回路で，電圧を一段ごとに等比級数的に減少させるには，負荷抵抗 R をいかにとればよいか．

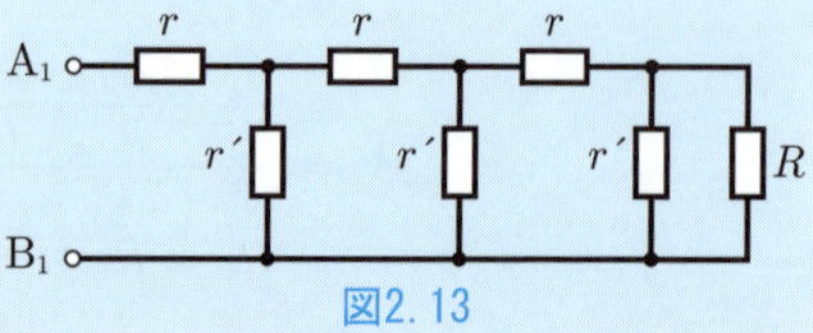

図2.13

例題 4　　**ブラックボックスの内部抵抗**

図 2.14 の箱で表した部分は，電源と抵抗から成る任意の回路で（これを**ブラックボックス**とよぶ），A, B はこの箱から引き出した二つの端子である．端子 AB 間の開放電圧を V_0，短絡電流を I_0 とする（すなわち AB 間に電圧計をつないだときの読みが V_0，電流計をつないだときの読みが I_0 である）．また箱の中から電源をすべて取り除いた，抵抗だけから成る回路を考え，それを端子 AB から見たときの合成抵抗を R_i とする．この "内部抵抗" R_i は，測定値 V_0, I_0 から $R_i = V_0/I_0$ によって与えられることを示せ．

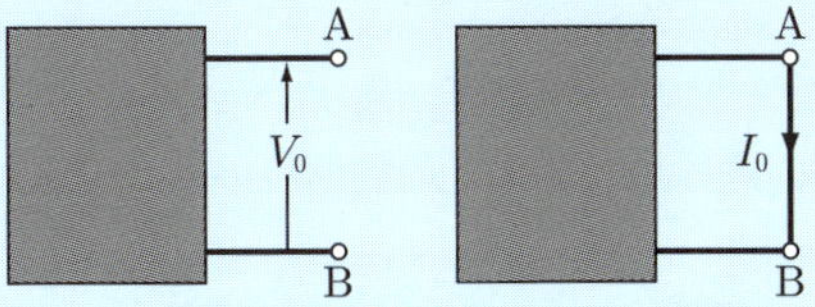

図2.14

ヒント　端子 AB に，起電力 V_0 の電源を B → A の向きにつなぐ．この回路に重ね合わせの原理を適用せよ（添字 i は，internal（内部）の略）．

解答　最初に，図 2.15 のような二つの具体例 (イ), (ロ) によって，この例題のいっていることを確かめてほしい．箱の中身がこのように簡単な場合には，上の関係が成り立つことは自明である．それがどんな複雑なブラックボックスに対しても成り立つというのが，この例題の主張であり，その証明が重ね合わせの原理を用いてできるところが眼目である．

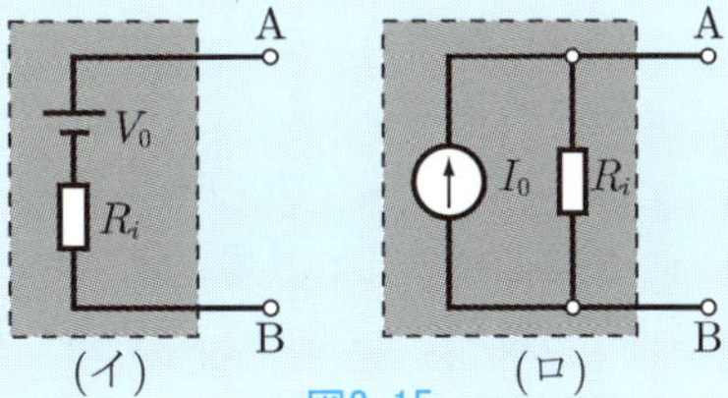

図2.15

端子 AB 間の開放電圧が V_0 であるから，AB 間に起電力 V_0 の電源を B → A の向きにつないだとき，電圧がバランスして，この端子間には電流は流れない．こうしてできた回路の電源は，箱の中の電源といま加えた電源 V_0 であるから，この回路を，箱の

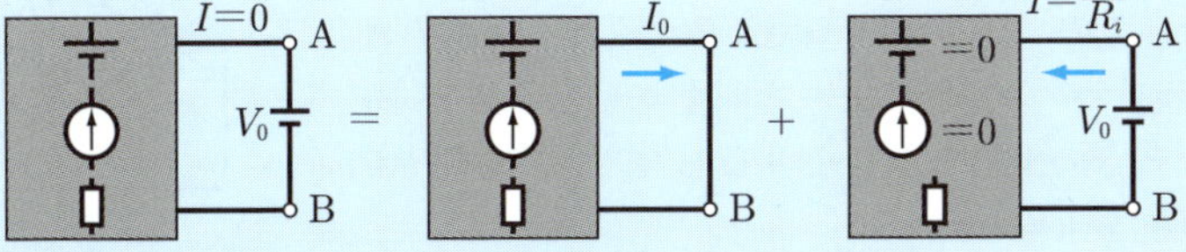

図2.16

中の電源だけの回路と，電源 V_0 だけの回路の，重ね合わせとみることができる．第一の回路はもとの回路の端子 AB を短絡したものにほかならず，したがって短絡電流 I_0 が流れる（図 2.16 の矢印の方向を正とする）．第二の回路では，箱は AB から見れば単に合成抵抗 R_i であるから，B → A の向きに電流 V_0/R_i が流れる（図 2.16 の矢印の方向を正とする）．二つの回路を重ね合わせたとき端子に流れる電流がゼロになるのだから，$I_0 = V_0/R_i$ でなければならない．すなわち題意の関係が得られた．

問　題

4.1　図 2.17 の二つの回路について，上の例題のいうことを確かめよ．

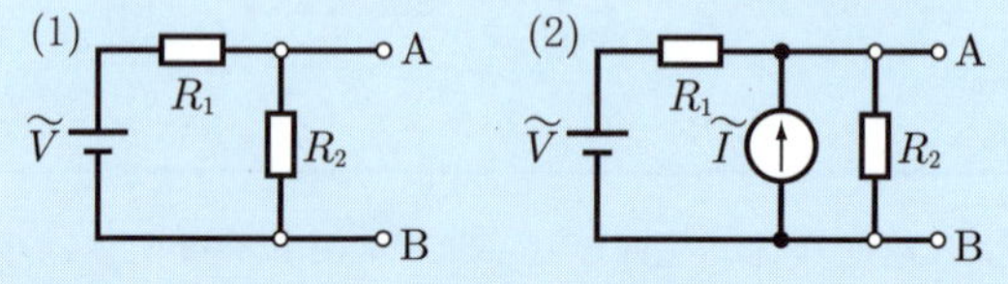

図2. 17

4.2♣ 上の例題の内容は，次のように一般化することができる．任意のブラックボックスは，端子 AB から見ると，内部抵抗 R_i をもつ定電圧電源 V_0（前ページ図 2.15 (イ)）と等価である．すなわち，端子 AB 間に抵抗 R をつなぐとき，R を流れる電流 I および R の両端の電圧 V は，等価回路 (イ) に R をつなぐときの I, V に等しい．これは**鳳(ほう)-テブナンの定理**とよばれる．その証明には図 2.18 の回路を考え，重ね合わせの原理を適用すれば良い．それを試みよ．

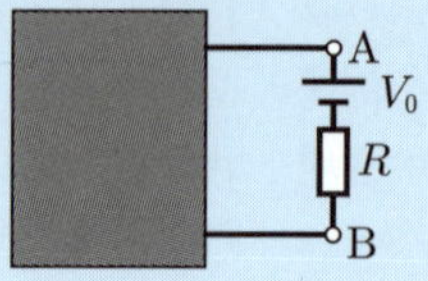

図2. 18

4.3♣ 問題 4.1 の回路で，AB 間に抵抗 R をつないだときに流れる電流を，鳳-テブナンの定理を用いて求めよ（問題 4.1 で求めた V_0, R_i を図 2.15 (イ) に使う）．

4.4♣ 図 2.19 に示す回路を**ホイートストン・ブリッジ**という．この，ブリッジの抵抗 R を流れる電流 I を，鳳-テブナンの定理を用いて求めよ（抵抗 R をはずしたときの両端を AB とみなしたときの電圧と内部抵抗を求める）．

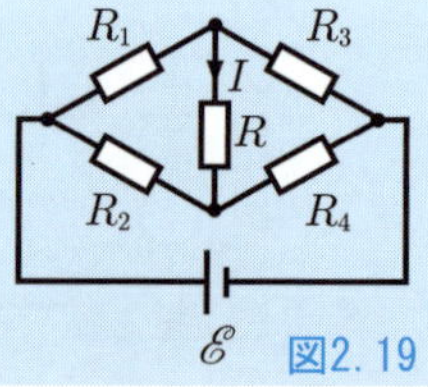

図2. 19

2.2　導体中の電流の分布

● 電流密度 ●　電流として流れる電荷の密度を ρ，速度を $\boldsymbol{v}$ とすれば，電流密度は $\boldsymbol{j} = \rho\boldsymbol{v}$ で与えられる．導体中の任意の面 S を通る電流 I は，電流密度の法線成分 j_n を S 上で面積分すれば得られる．

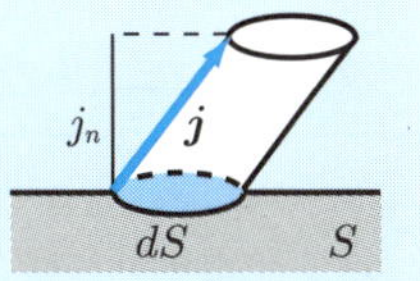

図2. 20

$$I = \int_S j_n dS \qquad (1)$$

● 電荷の保存則 ●　微小体積 ΔV 中の電荷 $\rho\Delta V$ の時間的減少率 $-\dfrac{\partial\rho}{\partial t}\Delta V$ は，ΔV の全表面 S から単位時間に流れ出す電流 $\displaystyle\int_S j_n dS$ に等しいが，ガウスの定理によれば後者は $\boldsymbol{\nabla}\cdot\boldsymbol{j}\Delta V$ と書けるから

$$\frac{\partial\rho}{\partial t} = -\boldsymbol{\nabla}\cdot\boldsymbol{j} \qquad (2)$$

これは電荷の保存則が各場所で局所的に成り立っていることの表現である．特に定常電流の場合には，電荷密度 ρ は時間変化しないので，$\boldsymbol{\nabla}\cdot\boldsymbol{j} = 0$，すなわち電流分布にはわき出しがない．

● 導体中の電荷分布 ●　定常電流では $\boldsymbol{\nabla}\cdot\boldsymbol{j} = \boldsymbol{\nabla}\cdot(\sigma\boldsymbol{E}) = 0$ であるから，電気伝導度 σ が一定の所では $\boldsymbol{\nabla}\cdot\boldsymbol{E} = 0$ で，電場のわき出しすなわち電荷分布はない．電荷が分布できる場所は，電気伝導度 σ が変化している所，すなわち導体の表面あるいは異なる導体間の境界面であり，導体中の電場はこれらの電荷がつくるクーロン場である．導体内の電場は，導体表面では表面と平行になる（導体内と外の電場は，導体表面で不連続になる．表面に分布した電荷がこの不連続をひきおこす）．

● 導体中の電場 ●　導体中（地中など，導電性はあるが電気伝導度 σ はそれほど大きくないものを考える）に電極をいくつか埋めこみ，そこから導体中に電流を流す場合を考える．電極の電気伝導度が充分大きければ，電極中の電位降下は無視でき，電極は等電位とみなせる．電極から流れ出る電流 I は，その電極を囲む任意の面 S の上で電流密度を積分すれば得られる．

$$I = \int_S j_n dS = \int_S \sigma E_n dS = \frac{\sigma}{\varepsilon_0} q \qquad (3)$$

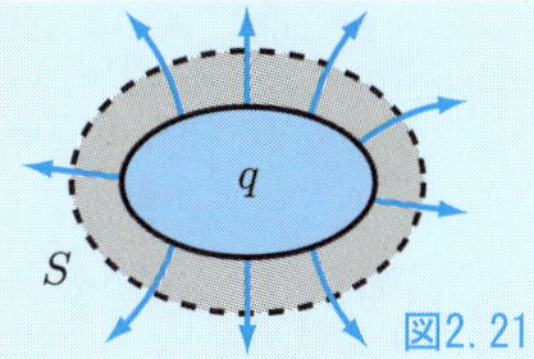

図2. 21

ここで q は電極に帯電している電荷で，上の最後の式ではガウスの法則を用いた．電向 q は，外部から導線によって供給され，いったん電極にたまってから周囲の導体に流れ出す．上式の積分はこの導線部分を無視しているが，その断面積は小さいので構わない．

例題 5 **接地抵抗**

接地用の電極として，半径 a の球形の導体を地中深く埋める．大地の電気伝導度を σ として，接地抵抗を求めよ．ただし電極自身の抵抗は無視できるものとする（電流がこの電極から大地に流れこみ，無限遠にあるもう一つの電極から出ていくとして，その間の抵抗を問うているのである）．

解答 電極に帯電している電荷を q とする．電極の抵抗を無視すれば電極全体は等電位になるので，電荷 q は電極表面に一様に分布する．したがって電極の外にできる電場は球の中心に点電荷 q があるときの電場と同じで，特に球表面と無限遠との電位差 V （電極の電位）は

$$V = \frac{1}{4\pi\varepsilon_0}\frac{q}{a}$$

である．電極から流れ出る全電流 I は，前ページの式 (3) でみたように，電荷 q と $I = \sigma q/\varepsilon_0$ の関係にある．したがって無限遠までの抵抗は

$$R = V/I = 1/4\pi\sigma a$$

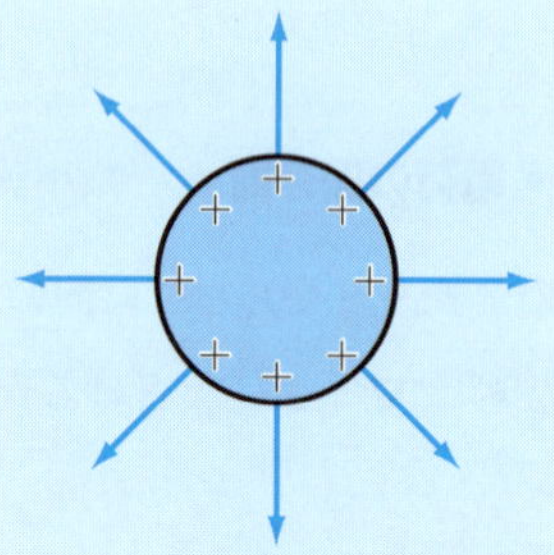

図2. 22

別解 球の中心から距離 r と $r + dr$ の間にある球殻の抵抗は $dr/\sigma S = dr/\sigma 4\pi r^2$ である．全抵抗はこれを直列に $r = a$ から $r = \infty$ までつないだものであるから

$$R = \frac{1}{4\pi\sigma}\int_a^\infty \frac{dr}{r^2} = \frac{1}{4\pi\sigma a}$$

注意1 抵抗 R への寄与の大部分は電極の近くの大地からくることに注意せよ．たとえば $r = a$ と $r = 2a$ の間の寄与は $R/2$，$r = 2a$ と $r = 4a$ の間の寄与は $R/4$ 等である．電極の半径を増せば接地抵抗が減少するのはこのためである．

注意2 一般に静電容量 C の電極の接地抵抗は，$V = q/C$ となる状況では，$I = \sigma q/\varepsilon_0$ より $R = V/I = \varepsilon_0/\sigma C$.

問　題

5.1 半径 $a = 0.5\,\mathrm{m}$ の半球型の電極を，切口が地表にくるように地中に埋める．大地の抵抗率を $\rho = \sigma^{-1} = 100\,\Omega\cdot\mathrm{m}$ とすると，接地抵抗は何 Ω になるか．

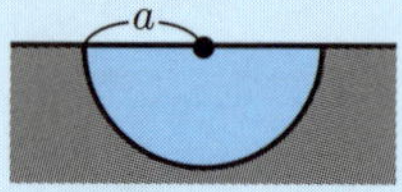

図2. 23

5.2 前問の電極から1万 A の電流が流れこんでいる状態を考える．電極から 10 m 離れた所を歩いている歩幅 30 cm の人には，両足間に最高何 V の電圧がかかる可能性があるか．

例題 6♣　**二電極間の抵抗**

半径 a の球状の電極を二つ，導体表面から深さ d の所に間隔 b 離して埋め，その間に電流を流す．ここで $a \ll b, d$ とする．導体の電気伝導度を σ とし，電極自身の抵抗は無視できるものとして，電極間の抵抗を求めよ．導体は十分大きいとする．

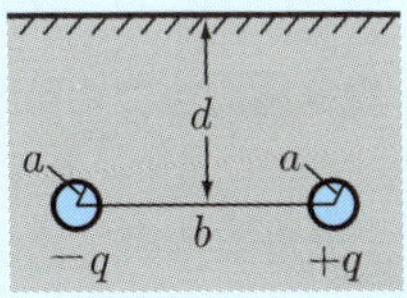

図2. 24

解答　電極に帯電している電気量を，それぞれ $+q, -q$ とする．流れている電流 I との関係は $I = \sigma q/\varepsilon_0$ である．この電極上の電荷，および導体表面に分布した電荷が，電場の源となる．電極が一個だけで $a \ll d$ ならば，例題 5 のように電荷は電極上に一様に分布する．この問題では電極上の電荷分布は一様からずれるが，$a \ll b, d$ ならそのずれはわずかで，それを無視すれば，電極がつくる電場は点電荷 $\pm q$ による電場とみなすことができる．同じ近似で，電極の電位は，その電極が単独に存在するときの電位とほぼ等しい．すなわち，正負の電極の電位を ϕ_+, ϕ_- とすれば，$\phi_\pm = \pm \dfrac{1}{4\pi\varepsilon_0}\dfrac{q}{a}$ である．したがって抵抗 R は

$$R = \frac{\phi_+ - \phi_-}{I} = \frac{1}{2\pi\sigma a}$$

この近似では，抵抗が b, d によらないことに注意．これは，各電極のごく近くの部分だけが抵抗に主に寄与するからである．

問　題

6.1♣ 上の例題の電極間に電流が流れているとき，導体中および導体外部の空間にはいかなる電場ができるか．定性的に答えよ．

ヒント　導体表面の電荷分布の影響は，鏡像電荷で代表させることができる．

6.2♣ 前問で，導体表面にはいかなる電荷分布ができるか．

6.3♣ 任意の形の導体（電気伝導電度 σ）の内部に，電極 $\mathrm{L}_0, \mathrm{L}_1, \cdots, \mathrm{L}_n$ が埋めてある（導体が無限遠まで続いているときは，L_0 は無限遠にあっても良いものとする）．各電極 L_i $(i = 1, \cdots, n)$ について，L_i と L_0 の電位差 Φ_i あるいは L_i から流れ出す電流 I_i のどちらかを指定すると，導体中の電場（したがって電流分布）は一意的に決まる．これを 1.4 節の問題 17.2 にならって証明せよ（電極自身の抵抗は無視できるものとしている）．

6.4♣♣ 半径 a，長さ l の細長い棒状の電極を，上端が地表にくるように，地中に垂直に打ちこむ．大地の抵抗率を ρ として，接地抵抗を求めよ．また，$a = 7\,\mathrm{mm}$, $l = 1.5\,\mathrm{m}$, $\rho = 100\,\Omega\cdot\mathrm{m}$ として，数値を計算せよ．

ヒント　細長い円柱を回転楕円体で近似し，1.3 節の問題 13.8 の静電容量を使う．

3 静磁場

3.1 ビオ-サバールの法則，アンペールの法則

• 定常電流がつくる磁場 • 電流がつくる磁場は，電荷がつくるクーロン電場と異なり，どこにもわき出しの無い渦状の場である．電流が定常（時間的に一定）の場合には，磁場も時間変化しない静磁場である．

• ビオ-サバールの法則 • 環状電流 I がつくる磁場 $\boldsymbol{B}$ は，電流回路の微小部分 $d\boldsymbol{l}$ がつくる磁場 $d\boldsymbol{B}$ の重ね合わせの形として表すことができる．$d\boldsymbol{B}$ は，$d\boldsymbol{l}$ の方向を軸として右向きにまわる，渦状の磁力線をつくる．$d\boldsymbol{l}$ から位置ベクトル $\boldsymbol{R}$ だけ離れた点 P における $d\boldsymbol{B}$ の大きさは，$d\boldsymbol{l}$ と $\boldsymbol{R}$ の間の角を θ として

$$dB = \frac{\mu_0}{4\pi} I \frac{\sin\theta}{R^2} dl \tag{1}$$

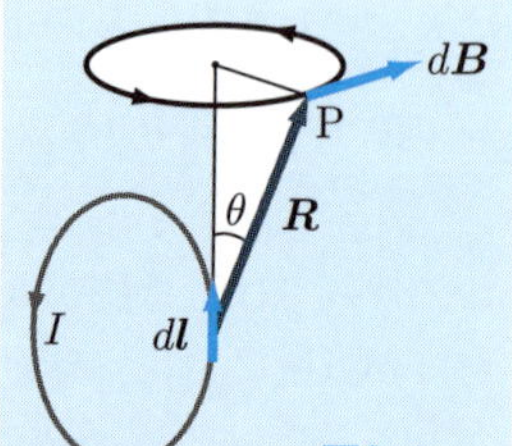

図3.1

μ_0 は**真空の透磁率**とよばれ，SI 単位系ではその数値を $\mu_0/4\pi = 10^{-7}$ と定義する．ベクトル積 $d\boldsymbol{l} \times \widehat{\boldsymbol{R}}$ を用いれば，$d\boldsymbol{B}$ の方向まで含めて表すことができる．

$$d\boldsymbol{B} = \frac{\mu_0}{4\pi} I \frac{d\boldsymbol{l} \times \widehat{\boldsymbol{R}}}{R^2} \tag{2}$$

回路全体からの寄与は，(2) を回路にそって積分して

$$\boldsymbol{B}(\mathrm{P}) = \frac{\mu_0}{4\pi} I \oint \frac{d\boldsymbol{l} \times \widehat{\boldsymbol{R}}}{R^2} \tag{3}$$

これが**ビオ-サバールの法則**である．電流が広がって分布しているときは，点 P′ の電流密度を $\boldsymbol{j}(\mathrm{P}')$ とし，$\boldsymbol{R} = \overrightarrow{\mathrm{P'P}}$ とすれば

$$\boldsymbol{B}(\mathrm{P}) = \frac{\mu_0}{4\pi} \int \frac{\boldsymbol{j}(\mathrm{P}') \times \widehat{\boldsymbol{R}}}{R^2} dV' \tag{4}$$

注意 $\boldsymbol{B}$ は**磁束密度**とよぶこともあるが，ここでは簡単に磁場という．

• アンペールの法則（あるいは回路定理） • 定常電流がつくる磁場の中に閉じた道 C を任意にとり，C の接線方向への $\boldsymbol{B}$ の成分 B_l を C に沿って一周線積分すると，結果は，閉曲線 C とからみ合う（鎖交する）電流の総和 I だけで表される．

$$\oint_C B_l dl = \mu_0 I, \quad I = \sum_i n_i I_i \tag{5}$$

I_i の符号は，C とたがいに右ねじ向きにからんでいるときに正にとる．n_i は，I_i が C とからむ回数である．電流が広がって分布しているときは，I は，面 S（C を縁とする任意の面）を裏から表へ貫く全電流である．

$$I = \int_S j_n dS \tag{6}$$

ここで S の表とは，そこに立てば C の向きが反時計まわりに見える側をいう．

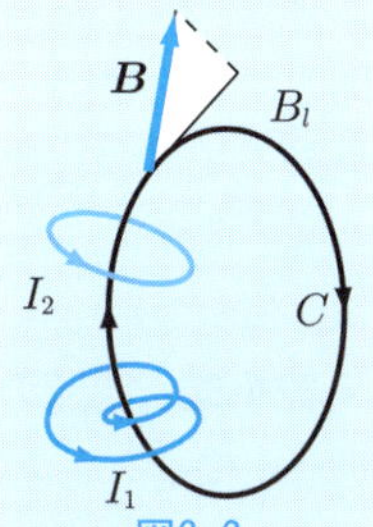

図3.2

注意　ガウスの法則がクーロンの法則から導かれたように，アンペールの法則はビオ-サバールの法則から導かれる．具体的な証明は，以下で説明する等価定理あるいは磁位を使って行うことができる．

• 直線電流がつくる磁場 •　無限に長い直線電流 I は，電流に関し軸対称な，渦状の磁場をつくる．軸から距離 ρ の点 P における磁場の大きさは，上の式 (1) あるいは (5) から

$$B(\mathrm{P}) = (\mu_0/4\pi)(2I/\rho) \tag{7}$$

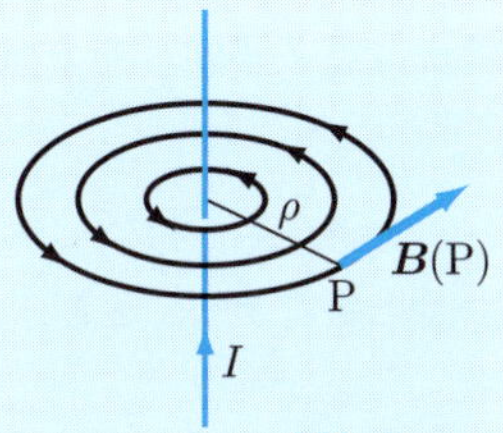

図3.3

• 環状電流と等価な双極子層 •　環状の電流がつくる磁場 $\boldsymbol{B}$ と，その環状の回路を縁とする**電気双極子層**（1.2 節例題 7 の板のこと）がつくる電場とは，（層内部を除き）完全に同じ形である．縁が一致しており各部分の双極子モーメントの大きさが一定ならば，層はどのように曲がっていても良い．大きさは，磁場における係数 $\mu_0 I$ を P/ε_0 に変えればよい（P は双極子モーメントの面密度）．層の内部では電場は逆向きになっているが，環状電流によるその位置での磁場はそうはなっていないので，内部で両者が一致しないのは当然である．この違いのため，クーロン電場では任意の閉曲線に対してその積分が 0 である（1.2 節の式 (2)）のに対して，上の式 (5) の右辺は 0 にならない．この**等価定理**は，ビオ-サバールの法則から証明することができる（問題 15.1 参照）．

• 磁位 •　等価定理と 1.2 節例題 7 からわかるように，ビオ-サバールの磁場 (3) は，**磁位** $\phi_m(\mathrm{P})$ の勾配の形に表すことができる．

$$\boldsymbol{B}(\mathrm{P}) = -\mu_0 \boldsymbol{\nabla}\phi_m(\mathrm{P}), \qquad \phi_m(\mathrm{P}) = \frac{I}{4\pi}\Omega(\mathrm{P}) \tag{8}$$

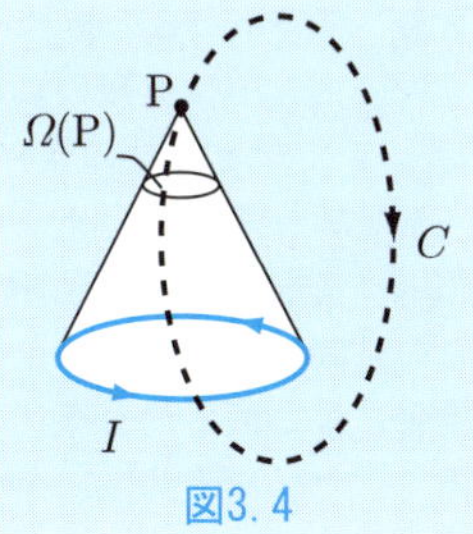

図3.4

ここで $\Omega(\mathrm{P})$ は，点 P から電流回路を見た立体角である（μ_0 を第二式ではなく第一式に含めたのは単なる習慣であ

る)．しかし $\phi_m(\mathrm{P})$ は電位 ϕ とは異なり層のところでの不連続性はないが（1.2 節の問題 7.2 参照），その代わりに点 P の一価関数ではなくなる．電流回路とからみ合った道 C を P が一周するごとに，立体角 $\Omega(\mathrm{P})$ は 4π 減少し，したがって $\phi_m(\mathrm{P})$ は I ずつ減少する．つまり同一の点で値が一つに決まらない多価関数である．それゆえ磁位は，何かのポテンシャルエネルギーという意味はもち得ない（下の「コラム」参照）．

• 微小環状電流の磁気モーメント •　環状電流が微小な場合には，それと等価な双極子層は近似的に単なる双極子とみなすことができる．双極子層を一つの双極子とみたときのモーメントの大きさは，層が平面ならばその面積を S として PS である．それに対応して，微小環状電流の磁気モーメントは，微小環状電流 I が張る面の面積を S，法線方向の単位ベクトルを $\boldsymbol{n}$ とするとき

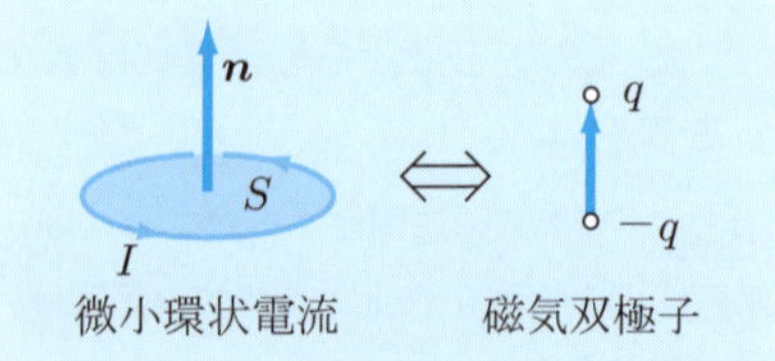

図3.5

$$\boldsymbol{m} = IS\boldsymbol{n} \tag{9}$$

と定義できる．電流回路の近くを除けば，環状電流がつくる磁場はこのモーメントをもつ小磁石がつくる磁場に等しい（下の「コラム」を参照）．

◆ コラム　磁石と電流 ◆

この本では，電場は電荷がつくる場，磁場は電流がつくる場として定義している．これが現在の正統的な電磁気学の立場である．しかし歴史的には，つまり電流というものが発見される前は，磁気現象は「**磁荷**」による現象と見られていた．磁荷とは，磁石の N 極と S 極に存在すると仮想的に考えられた，電場に対する電荷に対応する量である．この立場では磁気現象の法則は，磁荷の間のクーロンの法則から出発する．確かに，**永久磁石**の振る舞いなど，仮想的に磁荷を考えるとわかりやすい現象も多い．電荷による電気現象との類推がきくからだろう．しかし (現実にはこの世界に存在していない) 磁荷を考えなくても，環状電流の振る舞いとして磁気現象が理解できるというのが，これまでの説明の意味である．

永久磁石などの物質の磁性は主として，20 世紀になって発見された，電子の**スピン**という性質に関係している．スピンとは日常的な感覚では理解できない性質だが，電子はこの性質をもっていることの結果として，その周囲に，面積ゼロの（ただし電流の大きさは無限大でありモーメントは有限の）環状電流，あるいは大きさはないがモーメントは有限の小磁石（仮想上の N 極と S 極の組合せ）と同じ磁場をつくる．すでに説明した等価定理のため,（電子の内部ということを考えなければ）どちらでも磁場は同じである．永久磁石などの物質が作る磁場は基本的に，磁石内の各電子によるこの磁場の合計である．スピンは量子力学という，新しい学問によってしか正確に記述できない性質だが，物質のマクロな磁気的な性質を考える場合には，仮想的な環状電流で考えることも，あるいは仮想的な磁荷で考えることも可能である．それらの関係については 5.2 節を参照していただきたい．

例題 1 ――― **円電流**

半径 a の円電流 I が中心軸の上につくる磁場を，(1) ビオ-サバールの法則，(2) 磁位，の二つの方法により計算せよ．

解答　(1)　円の中心を原点にとり，中心軸を z 軸とする．円電流の微小部分 $d\boldsymbol{l}$ が原点から距離 z の点 P につくる磁場を $d\boldsymbol{B}$ とし，これを z 軸に平行な成分 dB_z と垂直な成分 $dB_\perp$ に分けると，$dB_\perp$ の方は円電流全体からの寄与をとると消し合ってしまうので，以下 dB_z のみを考える．ビオ-サバールの法則より（$\boldsymbol{R}$ と $d\boldsymbol{l}$ は直交するので 46 ページの式 (1) で $\sin\theta = 1$ とおく）

$$dB_z = dB\sin\alpha = \frac{\mu_0}{4\pi} I \frac{dl}{R^2}\sin\alpha = \frac{\mu_0}{4\pi} I \frac{a}{R^3} dl$$

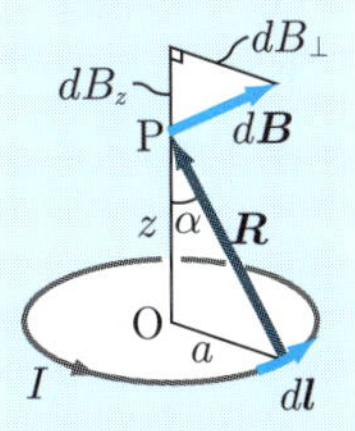

図3.6

円電流全体からの寄与を得るには，dl を円周 $2\pi a$ でおきかえれば良い．したがって $(S \equiv \pi a^2)$

$$B(z) = \frac{\mu_0}{4\pi} IS \frac{2}{R^3} = \frac{\mu_0 I}{2a}\sin^3\alpha$$

$\boldsymbol{B}$ の方向はもちろん z 方向である．

(2)　点 P が円電流を見る立体角は，序章の式 (13) により $\Omega(z) = 2\pi(1-\cos\alpha)$ であるから，磁位は

$$\phi_m(z) = \frac{I}{4\pi}\Omega(z) = \frac{I}{2}(1-\cos\alpha)$$

z 軸上では，対称性から，$-\boldsymbol{\nabla}\phi_m$ は z 方向を向くことがわかる．$\cos\alpha$ を z で表して微分を実行すれば磁場の大きさは

$$B(z) = -\mu_0 \frac{\partial \phi_m}{\partial z} = \frac{\mu_0 I}{2a}\sin^3\alpha$$

問　題

1.1　半径 a の円電流 I が遠方につくる磁場を求めよ．

1.2　一辺の長さが $2a$ の正方形の回路に電流 I が流れるとき，中心 O にはいかなる磁場ができるか．

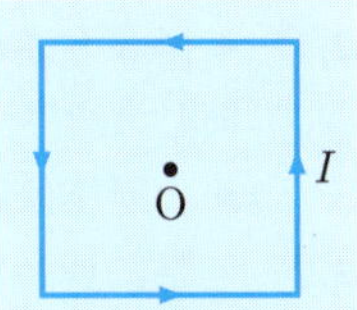

図3.7

1.3　単位長さ当り n 回の割合で導線を密に巻いた無限に長いソレノイドに，電流 I を流す．ソレノイドの外部には磁場はなく，内部には軸方向に $B = \mu_0 nI$ の一様な磁場ができることを，等価定理の方法で示せ．

1.4　1 mm 当り 1 回の割合で導線を巻いた長いソレノイドに，電流 1 A を流す．ソレノイド内部の磁束密度は何 G(ガウス) か（磁束密度の単位は SI 単位系で T(テスラ)．$1\,\mathrm{T} = 10^4\,\mathrm{G}$）．

例題 2 **円筒電流**

半径 a の導体円筒面がある．円筒は軸方向には十分長く，また面は十分薄いものとする．電流 I がこの面上を一様に軸方向に流れるとき，円筒内外にできる磁場を求めよ．

ヒント 対称性を考え，アンペールの法則を用いる．

解答 電流分布は円筒の軸に関し軸対称であるから，できる磁場も軸対称で，図 3.8 の C のように軸を中心にした円形の磁力線をつくるであろう．磁場の大きさは軸からの距離 ρ にのみ依存する．そこで，半径 $\rho\,(\rho > a)$ の円 C を積分路にとってアンペールの法則を書くと，C を貫く全電流は I であるから

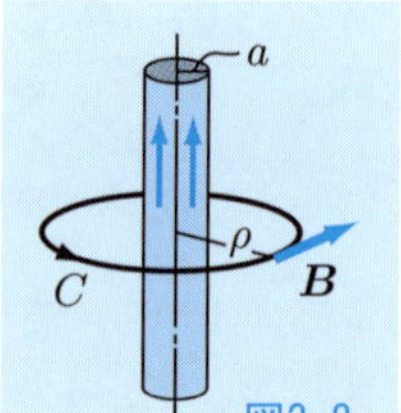

図3.8

$$\oint_C B(\rho)dl = \mu_0 I \qquad (*)$$

左辺の $B(\rho)$ は積分の外に出せ，残りの線積分は単に円周を与える．すなわち

$$2\pi\rho B(\rho) = \mu_0 I$$

ゆえに

$$B(\rho) = \frac{\mu_0}{2\pi}\frac{I}{\rho} \quad (\rho > a)$$

すなわち円筒の外の磁場は，中心軸の上に直線電流 I が流れている場合の磁場と同一になる．次に同様な積分路 C を円筒内 $(\rho < a)$ にとり，再びアンペールの法則を適用すると，今度は C を貫く電流はないので，式 $(*)$ で右辺はゼロとなり，したがって

$$B(\rho) = 0 \quad (\rho < a)$$

すなわち円筒の内部には磁場は存在しない．

問 題

2.1 半径 a および $b\,(a < b)$ の二つの共軸の導体円筒面がある．二つの円筒面の上を，同じ大きさ I で反対向きの電流が軸方向に流れるとき，いかなる磁場ができるか．円筒は軸方向には十分長いとする．

2.2 無限に長い半径 a の円柱状の導体の内部を，電流 I が一様な電流密度で軸方向に流れている．円柱の内外にできる磁場を求めよ．

2.3 例題 2 の円筒面上を流れる電流を，直線電流の集まりとみなし，直線電流がつくる磁場の重ね合わせとして円筒内部で $\boldsymbol{B} = 0$ となることを説明せよ（1.1 節例題 3 の静電場との類推で考えよ）．

例題 3　**平面電流**

yz 平面上を，電流が z 方向に一様な密度で流れている．このときできる磁場を求めよ．ただし電流の線密度（y 軸上の単位長さを通過する電流）を J とする．

ヒント　アンペールの法則を用いるのが簡単である．

解答　平面を流れる電流は直線電流の集まりとみることができるから，磁場も直線電流の磁場の重ね合わせである．こうしてできる磁力線は，$x > 0$ の空間では $+y$ 方向を向き，$x < 0$ においては $-y$ 方向を向く（これは直観的には明らかであろうが，心配ならば下の問題 3.1 を参照せよ）．さらに対称性から，$x > 0$ の磁場と $x < 0$ の磁場の間には次の関係がある．

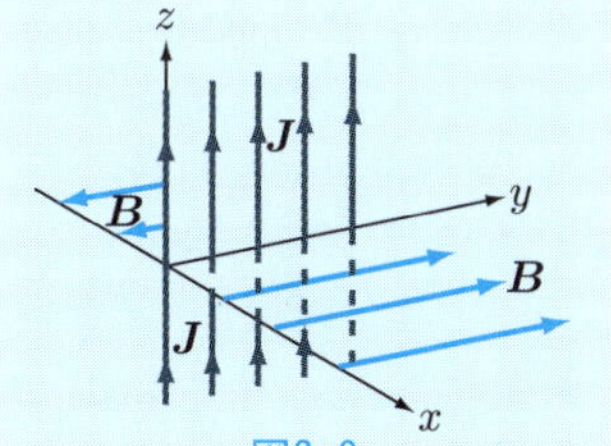

図3. 9

$$B_y(-x) = -B_y(x) \qquad (*)$$

以上がわかればアンペールの法則の適用は容易である．図 3.10 のような長方形の積分路 C を xy 面内にとると（y 軸に平行な辺の長さを Δy とする），C を貫く電流は $J\Delta y$ であるから

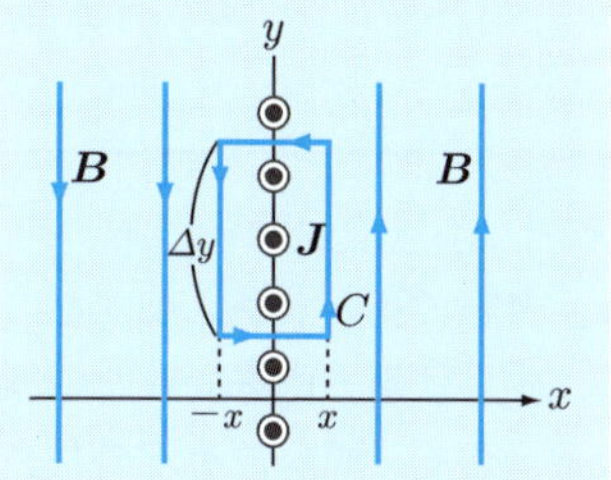

図3. 10

$$\oint_C B_l dl = \mu_0 J \Delta y$$

左辺の線積分は対称性 $(*)$ により $2B_y(x)\Delta y$ となるから，

$$B_y(x) = \begin{cases} \mu_0 J/2 & (x > 0) \\ -\mu_0 J/2 & (x < 0) \end{cases}$$

が得られる．すなわち，磁場は yz 平面からの距離 x によらない一定の大きさをもつ．これは，磁場がいたるところで同じ方向（y 方向）を向くことの必然的な結果である（例題 12 参照）．

問　題

3.1　上の例題の磁場は，直線電流がつくる磁場の重ね合わせとして求めることもできる．それを試みよ．

3.2　半径 b の円柱に半径 $a\,(a < b)$ の共軸の穴をあけた，穴あきの円柱導体に，一様な電流密度 j で図 3.11 のように環状電流が流れている．いかなる磁場ができるか．ただし円柱は軸方向には十分長いものとする（これは半径 a のボビンに巻線を厚さ $b-a$ だけ巻いたソレノイドのモデルである）．

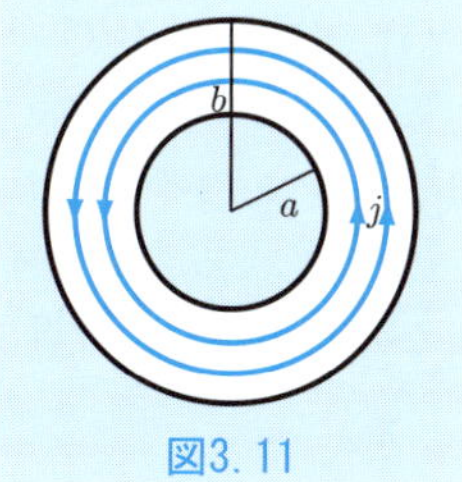

図3. 11

例題 4 ソレノイド

導線を密に巻いた半無限のソレノイドの，端の付近の磁場を考える．この磁場の定性的な性質は，半無限のソレノイドを二つなげば無限に長いソレノイドになることを利用して，重ね合わせの原理から導くことができる．この方法で次のことを説明せよ．ただしソレノイドの端の面の中心を原点 O とし，ソレノイドの軸を z 軸にとる．

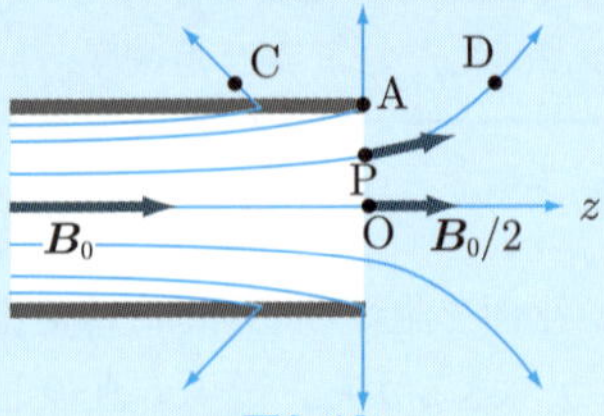

図3. 12

(1)　半無限ソレノイドの十分内部における一様な磁場を $\boldsymbol{B}_0$ とすれば，原点 O の磁場は $\boldsymbol{B}_0/2$ である．一般に端の面上の任意の点 P で，$\boldsymbol{B}$ の z 成分は $B_0/2$ である．

(2)　図 3.12 の点 A では，磁力線はソレノイドと直交する方向に出る．

(3)　ソレノイドの外部に，面 $z=0$（端の面）に関し対称になるように二点 C, D をとると，その二点における $\boldsymbol{B}$ は面 $z=0$ に関し対称である．

解答　半無限ソレノイドの十分内部に入ると，無限に長いソレノイドとの区別は無くなり，磁場は軸方向を向いた一様な磁場 $\boldsymbol{B}_0$ となる．さて一般に,（有限の長さの）ソレノイドの右端付近と左端付近の磁場は，図 3.13 のように，磁力線の向きを除けば全く対称である．次にこのようなソレノイドを二つ用意して端をつなげば，長さが 2 倍の一つのソレノイドができる．したがって磁場も，初めの二つの磁場を重ね合わせれば，2 倍の長さのソレノイドの磁場となる（図 3.13 では O と O′，C と C′ 等が同じ点となり，この対の点の $\boldsymbol{B}$ のベクトル和が新しい $\boldsymbol{B}$ となる）．特に初めの二つのソレノイドが半無限のときは，つないでできたソレノイドは無限に長く，その磁場はソレノイドの内部では $\boldsymbol{B}_0$，外部ではゼロという簡単なものである．これから逆に，初めの磁場についての制限が得られるわけである．

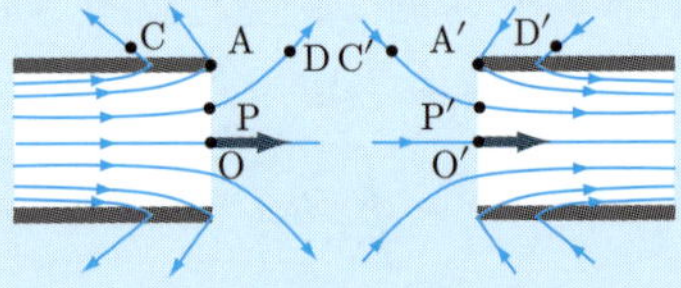

図3. 13

(1)　$\boldsymbol{B}(\mathrm{O})+\boldsymbol{B}(\mathrm{O}')=\boldsymbol{B}_0$, $\boldsymbol{B}(\mathrm{O})=\boldsymbol{B}(\mathrm{O}')$ より，ただちに $\boldsymbol{B}(\mathrm{O})=\boldsymbol{B}_0/2$ が出る．一般に面 $z=0$ の上では対称性から $B_z(\mathrm{P})=B_z(\mathrm{P}')$ であるから，上と同様にして $B_z(\mathrm{P})=B_0/2$ が得られる．

(2)　点 A をソレノイドのわずかに外部にとれば $\boldsymbol{B}(\mathrm{A})+\boldsymbol{B}(\mathrm{A}')=0$ が成り立たねばならないが，この点でも $B_z(\mathrm{A})=B_z(\mathrm{A}')$ であるから，$B_z(\mathrm{A})=0$ となり，磁力線

はソレノイドと直交する（点 A における $\boldsymbol{B}$ の大きさは無限大である）．

(3)　点 D − D′ も無限に長いソレノイドの外部の点であるから，$\boldsymbol{B}(\mathrm{D}) + \boldsymbol{B}(\mathrm{D}') = 0$．一方 $\boldsymbol{B}(\mathrm{C})$ と $\boldsymbol{B}(\mathrm{D}')$ は面 $z = 0$ に関し（向きを除き）対称である．ゆえに $\boldsymbol{B}(\mathrm{C})$ と $\boldsymbol{B}(\mathrm{D})$ は面 $z = 0$ に関し対称である．

注意　中心軸上の点の磁場は，簡単に計算することができる（問題 4.2）．その他の点の磁場は，これを初等関数で表すことはできない（1.2 節の問題 6.3 参照）．しかし中心軸の近くの点に対しては，磁場の近似式を容易に求めることができる（3.3 節の問題 12.3）．

問　題

4.1　上の例題で考えた半無限ソレノイドの磁場の性質は，環状電流と双極子層の等価性を用いて簡単に導くこともできる．

(1)　ソレノイドの外部の磁場は，ソレノイドの端の面内に一様な面密度で分布した電荷による電場に比例することを示せ．

(2)　ソレノイドの内部の磁場は，(1) の電荷分布に対応する磁場に $\boldsymbol{B}_0$ を加えたものであることを示せ．

(3)　この結果を用いて，例題 3 の三つの性質は直ちに導けることを確かめよ．

4.2　単位長さ当りの巻数が n の，長さ有限のソレノイドに電流 I を流すとき，軸上の点 P にできる磁場を考える．点 P がソレノイドの両端を見る角度の半分を図 3.14 のように θ_1, θ_2 とすると，$\boldsymbol{B}(\mathrm{P})$ の大きさは

$$B(\mathrm{P}) = \mu_0 n I \frac{1}{2}(\cos\theta_1 + \cos\theta_2)$$

で与えられる．これを (1) ビオ-サバールの法則，(2) 等価定理，の二つの方法により導け．

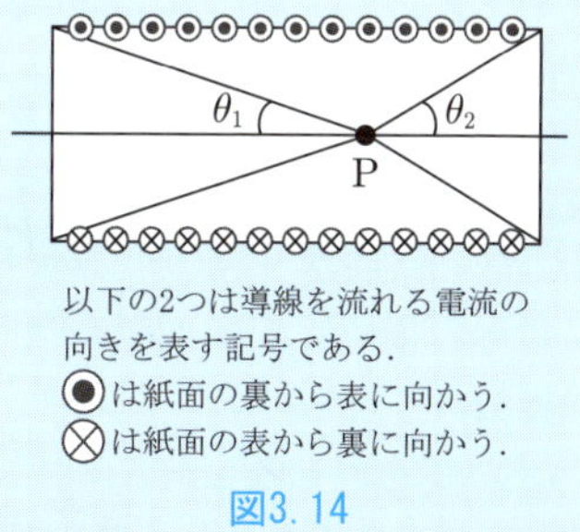

θ1
θ2
P
以下の2つは導線を流れる電流の向きを表す記号である．
⊙は紙面の裏から表に向かう．
⊗は紙面の表から裏に向かう．

図3.14

4.3♣ ソレノイドの内部と外部の磁場は，ソレノイドの側面において，次の接続の条件をみたすことを示せ．ただし n は単位長さ当りの巻数，I は電流である．

ソレノイドの側面の任意の点において，ソレノイド内部の磁場を $\boldsymbol{B}^{\mathrm{in}}$，外部の磁場を $\boldsymbol{B}^{\mathrm{out}}$ とし，その軸方向の成分を $B_{/\!/}$，軸と直交する方向の成分を $B_{\perp}$ で表すと

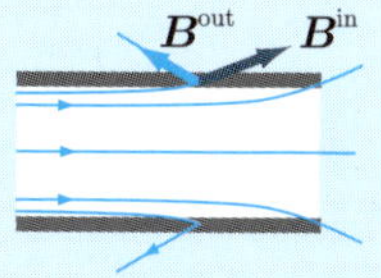

B^out
B^in

図3.15

$$B_{\perp}^{\mathrm{in}} = B_{\perp}^{\mathrm{out}}, \quad B_{/\!/}^{\mathrm{in}} - B_{/\!/}^{\mathrm{out}} = \mu_0 n I$$

例題 5♣ **球面電流**

半径 a の球面上に，面密度 σ で電荷が一様に分布している．

(1) この球が一つの直径のまわりに角速度 ω で回転すると，球面にそって図のような渦状の電流が流れる．天頂角 θ の点の電流密度（単位長さを通る電流）は

$$J(\theta) = J_0 \sin\theta$$

の形をもつことを示せ．

(2) この電流分布がもつ磁気モーメントを求めよ．

(3) 球の外部にはいかなる磁場ができるか．

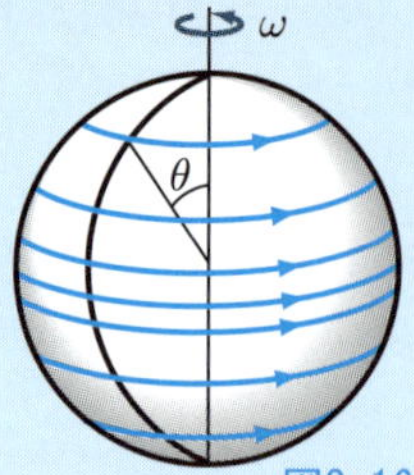

図3. 16

ヒント 磁場を求めるには，環状電流を等価な双極子層でおきかえるとよい．

解答 (1) 天頂角 θ の部分が軸のまわりに回転する速さは $v = a\sin\theta\cdot\omega$ である．速度と垂直（子午線方向）に単位長さをとると，そこを回転と共に単位時間に通過する面積は v であるから，電流密度は

$$J(\theta) = \sigma v = \sigma\omega a \sin\theta \equiv J_0 \sin\theta, \quad J_0 = \sigma\omega a$$

(2) 天頂角 θ と $\theta + d\theta$ の間を流れる電流は，大きさ $J(\theta)ad\theta$ の環状電流で，ループの面積を $S(\theta) = \pi(a\sin\theta)^2$ と表せば，この部分がもつ磁気モーメントは $S(\theta)J(\theta)ad\theta$ である．これを θ で積分すれば，球面全体の磁気モーメントが得られる．

$$m = \int_0^\pi S(\theta)J(\theta)ad\theta = \pi a^3 J_0 \int_0^\pi \sin^3\theta d\theta = \frac{4}{3}\pi a^3 J_0 \equiv VJ_0$$

V は球の体積である．磁気モーメントの方向はもちろん回転軸の方向を向く．

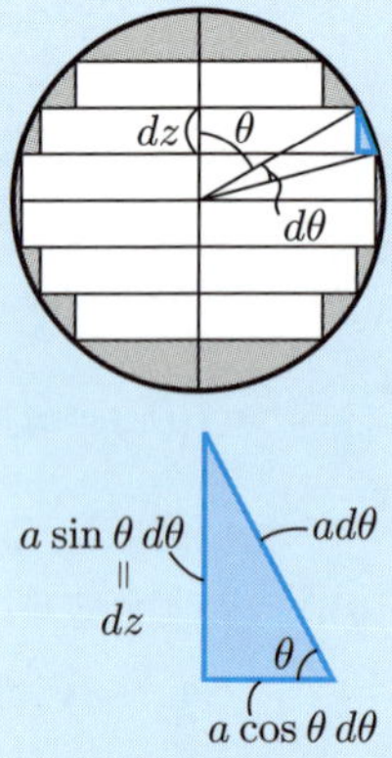

図3. 17

(3) 球を回転軸と垂直に厚さ dz の層に輪切りにして，その一つの表面を流れる環状電流に着目する．図 3.17 のように微小な角度 $d\theta$ をとれば（青い直角三角形に着目して），$dz = ad\theta\cdot\sin\theta$ となるから，表面電流は

$$J(\theta)ad\theta = J_0 a\sin\theta d\theta = J_0 dz$$

と表せる．すなわち，球を厚さ dz の薄い円柱の集まりで近似して，各円柱の側面に単位長さ当り J_0 の電流が流れると，それがちょうど今問題にしている電流分布を与える．

磁場を求めるため，この環状電流を等価な双極子層でおきかえる．環状電流 J_0dz と等価な双極子層の双極子モーメントは単位面積当り J_0dz であるから，双極子層は厚さ

dz の円柱の上底面と下底面に面密度 $\pm J_0$ で電荷が分布したものと見ることができる．すべての円柱について，このように側面電流から底面の電荷分布へのおきかえをすれば，上下の円柱の底面が重なった部分では電荷が消し合ってしまうので，はみ出した部分（図 3.18 の太線部分）にだけ，電荷が面密度 $\pm J_0$ （$+$ は上半球，$-$ は下半球）で分布する．この電荷を，球の表面に分布するものと見直せば，前ページの三角形からわかるように，球面に面密度

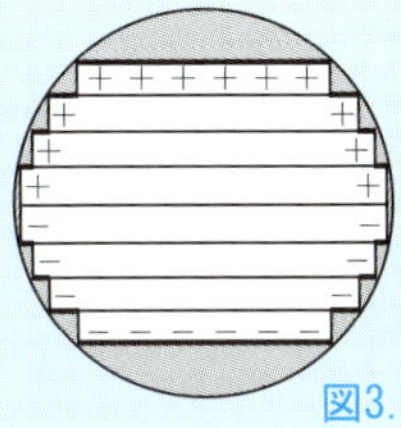

図3. 18

$$\sigma_m(\theta) = J_0 \cos\theta$$

の電荷が分布することになる（$\sigma_m a d\theta = J_0 a \cos\theta d\theta$ より）．こうして，球面上の電流分布 $J_0 \sin\theta$ は，同じ球面上の電荷分布 $J_0 \cos\theta$ と等価なことがわかった．

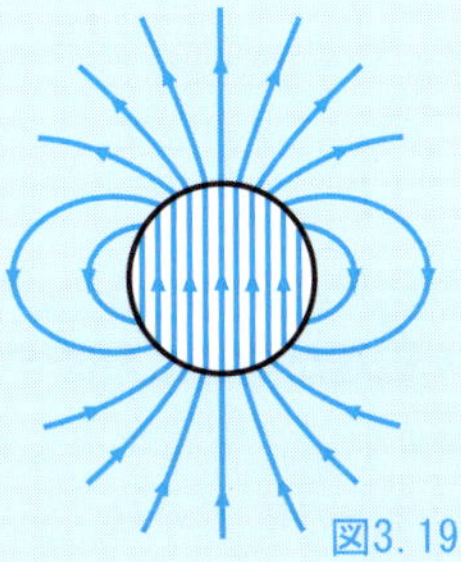
図3. 19

この電荷分布はなじみ深い問題である．1.2 節の例題 8 によれば，球面上の面密度 $\sigma_0 \cos\theta$ の電荷分布が球外につくる電場は，球の中心にモーメント $p = V\sigma_0$ の電気双極子をおいた場合の電場と同じである．そこで今の場合の球外の磁場も，中心にモーメント $m = VJ_0$ の磁気双極子をおいた場合の磁場に等しい．この磁気モーメントは，まさに，(2) で電流分布の磁気モーメントとして求めた値にほかならない．

球の中心を原点にとって，球外の磁場を具体的に表せば次のようになる．

$$\begin{aligned} \boldsymbol{B}(\boldsymbol{r}) &= (\mu_0/4\pi)(1/r^3)\Big(3(\boldsymbol{m}\cdot\widehat{\boldsymbol{r}})\widehat{\boldsymbol{r}} - \boldsymbol{m}\Big) \\ &= (1/3)\mu_0 J_0 (a^3/r^3)\Big(3(\boldsymbol{n}\cdot\widehat{\boldsymbol{r}})\widehat{\boldsymbol{r}} - \boldsymbol{n}\Big) \end{aligned}$$

ここで $\boldsymbol{n}$ は，磁気モーメント $\boldsymbol{m}$ の方向，すなわち回転軸方向の単位ベクトルを表す．

球面上の環状電流の分布が磁気双極子の磁場をつくることは，遠方では当然であるが，（電場の場合と同様に）球外のすべての点でそうなるという所が，著しい結果である．

問　題

5.1♣ 上の例題で，球内の磁場に対しては，1.2 節問題 8.2 の結果をそのまま翻訳する訳にはいかない．いいかえれば，球面上の電流分布 $J_0 \sin\theta$ が球内につくる磁場は，電荷分布 $J_0 \cos\theta$ が球内につくる電場とは等しくない（もし等しければ，電流分布による $\boldsymbol{B}$ が球表面でわき出しをもつことになってしまう）．等価定理の方法を正しく適用することにより（問題 1.3, 4.1 参照），球内の磁場が

$$\boldsymbol{B}(\boldsymbol{r}) = (\mu_0/4\pi)(2/a^3)\boldsymbol{m} = (2/3)\mu_0 J_0 \boldsymbol{n}$$

であることを示せ．

5.2♣ 例題 5 および問題 5.1 の磁場が，球面上でわき出しをもたぬことを確かめよ．

3.2 磁場が電流に及ぼす力

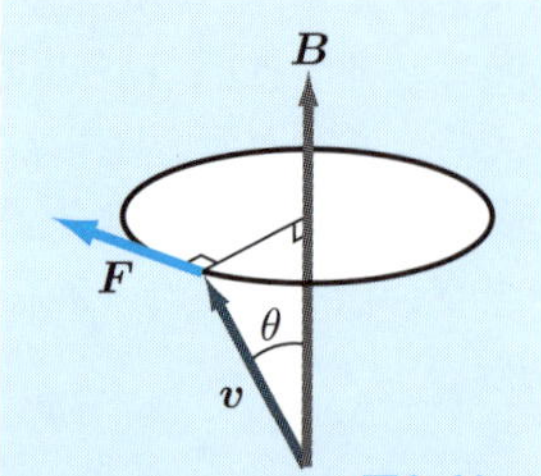

図3.20

● ローレンツ力 ●　電荷 q をもつ荷電粒子が磁場 $\boldsymbol{B}$ 中を速度 $\boldsymbol{v}$ で動くとき，磁場はこの粒子にベクトル積

$$\boldsymbol{F} = q\boldsymbol{v} \times \boldsymbol{B} \qquad (1)$$

で表される力を及ぼす．すなわち，$\boldsymbol{v}$ と $\boldsymbol{B}$ のなす角を θ とすれば，力の大きさは $F = qvB\sin\theta$ で，方向は $\boldsymbol{v}$ から $\boldsymbol{B}$ へ右ねじをまわしたときにねじの進む方向を向く．この力を**ローレンツ力**という（$q\boldsymbol{E}$ を含めて全体をローレンツ力ということもある）．この力は速度 $\boldsymbol{v}$ と直交しているので，速度の方向を変えるはたらきはするが，速度の大きさを変えるはたらきはない．すなわち，**磁場が荷電粒子に及ぼすローレンツ力は仕事をしない**．

● 磁場が電流に及ぼす力 ●　ローレンツ力 (1) から，磁場 $\boldsymbol{B}$ が電流 I に及ぼす力が導かれる．電流を（導線の）方向まで含めてベクトル $\boldsymbol{I}$ で表せば，単位長さの導線が受ける力は $\boldsymbol{I} \times \boldsymbol{B}$ である．あるいは，電流 I の流れる導線の微小部分を，その長さと方向を含めてベクトル $d\boldsymbol{l}$ で表せば，これにはたらく力は

$$d\boldsymbol{F} = Id\boldsymbol{l} \times \boldsymbol{B} \qquad (2)$$

● 起電力 ●　z 方向を向いた一様な磁場中で，x 方向を向いた長さ l の導体棒が，速さ v で y 方向に動いているとする．導体中の電荷には $\pm x$ 方向のローレンツ力 (1) がはたらくので，棒の両端付近に正負の電荷がたまり電場が生じて電気力 $q\boldsymbol{E}$ が発生し，ローレンツ力と釣り合って電荷の移動が止まる．化学反応により電池の両極に電荷がたまって電位差が生じるのと類似した現象であり，ローレンツ力による起電力とみなすことができる．棒の両端には電位差が生じるので，回路をつなげれば電流が流れエネルギーを取り出すことができる．ただしこのエネルギーはローレンツ力によって生じたと考えてはいけない（ローレンツ力は仕事をしない）．電流が導体棒方向に流れると，今度は $-y$ 方向のローレンツ力が発生するので，導体の速さを維持するには棒に力を加え続けなければならない．この力がエネルギー源である．

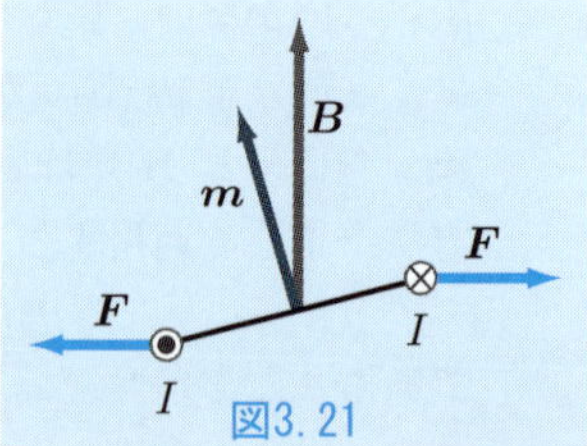

図3.21

● 環状電流が磁場から受けるトルク ●　磁気モーメント $\boldsymbol{m}$ の環状電流は，磁場 $\boldsymbol{B}$ からトルク

$$\boldsymbol{N} = \boldsymbol{m} \times \boldsymbol{B} \qquad (3)$$

を受ける（例題 7，例題 15 参照）．これはモーメント $\boldsymbol{p}$ の電気双極子が電場から受けるトルク $(\boldsymbol{p} \times \boldsymbol{E})$ と同じで，環状電流と双極子の対応はこの意味でも成り立つ．

例題 6　　**サイクロトロン振動数**

電荷 q，質量 m の粒子が一様な磁場 $\boldsymbol{B}$ の中にあるとき，この粒子はいかなる運動をするか．

解答　粒子の速度を $\boldsymbol{v}(t)$ とすれば，磁場が粒子に及ぼすローレンツ力は $\boldsymbol{F} = q\boldsymbol{v} \times \boldsymbol{B}$ であるから，運動方程式は

$$m\frac{d\boldsymbol{v}}{dt} = \boldsymbol{F} = q\boldsymbol{v} \times \boldsymbol{B}$$

したがって，$\boldsymbol{B}$ 方向を z 軸とすれば，加速度はそれに垂直だから z 方向の速度は一定．つまりこの粒子は z 方向には等速運動をする．

次に，この粒子の動きを xy 平面に射影したときの運動を考えてみよう．この平面に射影された動きの速度を $\boldsymbol{v}_{\perp} = (v_x, v_y)$ とすると，力 F は $\boldsymbol{v}_{\perp}$ に垂直であり，しかも $v_{\perp}$ に比例する．すなわち絶対値の関係として

$$F = \omega_{\mathrm{c}} v_{\perp} \quad (\text{ただし } \omega_{\mathrm{c}} = q\boldsymbol{B}/m)$$

と書ける．このような力を受ける粒子の運動は円運動である（問題 6.1 で $\boldsymbol{E} = 0$ にしたケースに相当する）．角速度は ω_{c} であり半径に依存しない．半径 ρ は初期速度 $\boldsymbol{v}_{\perp}$ から，$v_{\perp} = \rho\omega_{\mathrm{c}}$ という関係で決まる．全体としていえば，粒子は角速度 ω_{c} でらせん運動をしながら z 方向に進むことになる．v_z および $v_{\perp}$ の大きさは初期条件から決る．その大きさが時間と共に変わらないのは，ローレンツ力が仕事をしないことの現れである．$\nu_{\mathrm{c}} = \omega_{\mathrm{c}}/2\pi$ を**サイクロトロン振動数**とよぶ．サイクロトロンとよばれる加速器では，この原理を使って粒子を回しながら電場で加速する．

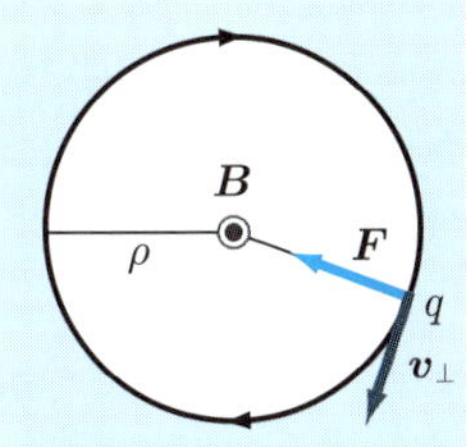

図3. 22

問　題

6.1　z 方向には一様な磁場 $\boldsymbol{B}$ が，y 方向には一様な電場 $\boldsymbol{E}$ がかかっている空間がある．この中で，質量 m，電荷 q の粒子が xy 面内で運動する場合を考える．

(1)　粒子の速度 $\boldsymbol{v}(t)$ はどのような時間変化をするか．

(2)　時刻 $t = 0$ に粒子が原点に静止していたとして，それから後の粒子の運動を調べよ．

ヒント　$\boldsymbol{v}$ についての運動方程式は，非斉次の一階線形微分方程式となる．非斉次の線形微分方程式の一般解は，斉次方程式の一般解と非斉次方程式の特解の和で与えられる．

例題 7 **磁気モーメントが受ける力**

辺の長さが a および b の長方形の回路に電流 I が流れている．この環状電流が磁場 $\boldsymbol{B}$ の中にあるとき，回路が磁場から受けるトルコ（力のモーメント）を求めよ．ただし回路が張る面の法線と $\boldsymbol{B}$ のなす角を θ とし，また簡単のため，長さ a の辺は $\boldsymbol{B}$ と垂直におかれているものとする．

解答 法線は回路に流れる電流に対し右ねじの向きにとるのが約束である（図 3.23 の $\boldsymbol{m}$ の方向）．単位長さ当りの電流にはたらく力は $\boldsymbol{I}\times\boldsymbol{B}$ であるから，ベクトル積を調べれば，回路の各辺に図 3.23 (上) の方向の力がはたらくことがわかる（回路の表裏を上記の法線の向きから決め，裏から表へ回路を貫く**磁束**（貫く磁場の合計）を Φ とすれば，力は常に Φ を増加させようとする向きにはたらく．これが力の向きを見る簡便法である．力 F, F' で回路が広がったり，回転したりすれば，Φ が増すことに注意）．力の大きさは（$\boldsymbol{B}$ は一様として）

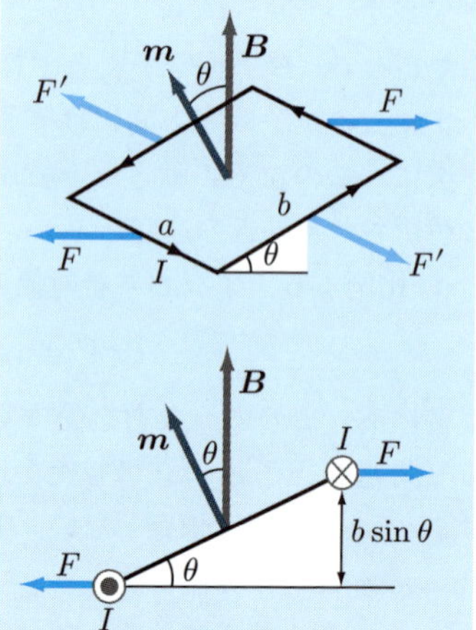

図3. 23

$$F = IBa, \quad F' = IBb\cos\theta$$

である．$\boldsymbol{B}$ が一様である限り合力はゼロであるが，力 F の二つの作用線が異なるため，回路を回転させようとするトルクがはたらく．その大きさは

$$N = Fb\sin\theta = BIab\sin\theta = mB\sin\theta$$

ここで $m = Iab$ はこの環状電流の磁気モーメントの大きさである．上の結果は，ベクトル積を用いれば，方向まで含めて

$$\boldsymbol{N} = \boldsymbol{m}\times\boldsymbol{B}$$

と表される（長方形に限らない一般の環状電流でのこの公式の証明は例題 15 で与えられる）．

問　題

7.1 断面積 $10\,\mathrm{cm}^2$ の枠に導線を 100 回巻いたコイルを，$B = 10^{-2}\ \mathrm{T}$（テスラ）$= 100\ \mathrm{G}$（ガウス）の磁場の中におく．このコイルに 1 A の電流を流すと，コイルは最大何 N·m のトルクを受けるか．

7.2 二本の電線を間隔 10 cm で平行に張り，両方に 10 A の電流を流すとき，電線にはたらく力は 1 m 当り何 N か．

例題 8　　**平行平面**

二枚の平面 S_1, S_2 が間隔 l で平行におかれている．両平面の上を，同じ密度の一様な電流が反対方向へ流れている．平面上の（電流の方向と垂直にとった）単位長さを通る電流を J とする．　(1)　いかなる磁場ができるか．　(2)　平面 S_1 および S_2 の単位面積当りにはたらく力を求めよ．

ヒント　一枚の平面電流がつくる磁場を重ね合わせれば良い．

解答　平面 S_1 を yz 平面 $x=0$ にとり，S_2 はそれと l 離れた平面 $x=l$ にとる．電流は S_1 上では $+z$ 方向に，S_2 上では $-z$ 方向に，それぞれ線密度 J で流れるものとする．

(1)　例題 3 によれば，S_1 上の平面電流がつくる磁力線は y 軸に平行で，磁場は

$$B_y^{(1)}(x) = \begin{cases} \mu_0 J/2 & (x>0) \\ -\mu_0 J/2 & (x<0) \end{cases}$$

である．同様に S_2 上の電流がつくる磁場も y 軸に平行で，

$$B_y^{(2)}(x) = \begin{cases} -\mu_0 J/2 & (x>l) \\ \mu_0 J/2 & (x<l) \end{cases}$$

である．全体の磁場はこれを重ね合わせたものであるから

$$B_y(x) = B_y^{(1)}(x) + B_y^{(2)}(x) = \begin{cases} 0 & (x>l) \\ \mu_0 J & (l>x>0) \\ 0 & (0>x) \end{cases}$$

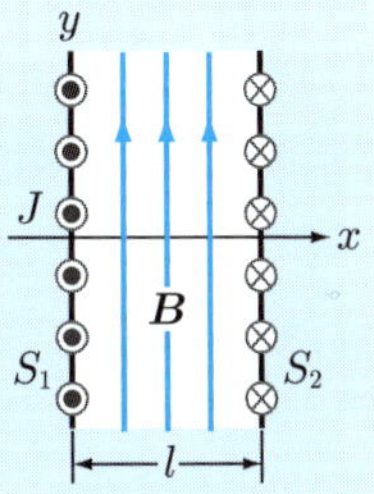

図3. 24

すなわち面 S_1 と S_2 の外側では $\boldsymbol{B}=0$ で，S_1 と S_2 ではさまれた領域では y 方向を向く一様な磁場 $B=\mu_0 J$ ができる．

(2)　面 S_2 上の電流の微小部分にはたらく力のうち，同じ S_2 上の他の場所の電流が及ぼす力をまず考える．これは平行電流の間の引力で，$\pm y$ 方向の成分をもつが，対称性から合力はゼロになることがわかる．次に S_1 上の電流が S_2 上の電流に及ぼす力を考えると，S_1 が S_2 の所につくる磁場が $B_y^{(1)} = \mu_0 J/2$ であるから，S_2 の単位面積当りにはたらく力は

$$F = JB_y^{(1)} = (1/2)\mu_0 J^2 = (1/2\mu_0)B^2$$

で，方向は $+x$ 方向である．ここで $B=\mu_0 J$ は全磁場の大きさである．同様に S_1 上の電流には，同じ大きさの力が $-x$ 方向にはたらく．

問　題

8.1♣ 例題 8 で機械的に $F=JB$ としてはいけないのは，$\boldsymbol{B}$ は面の外の磁場で，面内部の磁場ではないからである．そこで面 S_1, S_2 が有限の厚さをもつとして面内の $\boldsymbol{B}$ を求め，それが電流分布に及ぼす力を計算せよ．

8.2♣ 内部の磁場が $\boldsymbol{B}$ である無限長のソレイドの側壁が受ける力を求めよ．

例題 9♣ **環状電流に働く力**

微小な長方形の環状電流 I が，一様でない磁場 $\boldsymbol{B}(\boldsymbol{r})$ の中にある．長方形の辺の長さは a, b で，長さ a の辺は x 軸に平行に，長さ b の辺は y 軸に平行におかれている．

(1) 磁場 $\boldsymbol{B}(\boldsymbol{r})$ が各辺に及ぼす力の合力が $\boldsymbol{\nabla}(\boldsymbol{m}\cdot\boldsymbol{B})$ になることを示せ．

(2) この回路を，十分遠方の $\boldsymbol{B}=0$ の点から，磁場が $\boldsymbol{B}$ の点まで運んでくるのに必要な力学的仕事が $-\boldsymbol{m}\cdot\boldsymbol{B}$ になることを示せ．ただし電流 I は，回路を動かす間，一定値に保たれているものとする．

解答 (1) 長方形の各辺を図 3.25 のように 1～4 とし，また一つの頂点の座標を (x, y) とする（以下で z 座標はすべて 0 であるので書くことを略す）．長さ l の電流部分にはたらく力は $\boldsymbol{I}\times\boldsymbol{B}l$ であるから，たとえば辺 1 が受ける力 $\boldsymbol{f}^1$ は

$$\boldsymbol{f}^1 = Ib\boldsymbol{e}_y \times \boldsymbol{B}$$

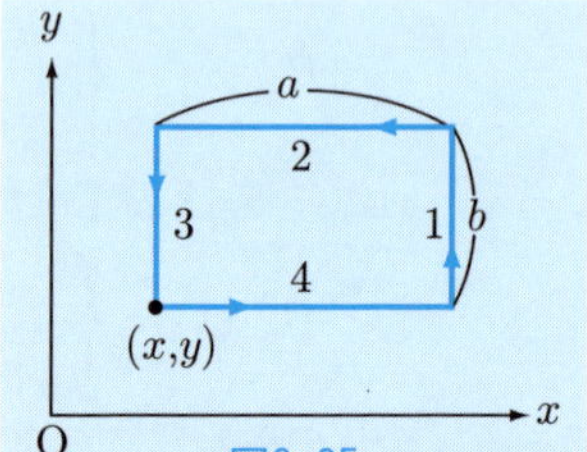

図3. 25

ここで $\boldsymbol{e}_y$ は y 軸方向の単位ベクトルである．もし $\boldsymbol{B}$ が一様であれば，辺 3 には力 $\boldsymbol{f}^3=-\boldsymbol{f}^1$ がはたらき，合力はゼロになってしまうが，辺 1 と 3 における $\boldsymbol{B}$ に差があれば，$\boldsymbol{f}^1$ と $\boldsymbol{f}^3$ は完全には打ち消さず，合力が残る．そこでまず各辺が受ける力を成分で表すと，

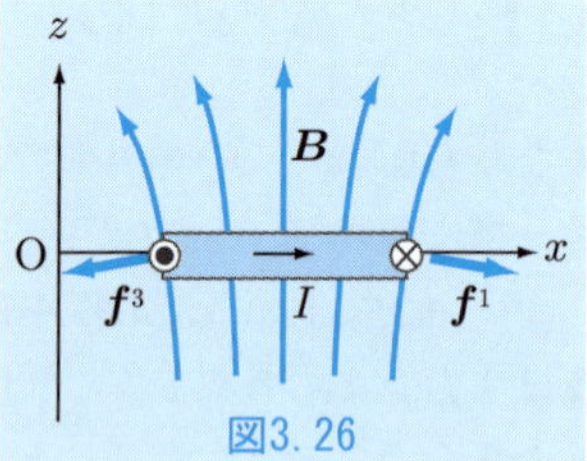

図3. 26

$$\boldsymbol{f}^1 = Ib\Big(B_z(x+a,\overline{y}), 0, -B_x(x+a,\overline{y})\Big)$$
$$\boldsymbol{f}^3 = Ib\Big(-B_z(x,\overline{y}), 0, B_x(x,\overline{y})\Big)$$
$$\boldsymbol{f}^2 = Ia\Big(0, B_z(\overline{x},y+b), -B_y(\overline{x},y+b)\Big)$$
$$\boldsymbol{f}^4 = Ia\Big(0, -B_z(\overline{x},y), B_y(\overline{x},y)\Big)$$

ここで $\overline{y}$ は辺 1 あるいは 3 の上の y 座標の適当な平均値を意味する（$\overline{x}$ も同様）．したがって合力 $\boldsymbol{F}$ の x 成分は，

$$F_x = f_x^1 + f_x^3 = Ib\Big(B_z(x+a,\overline{y}) - B_z(x,\overline{y})\Big) = Iab\frac{\partial B_z}{\partial x}$$

ただし a は小さいとして，B_z のテイラー展開の一次の項のみ残した．他の成分も同様に

$$F_y = f_y^2 + f_y^4 = Iab\frac{\partial B_z}{\partial y}$$
$$F_z = f_z^1 + f_z^3 + f_z^2 + f_z^4 = -Iab\left(\frac{\partial B_x}{\partial x} + \frac{\partial B_y}{\partial y}\right) = Iab\frac{\partial B_z}{\partial z}$$

最後の式では，$\boldsymbol{B}(\boldsymbol{r})$ がわき出しをもたず

$$\boldsymbol{\nabla}\cdot\boldsymbol{B} \equiv \frac{\partial B_x}{\partial x} + \frac{\partial B_y}{\partial y} + \frac{\partial B_z}{\partial z} = 0$$

をみたすことを用いた．上の結果をまとめてベクトルで表せば

$$\boldsymbol{F} = m\boldsymbol{\nabla} B_z$$

ただし $m = Iab$ はこの回路の磁気モーメント $\boldsymbol{m}$ の大きさである．さらに $\boldsymbol{m}$ が z 方向を向くことに注意すれば，上の式は

$$\boldsymbol{F} = \boldsymbol{\nabla}(\boldsymbol{m}\cdot\boldsymbol{B})$$

と表すこともできる．上では z 軸を $\boldsymbol{m}$ 方向にとってこの結果を導いたが，最後の式は座標軸のとり方にはよらない形になっているので，$\boldsymbol{m}$ が任意の方向を向く場合にもこの結果は成り立つ．すなわち磁場 $\boldsymbol{B}$ の $\boldsymbol{m}$ 方向の成分が場所によって変化していれば，その勾配の方向に，回路に力がはたらくわけである（たとえば図 3.26 では $-z$ 方向に加速される）．

(2)　回路には上で求めた力 $\boldsymbol{F}$ がはたらくので，回路を平衡に保つには外力 $\boldsymbol{F}_{\mathrm{ex}} = -\boldsymbol{F}$ を加えねばならない．回路をゆっくり（準静的に）運ぶには，この外力 $\boldsymbol{F}_{\mathrm{ex}}$ を加えながら回路を動かせば良い．たとえば回路を xy 面内において x 方向にゆっくり動かすとすれば，外力が行う仕事は

$$\int_{-\infty}^{x} F_x^{\mathrm{ex}} dx = -\int_{-\infty}^{x} F_x dx = -m\int_{-\infty}^{x} \frac{\partial B_z}{\partial x} dx = -mB_z(x) = -\boldsymbol{m}\cdot\boldsymbol{B}$$

である．最後の形は，任意の道に沿って運ぶ場合にも成り立つ結果である．

注意1　外力が行う仕事は，電流を一定に保つために何らかの起電力がしなければならない仕事と相殺する（問題 9.3）．つまり上の式は環状電流が磁場中でもつエネルギーとはみなせない．ただしスピン起源の磁気モーメントの場合は $\boldsymbol{m}$ の大きさは何もしなくても一定に保たれるので，$-\boldsymbol{m}\cdot\boldsymbol{B}$ を位置エネルギーとみなすことができる．

注意2　長方形とは限らない一般の環状電流に対する証明は問題 15.2 を参照．

問　題

9.1♣ 電気双極子モーメント $\boldsymbol{p}$ が外から与えられた電場 $\boldsymbol{E}$ から受ける力が $(\boldsymbol{p}\cdot\boldsymbol{\nabla})\boldsymbol{E}$ と書けることを示し，それを上の例題 9 (1) と比較せよ．

9.2♣ 一様な磁場 $\boldsymbol{B}$ の中に，磁気モーメントの大きさが m の環状電流を，$\boldsymbol{m}$ が $\boldsymbol{B}$ と直交するようにおく．これを任意の方向に回転させるためには，どれだけの力学的仕事を要するか．ただし電流は一定に保たれるものとする．

9.3♣ 磁場中を電流一定の回路が動くとき，磁場は仕事をしていないことを示せ．

例題 10♣　　**マクスウェルの応力**

物体内部の微小な面の両側が及ぼしあっている力を，その面に対する応力とよぶ．電場・磁場が存在する空間にも応力が存在すると考え，それにより電荷や電流にはたらく力を表現することができる．これを**マクスウェルの応力**とよぶ．

電場の場合も磁場の場合も，応力の方向は力線（**電気力線**や**磁力線**）を考えればわかる．各力線は縮まろうとし（張力的），隣り合った力線の間隔は広がろうとする（圧力的）と考えれば良い．つまり力線に垂直な面を考えると，応力は面の両側で引っぱり合う方向にはたらく．力線に接する面では，応力は両側で押し合うようにはたらく．またその大きさはどちらの場合でも，単位面積当り $\varepsilon_0/2\boldsymbol{E}^2$（電場の場合），あるいは $1/2\mu_0\boldsymbol{B}^2$（磁場の場合）である．これが正しいことを確かめるために，以下の計算をしてみよう．

内径 a，外径 b の穴あき円柱の内部を，単位面積当り j の一様な電流密度で，環状の電流が流れている（問題 3.2 参照）．

図 3.27 の $d\rho, d\theta$ で表された微小領域（軸方向には単位長さにとる）にはたらく応力の合力を計算し，磁場がその部分の電流に及ぼす力として求めた結果と一致することを確かめよ．

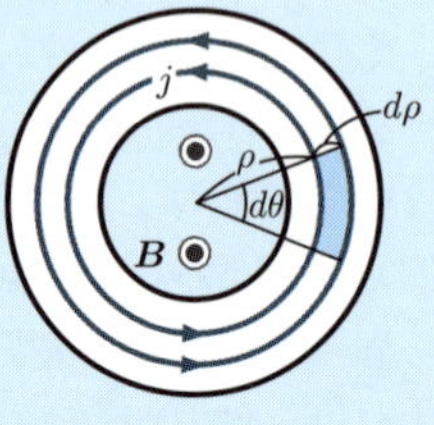

図3. 27

解答　円柱の長さが十分に長ければ磁場は軸方向を向く．中空の部分には，厚さのない円筒（あるいはソレノイド）の場合と同じように，$B(\rho) = \mu_0 J$ の一様な磁場ができる（$J = (b-a)j$ は軸方向単位長さ当りに流れる全電流）．導体中 $(a \leqq \rho \leqq b)$ の磁場は，問題 3.2 によれば $B(\rho) = \mu_0 j(b-\rho)$ で，導体外 $(\rho \geqq b)$ ではもちろん $B(\rho) = 0$ である．

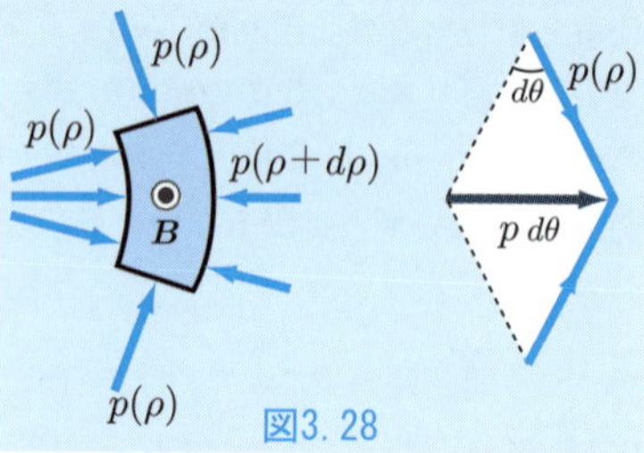

図3. 28

断面積 $\rho d\theta d\rho$，高さは単位長さの微小部分には，四方から圧力 $p(\rho) = \dfrac{1}{2\mu_0}B(\rho)^2$ がはたらく（上下からの張力は釣り合うので合力はゼロ）．まず ρ 方向の合力は，外向きに

$$\Big[\rho p(\rho) - (\rho + d\rho)p(\rho + d\rho)\Big]d\theta = -\frac{d}{d\rho}(\rho p)d\rho d\theta$$

$$= -\left(\frac{dp}{d\rho} + \frac{p}{\rho}\right)\rho d\rho d\theta$$

次に横の面からはたらく圧力の合力は，図 3.28 (右) からわかるように $p(\rho)d\theta d\rho$ で，

これが上式の第二項を相殺する．したがって合力は

$$dF = -\frac{dp}{d\rho}\rho d\rho d\theta = -\frac{1}{\mu_0}B(\rho)\frac{dB}{d\rho}\rho d\rho d\theta = B(\rho)j\rho d\rho d\theta$$

で，これは電流部分 $j\rho d\rho d\theta$ に磁場 $B(\rho)$ が及ぼす力と一致する．

注意　角 $d\theta$ にはさまれた領域全体 $(a \leqq \rho \leqq b)$ にはたらく合力を計算してみよう．

$$F = d\theta \int_a^b B(\rho)j\rho d\rho = d\theta \mu_0 j^2 \int_a^b (b-\rho)\rho d\rho$$
$$= d\theta \mu_0 j^2 (b-a)^2 \frac{b+2a}{6}$$
$$= \frac{1}{2}\mu_0 J^2 \frac{b+2a}{3} d\theta = \frac{1}{2\mu_0}B^2 \frac{b+2a}{3} d\theta$$

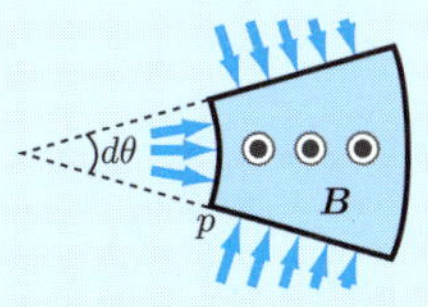

図3.29

特に円筒の厚さが薄いときは $b \fallingdotseq a$ とおけば

$$F = \frac{B^2}{2\mu_0} a d\theta$$

となり，これは（薄く巻いた）ソレノイドの側壁にかかる圧力（問題 8.2）と一致する．肉厚が厚いときに上の a が $(b+2a)/3$ に増すのは，単に内側の面からだけでなく，横の面からの圧力も F に寄与するからである．

問　題

10.1♣ マクスウェルの応力を用いれば，例題 8 および問題 8.2 の結果はただちに得られることを示せ．

10.2♣ 半径 a の円柱内を，一様な電荷密度 j で軸方向に流れる電流分布がある．

(1)　円柱内の応力の分布を調べよ．

(2)　中心軸からの距離を ρ とするとき，図 3.30 の $d\rho$ および $d\theta$ で表された微小領域にはたらく力を，応力の合力として求め，磁場が電流に及ぼす力との一致を確かめよ．

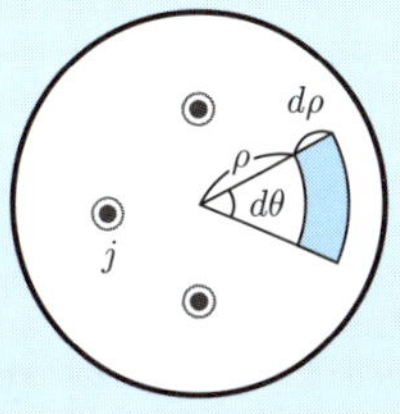

図3.30

10.3♣ 間隔 d の二本の平行電流の間にはたらく力を，マクスウェルの応力から求めよ．電流の強さはどちらも I とし，電流の向きが同じ場合と反対の場合を調べよ．

10.4♣ 電場の各部分も，磁場の場合と同じ形のマクスウェルの応力を及ぼし合っている．すなわち，電気力管の任意の（管と直交する）断面の両側は張力 $(\varepsilon_0/2)\boldsymbol{E}^2$ で引き合い，隣り合う電気力管は圧力 $(\varepsilon_0/2)\boldsymbol{E}^2$ で押し合う．静電場の問題で，この考えを使えばただちに結果が得られるような例をあげよ．

3.3　磁場の法則の微分型

• ベクトル場の回転 •　微分演算子 $\boldsymbol{\nabla}$ とベクトル場 $\boldsymbol{v}(\boldsymbol{r})$ からベクトル積 $\boldsymbol{\nabla}\times\boldsymbol{v}$ をつくる．これはそれ自身一つのベクトル場で，その成分は

$$
\begin{aligned}
(\boldsymbol{\nabla}\times\boldsymbol{v})_x &= \nabla_y v_z - \nabla_z v_y = \frac{\partial v_z}{\partial y} - \frac{\partial v_y}{\partial z} \\
(\boldsymbol{\nabla}\times\boldsymbol{v})_y &= \nabla_z v_x - \nabla_x v_z = \frac{\partial v_x}{\partial z} - \frac{\partial v_z}{\partial x} \qquad (1)\\
(\boldsymbol{\nabla}\times\boldsymbol{v})_z &= \nabla_x v_y - \nabla_y v_x = \frac{\partial v_y}{\partial x} - \frac{\partial v_x}{\partial y}
\end{aligned}
$$

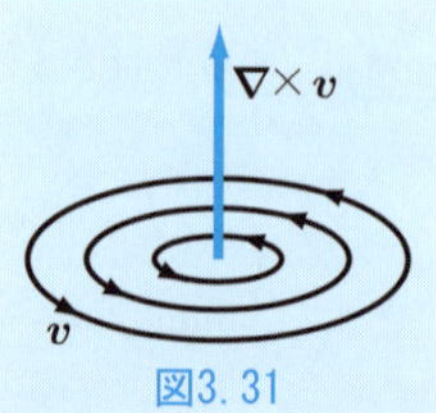

図3. 31

$\boldsymbol{\nabla}\times\boldsymbol{v}$ を $\boldsymbol{v}(\boldsymbol{r})$ の**回転**（または**回転密度**）とよび，$\mathrm{rot}\,\boldsymbol{v}$ あるいは $\mathrm{curl}\,\boldsymbol{v}$ とも表す．直観的にいえば，$\boldsymbol{\nabla}\times\boldsymbol{v}$ は流れの場 $\boldsymbol{v}(\boldsymbol{r})$ の渦の軸を表す（渦には強さと共に方向があるので，渦を表すにはベクトルが必要である）．この事情は例題 11 や問題 11.2，11.3 によって納得してほしい．

• 循環 •　空間内の任意の閉曲線 C に沿って $\boldsymbol{v}(\boldsymbol{r})$ の接線成分 v_l を線積分したもの

$$
\Gamma = \oint_C \boldsymbol{v}\cdot d\boldsymbol{l} = \oint_C v_l dl \qquad (2)
$$

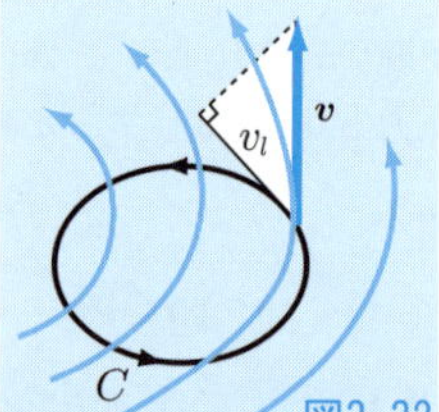

図3. 32

を，$\boldsymbol{v}(\boldsymbol{r})$ の C に沿った**循環**とよぶ．C が xy 平面に平行な面内にあって，x 軸，y 軸に平行な辺 Δx, Δy をもつ微小な長方形の場合，Γ は

$$
\begin{aligned}
\Gamma &\fallingdotseq \left[v_y(x+\Delta x, y, z) - v_y(x,y,z)\right]\Delta y \\
&\quad - \left[v_x(x, y+\Delta y, z) - v_x(x,y,z)\right]\Delta x \\
&= \left(\frac{\partial v_y}{\partial x} - \frac{\partial v_x}{\partial y}\right)\Delta x\Delta y = (\boldsymbol{\nabla}\times\boldsymbol{v})_z\Delta x\Delta y \\
&= (\boldsymbol{\nabla}\times\boldsymbol{v})\cdot\boldsymbol{n}\Delta S \qquad (3)
\end{aligned}
$$

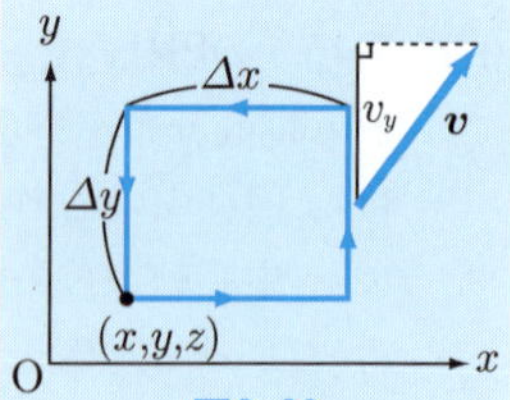

図3. 33

となる．ただし $\boldsymbol{n}$ は C が張る面の法線ベクトル（今の場合は z 軸方向の単位ベクトル），ΔS は C が張る面の面積である．この最後の形は，任意の微小ループ C についても成り立つ．すなわちそのような C についての循環 Γ は，C が張る面の（右ねじ向き）法線を $\boldsymbol{n}$ とするとき，単位面積当り $(\boldsymbol{\nabla}\times\boldsymbol{v})\cdot\boldsymbol{n}$ である．別の言葉でいえば，C をいろいろの

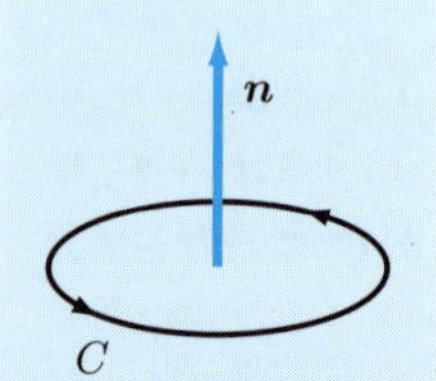

図3. 34

向きにとって循環を計算すると，法線 $\boldsymbol{n}$ がある方向 $\boldsymbol{n}_0$ のときに単位面積当りの循環 $\Gamma/\Delta S$ が最大になる．その方向 $\boldsymbol{n}_0$ がその点における $\nabla\times\boldsymbol{v}$ の方向であり，そのときの $\Gamma/\Delta S$ が $\nabla\times\boldsymbol{v}$ の大きさである．

• ストークスの定理 •　任意の閉曲線 C に沿った $\boldsymbol{v}(\boldsymbol{r})$ の循環 Γ を考える．C が張る（任意の）面 S をこまかく分割し，各々の微小領域の縁を $C_i\ (i=1,2,\cdots)$ とすると，閉曲線 C は C_i の和とみなすことができる（C の内部では，隣り合った反対向きの道が打ち消し合うから）．そこで C に沿った循環 Γ は，微小なループ C_i に沿った循環 Γ_i の和で表されるが，各 Γ_i は式 (3) のように $(\nabla\times\boldsymbol{v})\cdot\boldsymbol{n}\Delta S_i$（$\Delta S_i$ はループ C_i が張る面積）に等しいので，結局，Γ は $(\nabla\times\boldsymbol{v})\cdot\boldsymbol{n}$ の面積分となる．

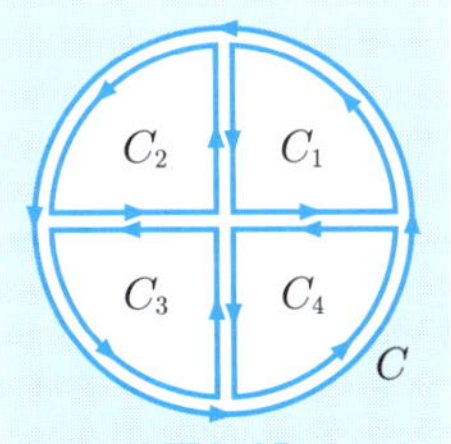

図3.35

$$\Gamma=\int_C \boldsymbol{v}\cdot d\boldsymbol{l}=\int_S(\nabla\times\boldsymbol{v})\cdot\boldsymbol{n}dS=\int_S(\nabla\times\boldsymbol{v})_n dS \tag{4}$$

この式を**ストークスの定理**とよぶ．ある C に沿った循環 Γ がゼロでないときは，C の内部に少なくとも一個所 $\nabla\times\boldsymbol{v}$ がゼロでない所がなくてはならない．しかも C を縁とする任意の面 S についてこのことがいえるので，結局，ベクトル $\nabla\times\boldsymbol{v}$ がつくる“渦線（渦の軸）”が，少なくとも一本 C を貫いていることがわかる．

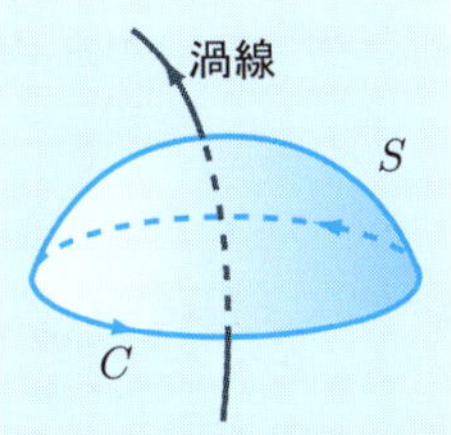

図3.36

• アンペールの法則の微分型 •　定常電流がつくる磁場について，任意の閉曲線 C に沿っての $\boldsymbol{B}$ の循環が，C を貫く電流（の μ_0 倍）に等しいというのが**アンペールの法則**（46 ページの式 (5)）である．C が微小なループの場合には，C が張る面の法線を $\boldsymbol{n}$，面積を ΔS とすると，$\boldsymbol{B}$ の循環は式 (3) により $(\nabla\times\boldsymbol{B})\cdot\boldsymbol{n}\Delta S$，$C$ を貫く電流は $\boldsymbol{j}\cdot\boldsymbol{n}\Delta S$ と表されるので

$$(\nabla\times\boldsymbol{B})\cdot\boldsymbol{n}=\mu_0\boldsymbol{j}\cdot\boldsymbol{n}$$

C を任意の向きにとったとき（すなわちすべての $\boldsymbol{n}$ に対し）これが成り立つためには，

$$\nabla\times\boldsymbol{B}=\mu_0\boldsymbol{j} \tag{5}$$

が成り立っていなければならない．これがアンペールの法則の微分型であり，電流が磁場の渦をひきおこすことを示している．

• 磁場のわき出し •　電流がつくる磁場はどこにもわき出しをもたず，閉じた磁力線をつくるので，いたるところで

$$\nabla\cdot\boldsymbol{B}=0 \tag{6}$$

が成り立つ．式 (5) と (6) が定常電流がつくる磁場の基礎法則である．

• 静電場は渦無し • 静電場中では，1.2 節の式 (2) により，任意の閉曲線 C に沿った E の循環がゼロになる．したがって上と同様の考え方により，すべての点で

$$\nabla \times \boldsymbol{E} = \boldsymbol{0} \tag{7}$$

が成り立つ．すなわち静電場は渦無しである．これとガウスの法則

$$\nabla \cdot \boldsymbol{E} = \frac{\rho}{\varepsilon_0} \tag{8}$$

が静電場の基礎法則であって，定常電流がつくる磁場の場合の式 (5), (6) に対応する．

• ベクトルポテンシャル • 電流がつくる磁場 $\boldsymbol{B}(\boldsymbol{r})$ は，電流が分布している所では $\nabla \times \boldsymbol{B} = \boldsymbol{0}$ をみたさないので，スカラーポテンシャル（磁位）$\phi_m(\boldsymbol{r})$ によって磁場を $\boldsymbol{B} = -\mu_0 \nabla \phi_m$ と表す方法は，そこでは使えない．ところが $\boldsymbol{B}(\boldsymbol{r})$ はいたるところで $\nabla \cdot \boldsymbol{B} = 0$ をみたすので，あるベクトル場 $\boldsymbol{A}(\boldsymbol{r})$ によって

$$\boldsymbol{B}(\boldsymbol{r}) = \nabla \times \boldsymbol{A}(\boldsymbol{r}) \tag{9}$$

と表すことが常に可能である（問題 14.3 参照）．この $\boldsymbol{A}(\boldsymbol{r})$ を**ベクトルポテンシャル**とよぶ．

磁場 $\boldsymbol{B}(\boldsymbol{r})$ が与えられたとき，実際，任意のスカラー場 $\chi(\boldsymbol{r})$ の勾配 $\boldsymbol{C} = \nabla \chi$ をベクトルポテンシャル $\boldsymbol{A}(\boldsymbol{r})$ に加えて

$$\boldsymbol{A}(\boldsymbol{r}) \to \boldsymbol{A}'(\boldsymbol{r}) = \boldsymbol{A}(\boldsymbol{r}) + \nabla \chi(\boldsymbol{r}) \tag{10}$$

と変えても対応する磁場 $\boldsymbol{B}(\boldsymbol{r})$ は変わらない．変換 (10) を**ゲージ変換**とよぶ．定常電流がつくる静磁場の場合には，χ を適当に選んで条件

$$\nabla \cdot \boldsymbol{A}(\boldsymbol{r}) = 0 \tag{11}$$

をみたすようにするのが便利であり，これを**クーロンゲージ**のベクトルポテンシャルとよぶ．さらに遠方で $\boldsymbol{A}(\boldsymbol{r}) \to 0$ を要求すれば，$\boldsymbol{A}(\boldsymbol{r})$ は一意的に定まる．

電流分布 $\boldsymbol{j}(\boldsymbol{r})$ がつくる磁場 $\boldsymbol{B}(\boldsymbol{r})$ を求めるには，まずベクトルポテンシャル $\boldsymbol{A}(\boldsymbol{r})$ を計算し，それから (9) によって $\boldsymbol{B}(\boldsymbol{r})$ を計算するのが便利なことが多い．定常電流 $\boldsymbol{j}(\boldsymbol{r})$ によるビオ-サバールの磁場は

$$\begin{aligned}\boldsymbol{B}(\boldsymbol{r}) &= \frac{\mu_0}{4\pi}\int \boldsymbol{j}(\boldsymbol{r}') \times \frac{\widehat{\boldsymbol{R}}}{R^2} dV' = \frac{\mu_0}{4\pi}\int \boldsymbol{j}(\boldsymbol{r}') \times \nabla\left(-\frac{1}{R}\right) dV' \\ &= \frac{\mu_0}{4\pi}\nabla \times \int \frac{\boldsymbol{j}(\boldsymbol{r}')}{R} dV'\end{aligned}$$

と書き変えられるので（ここで $\boldsymbol{R} \equiv \boldsymbol{r} - \boldsymbol{r}'$，$\nabla$ は $\boldsymbol{r}$ についての微分），

$$\boldsymbol{A}(\boldsymbol{r}) = \frac{\mu_0}{4\pi}\int \frac{\boldsymbol{j}(\boldsymbol{r}')}{R} dV' \tag{12}$$

これが定常電流のときのクーロンゲージのベクトルポテンシャルを求める公式である．

例題 11 **回転の計算**

次の速度場 $\boldsymbol{v} = (v_x, v_y, v_z)$ の回転 $\nabla \times \boldsymbol{v}$ を計算せよ．ただし c と ω は定数．

(1) $\boldsymbol{v} = \left(\dfrac{1}{2}cx, \dfrac{1}{2}cy, 0\right)$ (2) $\boldsymbol{v} = (-\omega y, \omega x, 0)$

ヒント $\nabla \times \boldsymbol{v}$ の定義から，その x, y 成分はゼロであることはただちにわかる．これは上の速度場が二次元的な流れであるから当然である．したがって $(\nabla \times \boldsymbol{v})_z$ だけ計算すれば良い．流線は 1.5 節の例題 18 に示してある．

解答 (1) $(\nabla \times \boldsymbol{v})_z = \dfrac{\partial v_y}{\partial x} - \dfrac{\partial v_x}{\partial y} = 0$

これは z 軸に関し軸対称に動径方向に進む流れであるから，どこにも渦がないことは直観的に明らかであろう．この速度場は，ポテンシャル $\phi = \dfrac{c}{4}(x^2 + y^2)$ の勾配 $\boldsymbol{v} = \nabla\phi$ として表すことができるが，このようなベクトル場はいたるところ渦無しである（問題 14.1 参照）．

(2) $(\nabla \times \boldsymbol{v})_z = \omega - (-\omega) = 2\omega$

これは z 軸のまわりに角速度 ω で剛体的に回転する流れであった．したがって原点 O に渦があることは明らかであるが，上の計算によれば，原点のみでなくいたるところに同じ強さで渦が分布していることになる．これは剛体的な回転の特徴であり，実際，任意の点 A に着目すると，剛体が一回転する間に，A の近くの点 B は A のまわりを一周する．すなわち任意の点 A のまわりに角速度 ω の回転が生じているわけである．

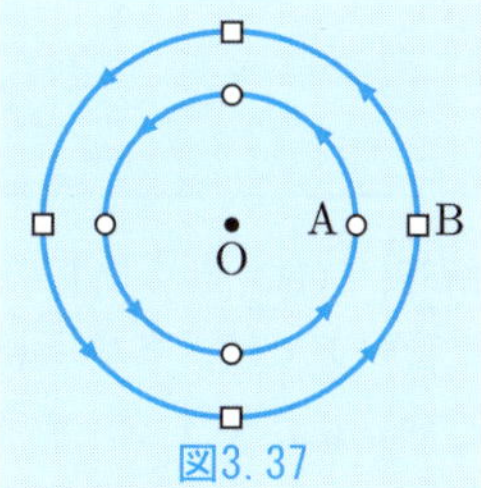

図3. 37

問 題

11.1 上の例題の (2) の速度場について，xy 面内の原点を中心とする円に沿った循環を計算し，ストークスの定理が成り立つことを確かめよ．

11.2 1.5 節の問題 18.1 にあげた速度場について，$(\nabla \times \boldsymbol{v})_z$ を計算せよ．

11.3 原点を通る回転軸のまわりに，剛体が角速度 ω で回転している（図 3.38）．

(1) 点 $\boldsymbol{r}$ の速度 $\boldsymbol{v}(\boldsymbol{r})$ は $\boldsymbol{v}(\boldsymbol{r}) = \boldsymbol{\omega} \times \boldsymbol{r}$ と表されることを示せ．ただしベクトル $\boldsymbol{\omega}$ の方向は回転軸を表す．

(2) このベクトル場の回転 $\nabla \times \boldsymbol{v}$ を計算せよ．

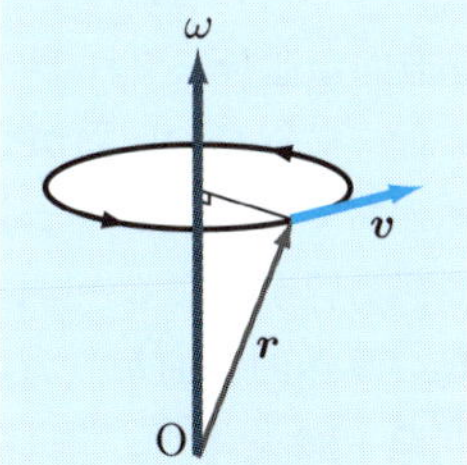

図3. 38

例題 12♣　　　　**磁力線の曲り方**

電流分布のないところでは，磁場 $\boldsymbol{B}(\boldsymbol{r})$ は

$$\nabla \cdot \boldsymbol{B} = 0, \quad \nabla \times \boldsymbol{B} = 0$$

の双方をみたす．このとき磁力線は次の性質をもつことを説明せよ．

(1)　磁力線の方向（図 3.39（左）の z 方向）に進むにつれて B が弱くなる場合には，磁力管はその方向に向かって広がる．

(2)　磁力線と垂直な方向（図 3.39（右）の x 方向）に進むにつれて B が弱くなる場合には，磁力線はその方向に凸に湾曲する．

（この二つはもちろん電荷のない領域での静電場 $\boldsymbol{E}$ にもあてはまる性質である.）

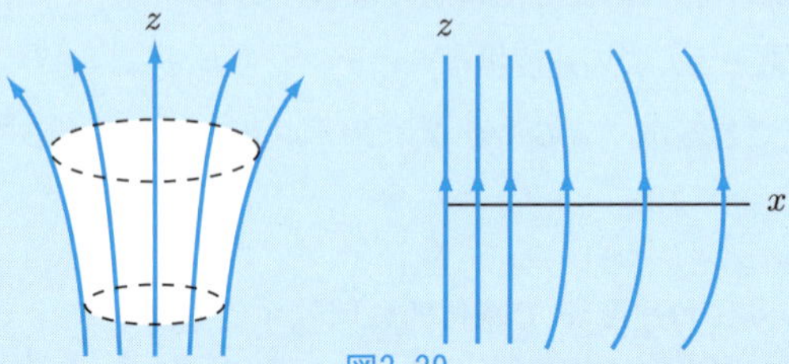

図3. 39

解答　(1)　わき出しのない流体の定常な流れでは，一本の流管の上では，各場所における流管の太さ S はその点の流速 v に逆比例する．流管上の任意の断面を単位時間に通る流量 vS が，一定でなければならないからである．同様に，$\boldsymbol{B}$ はいたるところで $\nabla \cdot \boldsymbol{B} = 0$ をみたしわき出しがないので，一本の磁力管にそって磁束 $\Phi = BS$ は一定である．したがって磁力管の太さ S は B に逆比例するので，$\boldsymbol{B}$ 方向に進むと B が弱くなるときは，磁力管は広がることになる．

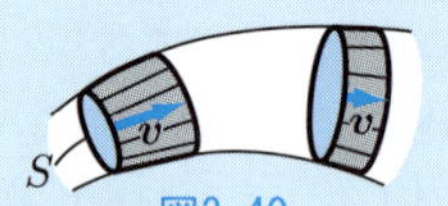

図3. 40

(2)　こちらは $\nabla \times \boldsymbol{B} = \boldsymbol{0}$ の反映である．ある領域で $\boldsymbol{B}$ が渦無しならば，その領域内では $\boldsymbol{B}$ は磁位 $\phi_m(\boldsymbol{r})$ の勾配 $\boldsymbol{B}(\boldsymbol{r}) = -\mu_0 \nabla \phi_m(\boldsymbol{r})$ として表される．x 方向に進むにつれ $\boldsymbol{B}$ が弱くなるのは，等ポテンシャル面（破線）の間隔がその方向に向かって広がっているからである．そのとき等ポテンシャル面に垂直である磁力線が曲がるのは図 3.41 から明らかであろう．磁場の具体的な曲がり方の計算は次ページの問題 12.1，問題 12.2 を参照．

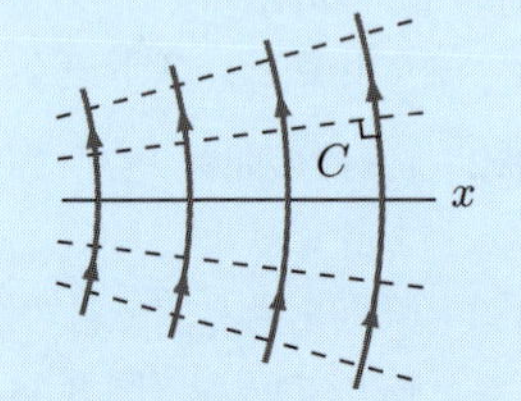

図3. 41

問 題

12.1♣ z 軸に関し軸対称な磁場 $\boldsymbol{B}(\mathrm{P})$ がある．点 P の z 軸からの距離を ρ とし，$\boldsymbol{B}(\mathrm{P})$ の z 成分を B_z，ρ 方向の成分を B_ρ とする．z 軸上における B_z の z 依存性 $B_z(z)$ が与えられているとき，z 軸に近い点 P における B_ρ を求めよ．

ヒント 図 3.42 のような扁平な円柱にガウスの法則を適用するのが簡単である．

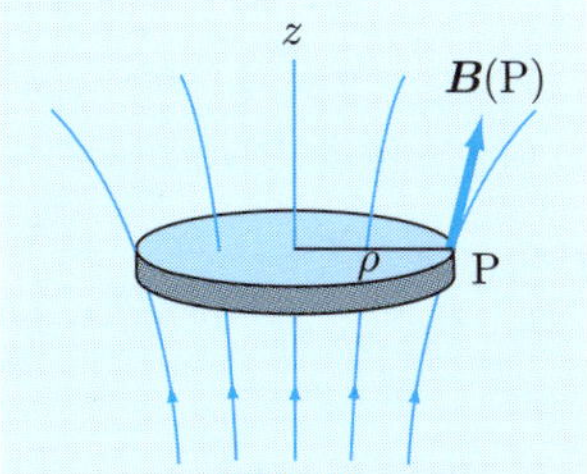

図3. 42

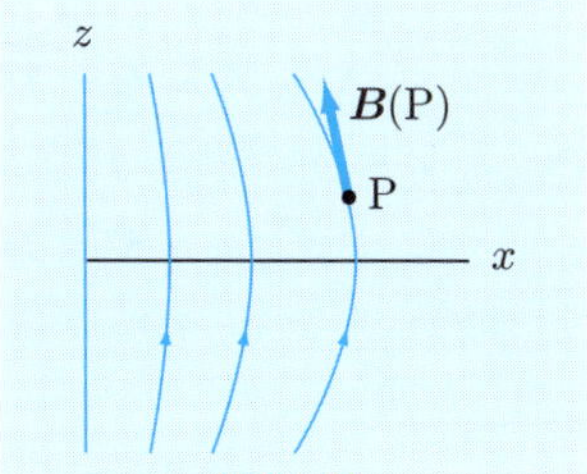

図3. 43

12.2♣ xy 平面に関して対称で，x 軸上では z 方向を向く磁場 $\boldsymbol{B}$ がある（図 3.43）．x 軸上におけるその大きさを $B_z(x)$ とする．x 軸に近い点 $\mathrm{P}(x, 0, z)$ における磁場の x 成分 B_x を求めよ．

12.3♣ 半径 a の長いソレノイドの端から距離 z で，中心軸からは微小距離 ρ だけ離れた点 P における磁場 $\boldsymbol{B}(\mathrm{P})$ を求めよ．ただしソレノイドの十分内部における一様な磁場の大きさを $\boldsymbol{B}_0$ とする（図 3.44）．

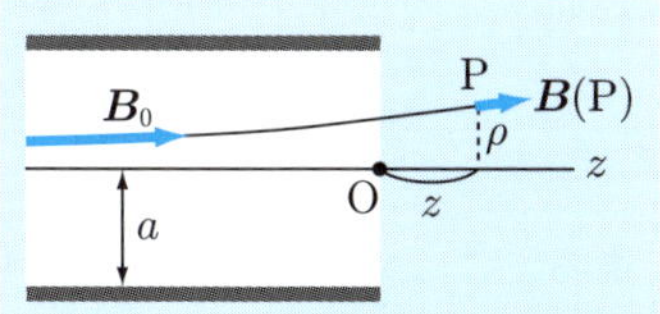

図3. 44

12.4♣ z 軸に関し軸対称な磁場 $\boldsymbol{B}$ の中に，半径 a の微小な円形の環電流 I を，軸を中心にしておく（図 3.45）．$\boldsymbol{B}$ が環電流に及ぼす力を求めよ．ただし z 軸上における $\boldsymbol{B}$ の大きさを $B_z(z)$ とする．

12.5♣ 前問で，$\boldsymbol{B}=0$ の所から z 軸に沿って図 3.45 の位置まで円形電流を運ぶには，どれだけの力学的仕事を要するか．ただし電流 I は一定に保たれているものとする．

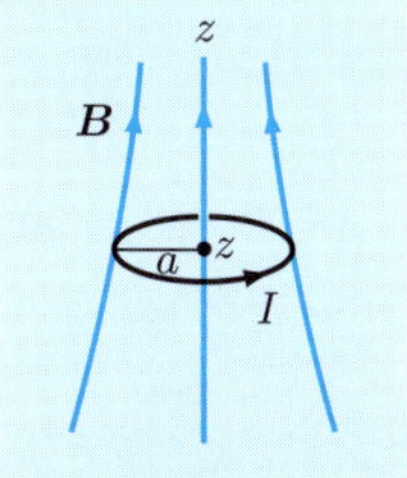

図3. 45

例題 13 ベクトルポテンシャルの例

半径 a の無限に長い円筒の内部に，軸方向を向いた一様な磁場 $\boldsymbol{B}$ がある（無限に長いソレノイドがつくる磁場）．この磁場に対応するベクトルポテンシャルを求めよ．

解答 一般に，磁場 $\boldsymbol{B}(\boldsymbol{r})$ とベクトルポテンシャル $\boldsymbol{A}(\boldsymbol{r})$ の関係は

$$\nabla \times \boldsymbol{A} = \boldsymbol{B}, \quad \nabla \cdot \boldsymbol{A} = 0 \qquad \text{（クーロンゲージ）}$$

であるが，これは，電流密度 $\boldsymbol{j}(\boldsymbol{r})$ とそれによる磁場 $\boldsymbol{B}(\boldsymbol{r})$ がみたす式

$$\nabla \times \boldsymbol{B} = \mu_0 \boldsymbol{j}, \quad \nabla \cdot \boldsymbol{B} = 0$$

と全く同じ形をしている．$\boldsymbol{j}(\boldsymbol{r})$ が与えられたとき，これがつくる $\boldsymbol{B}(\boldsymbol{r})$ はビオ-サバールの法則からわかっているので，ここで

$$\mu_0 \boldsymbol{j}(\boldsymbol{r}) \to \boldsymbol{B}(\boldsymbol{r}), \quad \boldsymbol{B}(\boldsymbol{r}) \to \boldsymbol{A}(\boldsymbol{r})$$

のおきかえをすれば，与えられた $\boldsymbol{B}(\boldsymbol{r})$ に対応する $\boldsymbol{A}(\boldsymbol{r})$ が得られることになる．

そこでまず，無限に長い円柱の内部を一様な密度 $\boldsymbol{j}$ で流れる電流を考える．これがつくる磁場は軸を中心にする円形の磁力線をつくり（問題 2.2 参照），軸から距離 ρ の点における $\boldsymbol{B}$ の大きさは

$$B(\rho) = \begin{cases} \mu_0 j a^2/2\rho & (\rho \geqq a) \\ \mu_0 j \rho/2 & (\rho \leqq a) \end{cases}$$

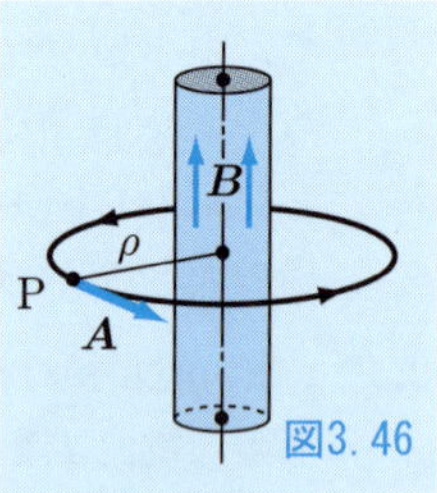

図3. 46

である．ここで上のおきかえをすれば，この例題のベクトルポテンシャルの大きさが

$$A(\rho) = \begin{cases} Ba^2/2\rho & (\rho \geqq a) \\ B\rho/2 & (\rho \leqq a) \end{cases}$$

と求まる．軸上に原点をとりそこからの位置ベクトルを $\boldsymbol{r}$ とすれば，円筒内 $(\rho \leqq a)$ のベクトルポテンシャルは

$$\boldsymbol{A}(\boldsymbol{r}) = (1/2)\boldsymbol{B} \times \boldsymbol{r}$$

と表すこともできる．これは一様な磁場に対するベクトルポテンシャルとして，よく知られた形である．剛体の回転の場合の速度場（問題 11.3）との類似に注意されたい．

問 題

13.1 上の例題で求めた $\boldsymbol{A}(\boldsymbol{r})$ について，$\boldsymbol{B} = \nabla \times \boldsymbol{A}$ が成り立つことを確かめよ．

13.2 二つの共軸円筒を反対向きに流れる電流がつくる磁場（問題 2.1）について，上の例題にならってベクトルポテンシャルを求めよ．

13.3♣ ループ C に沿ったベクトルポテンシャルの積分 $\displaystyle\oint_C A_l dl$ は，何を表すか．

13.4♣ 磁気モーメント $\boldsymbol{m}$ の微小環状電流がつくるベクトルポテンシャルを求めよ．

例題 14♣ 回転と発散の関係

ベクトルポテンシャル $\boldsymbol{A}(\boldsymbol{r})$ から $\boldsymbol{B} = \boldsymbol{\nabla} \times \boldsymbol{A}$ で導かれるベクトル場 $\boldsymbol{B}(\boldsymbol{r})$ にはわき出しがないこと，すなわちすべての点で $\boldsymbol{\nabla} \cdot \boldsymbol{B} = 0$ が成り立つことを示せ.

解答 $\boldsymbol{A}, \boldsymbol{D}$ が普通のベクトルのときは，$\boldsymbol{D} \cdot (\boldsymbol{D} \times \boldsymbol{A})$ は二つの直交するベクトルの内積であるから，明らかにゼロである．あるいは序章の公式 (4) を用い

$$\boldsymbol{D} \cdot (\boldsymbol{D} \times \boldsymbol{A}) = \boldsymbol{A} \cdot (\boldsymbol{D} \times \boldsymbol{D}) = 0$$

といっても良い．$\boldsymbol{D}$ をベクトル演算子 $\boldsymbol{\nabla}$ でおきかえた場合も，$\boldsymbol{\nabla}$ が $\boldsymbol{A}(\boldsymbol{r})$ にかかる微分演算子であることの注意さえすれば，ベクトルの公式はそのまま使え，

$$\boldsymbol{\nabla} \cdot \boldsymbol{B} = \boldsymbol{\nabla} \cdot (\boldsymbol{\nabla} \times \boldsymbol{A}) = (\boldsymbol{\nabla} \times \boldsymbol{\nabla}) \cdot \boldsymbol{A} = 0$$

が成り立つ．これで証明はできたが，上でベクトルの公式がそのまま使えるといった意味を，もう少し詳しくみてみよう．問題になるのは公式 $\boldsymbol{\nabla} \times \boldsymbol{\nabla} = 0$ である．

$$(\boldsymbol{\nabla} \times \boldsymbol{\nabla}) \cdot \boldsymbol{A}(\boldsymbol{r}) = (\boldsymbol{\nabla} \times \boldsymbol{\nabla})_x A_x + (\boldsymbol{\nabla} \times \boldsymbol{\nabla})_y A_y + (\boldsymbol{\nabla} \times \boldsymbol{\nabla})_z A_z$$

であるから，たとえばその第一項をみると

$$(\boldsymbol{\nabla} \times \boldsymbol{\nabla})_x A_x = (\nabla_y \nabla_z - \nabla_z \nabla_y) A_x = \left(\frac{\partial}{\partial y} \frac{\partial}{\partial z} - \frac{\partial}{\partial z} \frac{\partial}{\partial y} \right) A_x$$

で，偏微分の順序を交換できる普通の場合には右辺はゼロで，したがって $(\boldsymbol{\nabla} \times \boldsymbol{\nabla}) \cdot \boldsymbol{A} = 0$ が成り立つ．しかしこれは $\boldsymbol{\nabla}$ が勾配という簡単な微分演算子だからいえたのであり，たとえば $\boldsymbol{C} \equiv \boldsymbol{r} \times \boldsymbol{\nabla}$ という微分演算子を考えると $\boldsymbol{C} \times \boldsymbol{C} = -\boldsymbol{C}$ となって，通常の公式は成り立たない．微分演算子に公式を適用するときは注意が必要である．また $\boldsymbol{\nabla} \times \boldsymbol{\nabla}$ の場合でも，$\boldsymbol{A}(\boldsymbol{r})$ に微分可能でない点がある場合には，恒等的に $(\boldsymbol{\nabla} \times \boldsymbol{\nabla}) \cdot \boldsymbol{A} = 0$ とおいてしまうとパラドックスにおちいることがある．

$\boldsymbol{B} = \boldsymbol{\nabla} \times \boldsymbol{A}$ は場 $\boldsymbol{A}(\boldsymbol{r})$ の渦を与える．$\boldsymbol{\nabla} \cdot \boldsymbol{B} = 0$ により，渦線は端のないループになっているか，あるいは境界から出て境界へ入っているかのどちらかであることがわかる．もちろん，$\boldsymbol{A}(\boldsymbol{r})$ が二回微分可能な滑かな関数であるとしての話である．

問 題

14.1♣ スカラーポテンシャル $\phi(\boldsymbol{r})$ から $\boldsymbol{E}(\boldsymbol{r}) = -\boldsymbol{\nabla}\phi$ で導かれるベクトル場 $\boldsymbol{E}(\boldsymbol{r})$ は渦無しであること，すなわちすべての点で $\boldsymbol{\nabla} \times \boldsymbol{E} = 0$ をみたすことを示せ.

14.2♣ 渦無しの場 $\boldsymbol{E}(\boldsymbol{r})$ は，あるスカラー場 $\phi(\boldsymbol{r})$ によって $\boldsymbol{E} = -\boldsymbol{\nabla}\phi$ と表すことが常に可能であることを示せ.

14.3♣ わき出しのない場 $\boldsymbol{B}(\boldsymbol{r})$ は，あるベクトル場 $\boldsymbol{A}(\boldsymbol{r})$ により $\boldsymbol{B} = \boldsymbol{\nabla} \times \boldsymbol{A}$ と表すことが常に可能であることを示せ.

14.4♣ $\boldsymbol{C} \equiv \boldsymbol{r} \times \boldsymbol{\nabla}$ とするとき，$\boldsymbol{C} \times \boldsymbol{C} = -\boldsymbol{C}$ となることを示せ（$\boldsymbol{C}$ は量子力学における角運動量演算子と関係がある）.

例題 15♣ **ストークスの定理の拡張**

任意の閉曲線を C とし，C を縁とする任意の面を S とする．面 S 上の微小面積 dS の法線ベクトルを $\boldsymbol{n}$ とすれば，ベクトル場 $\boldsymbol{A}(\boldsymbol{r})$ に対するストークスの定理は

$$\oint_C d\boldsymbol{l}\cdot\boldsymbol{A}(\boldsymbol{r}) = \int_S dS\boldsymbol{n}\cdot\big(\boldsymbol{\nabla}\times\boldsymbol{A}(\boldsymbol{r})\big)$$

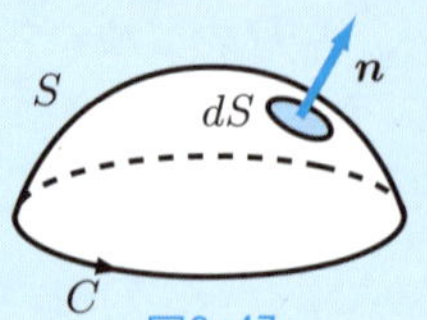

図3. 47

であるが，これを次の形に書くこともできる．

$$\oint_C d\boldsymbol{l}\cdot\boldsymbol{A}(\boldsymbol{r}) = \int_S dS(\boldsymbol{n}\times\boldsymbol{\nabla})\cdot\boldsymbol{A}(\boldsymbol{r}) \qquad (イ)$$

この式は，スカラー場 $\phi(\boldsymbol{r})$，ベクトル場 $\boldsymbol{A}(\boldsymbol{r}), \boldsymbol{B}(\boldsymbol{r})$ 等に対する次のような一連の公式に一般化することができる（証明は問題 15.4 参照）．

$$\int_C d\boldsymbol{l}\phi(\boldsymbol{r}) = \int_S dS(\boldsymbol{n}\times\boldsymbol{\nabla})\phi(\boldsymbol{r}) \qquad (ロ)$$

$$\int_C d\boldsymbol{l}\times\boldsymbol{A}(\boldsymbol{r}) = \int_S dS(\boldsymbol{n}\times\boldsymbol{\nabla})\times\boldsymbol{A}(\boldsymbol{r}) \qquad (ハ)$$

$$\int_C \big(d\boldsymbol{l}\times\boldsymbol{B}(\boldsymbol{r})\big)\times\boldsymbol{A}(\boldsymbol{r}) = \int_S dS\big((\boldsymbol{n}\times\boldsymbol{\nabla})\times\boldsymbol{B}(\boldsymbol{r})\big)\times\boldsymbol{A}(\boldsymbol{r}) \qquad (ニ)$$

上の公式を用いて　(1)　環状電流 I の磁気モーメント $\boldsymbol{m} = I\int_S dS\boldsymbol{n}$ が，面 S のとり方によらないことを示せ．　(2)　環状電流 I が一様な磁場 $\boldsymbol{B}$ から受けるトルクが，一般に $\boldsymbol{N} = \boldsymbol{m}\times\boldsymbol{B}$ と表されることを示せ．

ヒント　(1) では $\boldsymbol{A}(\boldsymbol{r}) = \boldsymbol{r}$ とおいて (ハ) を用いる．(2) では，力のモーメントを与える式に (ニ) を用いる．

解答　以下の計算で，$\boldsymbol{\nabla}$ はその右にある $\boldsymbol{A}(\boldsymbol{r}), \boldsymbol{B}(\boldsymbol{r})$ 等のすべてにかかる微分演算子であるが，法線ベクトル $\boldsymbol{n}$ にはかからないものと約束する．

(1)　適当に原点 O をとり，そこからの位置ベクトル $\boldsymbol{r}$ に (ハ) を適用すると

$$\int_C d\boldsymbol{l}\times\boldsymbol{r} = \int_S dS(\boldsymbol{n}\times\boldsymbol{\nabla})\times\boldsymbol{r} = \int_S dS\big(\boldsymbol{\nabla}(\boldsymbol{n}\cdot\boldsymbol{r}) - \boldsymbol{n}(\boldsymbol{\nabla}\cdot\boldsymbol{r})\big)$$

第二式から第三式へ行くには，序章の公式 (6) を用いた．上の約束により，微分 $\boldsymbol{\nabla}$ がかかるのは $\boldsymbol{r}$ だけなので，この公式がそのまま使えるのである．$\boldsymbol{\nabla}\cdot\boldsymbol{r} = 3, \boldsymbol{\nabla}(\boldsymbol{n}\cdot\boldsymbol{r}) = \boldsymbol{n}$ であるから，右辺は $-2\int_S dS\boldsymbol{n}$ となり，したがって

$$\boldsymbol{m} = I\int_S dS\boldsymbol{n} = \frac{1}{2}I\int_C \boldsymbol{r}\times d\boldsymbol{l}$$

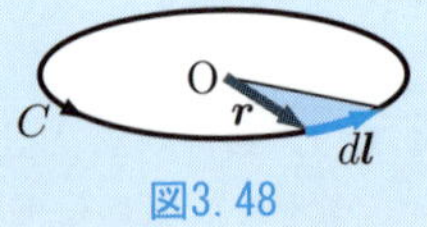

図3. 48

すなわち $\boldsymbol{m}$ は，電流回路 C に沿っての線積分だけで表された．この線積分は，O を頂点とする錐面を S にとったときの $I\int_S dS\boldsymbol{n}$ にほかならないことに注意されたい．

(2)　電流要素 $Id\boldsymbol{l}$ が磁場 $\boldsymbol{B}$ から受ける力は $d\boldsymbol{F} = Id\boldsymbol{l}\times\boldsymbol{B}$ であるから，原点 O に関するトルクは

$$\boldsymbol{N} = \oint_C \boldsymbol{r}\times d\boldsymbol{F} = I\oint_C \boldsymbol{r}\times(d\boldsymbol{l}\times\boldsymbol{B}) = -I\oint_C (d\boldsymbol{l}\times\boldsymbol{B})\times\boldsymbol{r}$$

$\boldsymbol{A}(\boldsymbol{r}) = \boldsymbol{r}$ とおいて公式 (ニ) を用いれば

$$\boldsymbol{N} = -I\int_S dS\Big((\boldsymbol{n}\times\boldsymbol{\nabla})\times\boldsymbol{B}\Big)\times\boldsymbol{r}$$

微分演算子 $\boldsymbol{\nabla}$ がかかるのは $\boldsymbol{r}$ だけであることに注意して（$\boldsymbol{B}$ は定数ベクトル）再び序章の公式 (6) を用いると

$$\boldsymbol{N} = -I\int_S dS\Big((\boldsymbol{n}\cdot\boldsymbol{B})\boldsymbol{\nabla} - \boldsymbol{n}(\boldsymbol{B}\cdot\boldsymbol{\nabla})\Big)\times\boldsymbol{r}$$

$\boldsymbol{\nabla}\times\boldsymbol{r} = \boldsymbol{0}$, $(\boldsymbol{B}\cdot\boldsymbol{\nabla})\boldsymbol{r} = \boldsymbol{B}$ であるから

$$\boldsymbol{N} = I\int dS\boldsymbol{n}\times\boldsymbol{B} = \boldsymbol{m}\times\boldsymbol{B}$$

注意　この例題の公式は，いろいろな証明を一般の条件の下で機械的に行うのには有力であるが，証明自身から直観的描像が得られないのが欠点である．例題 7 のような特殊な場合について，結果を確かめておくことを怠ってはいけない．

問　題

15.1♣ 環状電流 I がビオ-サバールの法則に従ってつくる磁場

$$\boldsymbol{B}(\boldsymbol{r}) = \frac{\mu_0}{4\pi}I\oint\frac{d\boldsymbol{l}\times\widehat{R}}{R^2}$$

が，磁位 $\phi_m(\boldsymbol{r})$ の勾配として表されることを示せ．

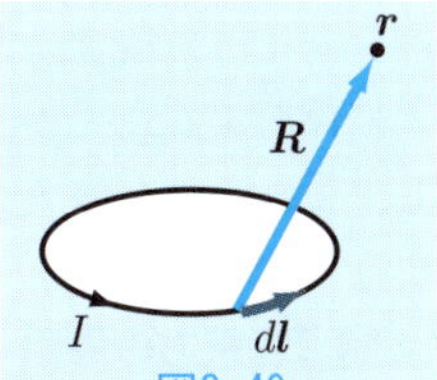

図3.49

15.2♣ 微小な環状電流が一様でない磁場 $\boldsymbol{B}(\boldsymbol{r})$ から受ける力を磁気モーメント $\boldsymbol{m}$ により表せ．

15.3♣ 微小環状電流がつくる磁場のベクトルポテンシャル $\boldsymbol{A}(\boldsymbol{r})$ は，磁気モーメント $\boldsymbol{m}$ により次のように表されることを 66 ページの式 (12) を使って示せ．

$$\boldsymbol{A}(\boldsymbol{r}) = \frac{\mu_0}{4\pi}\frac{\boldsymbol{m}\times\widehat{\boldsymbol{r}}}{r^2}$$

15.4♣♣ テンソル F_{ij} の添字 j は固定し，i はベクトル $\boldsymbol{F}_{(j)}$ の成分を表すとみなせば，$\boldsymbol{F}_{(j)}$ についてストークスの定理を書くことができる．また F_{ij} が反対称テンソル $F_{ij} = -F_{ji}$ のときは，$F_{yz}\equiv A_x, F_{zx}\equiv A_y, F_{xy}\equiv A_z$ とおけば，$\boldsymbol{A}$ はベクトルになる．$\boldsymbol{F}_{(j)}$ についてのストークスの定理を $\boldsymbol{A}$ で表すことにより，公式 (ハ) を導け．

4　時間変化する電磁場

4.1　電磁誘導

● 誘導起電力 ●　回路の移動または磁場の時間変化による，回路Cを貫く磁束の時間変化には，Cに沿う起電力がともなう．回路Cに向きを定めると，Cを縁とする面 S には右ねじの規約により表裏が決まる．S を裏から表へ貫く**磁束**を Φ とする．

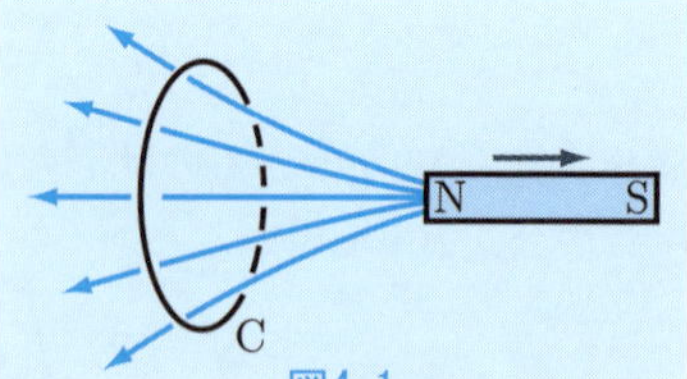

図4.1

$$\Phi = \int_S B_n dS \tag{1}$$

B_n は面 S の各点における $\boldsymbol{B}$ の法線方向成分である．回路Cに（上に定めた向きに）生ずる**誘導起電力** $\mathscr{E}$ は，Φ の時間的減少率に等しい．

$$\mathscr{E} = -\frac{d\Phi}{dt} \tag{2}$$

● レンツの法則 ●　誘導起電力は，磁束の変化を妨げる向きに生ずる．すなわち，誘導起電力が生じ回路に電流が流れると，この電流がつくる磁場はもとの磁束の変化を部分的に打ち消す．またこの電流にもとの磁場が及ぼす力は，磁束の変化を妨げる向きに作用する．たとえば磁束が増加する場合には，回路を磁場の弱い方に動かそうとし，また回路が磁場中を動くことにより磁束が変化する場合には，回路の運動を止めようとする．

● 誘導起電力の原因 ●　磁束の変化が，回路が磁場中を動くことにより生じる場合には，誘導起電力はローレンツ力 $(q\boldsymbol{v} \times \boldsymbol{B})$ によって説明できる．すなわち単位電荷に力 $\boldsymbol{v} \times \boldsymbol{B}$ がはたらき，これを回路に沿って積分すると起電力 (2) が得られる．一方磁場自身が時間的に変化している場合には，磁場の時間変化にともない電場 $\boldsymbol{E}$ が生じ，これが起電力を与える．この場合は式 (2) は

$$\oint_C E_l dl = -\int_S \frac{\partial B_n}{\partial t} dS \tag{3}$$

となる．これはアンペールの法則と同じ形であるから，微分型は，

$$\boldsymbol{\nabla} \times \boldsymbol{E} = -\frac{\partial \boldsymbol{B}}{\partial t} \tag{4}$$

この電場を，発生機構が異なるクーロン電場と区別するために**誘導電場**とよぶ．

例題 1 **渦巻く電場**

z 軸を中心とする半径 a の円柱状の領域の内部に，z 方向を向く一様な磁場がある．磁場 $B(t)$ が時間とともに一定の割合で増大するとき，この領域の内外にはいかなる電場ができているか．

ヒント 円柱状領域を一様に流れる電流がつくる磁場の問題（3.1 節問題 2.2）との類推を考えよ．

解答 時間変化する磁場による電磁誘導の法則をアンペールの法則と比較すると，

$$\text{電磁誘導:}\quad \mathscr{E} \equiv \oint_C E_l dl = -\int_S \frac{\partial B_n}{\partial t} dS \equiv -\frac{d\Phi}{dt} \quad \text{あるいは} \quad \nabla \times \boldsymbol{E} = -\frac{\partial \boldsymbol{B}}{\partial t}$$

$$\text{アンペール:}\quad \oint_C B_l dl = \mu_0 \int_S j_n dS \equiv \mu_0 I \quad \text{あるいは} \quad \nabla \times \boldsymbol{B} = \mu_0 \boldsymbol{j}$$

したがって両者の間に $\boldsymbol{E} \leftrightarrow \boldsymbol{B}$, $-\dfrac{\partial \boldsymbol{B}}{\partial t} \leftrightarrow \mu_0 \boldsymbol{j}$ という対応が成り立つ．円柱状領域に電流が流れると，中心軸に関し軸対称な右ねじ向きの渦状の磁場ができた．同様に今の問題では，中心軸に関し軸対称な，左ねじ向き $\left(\dfrac{\partial B}{\partial t} > 0 \text{ の場合}\right)$ の渦状の電場ができる．中心軸から距離 ρ の点の電場の大きさ $E(\rho)$ を求めるには，アンペールの法則の場合と同様に，中心軸を中心とする半径 ρ の円 C に，電磁誘導の法則 $\mathscr{E} = -\dfrac{d\Phi}{dt}$ を適用すればよい．左辺は $\mathscr{E} = 2\pi\rho E(\rho)$ であり，右辺は $\rho \geqq a$（円柱外部）では $\dfrac{d\Phi}{dt} = \pi a^2 \dfrac{\partial B}{\partial t}$，$\rho \leqq a$（円柱内部）では $\dfrac{d\Phi}{dt} = \pi \rho^2 \dfrac{\partial B}{\partial t}$ であるから，ただちに

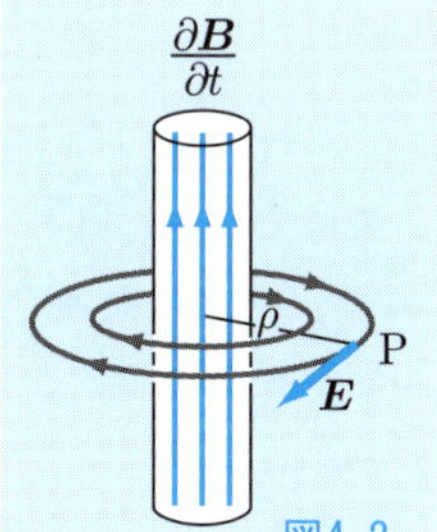

図4. 2

$$E(\rho) = -\frac{1}{2}\frac{\partial B}{\partial t}\frac{a^2}{\rho}\,(\rho \geqq a); \quad E(\rho) = -\frac{1}{2}\frac{\partial B}{\partial t}\rho\,(\rho \leqq a)$$

が得られる．$-$ は左ねじ向きを意味する．

注意 円柱は具体的には細長いソレノイドコイルであり，コイルの電流が一定の割合で増すとき，領域中の磁場が電流に比例して増加するほかに，領域内外に電場ができる．それを形式的に，$\partial \boldsymbol{B}/\partial t$ を電場の源であるかのようにみなしたのである．

問　題

1.1♣ z 軸に関し軸対称な領域の内部に，z 方向を向く一様な磁場 $\boldsymbol{B}$ がある．$\boldsymbol{B}$ の大きさは時間と共にゆっくり増大している．この中で電荷 $-e$ の電子が，z 軸を中心とし xy 面に平行な反時計まわりの円運動をしながら，誘導電場により加速されている．ある時刻の半径を ρ として，運動量の時間変化率を dB/dt で表せ．半径 ρ は時間と共にどう変わるか．

例題 2 **回転するコイルに生じる起電力**

z 軸方向を向いた一様な静磁場 $\boldsymbol{B}$ の中に，一辺 $2a$ の正方形のコイルがある．そのうちの 2 辺は x 軸方向を向き，その中間にコイルの回転軸があって，左回り（図 4.3）に角速度 ω で回転している．

(1) コイルに生じる誘導起電力を，磁束の変化率から求めよ．

(2) この誘導起電力を，コイルの各辺にはたらくローレンツ力から直接計算せよ．

(3) コイルの電気抵抗が R であるとき，回転を続けさせるために外から加えなければならないトルク $\boldsymbol{N}_{\mathrm{ex}}$ を求めよ．

(4) コイルに発生するジュール熱を計算し，これが $\boldsymbol{N}_{\mathrm{ex}}$ のなす仕事率に等しいことを確かめよ．

ヒント 誘導起電力によりコイルに電流が流れ，その電流に $\boldsymbol{B}$ が作用回転を止めようとする．ローレンツ力の働きを 2 つに分けて計算する．

解答 (1) 時刻 t にコイルが xy 平面となす角（すなわちコイルの法線 $\boldsymbol{n}$ と z 軸がなす角）を $\theta = \omega t$ とする．コイルを貫く磁束は $\Phi = BS\cos\omega t$（S はコイルの面積 $S = 4a^2$）であるから，回路に生ずる誘導起電力は

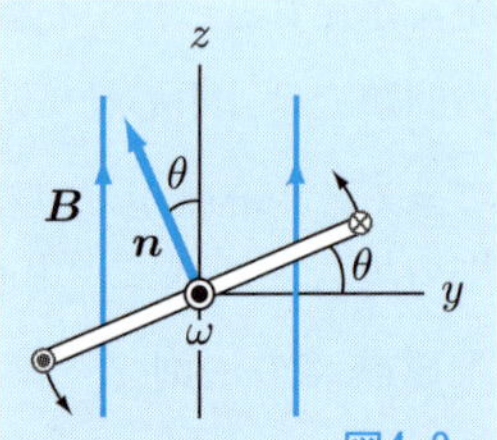

図4.3

$$\mathscr{E} = -\frac{d\Phi}{dt} = \omega BS\sin\omega t$$

（コイルに流れる電流による磁束，つまり自己インダクタンスによる逆起電力は無視している．）

(2) （この例題での起電力はローレンツ力に起因していることに注意．）コイルが回転することによって x 軸に垂直な 2 辺にかかるローレンツ力は，辺に垂直方向なので誘導起電力にはきかない．また，x 軸に平行な 2 辺は速さ $a\omega$ で動いているので，そこにある単位電荷に働くローレンツ力（$\boldsymbol{v} \times \boldsymbol{B}$ は辺の方向）は $a\omega B\sin\omega t$ であり，それによる誘導起電力は 2 辺の長さ $4a$ を掛けて $S\omega B\sin\omega t$ である．これは (1) の結果に等しい．

(3) x 軸に垂直な 2 辺を流れる電流にかかるローレンツ力は x 方向なので，x 方向を軸とする回転にはきかない．また，x 軸に平行（B に垂直）な 2 辺に流れる電流にはそれぞれ，y 方向外向きに $(I2a)B$ の力がかかるので，$I = \varepsilon/R$ であることも考えると，トルクの合計 $\boldsymbol{N}$ は

$$\boldsymbol{N} = 2(I2a)B(a\sin\omega t) = \omega(BS\sin\omega t)^2/R$$

このトルクは，回転を減速する方向に働く（レンツの法則）．回転を続けさせるためには，これと同じ大きさをもつ，逆方向のトルクを与えればよい．それが $\boldsymbol{N}_{\mathrm{ex}}$ である．

(3 の別解) コイルの磁気モーメントを $\boldsymbol{m}$ とすると，$\boldsymbol{N} = \boldsymbol{m} \times \boldsymbol{B}$ であることを使う (3.2 節例題 7，3.3 節例題 15 参照)．まずコイルの磁気モーメント $\boldsymbol{m}$ は

$$\boldsymbol{m} = IS\boldsymbol{n} = \frac{\omega BS^2}{R}\sin\omega t\,\boldsymbol{n}$$

したがってトルクは

$$\boldsymbol{N} = \boldsymbol{m} \times \boldsymbol{B} = -mB\sin\theta\boldsymbol{e}_x = -\frac{(BS\sin\omega t)^2}{R}\boldsymbol{\omega}$$

ここで $\boldsymbol{e}_x$ は x 軸方向の単位ベクトル，$\boldsymbol{\omega} = \omega\boldsymbol{e}_x$ は角速度ベクトルである．

(4) コイルに発生するジュール熱は

$$P = I^2R = \frac{\mathscr{E}^2}{R} = \frac{(\omega BS\sin\omega t)^2}{R}$$

である．一方，外から加えるトルク N_{ex} は，コイルを微小角 $\delta\theta = \omega\delta t$ だけ回転させるとき仕事 $N_{\mathrm{ex}}\delta\theta = N_{\mathrm{ex}}\omega\delta t$ をするので，単位時間当りにする仕事 (すなわち仕事率) は $N_{\mathrm{ex}}\omega$ である．これがジュール熱 P と一致することは，上の $\boldsymbol{N}_{ex}$ の式からただちにわかる．すなわち，外部から加えるトルクの仕事率とジュール熱の間で，エネルギーの保存が成り立っている．

問題

2.1 上の例題で，$B = 10^{-2}$ T (テスラ) $= 100$ G (ガウス)，$S = 1\,\mathrm{cm}^2$，回転数は毎秒 10 回転として，起電力 $\mathscr{E}$ の最大値を求めよ．

2.2 上の例題で，コイルが $\theta = 0$ から $\theta = \pi$ まで半回転する間に，コイルを流れる総電気量はどれだけか．

2.3♣ 上の例題で回路が円形 (半径 a) の場合に，発生する起電力を (1) 磁束の変化から，および，(2) ローレンツ力から求めよ．

2.4♣ 半径 a の円形の回路に電流 I が流れているとき，電流が磁場から受けるトルクを求めよ．

2.5♣ 半径 a，厚さ b $(b \ll a)$ の導体球殻が，一様な磁場 $\boldsymbol{B}$ の中で，$\boldsymbol{B}$ と直交する一つの直径を軸として，角速度 ω で回転している．球殻上の渦電流の分布を求め，球殻が磁場から受けるトルクを計算せよ．導体の電気伝導度は σ とする．なお，渦電流自身がつくる磁場は，$\boldsymbol{B}$ にくらべ十分に小さいものとする (電磁誘導により導体内を流れる電流を**渦電流**という)．

2.6♣ 前問の球殻に外部からトルクを加えなければ，角速度 ω は時間と共にどう変化するか．ただし球殻の (回転軸のまわりの) 慣性モーメントを M とする．

例題 3 **レールの上を動く導体**

図 4.4 のように，質量 M，電気抵抗 R の導体棒が，上下方向の一様な磁場 $\boldsymbol{B}$ の中に水平におかれた平行な金属レールにまたがっている．レールには起電力 $\mathscr{E}$ の直流電源がつないである．時刻 $t=0$ にスイッチを入れ，導体棒がレール上を滑り始めた．導体棒の速度，および回路を流れる電流は，t と共にどう変化するか．ただしレールの間隔を a とし，レールの電気抵抗，およびレールと導体棒の間の摩擦は無視できるものとする．

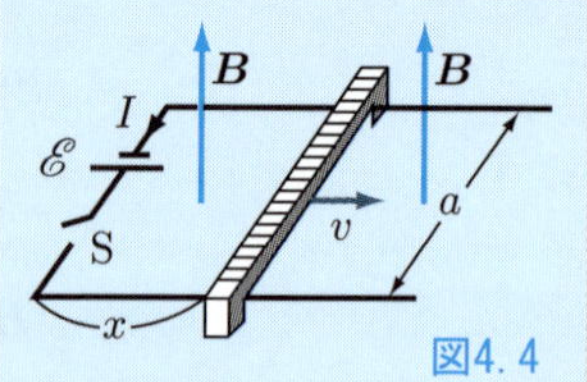

図4. 4

ヒント 導体棒を流れる電流に磁場が及ぼす力，および磁場中を導体棒が動くことにより生ずる逆起電力に着目せよ．

解答 はじめは電流 $I=\mathscr{E}/R$ が流れ，導体棒は磁場から右向きの力 $F=IBa$ を受けて動き出す．導体棒の速度が v のとき，レールと導体棒からなる回路には**逆起電力** $\mathscr{E}_{\mathrm{b}}=-vBa$ がはたらいている．これは，動いている導体棒中の単位電荷にローレンツ力 $E'=vB$ がはたらくからである．逆起電力は，回路を貫く磁束 $\Phi=Bax$ より

$$\mathscr{E}_{\mathrm{b}}=-\frac{d\Phi}{dt}=-Bav$$

として求められる．全起電力は $\mathscr{E}+\mathscr{E}_{\mathrm{b}}=\mathscr{E}-Bav$ に減るので，v が増すと I，F は共に減少する．すなわち時刻 t と共に，速度 v，逆起電力 $|\mathscr{E}_{\mathrm{b}}|$ は増加し，電流 I，加速度 F/M は減少する．最終的には，$\mathscr{E}$ と $\mathscr{E}_{\mathrm{b}}$ が相殺して I はゼロとなり，したがって加速度もゼロで速度は一定に保たれる．そのときの速度（最終速度）v_∞ の値は，$\mathscr{E}+\mathscr{E}_{\mathrm{b}}=0$ より

$$v_\infty=\frac{\mathscr{E}}{Ba}$$

と求まる．

上で定性的に説明したことを，運動方程式を解いて調べてみよう．求める量は $v(t)$ および $I(t)$ である．運動方程式は

$$M\frac{dv}{dt}=F=BaI \tag{$*$}$$

一方，電流を決める式は

$$\mathscr{E}-Bav=RI \tag{$**$}$$

この連立方程式を解くため，まず v を消去する．式 $(**)$ を微分して

$$\frac{dv}{dt}=-\frac{R}{Ba}\frac{dI}{dt}$$

これを式 (*) に代入すれば

$$\frac{dI}{dt} = -\frac{(Ba)^2}{MR} I$$

この一般解は，C を任意定数として

$$I(t) = Ce^{-t/\tau}, \quad \tau \equiv \frac{MR}{(Ba)^2}$$

で，初期条件 $I(0) = \mathscr{E}/R$ により C を決めれば

$$I(t) = \frac{\mathscr{E}}{R} e^{-t/\tau}$$

となる．速度は

$$v(t) = \frac{1}{Ba}\left(\mathscr{E} - RI(t)\right) = \frac{\mathscr{E}}{Ba}\left(1 - e^{-t/\tau}\right)$$

で，$t \gg \tau$ で $v(t) \to v_\infty$ となる．

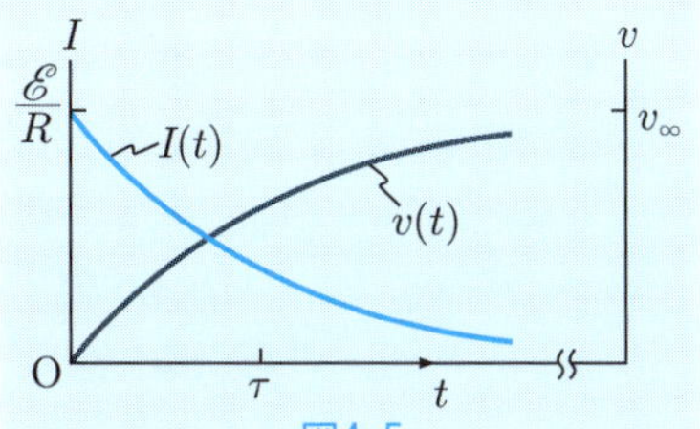

図4. 5

問 題

3.1 例題 3 で，エネルギーの保存則がどのように成り立っているかを調べよ．

3.2 例題 3 で，直流電源 $\mathscr{E}$ がなく，導体棒が $t = 0$ で速度 v_0 で動いていたとき，その後導体棒はどのように運動するか．

3.3 上下方向の一様な磁場中に水平に置かれた無限に伸びる平行な金属レールの上に，2 本の導体棒がまたがっている．一方の棒を速度 v_0 で動かし始めると，その後 2 つの棒はどのように運動するか．また，このときのエネルギーの保存について論ぜよ．ただし，レールの間隔は a，棒の電気抵抗と質量はどちらも R, M であるとし，レールの電気抵抗と摩擦は無視できるものとする．図 4.6 に記されている記号を用いて考えよ．

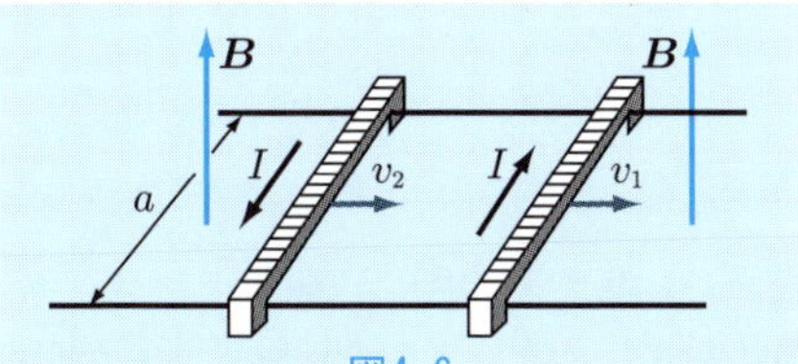

図4. 6

例題 4 超伝導体内の磁場

超伝導体の内部には磁場が入りこむことができない（**マイスナー効果**）．たとえば超伝導体に磁石を近づけると，磁石の磁場が超伝導体に入ろうとするのにともない超伝導体表面に誘導電場が生じて誘導電流が流れる．この電流がつくる磁場が，磁石による超伝導体内部の磁場を完全に打ち消してしまう．一様な磁場 $\boldsymbol{B}_0$ の中に，半径 a の超伝導体の球をおいたとしよう．どのように誘導電流が流れ，いかなる磁場ができるか考えよ．

解答 外部磁場 $\boldsymbol{B}_0$ は，超伝導体の球の内部にも一様な磁場 $\boldsymbol{B}_0$ をつくる．したがって球表面に誘導電流が流れて，球内部に磁場 $-\boldsymbol{B}_0$ をつくり，外部磁場を相殺しているはずである．このような表面電流の分布は，3.1 節の例題 5 と問題 5.1 ですでに考えたもので，そこの結果を用いれば，超伝導体の外部の磁場は

$$\boldsymbol{B}(\boldsymbol{r}) = \boldsymbol{B}_0 - \frac{1}{2}\left(\frac{a}{r}\right)^3 \left(3(\boldsymbol{B}_0 \cdot \widehat{\boldsymbol{r}})\widehat{\boldsymbol{r}} - \boldsymbol{B}_0\right)$$

一様な電場 $\boldsymbol{E}_0$ の中に導体球をおいた場合の結果（1.3 節例題 14）と比較されたい．

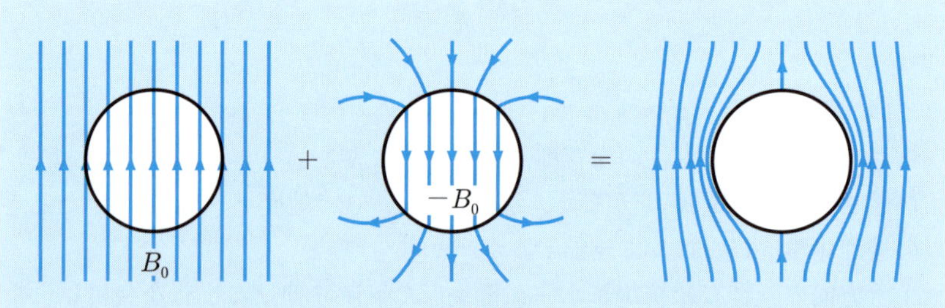

図4.7

問 題

4.1 水平な超伝導体表面から高さ h の所に，磁気モーメント $\boldsymbol{m}$ が水平方向を向く磁気双極子（微小環状電流）を置く．この磁気双極子が超伝導体から受ける力を求めよ．

例題 5♣ **板に流れる渦電流**

幅 $2b$, 厚さ c の導体の長い板を図のように xy 平面内におき，z 方向に一様な振動磁場

$$B(t) = B_m \cos \omega t$$

をかける．板の流れる渦電流の分布を求め，x 方向の単位長さ当りに発生するジュール熱を計算せよ．ただし導体の電気伝導度を σ とする．板は十分に長く端の影響は無視できるものとし，また渦電流自身がつくる磁場は無視して考えよ．

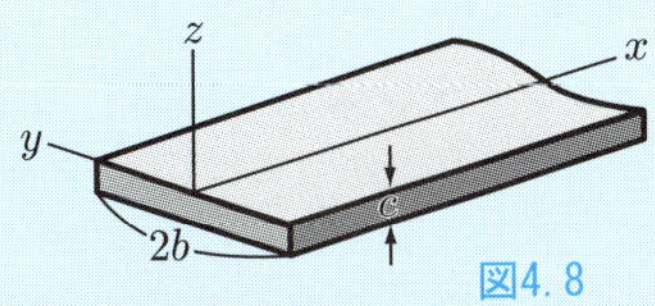

図4.8

解答 板の両端付近を除けば，板の内部にできる電場は，図 4.9 のようになる（このようにすれば電磁誘導の法則がみたされるが，電場の分布が x に依存しないこと，$y \gtrless 0$ の領域で対称性があることを前提としている）．このように電場の形がわかれば，電磁誘導の法則 $\mathscr{E} = -d\Phi/dt$ から電場を求めるのは容易である（例題 1 参照）．すなわち，x 軸から距離 y の点の電場の大きさ $E(y,t)$ を求めるには，図 4.9 に示したように x 方向の長さ 1，y 方向の長さ $2y$ の矩形の回路 C をとり，これに対して上の法則を書き下せばよい．$\mathscr{E} = -2E(y,t)$, $\Phi = 2yB(t)$ であるから

$$E(y,t) = y\frac{\partial B}{\partial t} = -y\omega B_m \sin \omega t$$

と求める．したがって電流密度 $\boldsymbol{j}$ も x 方向を向き，その大きさは

$$j(y,t) = \sigma E(y,t) = -y\sigma\omega B_m \sin \omega t$$

である．発生するジュール熱は単位体積当り $\boldsymbol{j}^2/\sigma$ であるから，単位長さの板について体積積分すれば，

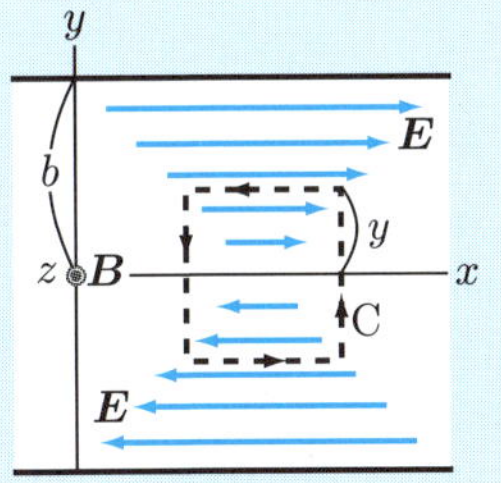

図4.9

$$P = c\int_{-b}^{b} \frac{\boldsymbol{j}^2}{\sigma} dy = \sigma\omega^2 B_m^2 \sin^2 \omega t \cdot c\int_{-b}^{b} y^2 dy = \frac{2}{3} cb^3 \sigma\omega^2 B_m^2 \sin^2 \omega t$$

で，時間平均すれば $\overline{P} = \dfrac{1}{3} cb^3 \sigma\omega^2 B_m^2$ となる．

問　題

5.1 角速度 ω で回転する一様な磁場 $\boldsymbol{B}(t) = (B_0 \cos \omega t,\ B_0 \sin \omega t,\ 0)$ の中に，半径 a の導体球がおかれている．球内の渦電流の分布，および，球が磁場から受けるトルクを求めよ．導体の電気伝導度を σ とし，また，渦電流自身がつくる磁場は $\boldsymbol{B}$ にくらべ無視できるものとする．

5.2 前問で，磁場は静磁場 $\boldsymbol{B}_0$ で，球の方が $\boldsymbol{B}_0$ と直交する一つの直径のまわりに角速度 ω で回転している場合には，渦電流の分布はどうなるか．

4.2 磁場のエネルギー

• **インダクタンス** • 回路 C を電流 I が流れるとき，I がつくる磁場の強さは I に比例する．したがって回路 C を貫くその磁場の磁束 Φ も I に比例する．

$$\Phi = LI \tag{1}$$

比例定数 L を回路 C の**自己インダクタンス**という．電流 I が時間変化すると磁束 Φ も時間変化し，同時に回路 C に I の変化を妨げる向きに誘導起電力（逆起電力）$\mathscr{E}$ が生じる．両者の関係は，

$$\mathscr{E} = -L\frac{dI}{dt} \tag{2}$$

この逆起電力に打ち勝って電流を 0 から I まで変化させるには，外部起電力は仕事

$$U = -\int_0^I \mathscr{E}\,dI = \frac{1}{2}LI^2 = \frac{1}{2}\Phi I \tag{3}$$

をしなければならない．これが**電流のもつエネルギー**である．

回路が n 個ある場合には，回路 j を流れる電流 I_j がつくる磁場のうち，回路 i を貫く磁束を $L_{ij}I_j$ とすれば $(i, j = 1, 2, \cdots, n)$，回路 i を貫く全磁束は

$$\Phi_i = \sum_{j=1}^{n} L_{ij}I_j \tag{4}$$

である．この n 個の回路に流れる電流がもつエネルギーは，上と同様にして

$$U = \frac{1}{2}\sum_{i,j} L_{ij}I_iI_j = \frac{1}{2}\sum_{i=1}^{n}\Phi_i I_i \tag{5}$$

となる．L_{ij} $(i \neq j)$ を回路 i と j の**相互インダクタンス**とよび，

$$L_{ij} = L_{ji} \tag{6}$$

という性質（**相反性**）がある．L_{ii} は回路 i の自己インダクタンスである．

• **磁場のエネルギー密度** • 電流のエネルギー (3) あるいは (5) は，磁場のある領域についての体積積分に書き変えることができる．

$$U = \int \frac{1}{2\mu_0}\boldsymbol{B}^2 dV \tag{7}$$

すなわち，電流のエネルギーは，密度 $\boldsymbol{B}^2/2\mu_0$ で磁場と共に空間に分布しているものと解釈することができる（問題 9.1 参照）．

• **回路にはたらく力** • n 個の回路の位置を表す座標の一つを x とし，x の方向にはたらく力を F とするとき，**仮想仕事の関係**

$$\delta U = -F\delta x \tag{8}$$

によって F を求めるためには，仮想変位 δx に伴うエネルギー変化 δU を，各回路を通る磁束 Φ_i が不変という条件をみたすようにとらなくてはならない．Φ_i が変化するとその回路の起電力も仕事をするからである（問題 10.3 参照）．

例題 6 ―――― **ソレノイドのインダクタンス**

長さ l, 断面積 S_1 のソレノイド C_1 を, 同じ長さで断面積 $S_2\,(S_2 > S_1)$ のソレノイド C_2 の内部に, 軸を共有するように入れる. C_1, C_2 の単位長さ当りの巻数をそれぞれ n_1, n_2 とし, またソレノイドの長さ l は半径にくらべ十分長いものとする. C_1 および C_2 の自己インダクタンス, および C_1 と C_2 の間の相互インダクタンスを求めよ.

解答 各ソレノイドを流れる電流を, それぞれ I_1, I_2 とする. これらの電流がつくる磁場は, 両端付近を除いては, 無限に長いソレノイドの磁場で近似できる. 単位長さ当りの巻数が n の無限に長いソレノイドの磁場は, 内部では軸方向を向いた大きさ $\mu_0 nI$ の一様な場で, 外部ではゼロであるから, 電流 I_1 は C_1 の内部に磁場 $B_1 = \mu_0 n_1 I_1$ をつくり, C_1, C_2 を貫く磁束は

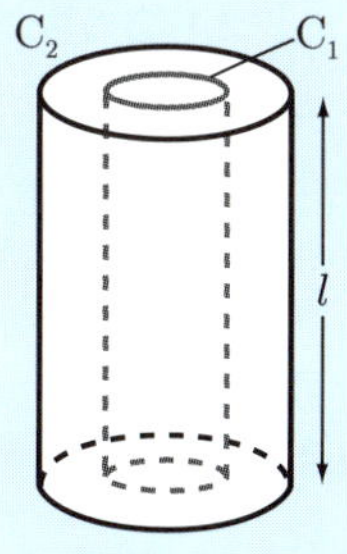

図4.10

$$\Phi_{11} = B_1 S_1 \cdot n_1 l = \mu_0 n_1^2 S_1 l I_1$$
$$\Phi_{21} = B_1 S_1 \cdot n_2 l = \mu_0 n_1 n_2 S_1 l I_1$$

である. 同様に電流 I_2 は C_2 内部に磁場 $B_2 = \mu_0 n_2 I_2$ をつくり, それによる磁束は

$$\Phi_{12} = B_2 S_1 \cdot n_1 l = \mu_0 n_1 n_2 S_1 l I_2$$
$$\Phi_{22} = B_2 S_2 \cdot n_2 l = \mu_0 n_2^2 S_2 l I_2$$

である. したがってインダクタンスは

$$L_{11} = \mu_0 n_1^2 S_1 l, \quad L_{12} = L_{21} = \mu_0 n_1 n_2 S_1 l, \quad L_{22} = \mu_0 n_2^2 S_2 l$$

となる. 相反性が成り立っていることに注意されたい.

問　題

6.1 半径 r, 長さ l の円筒形ボビンに, 単位長さ当り n 回の割合で導線を密に巻いたソレノイドの自己インダクタンスを L とする.

(1) $r/l \ll 1$ の場合は

$$L = \mu_0 n^2 \times \text{体積} = \mu_0 \pi r^2 N^2/l$$

なることを示せ. ここで $N = nl$ は全巻数である.

(2) 有限な長さのソレノイドの場合は, 上の L の表式に, 下表に示すような補正係数（長岡係数）k がかかる（$d = 2r$ はソレノイドの直径）.

d/l	0	0.5	1.0	2	5	10	20	100
k	1	0.818	0.688	0.526	0.320	0.203	0.124	0.0350

これを用い, (イ) $d = 25\text{mm}, l = 50\text{mm}, N = 130$, (ロ) $d = 50\text{cm}, l = 5\text{mm}, N = 10$ の場合の L を計算せよ.

例題 7　　　　　　　　　　　　　　　　**同軸ケーブルのインダクタンス**

半径 a および b $(a < b)$ の二つの共軸の長い導体円筒がある（同軸ケーブル）．これを電流の往復の線路に用いる場合，軸方向単位長さ当りの自己インダクタンス L はどれだけか．また二つの円筒をコンデンサーの両極とみる場合の単位長さ当りの静電容量を C とするとき，$LC = \varepsilon_0\mu_0$ の関係が成り立つことを確かめよ．

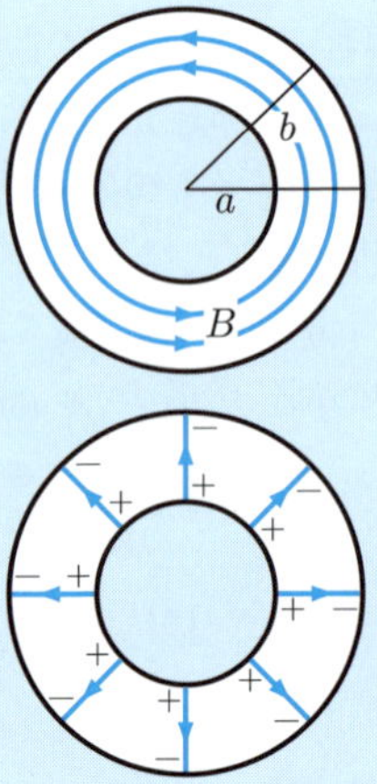

図4.11

解答　簡単のため，直流 $\pm I$ が軸方向に流れる場合を考える．3.1 節の問題 2.1 でみたように，磁場が存在するのは二つの円筒にはさまれた領域だけで，そこで磁力線は軸対称な円となり，中心軸から距離 ρ の点における磁場の大きさは $B(\rho) = \mu_0 I/2\pi\rho$ である．したがって円筒の間を通る全磁束は，軸方向の単位長さ当り

$$\Phi = \int_a^b B(\rho)d\rho = \frac{\mu_0}{2\pi} I \ln\frac{b}{a}$$

で，これから単位長さ当りの自己インダクタンス L は

$$L = \frac{\mu_0}{2\pi}\ln\frac{b}{a}$$

一方，二つの円筒上に軸方向単位長さ当り $\pm Q$ の電荷が一様に分布している場合は，図 4.11（下）のような電場ができ，その大きさは $E(\rho) = Q/2\pi\varepsilon_0\rho$ である．したがって二つの円筒の間の電位差は

$$V = \int_a^b E(\rho)d\rho = \frac{Q}{2\pi\varepsilon_0}\ln\frac{b}{a}$$

で，軸方向単位長さ当りの容量 C は（$C = Q/V$ より）

$$C = 2\pi\varepsilon_0 \Big/ \ln\frac{b}{a}$$

問　題

7.1　切口が長方形のトロイダルコイル（ドーナツ状のコイル）がある．全体の巻き数は N，寸法は図 4.12 に示してある．このコイルの自己インダクタンスを求めよ．

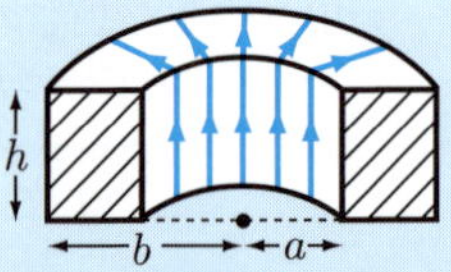

図4.12

7.2♣　半径 a の二本の長い導体円筒が，間隔 d $(a \ll d)$ で平行におかれている．これを電流の往復の線路に用いる場合（レッヘル線）について，例題 7 と同じことを調べよ．

例題 8 ―――― **円形回路のインダクタンス**

二つの円形回路 C_1, C_2 が，中心軸を共有して間隔 z で平行におかれている．それぞれの半径は a_1, a_2 で，$a_1 \gg a_2$ とする．両回路の間の相互インダクタンス L_{12}, L_{21} を計算し，相反性 $L_{12} = L_{21}$ が成り立つことを確かめよ．

解答 **L_{21} の計算** 両回路の面積を $S_1 = \pi a_1^2$, $S_2 = \pi a_2^2$ とおく．C_1 を流れる電流 I_1 がつくる磁場の磁位は，回路 C_1 を見る立体角 Ω によって表される．したがって軸上における磁場 $B(z)$ は，

$$B(z) = -\frac{\mu_0}{4\pi} I_1 \frac{\partial \Omega}{\partial z}$$

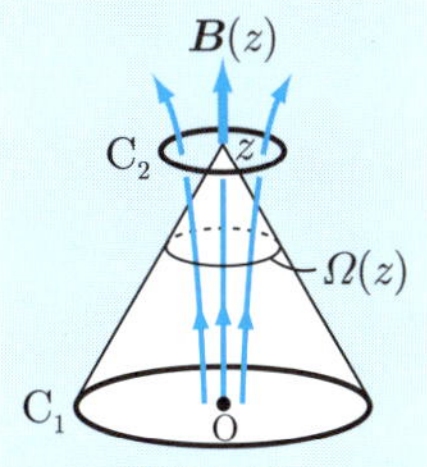

図4.13

C_2 を通る磁束 Φ_{21} は，面積 S_2 が小さいため，$\Phi_{21} \fallingdotseq B(z) S_2$ と近似できる．$\Phi_{21} = L_{21} I_1$ より

$$L_{21} = -\frac{\mu_0}{4\pi} S_2 \frac{\partial \Omega}{\partial z} = \frac{\mu_0}{2\pi} \frac{S_1 S_2}{R^3}$$

ここで $R \equiv \sqrt{z^2 + a_1^2}$．立体角の微分の計算は，3.1 節の例題 1 を参照されたい．

L_{12} の計算 C_2 を流れる微小円電流 I_2 がつくる磁場は，磁気モーメント $I_2 S_2$ の磁気双極子の磁場で近似でき，等価定理により，この磁場は電気双極子の電場に比例する．この位置に一つの電荷 q があるとき，C_1 を貫く電束は，この位置から C_1 をみたときの立体角 $\Omega(z)$ を使うと $q\Omega/4\pi\varepsilon_0$ なので，z 方向を向いた電気双極子の場合の C_1 を貫く電束は

$$\frac{p}{4\pi\varepsilon_0} \frac{\partial \Omega}{\partial z}$$

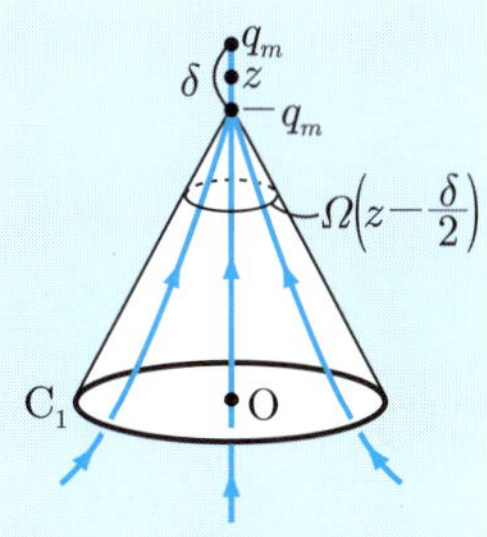

図4.14

である．磁気双極子の場合は p/ε_0 を $\mu_0 I_2 S_2$ に置き換えて

$$\Phi_{12} = \frac{\mu_0}{4\pi} I_2 S_2 \frac{\partial \Omega}{\partial z}$$

$L_{12} = \Phi_{12}/I_2$ だから，これより $L_{12} = L_{21}$ を得る．

問　題

8.1 十分に長い，単位長さ当りの巻数 n のソレノイドの内部に，面積 S の円形回路をおく．円形回路の法線とソレノイドの軸方向のなす角を α とする．両者の間の相互インダクタンスを求め，相反性を確かめよ．

8.2 二つの微小な環状回路の間の相互インダクタンスを求めよ．ただし，両者の面積を S_1, S_2，法線を $\boldsymbol{n}_1$, $\boldsymbol{n}_2$ とし，1 から 2 への位置ベクトルを $\boldsymbol{r}$ とする．

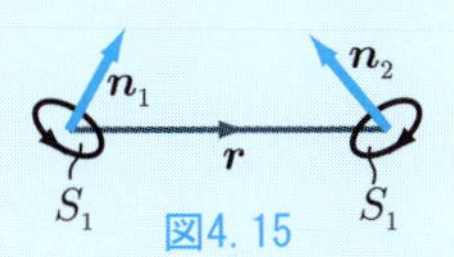

図4.15

例題 9　　　**コイルでの発熱**

一様な振動磁場 $B(t) = B_m \cos\omega t$ の中に，磁場と垂直に円形コイル C がおいてある．C の面積を S，抵抗を R とする．

(1)　コイル C に発生するジュール熱を求めよ．

(2)　ジュール熱のエネルギー源はどこにあるか．

解答　(1)　コイル C を貫く磁束は $\Phi(t) = SB_m \cos\omega t$ であるから，誘導起電力は

$$\mathscr{E} = -\frac{d\Phi}{dt} = \omega S B_m \sin\omega t$$

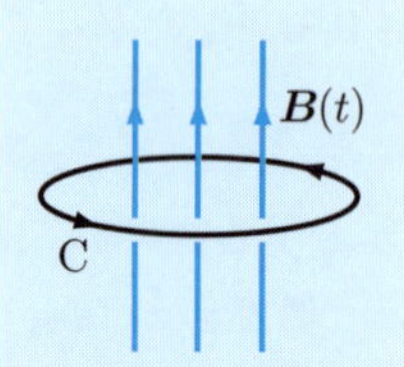

図4. 16

コイルの自己インダクタンスは無視すれば，コイルには電流 $I = \mathscr{E}/R$ が流れ，その結果発生するジュール熱は

$$P = \mathscr{E}I = \frac{\mathscr{E}^2}{R} = \frac{1}{R}(\omega S B_m)^2 \sin^2 \omega t$$

(2)　振動磁場 $B(t)$ は，別のコイル C′ を流れる電流 I' によってつくられるものとする．たとえば C′ は中空のソレノイドで，その内部にコイル C がおかれていると考えればよい．C のジュール熱を補う仕事は C′ の起電力が行うと思われるので，それを調べてみよう．コイル C と C′ の相互インダクタンスを M とすれば，(1) で考えた C を通る磁束 Φ は

$$\Phi \equiv SB(t) = MI'(t)$$

一方 C を流れる $I(t)$ 自身も磁場をつくり，それが C′ を貫く．その磁束を Φ' とおけば，相互インダクタンスの相反性から

$$\Phi' = MI(t)$$

電流 $I(t)$ の時間変化により，C′ には誘導起電力 $\mathscr{E}' = -d\Phi'/dt$ が生ずる．それに逆らって電流 I' を流すには，コイル C′ には $\mathscr{E}'$ を相殺する外部起電力

$$\mathscr{E}_{\rm ex} = -\mathscr{E}' = M\frac{dI}{dt}$$

を加える必要がある．この電源がする仕事率は

$$W = \mathscr{E}_{\rm ex} I' = MI'\frac{dI}{dt} = \frac{d}{dt}(MII') - M\frac{dI'}{dt}I$$

ここで

$$-M\frac{dI'}{dt} = -\frac{d\Phi}{dt} = \mathscr{E}$$

であるから

$$W = \frac{d}{dt}(MII') + \mathscr{E}I = \frac{d}{dt}(MII') + P$$

すなわち電源が単位時間にする仕事 W は，一部はジュール熱 P となり，残りは $U \equiv MII'$ の増分となる．この U は電流間の相互作用のエネルギー（磁場のエネルギーの一部）であり，その具体的な形は

$$U = MII' = I\Phi = \frac{1}{R}\omega(SB_m)^2 \sin\omega t \cos\omega t$$

これと (1) の P を上式に代入すれば，電源の仕事率 W は

$$W = \frac{1}{R}(\omega SB_m)^2 \cos^2\omega t$$

となり，時間平均すれば $\overline{W} = \overline{P}$ が成り立つ（U の平均はゼロ）．いいかえれば，W の一部は一時的に磁場のエネルギー U として貯えられ，それがジュール熱に変わるのである．

問　題

9.1　長さ l，断面積 S_1 および $S_2\,(S_1 < S_2)$ の二つの共軸のソレノイド C_1, C_2 がある（例題 6 参照）．それぞれの導線の巻数は単位長さ当り n_1 および n_2，また流れる電流は I_1, I_2 とする．このソレノイドの磁場についてエネルギー密度 $\boldsymbol{B}^2/2\mu_0$ を積分すると，結果は電流系のエネルギー

$$U = \frac{1}{2}L_1 I_1^2 + \frac{1}{2}L_2 I_2^2 + MI_1I_2$$

に等しくなることを確かめよ．ただし L_1, L_2 はそれぞれ C_1, C_2 の自己インダクタンス，また M は C_1 と C_2 の間の相互インダクタンスである．ソレノイドの長さ l は十分に長いものとする．

9.2　変圧器（トランス）の一次側，二次側の巻数をそれぞれ N_1, N_2 とし，一次側には電圧 $V_1(t) = V_m \cos\omega t$ をかけ，二次側には抵抗 R の負荷をつなぐ．一次側の抵抗，および鉄心を通る磁束 Φ の鉄心外への洩れは，どちらも無視できるものとする．

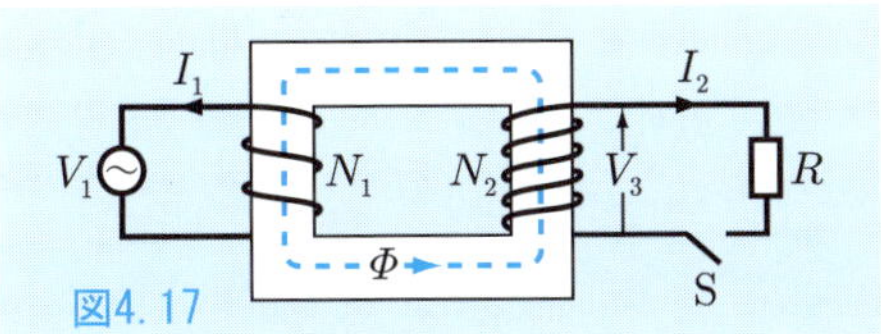

図4. 17

(1)　まず二次側のスイッチ S が開かれている場合を考える．磁束 $\Phi(t)$，二次側電圧 $V_2(t)$，および一次側電力 W（仕事率の時間平均）を求めよ．

(2)　スイッチ S を閉じた場合，$\Phi(t)$ はどう変るか．また，二次側電流 $I_2(t)$ を求めよ．

(3)　スイッチを閉じる前後で，一次側電流 $I_1(t)$ はどれだけ変化するか．

(4)　スイッチを閉じた後の一次側電力 W を求めよ．

例題 10　　**平面電流間の力**

間隔 l でおかれた二枚の平行な平面上を，同じ密度の電流が反対向きに一様に流れている．電流の密度は単位長さ当り J とする．平面の単位面積当りにはたらく力を，仮想仕事の方法により求めよ（3.2 節例題 8 も参照）．

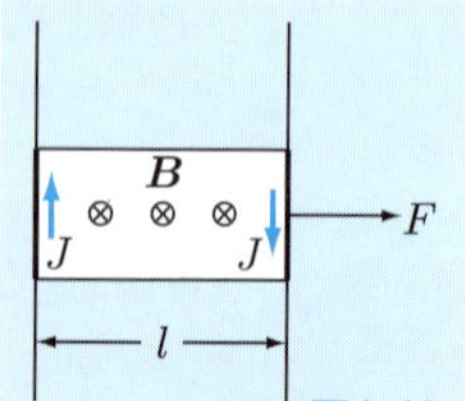

図4. 18

解答　3.2 節例題 8 によれば，磁場は二枚の平面の間の領域にだけあって，その大きさは $B = \mu_0 J$ である．両平面上の単位面積の正方形を底面とする角柱を考えると，その内部に分布する磁場のエネルギーは，

$$U = \frac{1}{2\mu_0}B^2 l = \frac{1}{2}J\Phi = \frac{1}{2}\frac{\Phi^2}{\mu_0 l}$$

である．ここで $\Phi = Bl$ は，この領域を通過する磁束を表す．平面の単位面積にはたらく力 F を求めるため，一方の平面を δl だけ仮想的に変位させる．その際，磁束 Φ は不変に保たれるように J を調節する．F と釣り合うように加えている外力 $-F$ が行う仕事は $-F\delta l$ であるから，仮想仕事の式

$$\delta U = -F\delta l \qquad (*)$$

が成り立つ．「$\Phi =$ 一定」の条件の下での U の変化は ($\delta l^{-1}/\delta l = -1/l^2$ より)

$$\delta U = \delta\left(\frac{\Phi^2}{2\mu_0 l}\right) = -\frac{\Phi^2}{2\mu_0 l^2}\delta l = -\frac{B^2}{2\mu_0}\delta l$$

であるから，単位面積当り $F = \dfrac{B^2}{2\mu_0} = \dfrac{1}{2}\mu_0 J^2$ の斥力がはたらくことがわかる．

注意　「$J =$ 一定」の条件の下での U の変化は

$$\delta U = \delta\left(\frac{1}{2}\mu_0 J^2 l\right) = \frac{1}{2}\mu_0 J^2 \delta l$$

で，これを機械的に (∗) に代入すると $F = -\dfrac{1}{2}\mu_0 J^2$ で引力となってしまう．これは，Φ が変化すると起電力も仕事 $J\mathscr{E}\delta t = J\delta\Phi = \mu_0 J^2 \delta l$ をすることを見落としたからである．これを考慮に入れれば正しい結果が得られる（問題 10.3）．

問　題

10.1　単位長さ当りの巻数 n の無限に長いソレノイドに電流 I を流すとき，ソレノイドの側壁の単位面積当りにはたらく圧力を，仮想仕事を用いて求めよ．

10.2♣　例題 8 の二つの円形回路にそれぞれ電流 I_1, I_2 を流すとき，回路間にはたらく力を仮想仕事により求めよ．

10.3♣　回路の座標 x の仮想変位を電流が不変に保たれる条件で行うときは，仮想仕事の式は $\delta U_{I=\text{一定}} = +F\delta x$ となることを示せ．

4.3 変位電流，マクスウェルの方程式

• 変位電流 • 電流が閉じていないとアンペールの法則

$$\oint_C B_l dl = \mu_0 \int_S j_n dS \tag{1}$$

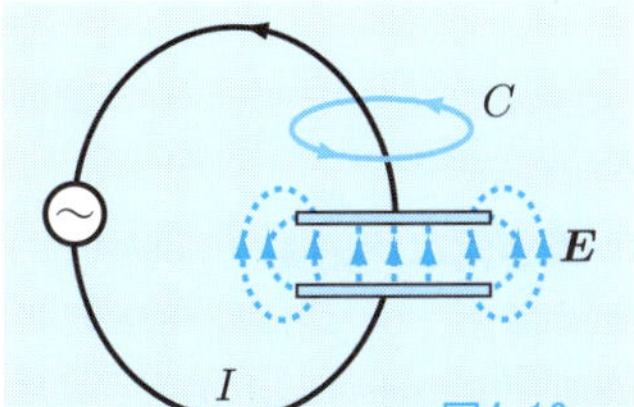

図4.19

の右辺は面 S のとり方により変わってしまう．S は C を境界とする任意の面だが，たとえば図 4.19 で S を下にう回させ，極板の間を通すようにすると，それを貫く電流 j_n はゼロになってしまう．つまり (1) は矛盾する．微分型でいえば，

$$\nabla \times \boldsymbol{B} = \mu_0 \boldsymbol{j} \tag{2}$$

の右辺は（右図ではコンデンサー極板上等に）わき出しをもち（つまり $\nabla \cdot \boldsymbol{j} \neq 0$），一方左辺はいたるところわき出しが無い $(\nabla \cdot (\nabla \times \boldsymbol{B}) = 0)$ ので矛盾を含む．この矛盾は，(1), (2) の電流密度 $\boldsymbol{j}$ を

$$\boldsymbol{J} \equiv \boldsymbol{j} + \varepsilon_0 \frac{\partial E}{\partial t} \tag{3}$$

でおきかえれば解決される．右辺の第二項をマクスウェルの**変位電流**とよぶ．このとき $\displaystyle\int_S J_n dS$ は面 S の縁 C だけで決まり（$\nabla \cdot \boldsymbol{J} = 0$ が証明できる），S のとり方によらない．

• マクスウェルの方程式 • 真空中に電荷密度 $\rho(\boldsymbol{r}, t)$，電流密度 $\boldsymbol{j}(\boldsymbol{r}, t)$ で電荷と電流が分布し，その結果電場 $\boldsymbol{E}(\boldsymbol{r}, t)$，磁場 $\boldsymbol{B}(\boldsymbol{r}, t)$ ができるとする（磁性体の磁極については 5.2 節参照）．いままでに現れた基礎法則をまとめると，積分型では

$$\int_S E_n dS = \frac{1}{\varepsilon_0} \int_V \rho dV \tag{4}$$

$$\oint_C E_l dl = -\int_S \frac{\partial B_n}{\partial t} dS \tag{5}$$

$$\int_S B_n dS = 0 \tag{6}$$

$$\oint_C B_l dl = \mu_0 \int_S \left(j_n + \varepsilon_0 \frac{\partial E_n}{\partial t} \right) dS \tag{7}$$

ただし式 (4), (6) の S は任意の閉曲面で，V はその内部の領域，式 (5), (7) の C は任意の閉曲線で，S はそれを境界とする任意の面である．式 (7) で，面 S を通る変位電流は，S を貫く電束の時間微分に等しい．微分型では

$$\nabla \cdot \boldsymbol{E} = \frac{\rho}{\varepsilon_0} \tag{8}$$

$$\nabla \times \boldsymbol{E} = -\frac{\partial \boldsymbol{B}}{\partial t} \tag{9}$$

$$\nabla \cdot \boldsymbol{B} = 0 \tag{10}$$

$$\nabla \times \boldsymbol{B} = \mu_0 \boldsymbol{j} + \mu_0 \varepsilon_0 \frac{\partial \boldsymbol{E}}{\partial t} \tag{11}$$

• 準定常な電磁場 •　時間変化がある場合は，マクスウェルの方程式は $\boldsymbol{E}$ と $\boldsymbol{B}$ の連立方程式になるので，与えられた ρ, $\boldsymbol{j}$ に対し，$\boldsymbol{E}$ と $\boldsymbol{B}$ を同時に求めねばならない（たとえば電磁波はそのようにして得られる）．ある時刻の $\boldsymbol{E}, \boldsymbol{B}$ は，一般には，それより以前の $\rho, \boldsymbol{j}$ の分布にも依存する．しかし時間変化が速くない（振動数が小さい）場合には，マクスウェルの方程式の解は，クーロン電場とビオ-サバール磁場に誘導電場を加えた形に求まる．これを**準定常**という．まず電場を，渦無しの部分 $\boldsymbol{E}^{(\mathrm{C})}$ とわき出しの無い部分 $\boldsymbol{E}^{(\mathrm{i})}$ に分解する．

$$\boldsymbol{E}(\boldsymbol{r}, t) = \boldsymbol{E}^{(\mathrm{C})}(\boldsymbol{r}, t) + \boldsymbol{E}^{(\mathrm{i})}(\boldsymbol{r}, \boldsymbol{t})$$

$\boldsymbol{E}^{(\mathrm{C})}$, $\boldsymbol{E}^{(\mathrm{i})}$ はそれぞれ次の式をみたす．

$$\nabla \cdot \boldsymbol{E}^{(\mathrm{C})}(\boldsymbol{r}, t) = \frac{\rho(\boldsymbol{r}, t)}{\varepsilon_0}, \quad \nabla \times \boldsymbol{E}^{(\mathrm{C})}(\boldsymbol{r}, t) = 0 \tag{12}$$

$$\nabla \cdot \boldsymbol{E}^{(\mathrm{i})}(\boldsymbol{r}, t) = 0, \quad \nabla \times \boldsymbol{E}^{(\mathrm{i})}(\boldsymbol{r}, t) = -\frac{\partial \boldsymbol{B}(\boldsymbol{r}, t)}{\partial t} \tag{13}$$

式 (12) は静電場の方程式と同じ形であるから，解 $\boldsymbol{E}^{(\mathrm{C})}(\boldsymbol{r}, t)$ は各瞬間の電荷分布 $\rho(\boldsymbol{r}, t)$ から決まるクーロン場である．次に式 (11) の右辺で，$\partial \boldsymbol{E}^{(\mathrm{i})}/\partial t$ を $\partial \boldsymbol{E}^{(\mathrm{C})}/\partial t$ にくらべて小さいとして無視すれば，磁場のみたす式は

$$\nabla \cdot \boldsymbol{B}(\boldsymbol{r}, t) = 0, \quad \nabla \times \boldsymbol{B}(\boldsymbol{r}, t) = \mu_0 \boldsymbol{j}'(\boldsymbol{r}, t) \tag{14}$$

$$\boldsymbol{j}'(\boldsymbol{r}, t) \equiv \boldsymbol{j}(\boldsymbol{r}, t) + \varepsilon_0 \frac{\partial \boldsymbol{E}^{(\mathrm{C})}(\boldsymbol{r}, t)}{\partial t} \tag{15}$$

となる．$\boldsymbol{j}'(\boldsymbol{r}, t)$ は既知の量で $\nabla \cdot \boldsymbol{j}' = 0$ をみたすから，式 (14) は定常電流がつくる磁場の場合と同じ形であり，その解 $\boldsymbol{B}(\boldsymbol{r}, t)$ は，ビオ-サバールの磁場を表す式（3.1 節（46 ページ）の式 (4)）の $\boldsymbol{j}(\boldsymbol{r})$ を $\boldsymbol{j}'(\boldsymbol{r}, t)$ でおきかえれば得られる．しかも実は式 (15) の第二項はビオ-サバールの式の積分に寄与しないので（問題 12.3 参照），結局 $\boldsymbol{B}(\boldsymbol{r}, t)$ は，各瞬間の電流分布 $\boldsymbol{j}(\boldsymbol{r}, t)$ から決まるビオ-サバールの磁場 $\boldsymbol{B}^{(\mathrm{BS})}(\boldsymbol{r}, t)$ となる．この $\boldsymbol{B}$ を式 (13) に代入すれば，$\boldsymbol{E}^{(\mathrm{i})}(\boldsymbol{r}, t)$ は磁場の時間変化に伴う誘導電場として定まる．

例題 11♣ **磁極のある理論**

磁極というものが存在し，電流と共に磁場の源になっている仮想的な世界では，マクスウェルの方程式はどのように変わるか．

解答 電荷と磁荷の対応表を右のように作ってみる．クーロンの法則を比較すれば，電場のガウスの法則

$$\nabla \cdot \boldsymbol{E} = \frac{1}{\varepsilon_0}\rho \qquad (\mathrm{I})$$

に対応する磁場のガウスの法則が

$$\nabla \cdot \boldsymbol{B} = \mu_0 \rho_m \qquad (\mathrm{II})$$

となることは明らかである．アンペールの法則

$$\nabla \times \boldsymbol{B} = \mu_0 \boldsymbol{j} + \mu_0 \varepsilon_0 \frac{\partial E}{\partial t} \qquad (\mathrm{III})$$

に対応する式は，磁荷がないときは

電　荷	q	磁　荷	q_m
電荷密度	ρ	磁荷密度	ρ_m
電流密度	$\boldsymbol{j}$	磁流密度	$\boldsymbol{j}_m$
電荷保存則 $\dfrac{\partial \rho}{\partial t} + \nabla \cdot \boldsymbol{j} = 0$		磁荷保存則 $\dfrac{\partial \rho_m}{\partial t} + \nabla \cdot \boldsymbol{j}_m = 0$	
電　場	$\boldsymbol{E}$	磁束密度	$\boldsymbol{B}$
真空の誘電率	$1/\varepsilon_0$	真空の透磁率	μ_0
クーロンの法則 $\boldsymbol{E} = \dfrac{q}{4\pi\varepsilon_0}\dfrac{\hat{\boldsymbol{r}}}{r^2}$		クーロンの法則 $\boldsymbol{B} = \dfrac{\mu_0 q_m}{4\pi}\dfrac{\hat{\boldsymbol{r}}}{r^2}$	

$$\nabla \times \boldsymbol{E} = -\frac{\partial \boldsymbol{B}}{\partial t} \qquad (*)$$

であったが，磁荷が存在するときは，右辺の発散は，(II) からわかるように一般にはゼロにならず，一方，左辺の発散は恒等的にゼロであるから，この式は矛盾を含む．しかし，変位電流の場合の議論と同様に，(∗) を

$$\nabla \times \boldsymbol{E} = -\left(\mu_0 \boldsymbol{j}_m + \frac{\partial \boldsymbol{B}}{\partial t}\right) \qquad (\mathrm{IV})$$

と変えれば，右辺も発散が無くなり，矛盾のない法則となる．すなわち，磁流は“ビオ-サバールの法則”に従う電場をつくる．(III) と (IV) から，変位電流が電磁誘導と対応していることがわかる．(I)～(IV) が，磁荷が存在する場合のマクスウェルの方程式である．

問　題

11.1♣ 速度 $\boldsymbol{v}$ で動く電荷 q は，電場，磁場から力 $\boldsymbol{F} = q(\boldsymbol{E} + \boldsymbol{v} \times \boldsymbol{B})$ を受ける．一方，速度 $\boldsymbol{v}$ で動く磁荷 q_m が電場，磁場から受ける力が

$$\boldsymbol{F} = q_m\left(\boldsymbol{B} - \frac{1}{c^2}\boldsymbol{v} \times \boldsymbol{E}\right)$$

となることを示せ．

ヒント 電荷と磁流との間の力の作用反作用の法則から考える．

例題 12　　**変位電流による磁場**

z 軸上の点 $Q_-(0,0,-\delta/2)$ から $Q_+(0,0,\delta/2)$ に向かって，時間的に一定の電流 I が流れ，その結果，正負の電荷が Q_+ と Q_- 蓄積されていく．この電流素片がつくる磁場を，アンペールの法則によって求めよ．ただし δ は十分に小さいものとする．

ヒント　変位電流をまず求めよ．

解答　磁場は明らかに z 軸に関し軸対称で，z 軸を中心軸とする渦の形の磁力線をつくる．そこで，任意の点 P における磁場 $\boldsymbol{B}(\mathrm{P})$ を求めるには，z 軸を中心とし点 P を通る図 4.20 のような円 C を考え，これにアンペールの法則を適用する．面 S としては，C を縁とする円板を考えればよい．それにはまず，C の内側を通る変位電流を求めねばならない．

いまの場合，電場は，点 Q_+ と Q_- にある電荷 $+q(t)$ と $-q(t)$ によるクーロン電場だけである．その理由は，$dq/dt = I$ ゆえ，$q(t)$ は t に比例して増加し，したがって瞬間的クーロン電場 $\boldsymbol{E}^{(\mathrm{C})}(\boldsymbol{r},t)$ も t に比例するので，その変位電流 $\varepsilon_0(\partial \boldsymbol{E}^{(\mathrm{C})}/\partial t)$ は時間的に一定，それがつくる磁場も時間的に一定で，誘導電場はできないからである．

Q_+ にある点電荷 $q(t)$ がつくる電場の全電束は $q(t)$ で，各方向に一様に広がる．そのうちループ C の中の通る電束は，Q_+ が C をみる立体角 Ω_+ $(\Omega_+ > 0)$ の全立体角 4π に対する比から求まる．すなわち全方向の電束は $q(t)$ だから $q(t)\dfrac{\Omega_+}{4\pi}$ である．同様に，Q_- にある点電荷 $-q(t)$ から出た電束のうち C の中を通る部分は，Q_- が C をみる立体角を Ω_- $(\Omega_- > 0)$ とすれば，$-q(t)\dfrac{\Omega_-}{4\pi}$ である．C の中を通る全電束はこの二つの寄与の和で，これを時間微分すれば，C の内側を通る変位電流 I_D が得られる．

$$I_\mathrm{D} = \frac{\Omega_+ - \Omega_-}{4\pi}\frac{dq}{dt} = \frac{\Omega_+ - \Omega_-}{4\pi} I$$

z 軸から点 P への距離を ρ とすれば，アンペールの法則は

$$\oint_C B_l dl = 2\pi\rho B = \mu_0 I_\mathrm{D} = \frac{\Omega_+ - \Omega_-}{4\pi}\mu_0 I$$

したがって

$$B = \frac{\mu_0 I}{2\pi\rho}\frac{\Omega_+ - \Omega_-}{4\pi}$$

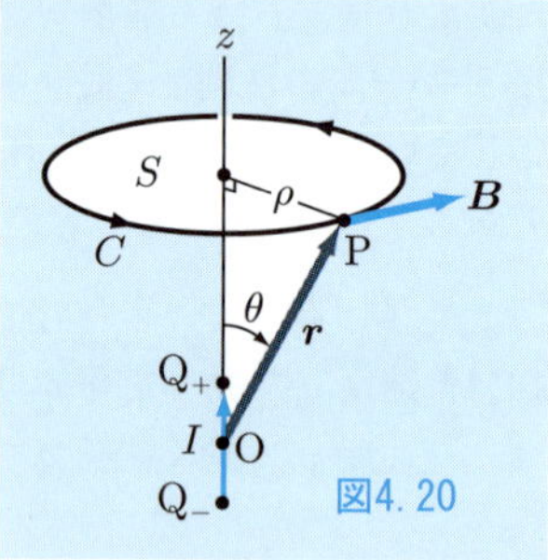

図4. 20

これが一般的な結果であるが，δ が小さい場合はさらに簡単化できる．すなわち，原点 O が C をみる立体角を Ω とすれば，図 4.20 のように $\boldsymbol{r}$ と z 軸のなす角を θ として

$$\Omega = 2\pi(1-\cos\theta)$$

であるから（序章の式 (13) 参照），この $\cos\theta$ を点 P の z 座標により $\cos\theta = \dfrac{z}{\sqrt{\rho^2 + z^2}}$ と表せば，テイラー展開により

$$\Omega_+ - \Omega_- \fallingdotseq -\delta\frac{\partial\Omega}{\partial z} = 2\pi\delta\frac{\partial\cos\theta}{\partial z} = 2\pi\delta\frac{\sin^2\theta}{r}$$

が得られる．これを上の式に代入すれば

$$B(\mathrm{P}) = \frac{\mu_0}{4\pi}\frac{I\delta\sin\theta}{r^2}$$

となる．これは，電流素片 $I\delta$ による磁場を表すビオ-サバールの公式にほかならない．ビオ-サバールの公式は閉じた電流による磁場に対してだけ意味をもつといわれることがあるが，そうではなく，この例題のような電流素片自身がつくる磁場の場合も成り立つことがわかる．

問　題

12.1　(1)　負の z 軸上を，原点に向かって電流 I が流れている．この半無限の直線電流はいかなる磁場をつくるか．

(2)　xy 平面上を，原点に向かって各方向から一様な電流密度で電流が集まってくる．電流の総量を I とする．このときいかなる磁場ができるか．

上のいずれの場合にも，原点に電荷 $q(t)$ が，一定の増加率 $dq/dt = I$ で蓄積されていくものとする．

12.2　電流 I が，負の z 軸上を原点に向かって流れ，原点からは，xy 平面上を各方向に一様な電流密度で広がっていく（図 4.21）．この定常電流分布はいかなる磁場をつくるか．

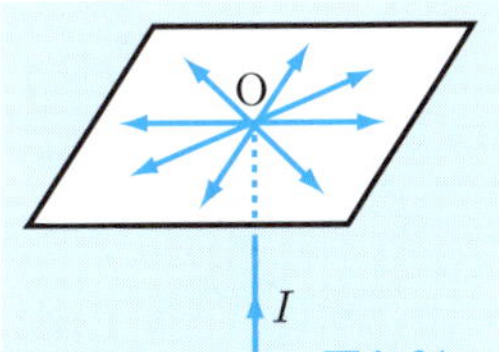

図4. 21

12.3♣ 上の例題で，磁場は電流素片によるビオ-サバールの公式の形で表されたが，変位電流分布はビオ-サバールの積分に寄与しないのかという疑問が生じる．一般にいえば，マクスウェルの方程式

$$\nabla \times \boldsymbol{B}(\boldsymbol{r},t) = \mu_0\boldsymbol{J}(\boldsymbol{r},t), \quad \boldsymbol{J}(\boldsymbol{r},t) \equiv \boldsymbol{j}(\boldsymbol{r},t) + \varepsilon_0\frac{\partial\boldsymbol{E}(\boldsymbol{r},t)}{\partial t}$$

において，$\boldsymbol{J}$ を与えられたものとすれば，解はビオ-サバールの公式

$$\boldsymbol{B}(\boldsymbol{r},t) = \frac{\mu_0}{4\pi}\int\frac{\boldsymbol{J}(\boldsymbol{r}',t)\times\widehat{\boldsymbol{R}}}{R^2}dV', \quad \boldsymbol{R} \equiv \boldsymbol{r} - \boldsymbol{r}'$$

で表され，変位電流密度 $\varepsilon_0\partial\boldsymbol{E}/\partial t$ も真電流密度 $\boldsymbol{j}$ と同様に寄与する．ところがその中で，瞬間的クーロン場による変位電流 $\varepsilon_0\partial\boldsymbol{E}^{(\mathrm{C})}/\partial t$ の寄与だけは，上式で積分すると消えてしまう．その直観的理由を考えよ．

ヒント　クーロン電場は点電荷による電場の重ね合わせであるから，点電荷の電場についてこのことがいえれば十分である．

12.4♣ $f(\boldsymbol{r})$, $g(\boldsymbol{r})$ をスカラー場，$\boldsymbol{A}(\boldsymbol{r})$, $\boldsymbol{B}(\boldsymbol{r})$ をベクトル場とするとき，次の公式を導け．

(1)　$\boldsymbol{\nabla}(fg) = (\nabla_f f)g + f(\nabla_g g)$

(2)　$\boldsymbol{\nabla}\cdot(f\boldsymbol{A}) = (\nabla_f f)\cdot\boldsymbol{A} + f(\nabla_A\cdot\boldsymbol{A})$

(3)　$\boldsymbol{\nabla}\times(f\boldsymbol{A}) = (\nabla_f f)\times\boldsymbol{A} + f(\nabla_A\times\boldsymbol{A})$

(4)　$\boldsymbol{\nabla}\cdot(\boldsymbol{A}\times\boldsymbol{B}) = (\nabla_A\times\boldsymbol{A})\cdot\boldsymbol{B} - \boldsymbol{A}\cdot(\nabla_B\times\boldsymbol{B})$

(5)　$\boldsymbol{\nabla}\times(\boldsymbol{A}\times\boldsymbol{B}) = \boldsymbol{A}(\nabla_B\cdot\boldsymbol{B}) - \boldsymbol{B}(\nabla_A\cdot\boldsymbol{A}) + (\boldsymbol{B}\cdot\nabla_A)\boldsymbol{A} - (\boldsymbol{A}\cdot\nabla_B)\boldsymbol{B}$

注意　$\boldsymbol{\nabla}$ はその右にあるすべての関数にかかる微分演算子であるが，関数の積の微分の公式により，各関数の微分の和で表すことができる．上式でたとえば ∇_f は，関数 f にのみかかる微分演算子を意味する．このように微分演算子がかかる相手を一つに限定してしまえば，普通のベクトルの公式を $\boldsymbol{\nabla}$ にも適用することができる．

12.5♣♣ 電荷 q が一直線上を速度 $\boldsymbol{v}$ で等速運動するとき，これがつくる電場，磁場を求めよう．時刻 $t=0$ に q が原点 O を通過するとして，この瞬間の電場 $\boldsymbol{E}(\boldsymbol{r})$, 磁場 $\boldsymbol{B}(\boldsymbol{r})$ を考える．以下で，場の時間微分は $\dot{\boldsymbol{E}}(\boldsymbol{r})$, $\dot{\boldsymbol{B}}(\boldsymbol{r})$ で表す．すなわち

$$\dot{\boldsymbol{E}}(\boldsymbol{r}) \equiv \left.\frac{\partial \boldsymbol{E}}{\partial t}\right|_{t=0}$$

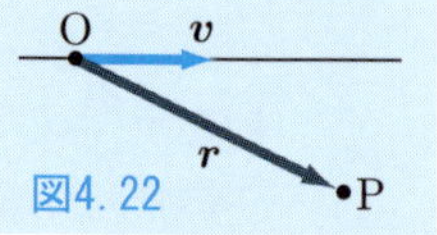

図4.22

(1)　マクスウェルの方程式

(a)　$\boldsymbol{\nabla}\cdot\boldsymbol{E}(\boldsymbol{r}) = \rho(\boldsymbol{r})/\varepsilon_0, \quad \boldsymbol{\nabla}\times\boldsymbol{E}(\boldsymbol{r}) = -\dot{\boldsymbol{B}}(\boldsymbol{r})$

(b)　$\boldsymbol{\nabla}\cdot\boldsymbol{B}(\boldsymbol{r}) = 0, \quad \boldsymbol{\nabla}\times\boldsymbol{B}(\boldsymbol{r}) = \mu_0\boldsymbol{j}(\boldsymbol{r}) + \dot{\boldsymbol{E}}(\boldsymbol{r})/c^2$

を逐次近似で解いてみる．ここで電荷は原点にある点電荷 q であるから，電荷密度はデルタ関数を用いれば $\rho(\boldsymbol{r}) = q\delta^3(\boldsymbol{r})$ と表される．同様に電流密度も原点にのみ存在し，$\boldsymbol{j}(\boldsymbol{r}) = \rho(\boldsymbol{r})\boldsymbol{v} = q\boldsymbol{v}\delta^3(\boldsymbol{r})$ と表される（デルタ関数については，序章の説明を参照されたい）．

まず (a) の右辺に $\rho(\boldsymbol{r})$ のみを残したときの解を $\boldsymbol{E}^{(0)}(\boldsymbol{r})$ で表す．すなわち

$$\boldsymbol{\nabla}\cdot\boldsymbol{E}^{(0)}(\boldsymbol{r}) = \delta^3(\boldsymbol{r})q/\varepsilon_0, \quad \boldsymbol{\nabla}\times\boldsymbol{E}^{(0)}(\boldsymbol{r}) = 0$$

この解は，もちろん，原点の q がつくる瞬間的クーロン場

$$\boldsymbol{E}^{(0)}(\boldsymbol{r}) = \frac{q}{4\pi\varepsilon_0}\frac{\widehat{\boldsymbol{r}}}{r^2}$$

である．次にこの $\boldsymbol{E}^{(0)}$ を (b) の右辺に代入したときの解を $\boldsymbol{B}^{(1)}(\boldsymbol{r})$ で表す．すなわち

$$\boldsymbol{\nabla}\cdot\boldsymbol{B}^{(1)}(\boldsymbol{r}) = 0, \quad \boldsymbol{\nabla}\times\boldsymbol{B}^{(1)}(\boldsymbol{r}) = \mu_0 q\boldsymbol{v}\delta^3(\boldsymbol{r}) + \dot{\boldsymbol{E}}^{(0)}(\boldsymbol{r})/c^2$$

この解が，瞬間的ビオ-サバール場

$$\boldsymbol{B}^{(1)}(\boldsymbol{r}) = \frac{\mu_0}{4\pi}\frac{q\boldsymbol{v}\times\widehat{\boldsymbol{r}}}{r^2} = \frac{q}{4\pi\varepsilon_0}\frac{\boldsymbol{v}\times\widehat{\boldsymbol{r}}}{c^2r^2} = \frac{1}{c^2}\boldsymbol{v}\times\boldsymbol{E}^{(0)}(\boldsymbol{r})$$

であることを，例題 12 にならって確かめよ．

(2)　$\boldsymbol{B}^{(1)}$ を (a) の右辺に代入したときの解を $\boldsymbol{E}(\boldsymbol{r}) = \boldsymbol{E}^{(0)}(\boldsymbol{r}) + \boldsymbol{E}^{(2)}(\boldsymbol{r})$ とおく．さらにこの $\boldsymbol{E}$ を (b) の右辺に代入したときの解を $\boldsymbol{B}(\boldsymbol{r}) = \boldsymbol{B}^{(1)}(\boldsymbol{r}) + \boldsymbol{B}^{(3)}(\boldsymbol{r})$ とおく．このようにして逐次的に求めた解を

$$\begin{aligned}\boldsymbol{E}(\boldsymbol{r}) &= \boldsymbol{E}^{(0)}(\boldsymbol{r}) + \boldsymbol{E}^{(2)}(\boldsymbol{r}) + \boldsymbol{E}^{(4)}(\boldsymbol{r}) + \cdots\\ \boldsymbol{B}(\boldsymbol{r}) &= \boldsymbol{B}^{(1)}(\boldsymbol{r}) + \boldsymbol{B}^{(3)}(\boldsymbol{r}) + \boldsymbol{B}^{(5)}(\boldsymbol{r}) + \cdots\end{aligned}$$

と表すとき，$\boldsymbol{E}^{(n)}(\boldsymbol{r}), \boldsymbol{B}^{(n)}(\boldsymbol{r})$ がみたす式を書き表せ．

(3)　$\boldsymbol{E}^{(2)}(\boldsymbol{r})$ および $\boldsymbol{B}^{(3)}(\boldsymbol{r})$ を求めよ．

(4)　場の時間微分は，一般に

$$\begin{aligned}\dot{\boldsymbol{E}}(\boldsymbol{r}) &= -(\boldsymbol{v}\cdot\boldsymbol{\nabla})\boldsymbol{E}(\boldsymbol{r})\\ \dot{\boldsymbol{B}}(\boldsymbol{r}) &= -(\boldsymbol{v}\cdot\boldsymbol{\nabla})\boldsymbol{B}(\boldsymbol{r})\end{aligned}$$

で与えられることを示せ．これを用いて，$\boldsymbol{E}^{(n)}$, $\boldsymbol{B}^{(n)}$ は v^n に比例することを示せ（すなわち上の $\boldsymbol{E}, \boldsymbol{B}$ の逐次近似の形は，v についてのべき級数展開になっている）．また，r については，どの項も r^{-2} に比例することを示せ．

ヒント　電荷の運動に伴い，電場，磁場も，そのままの形で速度 $\boldsymbol{v}$ で動いていくはずである．

(5)　上の逐次近似を続行し，級数の和をとれば，$\boldsymbol{E}, \boldsymbol{B}$ が求まるが，ここでは，結果をまとまった形で一度に求めることを試みよう．上で得られた結果を見れば，$\boldsymbol{E}, \boldsymbol{B}$ が次の形をもつことが推察できる．

$$\boldsymbol{E}(\boldsymbol{r}) = \frac{q}{4\pi\varepsilon_0}\frac{\widehat{\boldsymbol{r}}}{r^2}f(s), \quad \boldsymbol{B}(\boldsymbol{r}) = \frac{1}{c^2}\boldsymbol{v}\times\boldsymbol{E}(\boldsymbol{r}), \quad s \equiv \frac{(\boldsymbol{v}\cdot\widehat{\boldsymbol{r}})^2}{c^2}$$

$f(s)$ は変数 s の未知関数である．実際，この形により，(b) は自動的にみたされることを確かめよ．

(6)　上の形を (a) に代入して $f(s)$ がみたす微分方程式をつくり，これを解いて $\boldsymbol{E}(\boldsymbol{r}), \boldsymbol{B}(\boldsymbol{r})$ を求めよ．得られた電場，磁場は，どのような定性的な形をもっているか．

4.4　時間変化する電流の回路

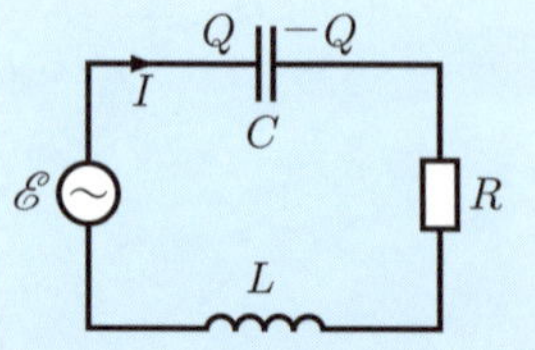

図4. 23

• 回路の素子 •　電流回路を構成する要素の中で基本的なものは，抵抗 R，コンデンサー（容量 C），コイル（インダクタンス L）である．コンデンサーの両極板に帯電している電気量を図のように $\pm Q(t)$ とすれば，回路を流れる電流 $I(t)$ との間には $I = dQ/dt$ の関係がある．電流 $I(t)$ が C, R を流れるときの電位降下は，それぞれ，$Q/C, RI$ である．回路を一周するときの電位降下の和は，さまざまな起電力（たとえば電源の起電力やコイルでの誘導起電力 $-LdI/dt$）の和に等しい．たとえば図 4.23 の回路では

$$L\frac{dI}{dt} + RI + \frac{Q}{C} = \mathscr{E}(t) \tag{1}$$

• 交流回路 •　起電力が角振動数 ω で正弦振動する交流起電力 $\mathscr{E}(t) = \mathscr{E}_0 \cos\omega t$ の場合には，電流は一般に $I(t) = I_0 \cos(\omega t + \delta)$ の形をもつ．直流の場合と異なり，位相差 δ のため $I(t)$ は $\mathscr{E}(t)$ に比例しない．その不便を避けるには，仮想的な複素数の起電力

$$\mathscr{E}(t) = \mathscr{E}_0 \cos\omega t + i\mathscr{E}_0 \sin\omega t = \mathscr{E}_0 e^{i\omega t} \tag{2}$$

を考えるのが都合よい．ここで $i = \sqrt{-1}$ である．それに伴い，電流の方も線形性から

$$I(t) = I_0 \cos(\omega t + \delta) + iI_0 \sin(\omega t + \delta) = I_0 e^{i\delta} e^{i\omega t} \equiv I e^{i\omega t} \tag{3}$$

となり，望み通り $I(t)$ は $\mathscr{E}(t)$ に比例する．その代わり電流の振幅 $I = I_0 e^{i\delta}$ は複素数となる．すなわち，I_0 および位相差 δ の二つの情報が，一つの振幅 I に含まれている．この比例関係を $\mathscr{E}(t) = ZI(t)$ あるいは $\mathscr{E}_0 = ZI$ とかいて Z を**インピーダンス**とよぶ．インピーダンスは直流回路の抵抗に当たる概念で，たとえば図 4.23 の回路では直列接続なので

$$Z = i\omega L + R + \frac{1}{i\omega C} \tag{4}$$

となり，この z を使うと式 (1) は $ZI = \mathscr{E}$ となる（L に $i\omega$ がつくのは $dI/dt = i\omega I$ だから，また分母 C に $i\omega$ がつくのは，$Q(t) = Qe^{i\omega t}$ としたとき $Q = I/i\omega$ だからである）．すなわちコイルは $i\omega L$，抵抗は R，コンデンサーは $1/i\omega C$ の寄与をインピーダンスに与える．実際の起電力および電流は，$\mathscr{E}(t), I(t)$ の実数部分をとれば得られる．

例題 13 — ***CR* 回路 (1)**

容量 C のコンデンサーと抵抗 R を一定起電力 $\mathscr{E}$ の電源に直列につなぐ．時刻 $t=0$ に回路のスイッチを入れたとして，以後の電流の時間変化を求めよ．

解答 時刻 t に回路を流れる電流を $I(t)$，コンデンサーに帯電している電荷を $\pm Q(t)$ とすれば，オームの法則は

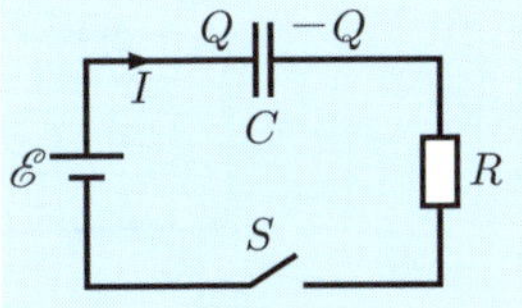

図4. 24

$$RI+\frac{1}{C}Q=\mathscr{E}$$

これから，$I=dQ/dt$ を用いて I あるいは Q を消去すれば，$Q(t)$ あるいは $I(t)$ に対する微分方程式

$$\frac{dQ}{dt}+\frac{1}{CR}Q=\frac{\mathscr{E}}{R},\quad \frac{dI}{dt}+\frac{1}{CR}I=0$$

が得られる．どちらを解いてもよいが，第二の式は特に簡単でその一般解は

$$I(t)=Ae^{-t/\tau},\quad \tau\equiv CR,\quad A=\text{任意定数}$$

である．スイッチを入れた直後はコンデンサーは帯電していないので，電源電圧 $\mathscr{E}$ は全部 R にかかり，したがって電流 $I(0)=\mathscr{E}/R$ が流れる．この初期条件から A が決まり，

$$I(t)=\frac{\mathscr{E}}{R}e^{-t/\tau}$$

が求める解になる．$Q(t)$ はこれを積分して

$$Q(t)=\int_0^t I(t')dt'=C\mathscr{E}\left(1-e^{-t/\tau}\right)$$

と得られる．すなわち十分時間がたってコンデンサーに電荷 $Q=C\mathscr{E}$ が充電されれば，電流は流れなくなる．$\tau\equiv CR$ は，電流がはじめの値の $e^{-1}\fallingdotseq 0.368$ に減衰するまでの時間を表し，**時定数**とよばれる．たとえば $C=0.01\,\mu\mathrm{F}$, $R=10\,\mathrm{k\Omega}$ ならば，$\tau=CR=0.1\,\mathrm{m\,sec}$（ミリ秒）である．

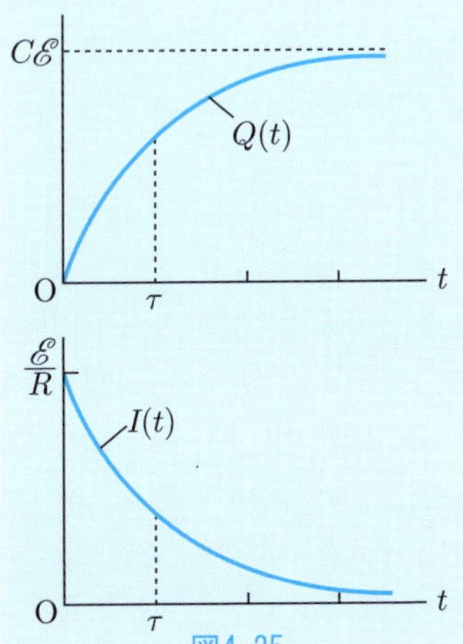

図4. 25

問　題

13.1 上の例題におけるエネルギーの収支はどうなっているか．

13.2 インダクタンス L のコイルと抵抗 R を一定起電力 $\mathscr{E}$ の電源に直列につなぐ．この回路について，上の例題と同じことを調べよ．

例題 14 **CR 回路 (2)**

図 4.26 (イ), (ロ) の回路の入力側に，図 4.26 (ハ) のような階段状の電圧 $V_{\rm in}(t)$ をかける．出力電圧 $V_1(t)$, $V_2(t)$ を求めよ．

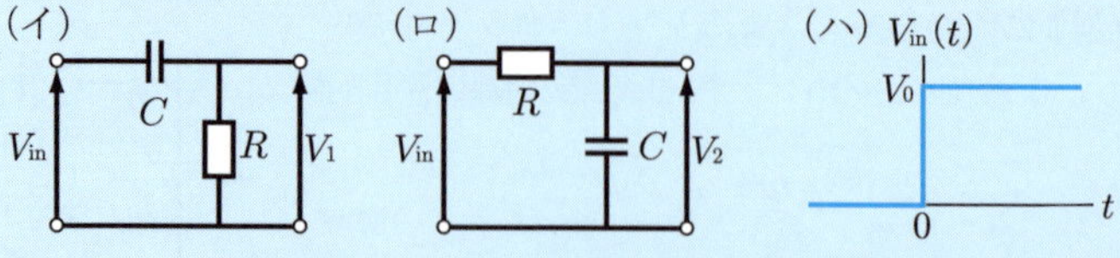

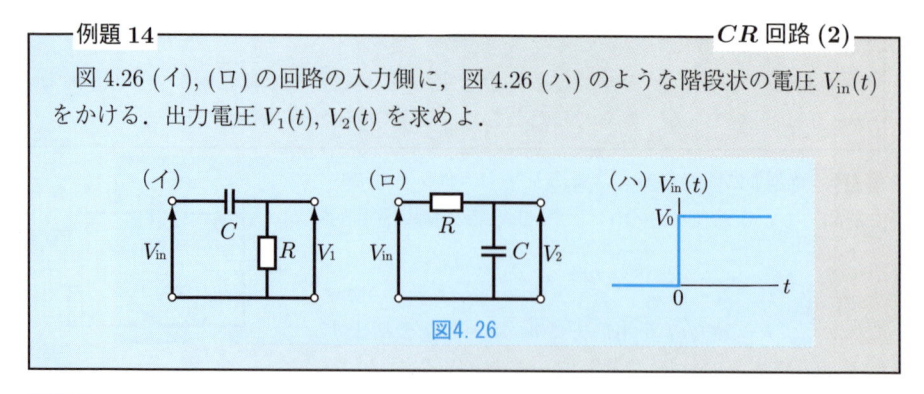

図4.26

ヒント (イ), (ロ) 共に，例題 13 の回路にほかならないことに注意．

解答 $t = 0$ に入力電圧を加えた直後は，コンデンサーに電荷が帯電していないから，極板間の電位差は $V_2(0) = 0$ で入力電圧は全部 R にかかり，電流 $I(0) = V_0/R$ が流れる．この電流によりコンデンサーは充電され，$V_2(t)$ は増加し，$V_1(t), I(t)$ は減少する．すなわち $t \geqq 0$ における出力電圧の時間変化は，例題 13 の結果から $V_1(t) = I(t)R$, $V_2(t) = Q(t)/C$ により，

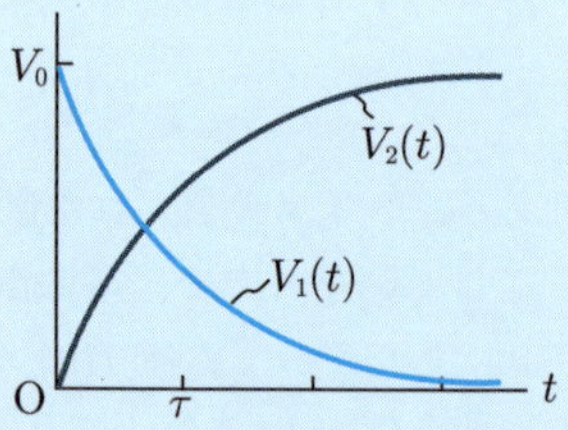

図4.27

$$V_1(t) = V_0 e^{-t/\tau}, \quad V_2(t) = V_0(1 - e^{-t/\tau})$$

もちろん $V_1(t) + V_2(t) = V_0$ が成り立っている．ここで $\tau \equiv CR$ は例題 13 で説明した時定数である．(イ), (ロ) の出力が，入力をそれぞれ微分，積分したものに近似的になっているため，(イ) は**微分回路**，(ロ) は**積分回路**とよばれる（問題 14.2 参照）．

問 題

14.1 上の例題で，$C = 0.01\,\mu$F, $R = 10\,$kΩ とする．微分回路 (イ) の入力側に，高さ 10 V，幅 0.2 m sec の矩形状のパルス電圧を加えるとき（図 4.28），出力電圧の形を求めよ．

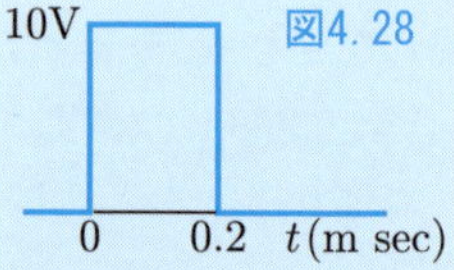

図4.28

14.2♣ 上の例題の回路 (イ) および (ロ) の入力側に，図 4.29 のようなパルス幅 T の周期的な矩形波の電圧を加える．このときの出力電圧の形を，パルス幅 T と時定数 $\tau = CR$ の比が $T : \tau = 5 : 1$ および $T : \tau = 1 : 5$ の二つの場合について求め，結果を図示せよ（時間が経過して周期関数になった状況を考えればよい）．

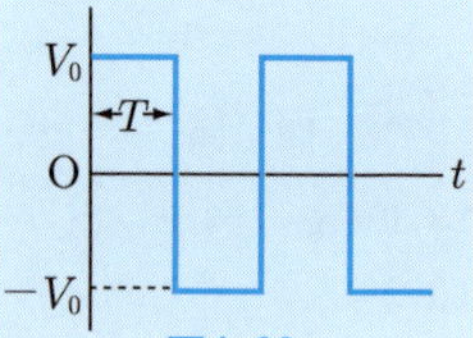

図4.29

例題 15 **整流回路**

図 4.30 (イ) において，記号 —▷|— は，電流が → 方向に流れるときには抵抗がゼロ，反対方向に流れようとするときには抵抗が無限大になる，理想的なダイオードを表すものとする．入力電圧 V_{in} として，図 4.30 (ロ) のようなパルス幅 T の周期的な矩形波を加えるときの，AA′ 間の電圧の時間変化を求めよ．

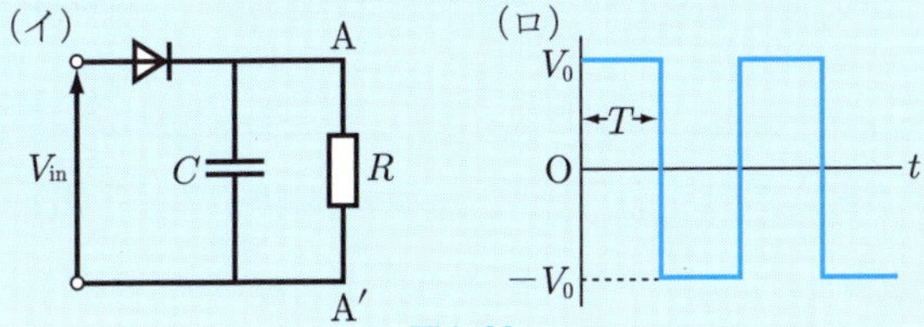

図4. 30

解答 時間 $0 < t < T$ では，入力電圧がそのまま AA′ に現れる．その間コンデンサー C には電荷 $Q_0 = CV_0$ が充電され，抵抗 R には電流 $I_0 = V_0/R$ が流れる．次に $T < t < 2T$ では，ダイオードは電流を通さないので，回路は単なる CR 回路で，コンデンサーの電荷が R を通して放電される．すなわち $Q(t) = Q_0 e^{-(t-T)/\tau}$．ここで $\tau = CR$ は時定数である．したがって AA′ 間の電圧 $V(t)$ は，

$$V(t) = \frac{1}{C}Q(t) = \begin{cases} V_0 & (0 < t \leqq T) \\ V_0 e^{-(t-T)/\tau} & (T \leqq t < 2T) \end{cases}$$

$t > 2T$ では上の変化をくり返す．

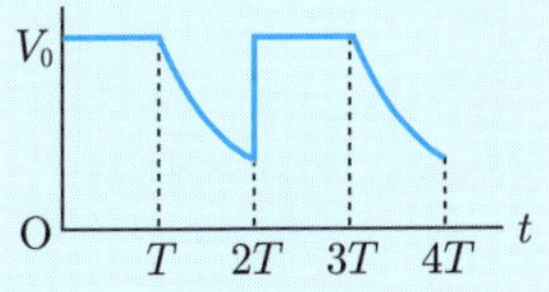

図4. 31

問　題

15.1♣ 図 4.32 (イ) は倍電圧整流回路とよばれる回路である．入力電圧 V_{in} として図 4.32 (ロ) のような周期的な矩形波を加えるとして，(1) AA′ を開放にした場合，(2) AA′ 間に抵抗 R をつないだ場合，の AA′ 間の電圧 $V(t)$ を求めよ（右側のコンデンサーに最初からある電荷が存在するとして考え，周期的に変化する条件を求める）．

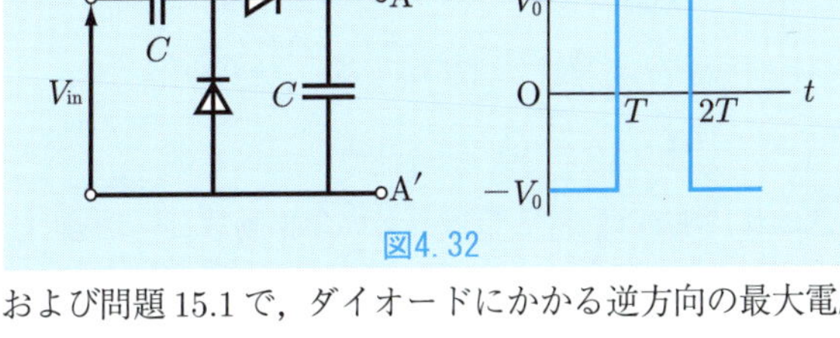

図4. 32

15.2♣ 例題 15 および問題 15.1 で，ダイオードにかかる逆方向の最大電圧はどれだけか．

例題 16　　**共振回路**

(1)　図 4.33 の LRC 直列共振回路で，$\mathscr{E}=0$ の場合をまず考える．コンデンサーに電圧 $\pm Q_0$ が帯電した状態で，$t=0$ にスイッチを入れる．回路に流れる電流 $I(t)$ を求めよ．

(2)　起電力 $\mathscr{E}(t)=\mathscr{E}_0\cos\omega t$ を加えたときの振動電流を求めよ．

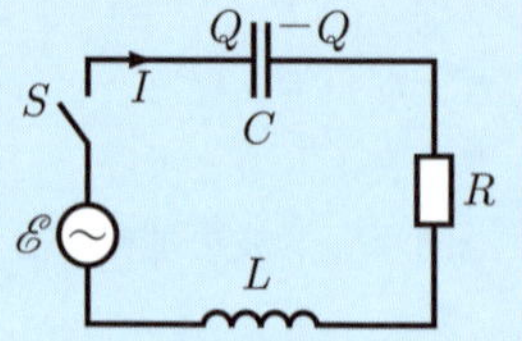

図4. 33

ヒント　(1) は減衰振動である．(2) は起電力による強制振動の部分だけを求めればよい．

解答　(1)　起電力を加えないときの回路の式は，96 ページの式 (1) の右辺を $\mathscr{E}=0$ とおいたものである．これに $I=dQ/dt$ を代入すれば，$Q(t)$ に対する次の二階の線形微分方程式が得られる．

$$L\frac{d^2Q}{dt^2}+R\frac{dQ}{dt}+\frac{1}{C}Q=0$$

$R=0$ のときは，この式の解は固有角振動数 $\omega_0\equiv 1/\sqrt{LC}$ の調和振動 $Q(t)=A_0\cos(\omega_0 t+\delta)$ である．実際には抵抗 R のため，これが減衰振動になる．すなわち，解の形を $Q(t)=Ae^{pt}$ と仮定して上の方程式に代入すれば，p のみたすべき式

$$Lp^2+Rp+\frac{1}{C}=0$$

が得られ，これを解いて

$$p=-\frac{R}{2L}\pm i\sqrt{\frac{1}{LC}-\frac{R^2}{4L^2}}\equiv-\gamma\pm i\omega_1$$

ここで $\gamma\equiv R/2L$，$\omega_1\equiv\sqrt{\omega_0^2-\gamma^2}$ とおいた（以下，$\omega_0>\gamma$ とする）．したがって一般解は

$$Q(t)=e^{-\gamma t}(A_+e^{i\omega_1 t}+A_-e^{-i\omega_1 t})$$

で，初期条件 $Q(0)=Q_0$, $I(0)=0$ から任意定数が $A_\pm=\dfrac{Q_0}{2}\left(1\pm\dfrac{\gamma}{i\omega_1}\right)$ と決まるので，求める解は

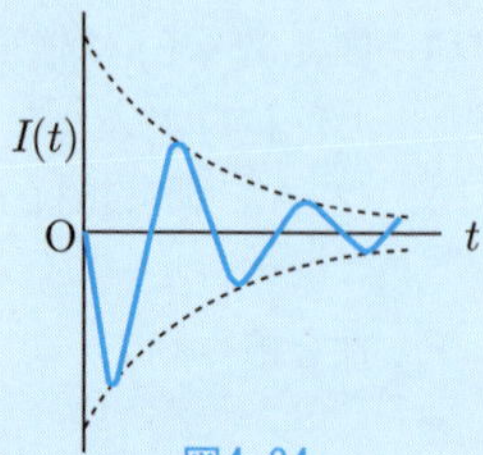

図4. 34

$$Q(t)=Q_0e^{-\gamma t}\left(\cos\omega_1 t+\frac{\gamma}{\omega_1}\sin\omega_1 t\right)$$

$$I(t)=-\frac{\omega_0^2}{\omega_1}Q_0e^{-\gamma t}\sin\omega_1 t$$

である．R が小さければ $I(t)$ は ω_0 とほぼ等しい角振動数 ω_1 で振動するが，その振幅は**寿命**（e^{-1} になるまでの時間）$1/\gamma$ で減衰する．

(2) 起電力 $\mathscr{E}(t)=\mathscr{E}_0\cos\omega t$ を加えた場合の回路の式

$$L\frac{dI}{dt}+RI+\frac{1}{C}Q=\mathscr{E}(t)$$

は，非斉次の線形微分方程式である．この方程式の一般解は斉次方程式の一般解と非斉次方程式の特解の和として得られるが，前者は (1) で求めた減衰振動にほかならない．したがってどんな初期条件から出発してもある時間たてば減衰してしまうので，過渡現象を扱う場合以外は，減衰しない特解だけを求めれば十分である．これは機械的な振動の類推でいえば，外力 $\mathscr{E}_0\cos\omega t$ による強制振動の解を求めることに当る．

そこでまず，複素的な起電力 $\mathscr{E}(t)=\mathscr{E}_0 e^{i\omega t}$ に対する特解を求める．$I(t)=Ie^{i\omega t}$, $Q(t)=I(t)/i\omega$ の形の解があると仮定して上式に代入すれば，振幅 I はただちに

$$I=\frac{\mathscr{E}_0}{Z},\quad Z=i\omega L+R+\frac{1}{i\omega C}$$

と得られる．Z はこの回路の（$\mathscr{E}$ から見た）インピーダンスである．Z をその絶対値 $|Z|$ と偏角 φ で

$$Z=|Z|e^{i\varphi},\quad |Z|^2=R^2+\left(\omega L-\frac{1}{\omega C}\right)^2,\quad \tan\varphi=\frac{1}{R}\left(\omega L-\frac{1}{\omega C}\right)$$

と書けば，上の解は

$$I(t)=|I|e^{i(\omega t-\varphi)},$$

$$|I|^2=\frac{\mathscr{E}_0^2}{|Z|^2}=\frac{4\gamma^2\omega^2}{(\omega^2-\omega_0^2)^2+4\gamma^2\omega^2}\frac{\mathscr{E}_0^2}{R^2}$$

と表される．起電力が $\mathscr{E}(t)=\mathscr{E}_0\cos\omega t$ の場合は，電流も上の $I(t)$ の実数部分，すなわち

$$I(t)=|I|\cos(\omega t-\varphi)$$

となる．これが求める解である．

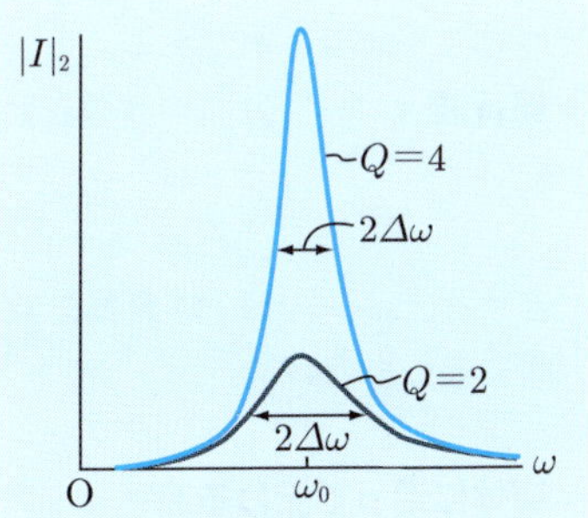

図4. 35

起電力の角振動数 ω を変えると，$|I|^2$ は右図のような**共振**現象を示す．γ（すなわち R）が十分に小さければ，$|I|^2$ は $\omega=\omega_0$ で鋭い最大をもち，そこでは $|I|=\mathscr{E}_0/R$ となる．$|I|^2$ の値が最大値の半分になる角振動数を $\omega\approx\omega_0\pm\Delta\omega$ とおけば，$\Delta\omega\approx\gamma$ である．$2\Delta\omega=2\gamma$ を共振曲線の**半値幅**とよぶ．(1) の自由振動の場合には，ω_0 は固有角振動数，γ^{-1} は寿命であったが，強制振動の場合には，同じ量が共振角振動数および半値幅として現れる．

問 題

16.1 上の例題の (2) の場合について，エネルギーの収支を調べよ．

16.2 $Q=\omega_0/2\Delta\omega$ は共振の鋭さを表す量で，これを回路の ***Q* 値**とよぶ．Q は，振動回路のエネルギーと $\mathscr{E}(t)$ が一周期の間にする仕事の比に比例することを示せ．

4.5 電　磁　波

• 自由空間を伝わる電磁波 • 　真空中の電磁場 $\boldsymbol{E}(\boldsymbol{r},t)$, $\boldsymbol{B}(\boldsymbol{r},t)$ がみたすマクスウェルの方程式は

$$\begin{aligned} \nabla\cdot\boldsymbol{E}=0, \quad \nabla\times\boldsymbol{E}=-\frac{\partial\boldsymbol{B}}{\partial t} \\ \nabla\cdot\boldsymbol{B}=0, \quad \nabla\times\boldsymbol{B}=\mu_0\varepsilon_0\frac{\partial\boldsymbol{E}}{\partial t} \end{aligned} \tag{1}$$

となる．電荷，電流が分布していない自由空間においても，時間変化する電磁場は速度 $c=1/\sqrt{\varepsilon_0\mu_0}$ の波として伝わる（例題 18 参照）．自由空間中の電磁波では，$\boldsymbol{E}(\boldsymbol{r},t)$, $\boldsymbol{B}(\boldsymbol{r},t)$ および波面の進む方向 $\widehat{\boldsymbol{k}}$ はたがいに垂直で，$\boldsymbol{E}$, $\boldsymbol{B}$, $\boldsymbol{k}$ の順で右手系をつくる（$\boldsymbol{E}\times\boldsymbol{B}$ が $\boldsymbol{k}$ の方向ということ）．すなわち自由空間の電磁波は横波である．$\boldsymbol{E}$, $\boldsymbol{B}$ の大きさの間には $E(\boldsymbol{r},\,t)=cB(\boldsymbol{r},\,t)$ の関係がある．

• 波動方程式 • 　マクスウェルの方程式 (1) から，$\boldsymbol{E}$ または $\boldsymbol{B}$ だけを含む式

$$\nabla^2\boldsymbol{E}-\frac{1}{c^2}\frac{\partial^2\boldsymbol{E}}{\partial t^2}=0, \quad \nabla^2\boldsymbol{B}-\frac{1}{c^2}\frac{\partial^2\boldsymbol{B}}{\partial t^2}=0 \tag{2}$$

が得られる．これは速度 c の波動方程式で，この式からも $\boldsymbol{E}(\boldsymbol{r},t)$, $\boldsymbol{B}(\boldsymbol{r},t)$ が波として伝わることは明らかである．

• 進行波 • 　$+z$ 方向に進む正弦関数で表される波は

$$\sin(\omega t-kz)=\sin\left[\omega\left(t-\frac{z}{c}\right)\right]$$

と書ける．$\omega\ (=2\pi v)$ は**角振動数**，$k\ (=2\pi/\lambda)$ は**波数**で，$c=\omega/k$ である．一般に $\boldsymbol{k}$ 方向に進む場合は

$$\sin(\omega t-\boldsymbol{k}\cdot\boldsymbol{r})$$

• 導体に沿って伝わる波 • 　二つの平行な導体（**同軸ケーブル**，**レッヘル線**等）を往復の線路として時間変化する電流が流れるとき，この電流は速度 c の波として導体中を進む．それに伴い，導体の周囲の空間を，電磁波が導体に沿って伝わる．この電磁波は，自由空間中の電磁波と同じ性質をもつ．

• 電磁波のエネルギー • 　電磁波の存在する空間には，単位体積当り

$$u=\frac{\varepsilon_0}{2}\boldsymbol{E}^2+\frac{1}{2\mu_0}\boldsymbol{B}^2 \tag{3}$$

の密度でエネルギーが分布し，これが波と共に進む．単位面積を単位時間に通るエネルギーの流れは，**ポインティング・ベクトル**

$$\boldsymbol{S}=\frac{1}{\mu_0}\boldsymbol{E}\times\boldsymbol{B} \tag{4}$$

で表される．

例題 17 **交流電流の伝わり方**

方程式 $x=0$ および $x=a$ で表される二枚の平行な導体平面がある．この二平面を，z 方向に流れる振動電流（角振動数 ω）の往復の線路に用いるとき，電流がいかなる形で z 方向に進むかを調べよう．y 方向の単位長さの幅を z 方向に流れる電流を $J(z,t)$ で表す．導体平面は無限に広く，電流密度 J は y にはよらないとする．以下では，電流分布およびそれに伴う電場，磁場の形を仮定し，それがマクスウェルの方程式をみたすかどうかを見ることにしよう．

(1) 平面 $x=0$ および $x=a$ の上の電流密度 $J(z,t)$ が，それぞれ $J(z,t)=J_0\cos(\omega t-kz)$ および $J(z,t)=-J_0\cos(\omega t-kz)$ の形をもつと仮定する．すなわち電流が正弦波として z 方向へ進むと仮定するわけである．このとき平面上に現れる電荷密度 $\sigma(z,t)$ を求めよ．

(2) 電場と磁場はどちらも二平面の間にだけ存在し，電場は x 成分のみ，磁場は y 成分のみをもつと仮定する．σ と電場，J と磁場との関係から，電場，磁場の分布を求めよ．導体の電気抵抗は無視できるものとする．

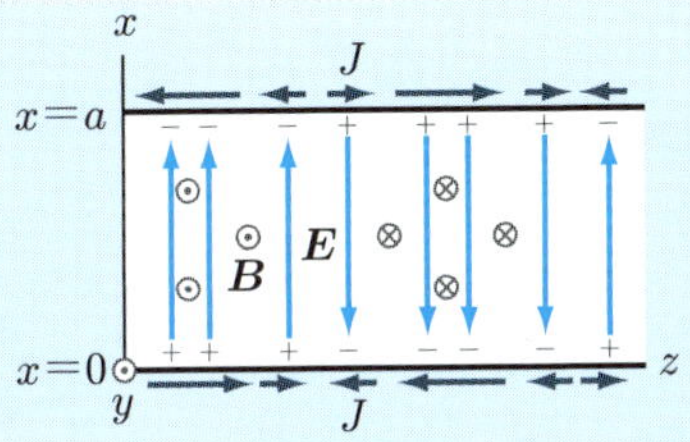

図4. 36

(3) 上で求めた電場と磁場の形が電磁誘導の法則をみたし，したがってここで仮定した電流，電場，磁場の分布が実際に実現されるためには，波の速度が光速 $c=1/\sqrt{\varepsilon_0\mu_0}$ に等しくなければならないことを示せ．

解答 (1) 電荷が保存している（総量が変化しない）ことから

$$\frac{\partial\sigma(z,t)}{\partial t}+\frac{\partial J(z,t)}{\partial z}=0$$

となる．この式を直接導くには，導体平面上に図 4.37 のような微小な長方形をとり，そこから単位時間に流れ出す電荷は

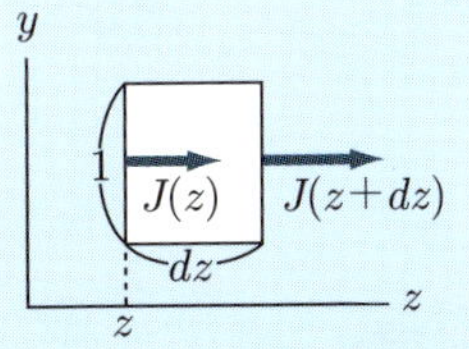

図4. 37

$$J(z+dz)-J(z)=\frac{\partial J}{\partial z}dz$$

で，これが長方形内の電荷 $\sigma(z,t)dz$ の減少率に等しいことに注意すればよい（注：電流が一般の方向に流れているときは，$\partial\rho/\partial t+\boldsymbol{\nabla}\cdot\boldsymbol{j}=0$ となる．連続方程式という）．

この問題で仮定した $J(z,t)$ の形を代入すれば，平面 $x=0$ の上では

$$\frac{\partial\sigma}{\partial t}=-kJ_0\sin(\omega t-kz)$$

これから

$$\sigma(z,t) = \frac{k}{\omega} J_0 \cos(\omega t - kz) + f(z)$$

を得る．$f(z)$ は z の任意関数であるが，下の結果から $f(z)=0$ がわかるので，今は考えないことにする．平面 $x=a$ の上の電荷分布は，符号だけ反対になる．

(2)　$\boldsymbol{E}$ が x 成分しかもたなければ，E_x は x にはよらない（二平面の間の空間に $\boldsymbol{E}$ のわき出しがないからである．3.3 節例題 12 参照）．もちろん，対称性から，E_x は y にもよらない．$E_x(z,t)$ は導体平面上の電荷 $\sigma(z,t)$ によるものであるから，$E_x(z,t) = \sigma(z,t)/\varepsilon_0$，すなわち

$$E_x(z,t) = E_0 \cos(\omega t - kz), \quad E_0 = \frac{kJ_0}{\omega\varepsilon_0}$$

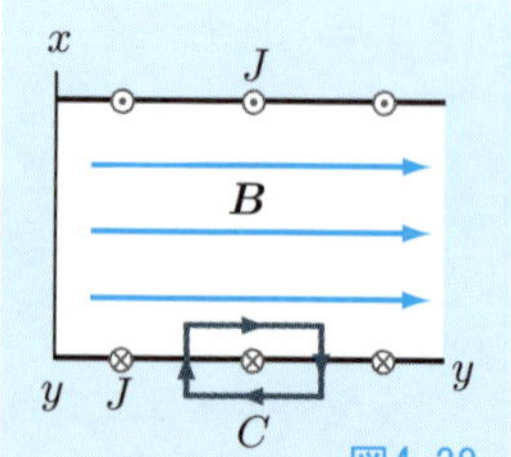

図4. 38

となる．磁場 B_y が x, y によらないことも容易にわかる．$B_y(z,t)$ は導体平面の所で不連続になるが，この不連続はもちろん平面を流れる電流によって生じる．アンペールの法則を用いれば $B_y(z,t) = \mu_0 J(z,t)$，すなわち

$$B_y(z,t) = B_0 \cos(\omega t - kz), \quad B_0 = \mu_0 J_0$$

が得られる（$\boldsymbol{E}$ による変位電流は x 方向を向くので，今問題にしている不連続には寄与しないことに注意せよ）．

(3)　ここまでの段階でまだ調べてないのは，電磁誘導の法則すなわち

$$\frac{\partial E_x}{\partial z} = -\frac{\partial B_y}{\partial t}$$

である．これは法則 $\nabla \times \boldsymbol{E} = -\partial \boldsymbol{B}/\partial t$ の y 成分である（他の成分は自明）．(2) で求めた E_x と B_y の形を代入すれば

$$kE_0 \sin(\omega t - kz) = \omega B_0 \sin(\omega t - kz)$$

で，E_0 と B_0 の表式を入れれば，この式が成り立つための条件は

$$\left(\frac{k}{\omega}\right)^2 = \varepsilon_0\mu_0 \equiv \frac{1}{c^2}$$

であることがわかる．すなわち $\omega = ck$ でなければならず，これは波の速度が光速 c であることを示している．

念のため変位電流の効果を調べよう．導体平面にはさまれた空間中での変位電流の法則は，$\nabla \times \boldsymbol{B} = \varepsilon_0\mu_0 \partial \boldsymbol{E}/\partial t$ の x 成分より

$$-\frac{\partial B_y}{\partial z} = \mu_0 \varepsilon_0 \frac{\partial E_x}{\partial t}$$

である（他の成分は自明）．(2) で求めた E_x と B_y を代入すると，この式が自動的にみたされていることがわかる．

まとめると，二枚の導体平面からなる線路を振動電流が流れるときには，光速 c の波

$$J(z,t) = J_0 \cos\left[\omega\left(t - \frac{z}{c}\right)\right]$$

の形で進む．それに伴い導体間の空間には，電場と磁場がやはり光速 c の波（電磁波）として伝わる．$\boldsymbol{E}$ と $\boldsymbol{B}$ は波の進む方向と直交し（横波），振幅の間には $E_0 = cB_0$ なる関係がある．これらの性質は，自由空間を伝わる電磁波の性質と共通である．

注意1　上では，仮定した電流，電荷分布と電場，磁場の形が，マクスウェルの方程式をみたすことを見た．そこで，もし電荷密度に (2) でふれた $f(z)$ という付加項があれば，それはそれだけで静電場をつくるはずである．ところが導体の静電場の議論から明らかなように，$f(z)$ は z によることはできない．したがって，導体平面中の全電荷がゼロであれば，$f = 0$ となる．

注意2　この例題のように時間変化する磁場が存在する場合には，電位の概念は使えない．“導体平面中には電場がないので平面全体が等電位だ” などと考えると矛盾におちいる．

問　題

17.1　例題 17 の電磁場がもつエネルギーとその流れについて論じよ．

ヒント　102 ページの式 (3) と式 (4) を使う．

17.2♣ 半径 a および b $(a < b)$ の二つの共軸な円筒面（同軸ケーブル）を，角振動数 ω の振動電流を軸方向に流す線路として用いる場合について，電磁波が電流の流れにどのように付随するか，例題 17 と同様に，次の手順で調べよ．

(1)　円筒の軸を z 方向とし，内外の円筒を流れる電流を

$$\pm I(z,t) = \pm I_0 \cos(\omega t - kz)$$

として，電荷の保存則から，各円筒上の電荷密度を求める．

(2)　電場は 2 つの円筒を結ぶ方向，磁場は円筒間の領域を周回する方向であると仮定し，それぞれの大きさをガウスの法則とアンペールの法則から求める．

(3)　この電場と磁場が電磁誘導の法則をみたすという条件を調べる（ただし，動径方向，円周方向そして z 方向という，互いに直交する三つの方向を基準にしてこの法則を考えよ）．

(4)　この電場と磁場が変位電流の法則をみたすという条件を調べる．

例題 18 **電磁波の伝達機構**

自由空間中のマクスウェルの方程式（102 ページの式 (1)）の中の電磁誘導の法則と変位電流の法則を，それぞれ

$$\frac{\partial \boldsymbol{B}}{\partial t} = -\boldsymbol{\nabla} \times \boldsymbol{E}, \quad \frac{\partial \boldsymbol{E}}{\partial t} = c^2 \boldsymbol{\nabla} \times \boldsymbol{B}$$

と表せば明らかなように（$c = 1/\sqrt{\varepsilon_0 \mu_0}$ は光速），E が一様でない場所（正確には $\boldsymbol{\nabla} \times E \neq 0$ の場所）では $\boldsymbol{B}$ の時間変化が存在し，$\boldsymbol{B}$ が一様でない場所（正確には $\boldsymbol{\nabla} \times \boldsymbol{B} \neq 0$ の場所）では $\boldsymbol{E}$ の時間変化が存在する．その結果，$\boldsymbol{E}$ と $\boldsymbol{B}$ が，たがいに相手と関係しながら空間中を伝わることが可能になる．これが電磁波である．電磁波が伝わる機構を理解するために，次のモデルを考えよう．

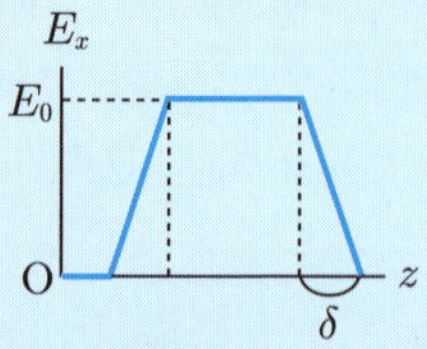

図4. 39

いま z 軸と直交する二つの平面に挟まれた領域に，x 方向を向く一様な電場 E_0 があり，この領域が電場 E_0 を乗せたまま，$+z$ 方向に速度 v で動いているとする．以下では理解を容易にするために，領域の境界の二平面を，微小な幅 δ をもつ薄膜状の境界層とみなす．

(1) 領域の右端の境界層の中では E_x が 0 から E_0 まで移り変わり，左端の境界層の中では E_x が E_0 から 0 まで移り変わるので，どちらの境界層の中でも $\boldsymbol{B}$ の時間変化が起こる．このことから，上の領域には，y 方向を向く一様な磁場 B_0 も存在することを示し，B_0 の大きさを求めよ．

(2) 上の結果から，境界層の中では B_y が 0 から B_0 まで（あるいは B_0 から 0 まで）移り変わるので，そこでは $\boldsymbol{E}$ の時間変化も起こる．その結果できる領域中の一様な電場が，はじめに仮定した x 方向の電場 E_0 と一致すれば，E_x と B_y がたがいにつくり合いながら空間中を動くことになる．そのためには，領域が動く速度 v が $v = c$ でなければならないこと，すなわち E_x と B_y のかたまりが移動するときの速度が光速 c であることを示せ．

解答 (1) $\boldsymbol{E}$ と $\boldsymbol{B}$ の場所による変化が，座標 z にのみ依存する場合には，上記のマクスウェルの方程式は

$$\frac{\partial B_y}{\partial t} = -\frac{\partial E_x}{\partial z}, \quad \frac{\partial E_x}{\partial t} = -c^2 \frac{\partial B_y}{\partial z}$$

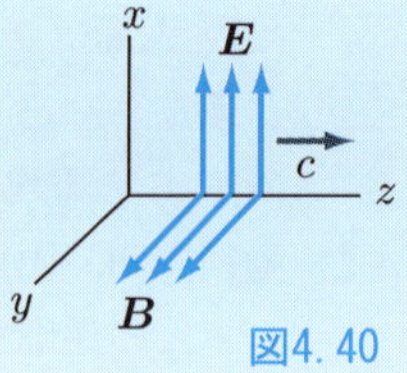

図4. 40

（および E_y と B_x を含む同様な式）に帰着する．領域の右端および左端の境界層の中では，E_x の勾配はそれぞれ $\dfrac{\partial E_x}{\partial z} = \mp \dfrac{E_0}{\delta}$ だから，そこでは B_y が変化率 $\dfrac{\partial B_y}{\partial t} = \pm \dfrac{E_0}{\delta}$ で

時間変化する．ある点をこの領域が速度 v で通るとき，境界層がこの点を通過するのに要する時間は $\Delta t = \delta/v$ だから，右側の境界層が通過する間にこの点の B_y は 0 から

$$\frac{\partial B_y}{\partial t}\Delta t = \frac{E_0}{v} \equiv B_0$$

まで増し，その後はこの点の B_y は一定値 B_0 を保ち，左側の境界層が通過する間に B_0 から 0 に戻る．すなわちこの領域には，x 方向の電場 E_0 と共に，y 方向の一様な磁場 $B_0 = E_0/v$ ができる．

(2) 上の結果により，両側の境界層では B_y に勾配 $\mp B_0/\delta$ があるので，右側と左側の境界層の中では，E_x が変化率 $\dfrac{\partial E_x}{\partial t} = \pm c^2 \dfrac{B_0}{\delta}$ で時間変化する．そこで (1) の場合と同様に考えれば，領域に一様な電場

$$E_x = c^2 \frac{B_0}{v} = c^2 \frac{E_0}{v^2}$$

ができることがわかる．これがはじめに仮定した電場 $E_x = E_0$ に戻るためには，領域が動く速度は $v = c$ でなければならない．

問 題

18.1 波面が平面をなす波を**平面波**という．角振動数 ω で正弦振動する平面波の空間・時間への依存性は，$\cos(\boldsymbol{k}\cdot\boldsymbol{r} - \omega t + \delta)$ で表される．実際，ある時刻におけるこの波の波面は，$\boldsymbol{k}\cdot\boldsymbol{r} =$ 一定 の形をもつが，これはベクトル $\boldsymbol{k}$ と直交する一つの平面の方程式にほかならない．$\boldsymbol{k}$ は**波数ベクトル**とよばれ，その方向は平面波が進む方向を表し，その大きさ k は，長さ 2π の間隔に含まれる波の数に等しい（波長を λ とすれば $k = 2\pi/\lambda$ である．これは，$\boldsymbol{k}$ 方向に x 軸をとって，上の形を $\cos(kx - \omega t + \delta)$ と書いてみれば明らかであろう）．波の速度を v とすれば，$\omega = vk$ が成り立つ．いま

$$\boldsymbol{E}(\boldsymbol{r}, t) = \boldsymbol{E}_0 \cos(\boldsymbol{k}\cdot\boldsymbol{r} - \omega t)$$
$$\boldsymbol{B}(\boldsymbol{r}, t) = \boldsymbol{B}_0 \cos(\boldsymbol{k}\cdot\boldsymbol{r} - \omega t + \delta)$$

の形の平面波の電磁波が存在すると仮定し，これをマクスウェルの方程式に代入して，$\boldsymbol{E}_0, \boldsymbol{B}_0, \boldsymbol{k}$ の間の関係，および $\boldsymbol{E}$ と $\boldsymbol{B}$ の位相差 δ を求めよ．

18.2 面積 S のコイルを N 回巻いたループアンテナに，電場が $\boldsymbol{E}(\boldsymbol{r}, t) = \boldsymbol{E}_0 \cos(\boldsymbol{k}\cdot\boldsymbol{r} - \omega t)$ で表される平面波の電磁波が入射したとき，アンテナに誘起される電圧はどれだけか．ただし，コイルの軸と $\boldsymbol{k}$ のなす角を θ とする．

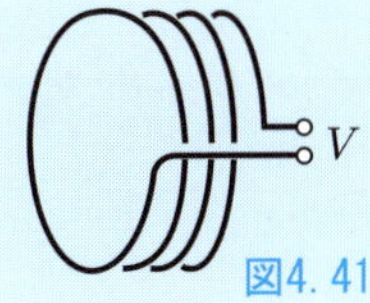

図4. 41

例題 19♣　　**球座標表示**

点 P の極座標を (r, θ, φ) とし，点 P を原点として $\boldsymbol{e}_r$ 方向，$\boldsymbol{e}_\theta$ 方向，$\boldsymbol{e}_\varphi$ 方向を向く "動く座標軸" を図 4.42(上) のように定める．ベクトル $\boldsymbol{A}$ のこの座標軸についての成分を A_r, A_θ, A_φ で表すと，ベクトル場 $\boldsymbol{A}(\boldsymbol{r})$ の発散は

$$\nabla \cdot \boldsymbol{A} = \frac{1}{r^2}\frac{\partial}{\partial r}(r^2 A_r) + \frac{1}{r\sin\theta}\frac{\partial}{\partial\theta}(\sin\theta A_\theta) + \frac{1}{r\sin\theta}\frac{\partial A_\varphi}{\partial\varphi}$$

で与えられることを示せ．

ヒント　$\nabla \cdot \boldsymbol{A}$ は単位体積当りの $\boldsymbol{A}(\boldsymbol{r})$ のわき出しであるから，点 P の付近に微小体積をとって，その表面から外へ出る $\boldsymbol{A}$ のフラックスを計算し，それを体積で割れば発散が得られる．

解答　点 P の r 座標だけを dr 増せば，P は r 方向に点 P_r へ移る．同様に θ だけを $d\theta$ 増せば，P は θ 方向に点 P_θ へ移り，φ だけを $d\varphi$ 増せば，P は φ 方向に点 P_φ へ移る．さらに P_r の θ を $d\theta$ 増せば P_r は点 $\mathrm{P}_{r\theta}$ に移り，同様にして点 $\mathrm{P}_{r\varphi}, \mathrm{P}_{\theta\varphi}, \mathrm{P}_{r\theta\varphi}$ が定義できる．この八点は微小な六面体をつくり，その辺の長さは，$\overline{\mathrm{PP}_r} = dr$, $\overline{\mathrm{PP}_\theta} = rd\theta$, $\overline{\mathrm{PP}_\varphi} = r\sin\theta d\varphi$, $\overline{\mathrm{P}_r\mathrm{P}_{r\theta}} = (r+dr)d\theta$, $\overline{\mathrm{P}_r\mathrm{P}_{r\varphi}} = (r+dr)\sin\theta d\varphi$, $\overline{\mathrm{P}_\theta\mathrm{P}_{\theta\varphi}} = r\sin(\theta+d\theta)d\varphi$ 等である．六面体の体積は，高次の微小量を略せば $dV = \overline{\mathrm{PP}_r}\cdot\overline{\mathrm{PP}_\theta}\cdot\overline{\mathrm{PP}_\varphi} = r^2\sin\theta dr d\theta d\varphi$ である．

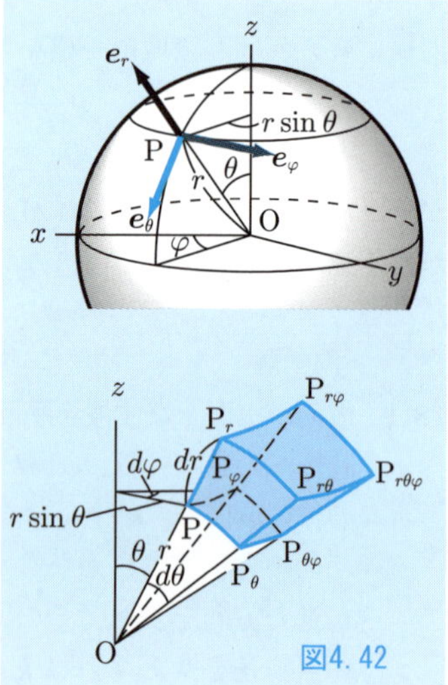

図4. 42

この六面体の表面から外へ出る $\boldsymbol{A}$ のフラックスを計算しよう．まず r 方向に垂直な二つの面を考える．面 $\mathrm{PP}_\theta\mathrm{P}_{\theta\varphi}\mathrm{P}_\varphi$ の面積は $\overline{\mathrm{PP}_\theta}\cdot\overline{\mathrm{PP}_\varphi} = r^2\sin\theta d\theta d\varphi$ で，$\boldsymbol{A}$ の外向き法線成分は $-A_r$ であるから，この面から出る流量は $-A_r(r,\theta,\varphi)r^2\sin\theta d\theta d\varphi$ である．ここで θ と φ は，この面の上の適当な平均値と考えればよい．同様に面 $\mathrm{P}_r\mathrm{P}_{r\theta}\mathrm{P}_{r\theta\varphi}\mathrm{P}_{r\varphi}$ の面積は $\overline{\mathrm{P}_r\mathrm{P}_{r\theta}}\cdot\overline{\mathrm{P}_r\mathrm{P}_{r\varphi}} = (r+dr)^2\sin\theta d\theta d\varphi$ で，$\boldsymbol{A}$ の法線成分は $+A_r$ であるから，この面から出る流量は $A_r(r+dr,\theta,\varphi)(r+dr)^2\sin\theta d\theta d\varphi$ である．この二つの寄与の和をとると

$$\Big[A_r(r+dr,\theta,\varphi)(r+dr)^2 - A_r(r,\theta,\varphi)r^2\Big]\sin\theta d\theta d\varphi = \frac{\partial}{\partial r}(r^2A_r)dr\sin\theta d\theta d\varphi$$

となる．同様にして，θ 方向に垂直な二つの面から外に出る流量の和は

$$\left[A_\theta(r,\theta+d\theta,\varphi)\sin(\theta+d\theta)-A_\theta(r,\theta,\varphi)\sin\theta\right]rdrd\varphi=\frac{\partial}{\partial\theta}(\sin\theta A_\theta)d\theta rdrd\varphi$$

φ 方向に垂直な二つの面から外へ出る流量の和は

$$\left[A_\varphi(r,\theta,\varphi+d\varphi)-A_\varphi(r,\theta,\varphi)\right]rdrd\theta=\frac{\partial A_\varphi}{\partial\varphi}d\varphi rdrd\theta$$

となる．六面体の表面から外へ出るフラックスは上の三つの和で，

$$\left[\frac{1}{r^2}\frac{\partial}{\partial r}(r^2A_r)+\frac{1}{r\sin\theta}\frac{\partial}{\partial\theta}(\sin\theta A_\theta)+\frac{1}{r\sin\theta}\frac{\partial A_\varphi}{\partial\varphi}\right]r^2\sin\theta drd\theta d\varphi$$

これを六面体の体積 dV で割れば，[ ] の内部が単位体積当りのわき出し，すなわち $\boldsymbol{A}(\boldsymbol{r})$ の発散 $\boldsymbol{\nabla}\cdot\boldsymbol{A}$ を与える．

問 題

19.1♣ スカラー場 $\psi(\boldsymbol{r})$ の勾配 $\boldsymbol{\nabla}\psi$ の成分は次式で与えられることを示せ．

$$(\boldsymbol{\nabla}\psi)_r=\frac{\partial\psi}{\partial r},\quad(\boldsymbol{\nabla}\psi)_\theta=\frac{1}{r}\frac{\partial\psi}{\partial\theta},\quad(\boldsymbol{\nabla}\psi)_\varphi=\frac{1}{r\sin\theta}\frac{\partial\psi}{\partial\varphi}$$

19.2♣ $\psi(\boldsymbol{r})$ のラプラシアン $\boldsymbol{\nabla}^2\psi=\boldsymbol{\nabla}\cdot\boldsymbol{\nabla}\psi$ は次の形で表されることを示せ．

$$\boldsymbol{\nabla}^2\psi=\frac{1}{r^2}\frac{\partial}{\partial r}\left(r^2\frac{\partial\psi}{\partial r}\right)+\frac{1}{r^2\sin\theta}\frac{\partial}{\partial\theta}\left(\sin\theta\frac{\partial\psi}{\partial\theta}\right)+\frac{1}{r^2\sin^2\theta}\frac{\partial^2\psi}{\partial\varphi^2}$$

19.3♣ ベクトル場 $\boldsymbol{A}(\boldsymbol{r})$ の回転 $\boldsymbol{\nabla}\times\boldsymbol{A}$ の成分は次式で与えられることを示せ．

$$(\boldsymbol{\nabla}\times\boldsymbol{A})_r=\frac{1}{r\sin\theta}\left[\frac{\partial}{\partial\theta}(\sin\theta A_\varphi)-\frac{\partial A_\theta}{\partial\varphi}\right]$$

$$(\boldsymbol{\nabla}\times\boldsymbol{A})_\theta=\frac{1}{r}\left[\frac{1}{\sin\theta}\frac{\partial A_r}{\partial\varphi}-\frac{\partial}{\partial r}(rA_\varphi)\right]$$

$$(\boldsymbol{\nabla}\times\boldsymbol{A})_\varphi=\frac{1}{r}\left[\frac{\partial}{\partial r}(rA_\theta)-\frac{\partial A_r}{\partial\theta}\right]$$

ヒント $(\boldsymbol{\nabla}\times\boldsymbol{A})_r$ を求めるには，r 方向と垂直な微小な面，すなわち例題 19 の面 $\mathrm{PP_\theta P_{\theta\varphi}P_\varphi}$ の周囲に沿って $\boldsymbol{A}$ の循環を計算し，これをこの面の面積で割ればよい．他の成分についても同様である．

19.4♣ 真空中のマクスウェルの方程式を，極座標成分 $\boldsymbol{E}=(E_r,E_\theta,E_\varphi)$，$\boldsymbol{B}=(B_r,B_\theta,B_\varphi)$ で書き表せ．

19.5♣ 原点から放射される電磁波の中でもっとも簡単なものは**電気双極子輻射**で，$\boldsymbol{E}$, $\boldsymbol{B}$ の成分のうち E_θ, E_φ が，遠方で

$$E_\theta(r,\theta,t)=a\sin\theta\frac{\cos(\omega t-kr)}{r},\quad B_\varphi(r,\theta,t)=\frac{1}{c}E_\theta(r,\theta,t)$$

の形をもち，E_φ, B_θ, B_r はゼロ，E_r は r^{-2} に比例して小さくなる．この形の E_θ, B_φ が，十分遠方で（すなわち r^{-2} 以上の項を無視する近似で），前問のマクスウェルの方程式をみたすことを確かめよ．

19.6♣ 原点に時間変化する電気双極子モーメント $\boldsymbol{p}(t) = \boldsymbol{p}\cos\omega t$ があるとき，これが放射する電磁波を求めよう．まず，計算を簡単にするため，$\boldsymbol{p}(t)$ の時間変化を $\boldsymbol{p}(t) = \boldsymbol{p}e^{i\omega t}$ $(i = \sqrt{-1})$ におきかえる．双極子の具体的な描像としては，z 軸上の $z = \pm\delta/2$ にある電荷 $\pm q(t) = \pm q e^{i\omega t}$ を考えればよい．$q(t)$ の時間変化に伴い，$z = -\delta/2$ から $z = +\delta/2$ へ向かって電流 $I(t) = dq/dt$ が流れる．

(1) 電場，磁場の時間変化は当然 $e^{i\omega t}$ であるから，

$$\boldsymbol{E}(\boldsymbol{r}, t) = \widetilde{\boldsymbol{E}}(\boldsymbol{r})e^{i(\omega t - kr)}, \quad \boldsymbol{B}(\boldsymbol{r}, t) = \widetilde{\boldsymbol{B}}(\boldsymbol{r})e^{i(\omega t - kr)}, \quad k = \omega/c$$

とおく．原点から速度 c で広がる球面波を予想しているわけである．マクスウェルの方程式から，$\widetilde{\boldsymbol{E}}(\boldsymbol{r}), \widetilde{\boldsymbol{B}}(\boldsymbol{r})$ がみたす式を導け（この問題では $\boldsymbol{E}, \boldsymbol{B}$ を成分に分けずに，ベクトルのままで扱う方が見通しがよい）．

(2) $\widetilde{\boldsymbol{E}}(\boldsymbol{r})$ は，原点からの距離 r について，$r^{-1}, r^{-2}, \cdots, r^{-n}$ に比例して減少する項の和であると仮定し，その各項を $\widetilde{\boldsymbol{E}}^{(l)}(\boldsymbol{r})$ $(l = 1, 2, \cdots, n)$ で表す．

$$\widetilde{\boldsymbol{E}}(\boldsymbol{r}) = \widetilde{\boldsymbol{E}}^{(1)}(\boldsymbol{r}) + \widetilde{\boldsymbol{E}}^{(2)}(\boldsymbol{r}) + \cdots + \widetilde{\boldsymbol{E}}^{(n)}(\boldsymbol{r})$$

同様に $\widetilde{\boldsymbol{B}}(\boldsymbol{r})$ も

$$\widetilde{\boldsymbol{B}}(\boldsymbol{r}) = \widetilde{\boldsymbol{B}}^{(1)}(\boldsymbol{r}) + \cdots + \widetilde{\boldsymbol{B}}^{(m)}(\boldsymbol{r})$$

とおく．もしこの形の解が実際にあれば，r^{-1} に比例する $\widetilde{\boldsymbol{E}}^{(1)}(\boldsymbol{r}), \widetilde{\boldsymbol{B}}^{(1)}(\boldsymbol{r})$ が，遠方に達する電磁波を表す．(1) で求めた式の両辺で，r^{-1} の次数が同じ項を等置することにより，$\widetilde{\boldsymbol{E}}^{(l)}, \widetilde{\boldsymbol{B}}^{(l)}$ がみたす式を求めよ（微分演算子 $\boldsymbol{\nabla}$ がかかると，r^{-1} の次数が一つ上がる（たとえば r^{-1} が r^{-2} になる）ことに注意せよ）．

(3) 原点の近くでは，$\widetilde{\boldsymbol{E}}^{(n)}(\boldsymbol{r}), \widetilde{\boldsymbol{B}}^{(m)}(\boldsymbol{r})$ が主要な項になる．原点付近の電場は双極子がつくる瞬間的クーロン場であり，磁場は電流 $I(t)$ がつくる瞬間的ビオ-サバール場であることから，$n = 3$, $m = 2$ を示し，$\widetilde{\boldsymbol{E}}^{(3)}(\boldsymbol{r}), \widetilde{\boldsymbol{B}}^{(2)}(\boldsymbol{r})$ の具体的な形を与えよ．

(4) 上の (2) で求めた式から，$\widetilde{\boldsymbol{E}}^{(2)}, \widetilde{\boldsymbol{E}}^{(1)}, \widetilde{\boldsymbol{B}}^{(1)}$ を順に求め，はじめに仮定した $\widetilde{\boldsymbol{E}}(\boldsymbol{r}), \widetilde{\boldsymbol{B}}(\boldsymbol{r})$ の形がマクスウェルの方程式の解になることを確かめよ．

(5) $r \to \infty$ で主要な項は $\widetilde{\boldsymbol{E}}^{(1)}, \widetilde{\boldsymbol{B}}^{(1)}$ である．その形から，電磁波として単位時間に放射されるエネルギー，およびその角度分布を求めよ．

(6) 双極子 $\boldsymbol{p}(t)$ が，原点のまわりを $z(t) = d\cos\omega t$ で振動する電荷 q による場合に（原点にはもう一つの電荷 $-q$ が静止している），上で求めたエネルギー強度を，電荷の加速度によって表せ（結果は，加速度運動する荷電粒子一般に通用する公式となる）．

5　物質中の電磁場

5.1　誘　電　体

● 分極 ●　誘電体（絶縁体）を電場の中におくと，物質を構成する正負の電荷が電場から力を受けて少しずれ，物質が電気双極子モーメントをもつようになる．誘電体の微小体積 dV がもつ双極子モーメントを $\boldsymbol{P}dV$ で表し，$\boldsymbol{P}$ を**分極**とよぶ．すなわち，$\boldsymbol{P}$ は単位体積当りの双極子モーメントである．微視的にみれば，分極は主に次の二つの理由でおきる．

(i)　誘電体の分子あるいは原子が，電場の力を受けて双極子となる．

(ii)　分子がもともと双極子モーメントをもっていて（極性分子），それが電場の方向にそろう．

● 誘電率 ●　多くの物質では，誘電体中に生じる分極 $\boldsymbol{P}$ は，その点の電場 $\boldsymbol{E}$ に比例する．

$$\boldsymbol{P} = \chi\varepsilon_0\boldsymbol{E} \tag{1}$$

χ（カイ）は誘電体の種類で決まる定数で，**電気感受率**とよばれ，無次元量である．

● 分極電荷 ●　物質中の双極子がつくる電場は，巨視的には，誘電体の表面に面密度

$$\sigma_P = P_n \tag{2}$$

で分布する**分極電荷**によるものとみなせる．ここで P_n は，表面の法線方向への $\boldsymbol{P}$ の成分である（例題1）．異なる誘電体①と②が接している不連続面では，①から②へ向かう法線を $\boldsymbol{n}$ とすれば，媒質①から押し出される分極電荷が単位面積当り P_{1n}，媒質②から押し出される電荷が $-P_{2n}$ であるから，不連続面に面密度

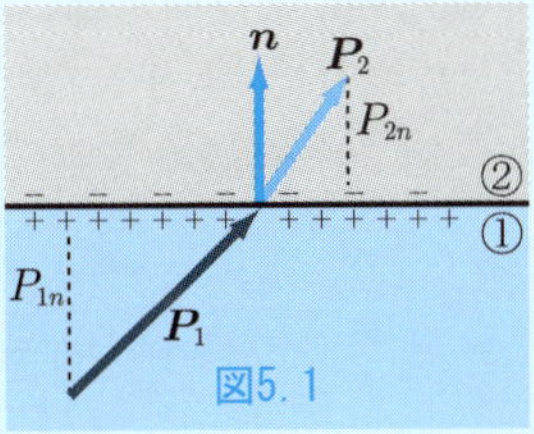

図5.1

$$\sigma_P = P_{1n} - P_{2n} \tag{3}$$

の分極電荷が分布する．誘電体中に**真電荷** q があれば，そのまわりに反対符号の分極電荷が引きつけられて q を遮蔽し，電荷を q/k に弱める（問題1.2）．一般に誘電体内部で $\boldsymbol{P}$ が空間的に一定でなければ，誘電体内部にも電荷密度

$$\rho_P = -\nabla\cdot\boldsymbol{P} \tag{4}$$

の分極電荷が現れるはずであるが（問題1.1），一様な誘電体の内部では（$\boldsymbol{P}$ が $\boldsymbol{E}$ に比例している限り）$\nabla\cdot\boldsymbol{P}=0$ が成り立つので，実際に分極電荷が現れるのは，誘電

率が空間的に変化している場所（表面や不連続面）と真電荷のまわりに限られる（問題 1.3）．

• 電束密度 • $\nabla \boldsymbol{E} = \rho/\varepsilon_0$ という式に現れる ρ は，分極電荷も真電荷（分極前から存在していた電荷）も含む全電荷である．しかし分極電荷は外から勝手に与えることのできない量であるから，真電荷（ρ_t と記す）だけで表される方程式を書くのが便利である．実際，

$$\nabla \varepsilon_0 \boldsymbol{E} = \rho_t + \rho_P = \rho_t - \nabla \boldsymbol{P}$$

だから，

$$\boldsymbol{D} \equiv \varepsilon_0 \boldsymbol{E} + \boldsymbol{P} \tag{5}$$

とすれば（$\boldsymbol{D}$ を**電束密度**あるいは**電気変位**という）

$$\nabla \cdot \boldsymbol{D} = \rho_t \quad \text{あるいは} \quad \int_S D_n dS = Q \tag{6}$$

ここで Q は，任意の閉曲面 S の内部の真電荷の総量である．これと

$$\nabla \times \boldsymbol{E} = 0 \quad \text{あるいは} \quad \oint_C E_l dl = 0 \tag{7}$$

（C は任意の閉曲線）および $\boldsymbol{D}$ と $\boldsymbol{E}$ の関係式によって，誘電体中の静電場が決まる．たとえば式 (1) が成り立っているときは

$$\boldsymbol{D} = \varepsilon \boldsymbol{E}, \quad \varepsilon \equiv (1 + \chi)\varepsilon_0 \equiv \kappa\varepsilon_0 \tag{8}$$

であり，$\kappa = 1 + \chi$ を**比誘電率**，ε を**誘電率**とよぶ．

• 不連続面における電場の接続条件 • 比誘電率 κ_1, κ_2 の二種類の誘電体の境界では，分極電荷が分布するため，電場が不連続になる（例題 3）．すなわち，境界面に平行な成分（接線成分）を t で，垂直な成分（法線成分）を n で表せば，

$$\boldsymbol{E}_{1t} = \boldsymbol{E}_{2t} \tag{9}$$

$$D_{1n} = D_{2n} \tag{10}$$

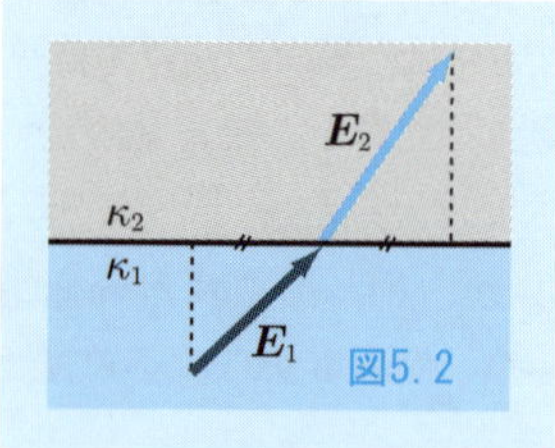

図5. 2

$\boldsymbol{E}_t$ は 2 次元のベクトルである．式 (10) は

$$\kappa_1 E_{1n} = \kappa_2 E_{2n} \tag{11}$$

と表すこともできる．

• 誘電体中の電場のエネルギー • 真空中の電場の場合と同様に，静電エネルギーは電場の存在する領域についての体積積分の形に表すことができる．

$$U = \int \frac{1}{2} \boldsymbol{E} \cdot \boldsymbol{D} dV \tag{12}$$

一般に誘電体に電場をかけるときには熱の出入りがあるので（κ は温度の関数），U は厳密にいえば自由エネルギーである．

例題 1 **表面上の分極電荷**

誘電体の表面には，分極により，面密度 $\sigma_P = P_n$ の電荷が分布するとみなせることを示せ．ここで P_n は，表面の法線方向への $\boldsymbol{P}$ の成分を表す．

ヒント 誘電体は，巨視的にいえば，電荷密度 $\pm\rho$ の正負の電荷分布が重なったものとみることができる．この重なりが微小ベクトル $\boldsymbol{\delta}$ だけずれるのが分極である．$\boldsymbol{P}$ を ρ と $\boldsymbol{\delta}$ で表す式をまず求めよ．

解答 誘電体中に底面積 S，高さ h の微小な円柱を考える．分極により正電荷分布だけが高さの方向に δ ずれたとすれば，上下底面に電荷 $\pm\rho S\delta$ が現れる．その結果できる双極子モーメントは

$$\rho S\delta \cdot h = \rho\delta \times (\text{体積})$$

であるから，単位体積当りのモーメントすなわち分極は

$$\boldsymbol{P} = \rho\boldsymbol{\delta}$$

となる．さて誘電体の表面が $\boldsymbol{\delta}$（すなわち $\boldsymbol{P}$）と垂直ならば，ずれ $\boldsymbol{\delta}$ により表面からとび出す電荷の量が，単位面積当り

$$\sigma_P = \rho\delta = P$$

であることは，上と同様の考えで明らかであろう．表面が $\boldsymbol{P}$ と垂直でない場合に一般化すれば，ずれ $\boldsymbol{\delta}$ により表面の単位面積からとび出す体積は δ_n であるから，

$$\sigma_P = \rho\delta_n = P_n$$

となる．

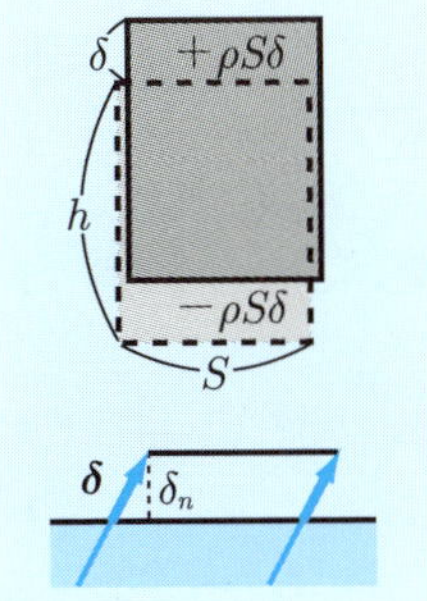

図5.3

問 題

1.1 誘電体中の分極電荷密度を表す式 $\rho_P = -\nabla \cdot \boldsymbol{P}$ を導け．

ヒント 誘電体中に座標平面と平行な面をもつ微小な直方体を考え，ずれ δ によりこれから外へ出る電気量を計算してみよ．

1.2 比誘電率 κ が空間的に一定の誘電体の内部では，真電荷のないところでは分極電荷も現れないことを示せ．また真電荷があれば，分極電荷により電荷が $1/\kappa$ に弱められることを示せ．

1.3 誘電体の表面では，分極電荷密度 $\rho_P = -\nabla \cdot \boldsymbol{P}$ は面密度 $\sigma_P = P_n$ に帰着することを示せ．

ヒント 表面からの距離を x で表すと，比誘電率 $\kappa(x)$ が変化している範囲で $\rho_P(x)$ を積分すれば σ_P が得られる．

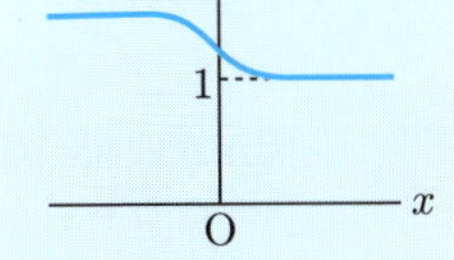

図5.4

例題 2　　**誘電体とコンデンサー**

平行板コンデンサーの極板の間に比誘電率 κ の誘電体をみたすとき，容量は κ 倍に増すことを示せ．

解答　極板の電荷面密度を $\pm\sigma$ とすれば，誘電体をさしこむ前の電場は $E_0 = \sigma/\varepsilon_0$ である．極板の電荷を不変に保ちながら誘電体をさしこんだとして，その結果誘電体の表面に現れる分極電荷の面密度を，図 5.5（上）のように $\pm\sigma_P$ とおく．誘電体の内部から見れば，これは極板の電荷密度が $\pm(\sigma - \sigma_P)$ に変わったことと同じであるから（いいかえれば，極板から出た電束 σ のうち σ_P は誘電体表面で吸いとられるので），誘電体内部の電場は

$$E = \frac{\sigma - \sigma_P}{\varepsilon_0}$$

に減る．一方，電気感受率を $\chi\ (= \kappa - 1)$ とすれば

$$\sigma_P = P = \chi\varepsilon_0 E$$

であるから，σ_{P} を消去すれば

$$E = \frac{1}{1+\chi}\frac{\sigma}{\varepsilon_0} = \frac{1}{\kappa}E_0$$

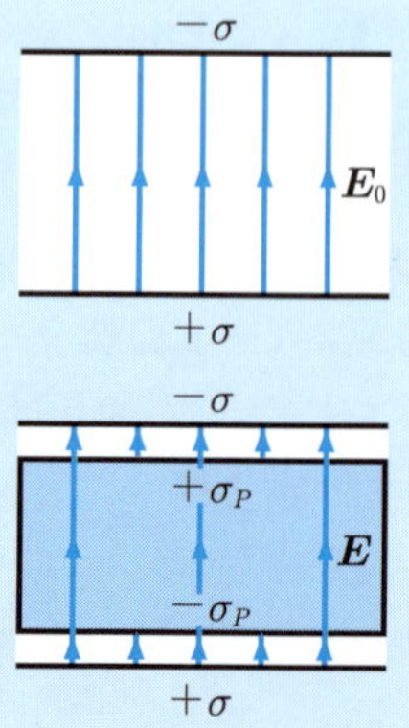

図5.5

電場が $1/\kappa$ に減少したので，極板間の電位差も $1/\kappa$ に減る（誘電体と極板の間の隙間は無視した）．極板上の電気量は前と同じであるから，これは容量（= 電気量/電位差）が κ 倍に増したことにほかならない．

問　題

2.1　セラミック・コンデンサーは，チタン酸バリウムの磁器のような誘電率の大きい物質を用いて，大きな容量を得ようとするコンデンサーである．比誘電率 κ が 1500 の物質の厚さ 1 mm の板を極板ではさみ，容量 $10^{-3}\,\mu$F のコンデンサーをつくるには，どれだけの面積が必要か．

2.2　間隔 d の平行板コンデンサーが，起電力 V の電池に接続してある．これに厚さ x，比誘電率 κ のガラス板を極板に平行にさしこむと，電場および容量はどのように変わるか．また，さきに電池をはずし，次にガラス板をさしこむ場合について，同じ問題を考えよ．

2.3　半径 a, b の同心球殻の導体から成る球形コンデンサーの極板の間に，比誘電率 κ の誘電体をつめ，このコンデンサーを起電力 V の電池につなぐ．次の量を求めよ．
(1) $\boldsymbol{D}, \boldsymbol{E}, \boldsymbol{P}$　　(2) 誘電体内部および表面の分極電荷密度　　(3) 静電容量

例題 3 **誘電体の境界面**

二種類の誘電体が接する境界面では，電場 $\boldsymbol{E}$ の接線方向成分および電気変位 $\boldsymbol{D}$ の法線方向成分が連続であることを示せ．

ヒント 境界に現れる分極電荷が，$\boldsymbol{E}$ の不連続をひきおこす．

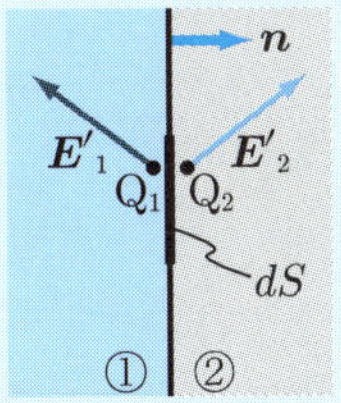

図5.6

解答 境界面の微小部分を dS とする．dS の近くでは境界面を平面とみなしてよい．dS の法線を媒質①から媒質②へ向かう向きにとり，$\boldsymbol{n}$ で表す．境界面にできる分極電荷分布の面密度は，媒質①から押し出されてくる分が P_{1n}，媒質②からの分が $-P_{2n}$ であるから，全体で

$$\sigma_P = P_{1n} - P_{2n}$$

となる．ここで $\boldsymbol{P}_1, \boldsymbol{P}_2$ は，媒質①, ②中の分極を表し，P_{1n}, P_{2n} はその $\boldsymbol{n}$ 方向の成分である．

いま dS の両面に点 $\mathrm{Q}_1, \mathrm{Q}_2$ をとり，そこの電場 $\boldsymbol{E}_1, \boldsymbol{E}_2$ を比較する．電場 $\boldsymbol{E}$ を，dS 上の分極電荷 $\sigma_P dS$ がつくる電場 $\boldsymbol{E}'$ と，それ以外のすべての電荷がつくる電場 $\boldsymbol{E}''$ の和に分解してみる．$\boldsymbol{E}'$ は面 dS の両側で図 5.16 のように対称で，したがって面と垂直な方向の成分はガウスの法則から

$$E'_{2n} = -E'_{1n} = \frac{\sigma_P}{2\varepsilon_0}$$

すなわち E'_n には面の両側で不連続ができる．それに対し面と平行な成分 $\boldsymbol{E}'_t$ は面の両側で等しい．また $\boldsymbol{E}''$ は面 dS において連続である．したがって全電場 $\boldsymbol{E} = \boldsymbol{E}' + \boldsymbol{E}''$ についても，その接線方向成分は連続である．

$$\boldsymbol{E}_{1t} = \boldsymbol{E}_{2t} \qquad (*)$$

それに対し法線方向成分には

$$E_{2n} - E_{1n} = E'_{2n} - E'_{1n} = \frac{\sigma_P}{\varepsilon_0} = \frac{P_{1n} - P_{2n}}{\varepsilon_0}$$

という不連続が生ずる．$\boldsymbol{P}_1, \boldsymbol{P}_2$ 自身 $\boldsymbol{E}_1, \boldsymbol{E}_2$ で決まる量であるから，移項して

$$\varepsilon_0 E_{1n} + P_{1n} = \varepsilon_0 E_{2n} + P_{2n} \quad \text{すなわち} \quad D_{1n} = D_{2n} \qquad (**)$$

と表す方が便利である．$\boldsymbol{D} = \varepsilon \boldsymbol{E} = \kappa \varepsilon_0 \boldsymbol{E}$ なる関係が成り立っているときには，これは

$$\kappa_1 E_{1n} = \kappa_2 E_{2n}$$

と書くこともできる．$(*)$ と $(**)$ が，不連続面における $\boldsymbol{E}$ の境界条件を与える関係である．

問 題

3.1 電場 $\boldsymbol{E}$ が境界面の両側で法線 $\boldsymbol{n}$ となす角を θ_1, θ_2 とすれば，電気力線は屈折の法則 $\dfrac{\tan\theta_1}{\kappa_1} = \dfrac{\tan\theta_2}{\kappa_2}$ に従うことを示せ．

例題 4 **誘電体の形状の効果**

電気感受率 χ を定義する式 $\boldsymbol{P} = \chi\varepsilon_0\boldsymbol{E}$ において，$\boldsymbol{E}$ は誘電体にかけた外部電場ではなく，分極電荷がつくる電場 $\boldsymbol{E}_P$ まで含めた誘電体中の全電場であることに注意する必要がある．誘電体を一様な外部電場 $\boldsymbol{E}_0$ の中においたとき，分極 $\boldsymbol{P}$ は一般には $\boldsymbol{E}_0$ とは異なる方向に生ずる．したがって $\boldsymbol{P} = \alpha\varepsilon_0\boldsymbol{E}_0$ と表すと，α はただの数（スカラー）ではなく，一次変換（行列）になる．α は誘電体の種類にだけでなく，試料の形にも依存する（一般には，試料中の場所によっても変化する）．この事情を，次の簡単な例で見てみよう．比誘電率 $\kappa = 1 + \chi$ の誘電体の広く薄い板を，一様な外部電場 $\boldsymbol{E}_0$ の中におく．このとき生ずる分極 $\boldsymbol{P}$ および誘電体中の電場 $\boldsymbol{E}$ を，(1) 板を $\boldsymbol{E}_0$ に平行においた場合，(2) 垂直においた場合，(3) 一般の方向においた場合，について求めよ．

ヒント それぞれの場合に，分極電荷がいかなる電場 $\boldsymbol{E}_P$ をつくるかを考えてみよ．一般の場合 (3) の分極は，(1), (2) の結果の重ね合わせとして得ることができる．

解答 板の法線方向を x 方向にとる．

(1) 板が $\boldsymbol{E}_0$ と平行な場合：$\boldsymbol{E}_0 = (0, E_0, 0)$．対称性からみて，$\boldsymbol{P}$ が $\boldsymbol{E}_0$ 方向に生ずることは明らかであろう．分極電荷は板の端に現れるが，それがつくる電場 $\boldsymbol{E}_P$ は，端の付近を除けば無視できる（直線状の電荷分布がつくる電場は，直線からの距離を l とすれば l に逆比例して減少する）．したがって板の内部でも電場は $\boldsymbol{E} = \boldsymbol{E}_0$ で，分極 $\boldsymbol{P}$ は

$$\boldsymbol{P} = \chi\varepsilon_0\boldsymbol{E} = \chi\varepsilon_0\boldsymbol{E}_0$$

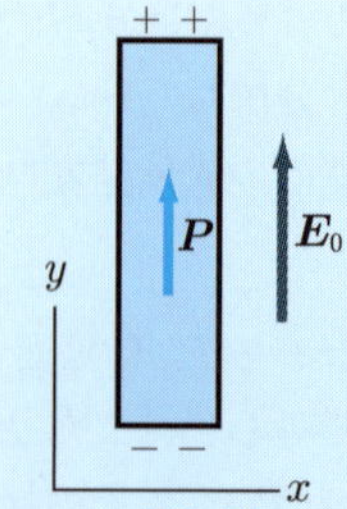

図5.7

(2) 板が $\boldsymbol{E}_0$ と垂直な場合：$\boldsymbol{E}_0 = (E_0, 0, 0)$．これは例題 2 の平行板コンデンサーの場合である．再び対称性から，$\boldsymbol{P}$ は $\boldsymbol{E}_0$ と同じ方向（x 方向）に生ずる．分極電荷は板の表面に面密度 $\sigma_P = \pm P$ で現れ，分極電場 $\boldsymbol{E}_P = -\dfrac{1}{\varepsilon_0}P\boldsymbol{e}_x = -\dfrac{1}{\varepsilon_0}\boldsymbol{P}$ をつくる．したがって板の内部の電場は $\boldsymbol{E} = \boldsymbol{E}_0 + \boldsymbol{E}_P = \boldsymbol{E}_0 - \dfrac{1}{\varepsilon_0}\boldsymbol{P}$ となり，分極は $\boldsymbol{P} = \chi\varepsilon_0\boldsymbol{E} = \chi(\varepsilon_0\boldsymbol{E}_0 - \boldsymbol{P})$．これより

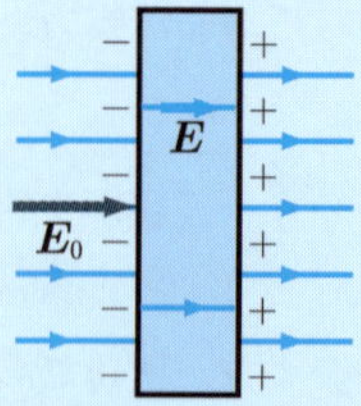

図5.8

$$\boldsymbol{P} = \frac{\chi}{1+\chi}\varepsilon_0\boldsymbol{E}_0 = \frac{\chi}{\kappa}\varepsilon_0\boldsymbol{E}_0$$

$$\boldsymbol{E} = \frac{1}{\kappa}\boldsymbol{E}_0$$

が得られる．この場合は板の内部の電場 $\boldsymbol{E}$ が $\boldsymbol{E}_0$ の $1/\kappa$ に減少し，したがって分極 $\boldsymbol{P}$ も (1) の場合にくらべ $1/\kappa$ になっている．$\boldsymbol{E}$ の式は $\boldsymbol{D}$ の連続性に他ならない．

(3)　板の法線方向が $\boldsymbol{E}_0$ と角度 θ をなす場合：$\boldsymbol{E}_0 = (E_0\cos\theta, E_0\sin\theta, 0)$．この場合の外部電場 $\boldsymbol{E}_0$ を，$\boldsymbol{E}_0 = E_0\cos\theta\boldsymbol{e}_x + E_0\sin\theta\boldsymbol{e}_y$ と（板と垂直および平行の成分に）分解すれば，それぞれの成分は上の (2) および (1) に従って分極をつくる．それを重ね合わせればいまの場合の分極が得られる．すなわち (2) と (1) の結果に重み $\cos\theta, \sin\theta$ をかけてベクトル和をとれば

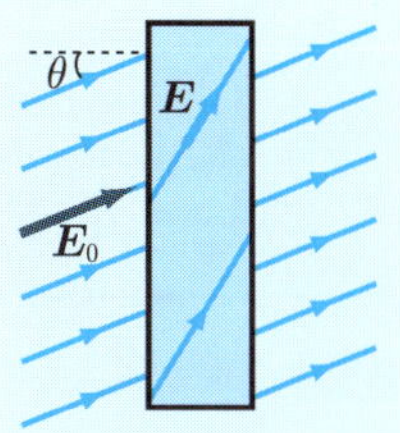

図5.9

$$\boldsymbol{P} = \left(\frac{\chi}{\kappa}\varepsilon_0 E_0\cos\theta, \chi\varepsilon_0 E_0\sin\theta, 0\right)$$
$$\boldsymbol{E} = \left(\frac{1}{\kappa}E_0\cos\theta, E_0\sin\theta, 0\right)$$

が得られる．もちろん $\boldsymbol{P} = \chi\varepsilon_0\boldsymbol{E}$ が成り立っている．$\boldsymbol{E}$ が板の法線となす角を θ' とすれば，$\tan\theta' = \kappa\tan\theta$ の関係がある（問題 3.1 参照）．このように一般には $\boldsymbol{P}$ と $\boldsymbol{E}_0$ の方向は一致しない．$\boldsymbol{P}$ と $\boldsymbol{E}_0$ の関係を $\boldsymbol{P} = \alpha\varepsilon_0\boldsymbol{E}_0$ で表せば，一次変換 α はいまの場合

$$\alpha = \begin{bmatrix} \chi/\kappa & 0 & 0 \\ 0 & \chi & 0 \\ 0 & 0 & \chi \end{bmatrix}$$

で与えられる．α が対角行列になったのは，座標軸を上手にとったからである．

注意　一様な外部電場 $\boldsymbol{E}_0$ の中に誘電体をおいたとき，分極 $\boldsymbol{P}$ が誘電体内部で一様に生ずるのは，試料の形がこの例のように広い板の場合か楕円体（細い円柱や扁平な円柱を含む）の場合に限られ，一般には分極が場所により変化する．

問　題

4.1　例題 4 の (3) の場合，誘電体の板の表面に現れる分極電荷密度はどれだけか．

4.2　一様な外部電場 $\boldsymbol{E}_0$ の中に，比誘電率 κ の誘電体の円柱が，軸を $\boldsymbol{E}_0$ 方向に向けて置いてある．円柱が十分細長い場合および十分に扁平な場合について，円柱内部の E および $\boldsymbol{D}$ を求めよ．

4.3　一般に静電場 $\boldsymbol{E}$ は，分極電荷 ρ_P による電場 $\boldsymbol{E}_P$ と真電荷 ρ による外部電場 $\boldsymbol{E}_{\rm ex}$ の和である．ところが電気変位 $\boldsymbol{D}$ がみたす方程式 $\nabla\cdot\boldsymbol{D} = \rho$ は $\boldsymbol{D}$ の源が真電荷 ρ であることを意味するから，$\boldsymbol{D}/\varepsilon_0$ は外部電場 $\boldsymbol{E}_{\rm ex}$ にほかならない．この議論は正しいか．

4.4　極板の面積 S，間隔 d の平行板コンデンサーの内部に，比誘電率 κ_1, κ_2，厚さ d_1, d_2 $(d_1 + d_2 = d)$ の二種類の誘電体の板をつめる．このコンデンサーの容量を求めよ．$S \gg d^2$ とする．

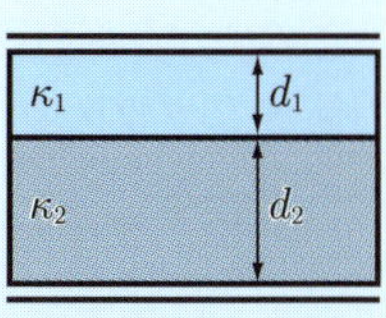

図5.10

例題 5♣　　**誘電体がつくる電場**

平面 $x = 0$ から左側の部分は比誘電率 κ_1 の誘電体，右側の部分は真空とする．表面から距離 h の点 $\mathrm{Q}(h, 0, 0)$ に点電荷 q をおくと，誘電体の内外にいかなる電場ができるか．

ヒント　誘電体表面の分極電荷のはたらきを鏡像電荷で代表させることを試みよ．

解答　誘電体内部 $(x < 0)$ を領域①，外部 $(x > 0)$ を領域②と名付ける．点電荷 q がつくる電場を $\boldsymbol{E}_{\mathrm{ex}}(\boldsymbol{r})$ で表すと，表面上の任意の点 P では，$\boldsymbol{E}_{\mathrm{ex}}$ は法線成分（法線は外向きにとる）

$$E_n^{\mathrm{ex}} = E_x^{\mathrm{ex}} = -\frac{q}{4\pi\varepsilon_0}\frac{\cos\theta}{R^2} = -\frac{q}{4\pi\varepsilon_0}\frac{h}{R^3}$$

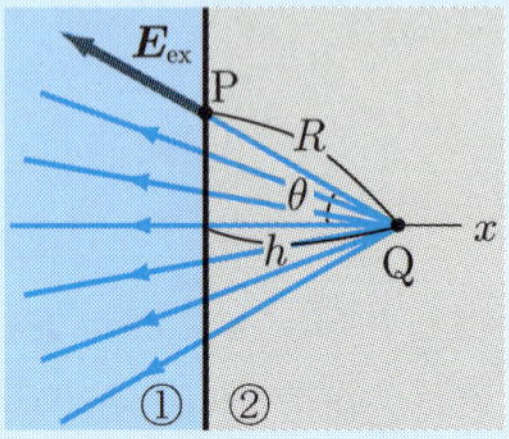

図5.11

をもつ．誘電体内部に生じた分極 $\boldsymbol{P}(\boldsymbol{r})$ の結果，表面には負の分極電荷が分布する．その面密度を σ_P とし，この分極電荷がつくる電場を $\boldsymbol{E}_P(\boldsymbol{r})$ で表す．$\boldsymbol{E}_P(\boldsymbol{r})$ は平面上の電荷分布による電場であるから，表面に関し左右対称な形をもつ．

この例題では，$\boldsymbol{E}_P(\boldsymbol{r})$ の形をはじめに仮定してみよう（これは，σ_P の形を仮定することと同等である）．この仮定により誘電体中の電場 $\boldsymbol{E} = \boldsymbol{E}_{\mathrm{ex}} + \boldsymbol{E}_P$ が決まるので，分極 $\boldsymbol{P} = \chi\varepsilon_0\boldsymbol{E}$ が決まり，これから表面電荷密度 $\sigma_P = P_n$ が求まる．これがはじめに仮定した σ_P と矛盾していなければ，仮定した $\boldsymbol{E}_P(\boldsymbol{r})$ の形が正しかったことになる（電場の一意性）．

直観から，この例では $\boldsymbol{P}$ は $\boldsymbol{E}_{\mathrm{ex}}$ と同じ方向におきると思われる．したがって，誘電体中の $\boldsymbol{E}_P(\boldsymbol{r})$ は，点 Q に収束する形をもつであろう．そこで，領域①の $\boldsymbol{E}_P(\boldsymbol{r})$ は，点 Q に仮想的においた点電荷 $-q'$ による電場として表されると仮定する．すなわち

$$\boldsymbol{E}_P^1(\boldsymbol{r}) = -\frac{q'}{q}\boldsymbol{E}_{\mathrm{ex}}(\boldsymbol{r}) \qquad (*)$$

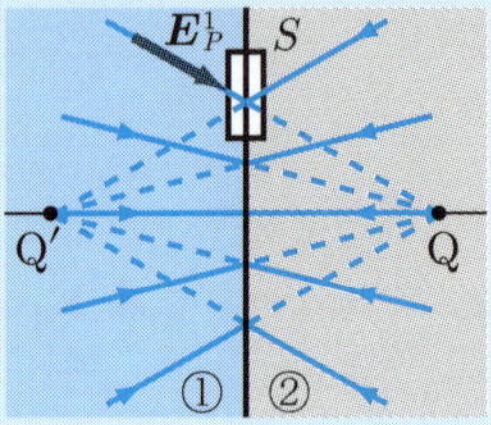

図5.12

領域②（誘電体外部）の $\boldsymbol{E}_P(\boldsymbol{r})$ は，$\boldsymbol{E}_P^1(\boldsymbol{r})$ を表面に関し折り返した形をもつ．すなわち，点 Q と対称な点 Q′ に仮想的においた点電荷 $-q'$ による電場として表される．

このような形の電場 $\boldsymbol{E}_P(\boldsymbol{r})$ をつくる表面電荷分布 σ_P は，表面上の点 P を含む薄い円筒 S にガウスの定理を適用すればわかるように

$$\sigma_P = \varepsilon_0\left(E_x^{2P} - E_x^{1P}\right) = -2\varepsilon_0 E_x^{1P} = \frac{q'}{q}2\varepsilon_0 E_x^{\mathrm{ex}}\left(= -\frac{q'}{2\pi}\frac{h}{R^3}\right) \qquad (**)$$

である．はじめに説明した方針に従い，誘電体中の電場を求めると

$$\boldsymbol{E}^1(\boldsymbol{r}) = \boldsymbol{E}_{\rm ex}(\boldsymbol{r}) + \boldsymbol{E}_P^1(\boldsymbol{r}) = \left(1 - \frac{q'}{q}\right)\boldsymbol{E}_{\rm ex}(\boldsymbol{r})$$

したがって分極は

$$\boldsymbol{P}(\boldsymbol{r}) = \chi\varepsilon_0\boldsymbol{E}^1(\boldsymbol{r}) = \left(1 - \frac{q'}{q}\right)\chi\varepsilon_0\boldsymbol{E}_{\rm ex}(\boldsymbol{r})$$

これより表面の分極電荷密度が

$$\sigma_P = P_x = \left(1 - \frac{q'}{q}\right)\chi\varepsilon_0\boldsymbol{E}_x^{\rm ex}$$

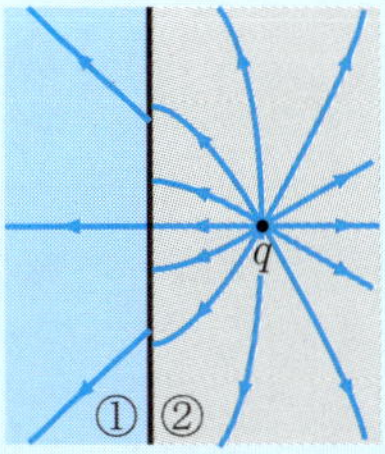

図5. 13

と求まる．これはまさにはじめに仮定した σ_P の形 $(**)$ と同じであるから，仮定が正しかったことがわかる．両者を一致させるには $(q - q')\chi = 2q'$，すなわち

$$-q' = -\frac{\chi}{2+\chi}q = -\frac{\kappa - 1}{\kappa + 1}q$$

ととればよい．

まとめれば，誘電体内部の電場は，点 Q においた電荷 $q - q' = \dfrac{2}{\kappa+1}q$ が真空中につくる電場の $x < 0$ の部分に等しく，外部の電場は，点 Q に電荷 q，点 Q′ に電荷 $-q'$ があるときの電場の $x > 0$ の部分に等しい（図 5.13）．

なお上の結果は，$\kappa \to \infty$ の極限では，$x < 0$ の部分が導体であるときの結果（1.3 節例題 12）に帰着することに注意されたい．

注意 上の初等的な議論をもっと形式的にいえば，仮定した $\boldsymbol{E}_P(\boldsymbol{r})$ が，誘電体表面で電気変位 $\boldsymbol{D}$ の接続条件

$$D_x^1 = D_x^2$$

をみたすことを要求しているのである．実際，

$$D_x^1 = \kappa\varepsilon_0(E_x^{\rm ex} + E_x^{1P}), \quad D_x^2 = \varepsilon_0(E_x^{\rm ex} + E_x^{2P}) = \varepsilon_0(E_x^{\rm ex} - E_x^{1P})$$

であるから，上式は

$$\kappa(E_x^{\rm ex} + E_x^{1P}) = E_x^{\rm ex} - E_x^{1P}$$

で，これに前ページの $(*)$ を代入すれば $-q'$ がただちに求まる．

問 題

5.1♣ 上の例題で，誘電体表面に現れる分極電荷の総量はどれだけか．

5.2♣ 上の例題で，電荷 q にはたらく力を求めよ．また，q を無限遠から点 Q まで運ぶには，どれだけの仕事を要するか．

5.3♣ 上の例題を，誘電体内外の電位分布を仮定することにより解いてみよ．

5.4♣ 上の例題で，領域 ① および領域 ② が，比誘電率 κ_1 および κ_2 の誘電体で占められているならば，電場はどうなるか．

例題 6♣　　**誘電体球による電場**

一様な電場 $\boldsymbol{E}_0$ の中に，比誘電率 κ の誘電体の球をおくとき，球内にはいかなる電場ができるか．

ヒント　球内に一様な分極 $\boldsymbol{P}$ がおきると仮定して電場を計算し，結果が仮定と矛盾しないことを示せ．

解答　このような問題では，直観から球内の分極の状態を仮定し，それから出る結果が仮定とつじつまがあうかどうかを見るのが，やや天下り的であるが，簡単な解き方である．もっとも簡単な仮定として，球内のいたるところで，$\boldsymbol{E}_0$ 方向を向く一様な分極 $\boldsymbol{P}$ がおきていると考えてみよう．その結果球の表面に現れる分極電荷の面密度は，球面上の位置を図 5.14 (上) の θ で表せば，

$$\sigma_P(\theta) = P_n = P\cos\theta$$

となる．ところがこの形の電荷分布が球内につくる電場は，1.2 節の問題 7.1 ですでに求めてある．すなわち，球内には $-\boldsymbol{P}$ 方向を向く一様な電場

$$\boldsymbol{E}_P = -\frac{1}{3\varepsilon_0}\boldsymbol{P}$$

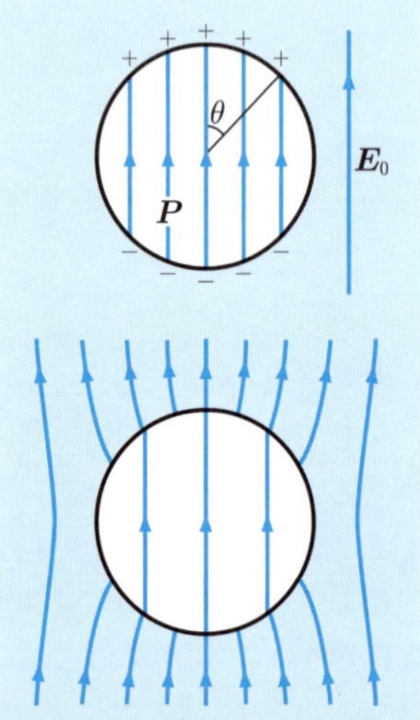

図5.14

ができる．したがって全電場 $\boldsymbol{E} = \boldsymbol{E}_0 + \boldsymbol{E}_P$ も球内で一様で，それがひきおこす分極は，電気感受率を $\chi = \kappa - 1$ とすれば，

$$\boldsymbol{P} = \chi\varepsilon_0\boldsymbol{E} = \chi(\varepsilon_0\boldsymbol{E}_0 - \boldsymbol{P}/3)$$

これより分極が

$$\boldsymbol{P} = \frac{\chi\varepsilon_0\boldsymbol{E}_0}{1+\chi/3}$$

と求まり，はじめの仮定と矛盾がないことがわかる．球内の電場は

$$\boldsymbol{E} = \boldsymbol{E}_0 + \boldsymbol{E}_P = \frac{1}{1+\chi/3}\boldsymbol{E}_0 = \frac{3}{\kappa+2}\boldsymbol{E}_0$$

$\boldsymbol{E}$ の大きさは，問題 4.2 の二つの円柱の場合の中間にあることに注意．$\kappa \to \infty$ では $\boldsymbol{E} \to 0$ で，これは $\boldsymbol{E}_0$ の中に導体球をおいた場合（1.3 節例題 14）にほかならない．

問　題

6.1　上の例題で，球外の電場を求めよ．

6.2　比誘電率 κ の誘電体中に一様な電場 $\boldsymbol{E}_0$ があるものとする．いまこの誘電体中に次の形の空洞をつくると，空洞内部ではいかなる電場ができるか．

(1)　$\boldsymbol{E}_0$ 方向に軸をもつ細長い円筒　　(2)　同じく扁平な円筒　　(3)　球

5.2 磁 性 体

● 磁化 ● 物質の磁気的性質は，その磁気モーメントで表される．微小体積 dV の物質がもつ磁気モーメントを $\boldsymbol{M}dV$ と表し，$\boldsymbol{M}$ を**磁化**とよぶ．$\boldsymbol{M}$ は単位体積当りの磁気モーメントで，誘電体の分極 $\boldsymbol{P}$ に対応する量である．物質の磁気的性質の微視的な起源は，分子，原子あるいは電子が，ミクロ（微視的）な磁気双極子になっている，あるいは外部から磁場をかけることにより磁気双極子になることにある．このミクロな磁気双極子の方向がある程度そろうと物質はマクロ（巨視的）な磁気モーメントをもつことになり，これが磁化 $\boldsymbol{M}$ である．そろう原因には，外部磁場による場合や，外部磁場なしでも物質固有の性質として自然にそろう場合（永久磁石）がある．

● 磁気双極子とは ● ミクロなレベルでの**磁気双極子**は根本的には量子力学によって理解できることだが，マクロな磁気的性質は古典電磁気学（量子力学ではなくニュートン力学を前提とする電磁気学）によっても表現できる．それには，磁気双極子を微小環状電流とみなす見方と，正負（N と S）の磁荷が微小な距離だけ離れて並んだもの（電気双極子的なイメージ）とみなす見方がありうる．正しい対応関係を使えばどちらの見方も可能だが，ここではまず，磁場の源は磁荷ではなく電流であるというこれまでの見方に沿って，環状電流の見方で話を進めることにする．磁荷的な見方との関係については後から説明する．

● 磁化電流 ● たとえば円柱状の磁性体に，軸方向の一様な**磁化** $\boldsymbol{M}$ が生じているという場合，磁化の起源が電流という見方では，その側面に単位長さ当り

$$J = M \tag{1}$$

の**磁化電流**が流れているとみなすことになる（そうすれば磁気モーメントの大きさ $JSl = MV$ が正しく得られる．ただし $V = Sl$ は体積）．実際に側面に電流が流れているのではなく，ミクロな環状電流の集まりが，側面の電流に等価だということである．任意の形の磁性体に対しては，表面の法線ベクトルを $\boldsymbol{n}$ として，（表面の）磁化電流は

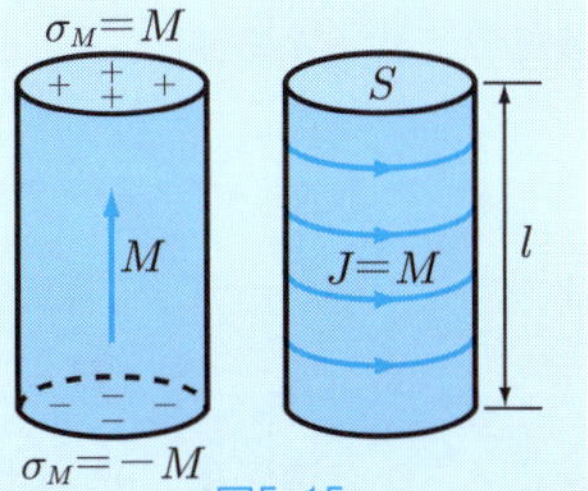

図5. 15

$$\boldsymbol{J} = \boldsymbol{M} \times \boldsymbol{n} \tag{2}$$

となる．さらに $\boldsymbol{M}$ が空間的に一様でない場合は，一般には磁性体内部にも磁化電流が現れ，その面密度は

$$\boldsymbol{j}_M = \boldsymbol{\nabla} \times \boldsymbol{M} \tag{3}$$

で与えられる（例題 8）．

• $\boldsymbol{B}$ と $\boldsymbol{H}$ •　磁性体が存在する場合，$\nabla \times \boldsymbol{B} = \mu_0 \boldsymbol{j}$ という式に現れる $\boldsymbol{j}$ は，磁化電流も真電流（磁化とは無関係に存在している電流）も含む全電流である．しかし分極電荷の場合と同様，磁化電流も外から勝手に与えることのできない量なので，真電流（$\boldsymbol{j}_{\mathrm{t}}$ と記す）だけで表される方程式を書くのが便利である．実際，

$$\nabla \times \boldsymbol{B} = \mu_0(\boldsymbol{j}_{\mathrm{t}} + \boldsymbol{j}_M) = \mu_0 \boldsymbol{j}_{\mathrm{t}} + \mu_0 \nabla \times \boldsymbol{M}$$

だから

$$\mu_0 \boldsymbol{H} \equiv \boldsymbol{B} - \mu_0 \boldsymbol{M} \tag{4}$$

と $\boldsymbol{H}$ を定義すれば

$$\nabla \times \boldsymbol{H} = \boldsymbol{j}_{\mathrm{t}} \quad \text{あるいは} \quad \int_C H_l dl = I \tag{5}$$

（C は任意の閉曲線）．ここで I は C を貫く真電流の総量である．$\boldsymbol{B}$ と $\boldsymbol{H}$ を区別するときは，$\boldsymbol{B}$ を**磁束密度**（その積分が磁束 Φ），$\boldsymbol{H}$ を**磁場の強さ**と表現することもあるが，ここではどちらも**磁場**とよび，必要に応じて磁場 $\boldsymbol{B}$ あるいは磁場 $\mu_0 \boldsymbol{H}$ と記すことにする．$\mu_0 \boldsymbol{H}$ の物理的意味は次ページで説明する．

• **透磁率** •　物質中に生じる磁化 $\boldsymbol{M}$ は多くの場合，その点の磁場に比例する．それを

$$\boldsymbol{M} = \chi_m \boldsymbol{H} \tag{6}$$

で表し，χ_m を**帯磁率**（**磁化率**あるいは**磁気感受率**）とよび，無次元量である．$\boldsymbol{B}$ で表せば，式 (4) を使って

$$\mu_0 \boldsymbol{M} = \frac{\chi_m}{1 + \chi_m} \boldsymbol{B} \tag{7}$$

また

$$\boldsymbol{B} = \mu \boldsymbol{H}, \quad \mu = \kappa_m \mu_0, \quad \kappa_m = 1 + \chi_m \tag{8}$$

を得る．μ を**透磁率**，κ_m を**比透磁率**とよぶ．

通常の物質では χ_m の大きさは 10^{-3} から 10^{-5} といった小さな値であり，プラスの物質を**常磁性体**，マイナスの物質を**反磁性体**という．鉄のような**強磁性体**とよばれる物質では式 (6) のような単純な関係は成り立たず，$\boldsymbol{M}$ は過去にどのような値をもっていたかにも依存する（履歴依存性）．それでも近似的に式 (6) で表すとすれば，χ_m はたとえば 10^4 といった大きな値になる．ただし $\boldsymbol{M}$ はある大きさ以上にはならず，最大の大きさを**飽和磁化**とよぶ．

• **磁化による磁場** •　以上の式における $\boldsymbol{B}$ は外部磁場ではなく，$\boldsymbol{M}$ によって発生する磁場も含めた全磁場であることに注意（誘電体の場合の $\boldsymbol{E}$ と同様）．したがって問題を解く場合，たとえば磁化 $\boldsymbol{M}$ によって生じる磁場 $\boldsymbol{B}_M$ （これは磁性体の形状に依

存する）を $\boldsymbol{M}$ の関数として計算し，$\boldsymbol{B}=$ (外部磁場) $+\boldsymbol{B}_M$ と式 (7) を連立させて答を求める（ただし式 (5) が使える場合は $\boldsymbol{H}$ を最初に計算するのがよい）.

$\boldsymbol{B}_M$ は形状に依存するが，特に以下のケースが重要である（例題 7，問題 7.1, 7.2）. ただし以下に示すのは，$\boldsymbol{M}$ が一様な場合の磁性体内部の $\boldsymbol{B}_M$ である.

扁平な板 (磁化は表面に垂直)：　$\boldsymbol{B}_M=0$

細長い棒 (磁化は棒に平行)：　$\boldsymbol{B}_M=\mu_0\boldsymbol{M}$

球　　形：　$\boldsymbol{B}_M=2/3\mu_0\boldsymbol{M}$

• $\boldsymbol{H}$ と磁荷 •　式 (5) より，$\boldsymbol{H}$ は真電流の周りに渦巻くことがわかるが，$\boldsymbol{H}$ にはわき出しもある．まず

$$\nabla\cdot\boldsymbol{M}\equiv-\rho_M$$

と定義しよう．分極の場合の関係式 $\nabla\cdot\boldsymbol{P}=-\rho_P$ との比較からわかるように，磁気双極子を磁荷（N と S）の対と考えたとき，磁化によって生じる磁荷密度が ρ_M である. 磁化電流の場合と同じだが，実際に磁荷が存在しているということではなく，磁化の効果がそれと等価になるということである．そしてこれと $\boldsymbol{H}$ の定義式を使えば

$$\nabla\cdot\boldsymbol{H}=\rho_M$$

となる．つまり $\boldsymbol{H}$ （正確にいえば $\mu_0\boldsymbol{H}$) は，真電流の周りに渦巻き，磁性体内の磁荷からわき出す磁場とみなすことができる．磁性体を環状電流ではなく，このように磁荷によるものと考えると理解しやすい結果も多い.

• 不連続面における磁場の接続条件 •　比透磁率が κ_{m1}，κ_{m2} の二種類の磁性体の境界では，磁場に不連続が生ずる．これは，境界面に磁化による磁荷が分布するためと考えても，あるいは磁化電流が分布するためと考えても説明できる（問題 9.1）．境界面に平行な成分（t）および垂直な成分（n）に対する接続条件は

$$B_{1n}=B_{2n} \tag{9}$$

$$\boldsymbol{H}_{1t}=\boldsymbol{H}_{2t} \tag{10}$$

• 磁性体中の磁場のエネルギー •　回路を流れる電流 I による磁場の中に磁性体があるとする．回路を貫く磁束 Φ が変化するとき起電力がする仕事 $\delta A=I\delta\Phi$ は，空間全体にわたる積分に書きかえることができる.

$$\delta A=I\delta\Phi=\int\boldsymbol{H}\cdot\delta\boldsymbol{B}dV \tag{11}$$

$\delta\boldsymbol{B}$ に伴う磁性体の変化が可逆的であれば，仕事 δA は（自由）エネルギー U の増加 δU に等しい．特に $\boldsymbol{B}=\mu\boldsymbol{H}$ が成り立つときは，上の式を積分すれば

$$U=\frac{1}{2}I\Phi=\int\frac{1}{2}\boldsymbol{H}\cdot\boldsymbol{B}dV=\int\frac{1}{2\mu}\boldsymbol{B}^2dV \tag{12}$$

例題 7 **扁平な磁性体**

扁平な円形状の磁性体（高さ h，半径 a）が，軸方向に一様な強さ $\boldsymbol{M}$ で磁化されている．このとき磁化 $\boldsymbol{M}$ は，いかなる $\boldsymbol{B}_M$ および $\mu_0\boldsymbol{H}_M$ をつくるか．それぞれ磁化電流と磁荷による磁場だとして考えよ．そして $\mu_0\boldsymbol{H}_M = \boldsymbol{B}_M - \mu_0\boldsymbol{M}$ という関係が成り立っていることを確かめよ．ただし $\boldsymbol{M}$ によるもの以外の磁場はないものとし，また扁平なので，比率 h/a はほぼゼロと考えてよい．

解答 磁性体外部では 3.1 節の等価定理により，磁化電流は電気双極子層による電場，すなわち磁荷による磁場 $\mu_0\boldsymbol{H}$ と同じ形の磁場をつくる．外部では $\boldsymbol{M} = 0$ なのだから，$\boldsymbol{B}_M$ と $\mu_0\boldsymbol{H}_M$ が同じになるのは当然である．

磁性体内部の $\boldsymbol{B}_M$ は，外部の磁場をそのまま滑らかにつなげたものである．その大きさは外部の磁場から想定ができるが，これは平行板の外側の磁場なので，磁性体の形状が扁平な場合には，特に中央付近ではほとんどゼロになる（図 5.16（上））．扁平ならば中央は，周囲に流れる磁化電流から離れているので磁場が小さいと考えてもよい（線電流の作る磁場は距離に反比例するので，中央では (磁場) $\propto$ (全磁化電流)/(半径) $= \boldsymbol{M}h/a$ 程度であり，$h \ll a$ ならばほぼゼロである）．

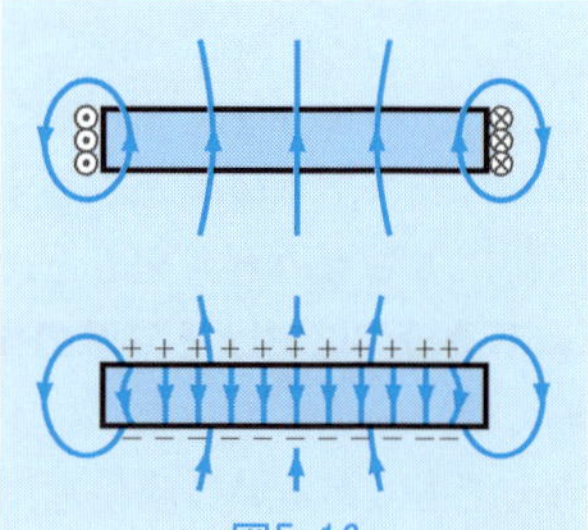
図5. 16

一方，$\mu_0\boldsymbol{H}_M$ は，円柱の両面の，面密度 $\sigma_M = \pm M$ の磁荷による磁場であり（図 5.16（下）），$\boldsymbol{H}_M = -\boldsymbol{M}$ である（平行平面の電荷の場合の $E = \sigma/\varepsilon_0$ に対応）．内部の $\boldsymbol{H}_M$ は外部とは逆向きなので，**反磁場**とよばれることもある．内部では $\boldsymbol{B}_M$ はほぼゼロなので，問題の関係式が成立している．

問 題

7.1 軸方向に一様に磁化した細長い円柱形の磁性体の内部では，$\boldsymbol{B}_M \fallingdotseq \mu_0\boldsymbol{M}, \mu_0\boldsymbol{H}_M \fallingdotseq 0$ となることを示せ．

7.2 直径 1 cm，長さ 10 cm の鉄の円柱を，軸方向に飽和まで磁化した．磁化電流密度および円柱の磁気モーメントはどれだけか．ただしこの鉄の飽和磁化は $\mu_0 M_\infty = 2$ T（テスラ）$= 20,000$ G（ガウス）とする

7.3♣ 一様に磁化した球形の磁性体の内部では $\boldsymbol{B}_M = \dfrac{2}{3}\mu_0\boldsymbol{M}$, $\mu_0\boldsymbol{H}_M = -\dfrac{1}{3}\mu_0\boldsymbol{M}$ となることを示せ．

7.4♣ 任意の形の磁性体の内部で $\boldsymbol{B}_M = \mu_0(\boldsymbol{H}_M + \boldsymbol{M})$ が成り立つことを示せ．

例題 8 **磁性体内部の磁化電流**

磁性体の磁化 $\boldsymbol{M}$ が場所によって変化しているときは，磁性体内部に電流密度 $\boldsymbol{j}_M = \boldsymbol{\nabla} \times \boldsymbol{M}$ の磁化電流が分布するとみなせることを示せ.

解答 磁化 $\boldsymbol{M}$ が z 方向を向く場合をまず考える．磁性体を辺の長さが $\Delta x, \Delta y, \Delta z$ の微小な直方体に分け，各直方体の内部では $\boldsymbol{M}$ は近似的に一定とみなす．最後に直方体の大きさをゼロにする極限をとれば，$\boldsymbol{M}(x,y,z)$ が連続的に変化する場合に帰着する．各直方体の側壁には，環状の磁化電流 $M_z \Delta z$ が流れる．一つの境界面には両側の直方体から反対向きの寄与があるが，$\boldsymbol{M}$ が直方体ごとに変化していれば両者は完全には打ち消さない．たとえば xz 平面に平行な一つの境界面をとると，そこには x 方向に

$$I_x = \Big\{ M_z(x, y+\Delta y, z) - M_z(x,y,z) \Big\} \Delta z = \frac{\partial M_z}{\partial y} \Delta y \Delta z$$

の磁化電流が流れる．また yz 平面に平行な境界面には，y 方向に

$$I_y = \Big\{ - M_z(x+\Delta x, y, z) + M_z(x,y,z) \Big\} \Delta z = -\frac{\partial M_z}{\partial x} \Delta x \Delta z$$

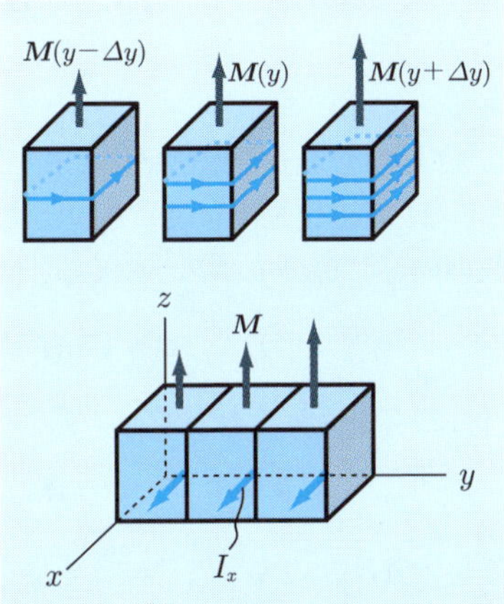

図5. 17

の電流が流れる．ここで直方体を小さくしていけば，境界面を流れる上記の電流が，面密度 $\partial M_z/\partial y$ および $-\partial M_z/\partial x$ で連続的に分布した磁化電流に移行することは明らかである．次に $\boldsymbol{M}$ が一般の方向を向く場合を考えると，これは

$$\boldsymbol{M}(x,y,z) = M_x(x,y,z)\boldsymbol{e}_x + M_y(x,y,z)\boldsymbol{e}_y + M_z(x,y,z)\boldsymbol{e}_z$$

のように，x, y, z 方向を向く $\boldsymbol{M}$ の重ね合わせとみなせるから，それぞれの成分に上と同じ考察をして，結果を重ね合わせれば，磁化電流密度

$$j_x^M = \frac{\partial M_z}{\partial y} - \frac{\partial M_y}{\partial z}, \quad j_y^M = \frac{\partial M_x}{\partial z} - \frac{\partial M_z}{\partial x}, \quad j_z^M = \frac{\partial M_y}{\partial x} - \frac{\partial M_x}{\partial y}$$

すなわち $\boldsymbol{j}_M = \boldsymbol{\nabla} \times \boldsymbol{M}$ が得られる.

問　題

8.1 $\boldsymbol{M} = \chi_m \boldsymbol{H}$ (χ_m は一定) が成り立つ磁性体の内部では，$\boldsymbol{M}$ が場所により変化していても，真電流が流れていない限り磁化電流密度 $\boldsymbol{j}_M$ はゼロであることを示せ.

例題 9 **磁場の屈折**

一様な磁場 $\boldsymbol{B}_0 \equiv \mu_0 \boldsymbol{H}_0$ の中に，比透磁率 κ_m（磁化率 χ_m）の磁性体の薄く幅が広い板をおく．板の内外の $\boldsymbol{B}$ と $\boldsymbol{H}$ を求め，その様子を図示せよ．板の法線と $\boldsymbol{B}_0$ のなす角を θ とする．

ヒント 誘電体の場合（例題 4）と同じく，一般の場合を考える前に，板が $\boldsymbol{B}_0$ と平行な場合および垂直な場合の磁場を求めておくと，見通しがよい．

解答 板の法線方向を x 方向とする．

(1) 板が $\boldsymbol{B}_0$ と平行な場合：$\boldsymbol{B}_0 = (0, B_0, 0)$．磁化 $\boldsymbol{M}$ は明らかに $\boldsymbol{B}_0$ 方向に生ずる．これは問題 7.1 の細長い円柱の場合と同じである．

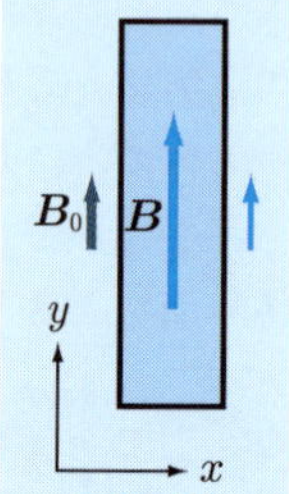

図5. 18

$\boldsymbol{M}$ のはたらきを磁化電流としてみると，板の表面を単位長さ当り $J = M$ の磁化電流が $\pm z$ 方向に流れ，ソレノイドの場合と同様に，板の内部に磁場 $\mu_0 \boldsymbol{M}$ をつくる．(3.2 節例題 8 参照)．したがって

$$\boldsymbol{B} = \boldsymbol{B}_0 + \mu_0 \boldsymbol{M} = \boldsymbol{B}_0 + \frac{\chi_m}{1+\chi_m}\boldsymbol{B} \qquad (*)$$

(p.122 の式 (8) を使った)．すなわち

$$\boldsymbol{B} = (1+\chi_m)\boldsymbol{B}_0 = \kappa_m \boldsymbol{B}_0$$

磁化電流は今の場合外部には磁場をつくらないので，板の外部 ($\kappa_m = 1$) では $\boldsymbol{B} = \boldsymbol{B}_0$ のままである．一方，定義式 (4) の $\mu_0 \boldsymbol{H} = \boldsymbol{B} - \mu_0 \boldsymbol{M}$ と $(*)$ より，板の内外で

$$\mu_0 \boldsymbol{H} = \boldsymbol{B}_0 \ (= \mu_0 \boldsymbol{H}_0)$$

板の端が遠方にあれば磁荷の効果は無視できるので，これは当然である．

(2) 板が $\boldsymbol{B}_0$ と垂直な場合：$\boldsymbol{B}_0 = (B_0, 0, 0)$．これは例題 7 の扁平な円柱の場合と同じである．磁化 $\boldsymbol{M}$ は再び $\boldsymbol{B}_0$ 方向（x 方向）に生ずる．今度は磁化電流の効果は無視でき，(板の縁付近を除き) 板の内外で

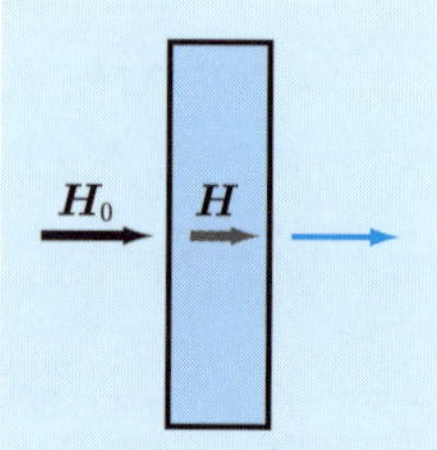

図5. 19

$$\boldsymbol{B} = \boldsymbol{B}_0$$

したがって板内部では

$$\mu_0 \boldsymbol{M} = \frac{\chi_m}{1+\chi_m}\boldsymbol{B}_0$$

なので

$$\mu_0 \boldsymbol{H} = \boldsymbol{B}_0 - \mu_0 \boldsymbol{M} = \frac{1}{1+\chi_m}\boldsymbol{B}_0 = \frac{1}{\kappa_m}\boldsymbol{B}_0$$

つまり $\boldsymbol{H} = \boldsymbol{H}_0/\kappa_m$．磁化による反磁場（例題 7 参照）と $\boldsymbol{B}_0$ が打ち消し合うので，特に χ_m (κ_m) が大きい場合，板内部での $\boldsymbol{H}$ は非常に小さくなる．板の外では $\boldsymbol{H} = \boldsymbol{H}_0$．

(3) 一般の場合：$\boldsymbol{B}_0 = (B_0 \cos\theta, B_0 \sin\theta, 0)$．上の (2) および (1) において，$\boldsymbol{B}_0 = (B_0, 0, 0)$ および $\boldsymbol{B}_0 = (0, B_0, 0)$ の場合の $\boldsymbol{B}, \boldsymbol{H}$ を求めてあるので，その結果にそれぞれ重み $\cos\theta, \sin\theta$ をかけて和をとれば，いまの場合の磁場が求まる．すなわち，板の内部の $\boldsymbol{B}, \boldsymbol{H}$ は

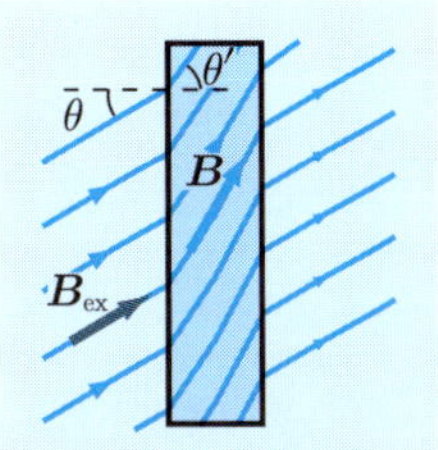

図5. 20

$$\boldsymbol{B} = (B_0 \cos\theta, \kappa_m B_0 \sin\theta, 0)$$

$$\boldsymbol{H} = \left(\frac{1}{\kappa_m} H_0 \cos\theta, H_0 \sin\theta, 0\right) = \frac{1}{\kappa_m \mu_0} \boldsymbol{B}$$

と得られる．板の外では $\boldsymbol{B} = \boldsymbol{B}_0$ $(\boldsymbol{H} = \boldsymbol{H}_0)$ のままである（板の表面で磁場の接続条件が成り立っていることを確かめよ）．内部の $\boldsymbol{B}$ が x 方向となす角を θ' とすれば

$$\tan\theta' = \kappa_m \tan\theta$$

特に板が強磁性体の場合には $\kappa_m \gg 1$ であるから，磁力線は板の内部では表面とほとんど平行に走ることがわかる（図 5.20 は $\kappa_m \approx 3$ として描いてあるが，そのような磁性体は実在しないので概念図にすぎない）．$\boldsymbol{B}$ の大きさは

$$B = \sqrt{1 + (\kappa_m^2 - 1)\sin^2\theta}\, B_0$$

である．なお磁化 $\boldsymbol{M}$ は上の $\boldsymbol{H}$ から $\boldsymbol{M} = \chi_m \boldsymbol{H}$ で決まり，それに伴う板表面での磁化電流密度 J および磁極面密度 σ_M は

$$J = \pm M \sin\theta', \quad \sigma_M = \pm M \cos\theta'$$

である．

注意　上では $\boldsymbol{B}$ と $\boldsymbol{M}$ から $\boldsymbol{H}$ を求めたが，その逆もできる．$\boldsymbol{B} = \mu_0 \kappa_m \boldsymbol{H}$ を使えば $\boldsymbol{M}$ は必要なくなるが，直観的描像は得にくい．

問　題

9.1　二種類の磁性体が接している境界面では，$\boldsymbol{B}$ の法線方向成分および $\boldsymbol{H}$ の接線方向成分が連続であることを示せ．また境界面の両側の比透磁率を κ_{m1}, κ_{m2} とし，$\boldsymbol{B}$ が境界面の法線となす角を θ_1, θ_2 とすれば，磁力線は屈折の法則

$$\frac{1}{\kappa_{m1}} \tan\theta_1 = \frac{1}{\kappa_{m2}} \tan\theta_2$$

に従うことを示せ．

ヒント　磁化に対する二つの見方それぞれでは，境界に磁荷あるいは磁化電流が分布するとみなす．どちらの見方からも上の接続条件を導くことができる．

9.2♣　一様な磁場 $\boldsymbol{B}_0$ の中に比透磁率 κ_m，半径 a の磁性体の球をおくとき，球の内外にできる磁場を求めよ．$\kappa_m \gg 1$ のときは球は周囲の磁力線を“ひきよせる”ことを示せ．

ヒント　例題 6 との類推により，球内に一様な磁化 $\boldsymbol{M}$ が生ずるものと仮定してみよ．

例題 10　　**磁気回路**

(1)　平均円周 l，断面積 S のドーナツ状の鉄心に，導線を一様に N 回巻く．この**トロイダルコイル**に電流 I を流すときの，$\boldsymbol{H}, \boldsymbol{M}, \boldsymbol{B}$ を求めよ．ただし鉄の比透磁率を κ_m とする．

(2)　導線を鉄心の一部分にまとめて巻いた場合には，上の結果はどう変わるか．

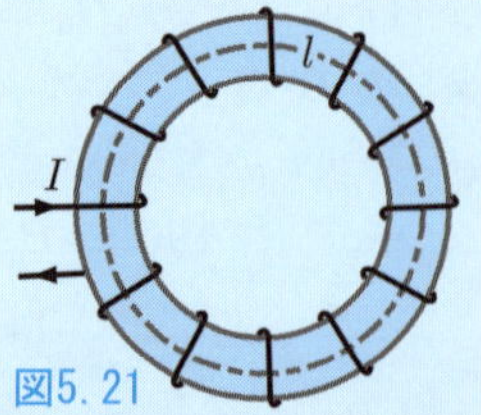

図5. 21

解答　(1)　トロイダルコイルに流れる電流 I は，コイルの巻線が密であれば外部には磁場をつくらず，内部にはコイルを一周する向きの磁場 $\boldsymbol{B}$ をつくる．断面積が大きくなければ $\boldsymbol{B}$ も $\boldsymbol{H}$ も断面内でほぼ一様である．真電流がわかっているのだから，磁性体中のアンペールの法則

$$\oint_C H dl = NI$$

より $H = NI/l$ が得られ，

$$B = \mu H = \frac{\mu NI}{l}$$
$$M = \chi_m H = \frac{\chi_m NI}{l}$$

となる $(\mu = \mu_0 \kappa_m = \mu_0(1 + \chi_m))$．

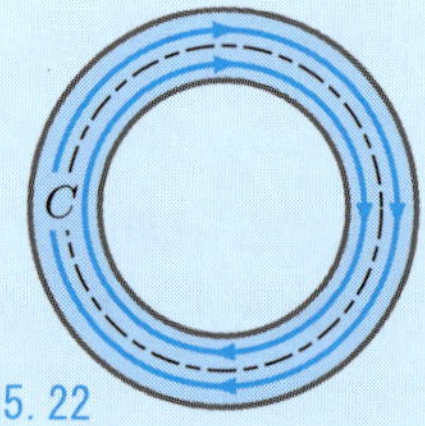

図5. 22

(2)　導線を一ヵ所に巻いた場合には，電流がつくる磁場 $\boldsymbol{B}_0$ は鉄心を無視すると図 5.23 のような形になり，その中に鉄心をおいた場合の磁場を求める問題になる．ところで例題 9 で見たように，外部磁場 $\boldsymbol{B}_0$ の中に鉄の板あるいは棒をおくと，$\boldsymbol{B}_0$ のうち棒と垂直な成分は棒の内部でも変わらないが，棒と平行な成分は κ_m 倍となり，$\kappa_m \gg 1$ であるから棒の内部の $\boldsymbol{B}$ は棒とほとんど平行になる．そこで今の問題でも，鉄心の中の $\boldsymbol{B}$ は概念的に描けば図 5.24 のようになり，大多数の磁力線は鉄心から外に出ずに鉄心を一周するであろう．いいかえれば，鉄心中を通る磁束 Φ は，どの断面でみてもほとんど一定であろう．

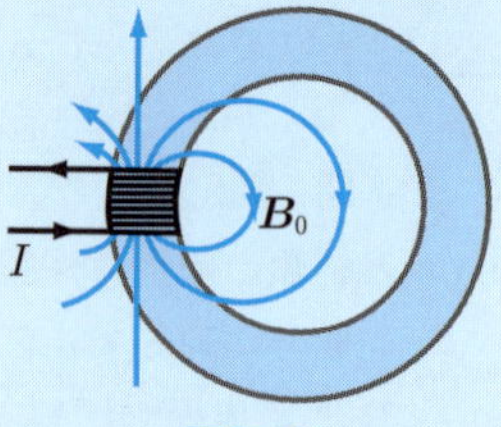

図5. 23

このような問題で $\boldsymbol{B}$ を厳密に計算することは難しいが，上に説明したように鉄心からの磁束の洩れを無視することは，かなりよい近似と思われるので，その近似の範囲で $\boldsymbol{B}$ を求めてみる．まず一般の場合を考え，アンペールの法則を

$$NI = \oint_C H_l dl = \oint_C \frac{B_l}{\mu} dl = \oint_C \frac{\Phi}{\mu S} dl$$

と変形する．ここで $\Phi = B_l S$ は断面を通る磁束である．上の式で，断面積 S および H_l, B_l は，道 C の上で一定である必要はないことに注意してほしい．ここで C に沿って磁束 Φ は一定であると近似すれば，Φ は積分の外に出せて，上式は

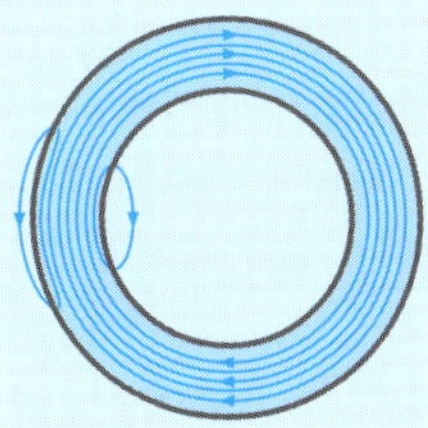
図5.24

$$NI = \Phi R_m, \quad R_m \equiv \oint_C \frac{dl}{\mu S} \qquad (*)$$

となり，これからただちに Φ が求まる．

今の問題では S は C に沿って一定であるから，$\Phi = BS, R_m = l/\mu S$ で，これから

$$B = \frac{\mu NI}{l}$$

と得られる．これは (1) の結果と同じで，上の近似の範囲内では鉄心内の B は導線の巻き方によらないことがわかった．

上の (*) 式を見ると，ここの取り扱いが電気回路の場合と完全に対応していることがわかる．$\boldsymbol{B} = \mu \boldsymbol{H}$ と $\boldsymbol{j} = \sigma \boldsymbol{E}$ も対応させると下表を得る．この意味で，この近似法を**磁気回路の方法**とよぶ．電気回路の場合との差は，電気回路では導体の外では $\sigma = 0$ で電流が導体から外へ出ることはないのに対し，磁気回路では，鉄心の外の透磁率 μ_0 は $\mu_0 \ll \mu$ ではあるが $\mu_0 = 0$ ではないので，磁束の洩れを無視するのは近似に過ぎないという点である．

磁気回路		電気回路	
起磁力	NI	起電力	$\mathscr{E}$
磁　場	$\boldsymbol{H}$	電　場	$\boldsymbol{E}$
磁束密度	$\boldsymbol{B}$	電流密度	$\boldsymbol{j}$
磁　束	Φ	電　流	I
透磁率	μ	電気伝導度	σ
磁気抵抗	R_m	電気抵抗	R

問　題

10.1 上の例題で，$l = 1\,\mathrm{m}$，$I = 1\,\mathrm{A}$，$N = 1000$，$\kappa_m = 500$ とするとき，H および B の値はどれだけか．

10.2 鉄心中の B を測定するには，どのような方法を用いればよいか．

例題 11 **隙間のある磁気回路 (1)**

例題 10 のトロイダルコイルの鉄心に，幅 δ（$\delta \ll l$，l は鉄心の平均の長さ）の隙間をつくる．$\boldsymbol{B}$ の大きさを近似的に計算し，δ にどう依存するかをみよ．

ヒント 磁束の鉄心からの洩れは無視し，また隙間でも $\boldsymbol{B}$ の存在する領域が広がらないとすれば，磁気回路の近似で $\boldsymbol{B}$ を計算することができる．

解答 磁力線には端が無いから，鉄心中と隙間で磁束は等しい．ヒントに述べた仮定をすれば $\boldsymbol{B}$ が存在する領域の断面積は一定であるから，$\boldsymbol{B}$ の大きさが鉄心中と隙間で等しいことになる．

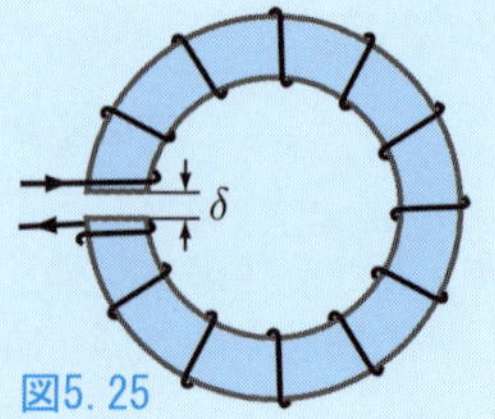

図5. 25

鉄心中および隙間における $\boldsymbol{H}$ の大きさをそれぞれ H および H_{gap} と表せば，$B = \mu H = \mu_0 H_{\text{gap}}$ の関係があるから，磁気回路を一周する道に沿ったアンペールの法則は

$$NI = lH + \delta H_{\text{gap}} = \left(\frac{l}{\mu} + \frac{\delta}{\mu_0}\right) B$$

これより $B = \dfrac{\mu NI}{l + \kappa_m \delta}$ を得る．ただし $\kappa_m = \dfrac{\mu}{\mu_0}$．したがって $\kappa_m \delta \ll l$ であれば，B は隙間が無いときの値に一致するが，κ_m は 10^3 のけたの値をもつので $\kappa_m \delta \gg l$ となる場合がむしろ普通で，そのときは $B \fallingdotseq \mu_0 NI/\delta$ で，B は κ_m の値に近似的によらなくなる．ただし δ が大きいときは，磁束の洩れが大きく，上の近似が悪くなる．

問　題

11.1 上の例題で $\delta = 5\,\text{mm}$ とし，他の数値は問題 10.1 のものを用いて，B を計算せよ．

11.2 磁化 $\boldsymbol{M}$ の効果を磁荷で表す見方および磁化電流で表す見方のそれぞれから，上の例題の結果を，例題 10 の (1) にならい初等的に求めてみよ．

11.3♣ 楕円体 $\dfrac{x^2}{a^2} + \dfrac{y^2}{b^2} + \dfrac{z^2}{c^2} = 1$ の形をもつ磁性体の試料に，x 方向の一様な外部磁場 $\boldsymbol{B}_0$ を加える．このとき試料中には $\boldsymbol{B}_0$ 方向の一様な磁化 $\boldsymbol{M}$ が生じ，それによる磁荷分布が試料内部につくる磁場 $\boldsymbol{H}_M$（反磁場）も一様で，$\boldsymbol{H}_M = -A\boldsymbol{M}$ なる形をもつ（A を主軸 x 方向の**反磁場係数**とよぶ）．磁性体の帯磁率を χ_m とするとき，磁性体内部の $\boldsymbol{B}$ と外部磁場 $\boldsymbol{B}_0$ の関係を A により表せ．特に強磁性体の回転楕円体 ($b = c$) について，上の関係を詳しく調べよ．

注意 他の二つの主軸の方向（y, z 方向）に対しても上と同様に反磁場係数 B, C を定義すれば，$A + B + C = 1$ の関係がある．A, B, C の具体的な形は，$A = \dfrac{1}{2}abc\displaystyle\int_0^\infty \frac{du}{(u+a^2)\sqrt{D}}$，$D = (u+a^2)(u+b^2)(u+c^2)$ 等の積分で表される．

例題 12 **隙間のある磁気回路 (2)**

(1) 例題 11 の隙間をもつ磁気回路の巻線に電流 I を流す．電流のエネルギー（すなわち磁場のエネルギー）はどれだけか．またこのエネルギーは鉄心中と隙間にどのような割合で分布するか．

(2) 隙間の両側の鉄心が及ぼし合う力を，仮想仕事の方法により求めよ．

解答 (1) $\boldsymbol{B}$ の大きさは鉄心中と隙間で等しく，$B = \dfrac{\mu_0 NI}{\delta + (l/\kappa_m)}$ であった．磁束は $\Phi = BS$（S は鉄心の断面積）で，電流回路と交わる全磁束 $N\Phi$ を $N\Phi = LI$ とおくと，

$$L = \frac{\mu_0 N^2 S}{\delta + (l/\kappa_m)}$$

である．磁場のエネルギーはこの L により

$$U = \frac{1}{2}N\Phi I = \frac{1}{2}LI^2$$

と与えられる．鉄心および隙間に分布するエネルギーは，エネルギー密度 $\dfrac{1}{2\mu}B^2$ にそれぞれの体積をかけ

$$U_{\text{鉄心}} = \frac{Sl}{2\mu_0\kappa_m}B^2, \quad U_{\text{隙間}} = \frac{S\delta}{2\mu_0}B^2$$

と得られる（両者の和が上の U に一致することは容易にわかる）．比は $l : \kappa_m\delta$ であるから，$l \ll \kappa_m\delta$ であればほとんどのエネルギーは隙間に分布する．

(2) 求める力を F とする．外力 $-F$ を加えて隙間を仮想的に $d\delta$ だけ広げるときの U の増し高を dU とすれば，$dU = -Fd\delta$ である．ただし 4.2 節の例題 10 で注意したように，この仮想変位は「$\Phi =$ 一定」の条件で行う必要がある．したがって

$$F = -\frac{\partial U}{\partial \delta} = -\frac{\partial}{\partial \delta}\left(\frac{(N\Phi)^2}{2L}\right) = -\frac{1}{2}(N\Phi)^2\frac{\partial}{\partial \delta}\left(\frac{1}{L}\right) = -\frac{1}{2\mu_0}B^2 S$$

$-$ は F が δ と反対向き，すなわち引力を意味する．なお 4.2 節の問題 10.3 によれば，「$I =$ 一定」の条件で仮想変位を行って F を求める場合は

$$F = +\left(\frac{\partial U}{\partial \delta}\right)_{I=\text{一定}} = \frac{\partial}{\partial \delta}\left(\frac{1}{2}LI^2\right) = \frac{I^2}{2}\frac{\partial L}{\partial \delta}$$

で，計算をしてみれば上の結果と一致することがすぐわかる．

問 題

12.1 上の例題の力 F を，(1) 鉄心の表面に現れる磁荷にはたらく力，(2) マクスウェルの応力，の二つの見方で求めよ．

12.2 問題 11.1 の数値の場合，磁荷間の力は $1\,\mathrm{cm}^2$ 当り何 N か．

例題 13♣ **棒にはたらく磁気力**

図 5.26 のように z 軸に関し軸対称な磁場がある．z 軸上における $\boldsymbol{B}$ の大きさを $B_{\mathrm{ex}}(z)$ とする．いま z 軸上に常磁性体または反磁性体の細長い棒をおくとき，この棒が磁場から受ける力を求めよ．ただし棒の断面積を S，上端の位置を z_0 とし，棒は十分に長くて下端における B は無視できるほど弱いものとする．磁性体およびその周囲の空気の帯磁率（磁化率）を，それぞれ χ_m および χ_a とする．

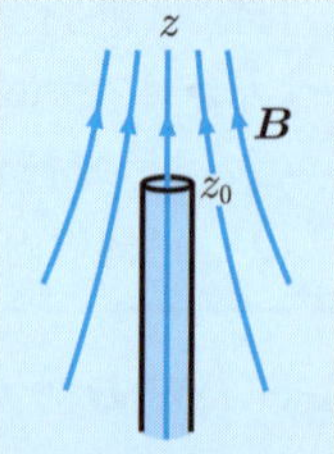

図5. 26

ヒント 表面の磁化電流に磁場が及ぼす力を計算する．常磁性体および反磁性体では χ_m は非常に小さいので，すべての量は χ_m について一次まで計算すれば十分である．

解答 棒の半径を a とする．座標 z の所の棒の表面の磁場を $\boldsymbol{B}$ とすれば，表面における磁化の不連続は $\boldsymbol{M} = \dfrac{1}{\mu_0}(\chi_m - \chi_a)\boldsymbol{B}$ で，これから表面の磁化電流

$$J(z) = M_z(z, a) = \frac{1}{\mu_0}(\chi_m - \chi_a)B_z(z, a)$$

が生ずる．$\boldsymbol{B}$ の ρ 方向（z 軸と垂直な方向）の成分を $B_\rho(z, a)$ とおけば $(B_\rho < 0)$，z と $z + dz$ の間を流れる磁化電流 $J(z)dz$ にはたらく力 dF は，z 方向に

$$dF = -2\pi a B_\rho(z, a) J(z) dz$$

である．3.3 節問題 12.1 によれば，a が小さいとき，$B_\rho(z, a)$ は z 軸上の磁場 $B_z(z)$ により $B_\rho(z, a) \fallingdotseq -\dfrac{\partial B_z}{\partial z}\dfrac{a}{2}$ と表されるので，

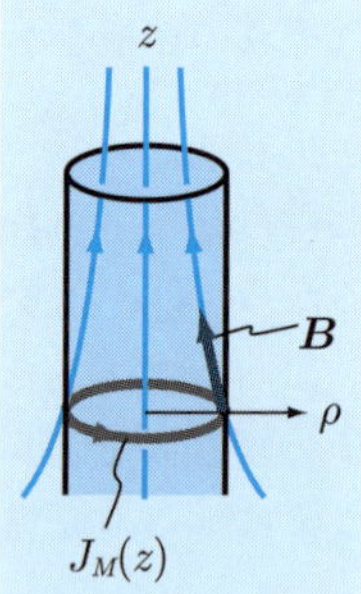

図5. 27

$$dF \fallingdotseq \frac{\chi_m - \chi_a}{\mu_0}\pi a^2 \frac{\partial B_z}{\partial z} B_z dz = \frac{\chi_m - \chi_a}{2\mu_0}\pi a^2 \frac{\partial B_z^2}{\partial z} dz$$

（上の $J(z)$ の式で $B_z(z, a) \fallingdotseq B_z(z)$ と近似した）．したがって磁化電流にはたらく力の合力は

$$F = \int^{z_0} \frac{dF}{dz} dz = \frac{\chi_m - \chi_a}{2\mu_0} B_z(z_0)^2 S$$

となる（積分の下限では $\boldsymbol{B} = 0$ に注意）．

問 題

13.1♣ 上の例題の磁性体にはたらく力 F を，磁性体表面に現れる磁荷に磁場が及ぼす力として計算せよ．

13.2♣ 上の例題において，磁場 $\boldsymbol{B}_{\mathrm{ex}}$ が真電流 I によってつくられていると考え，「$I =$ 一定」の条件の下で仮想仕事の方法を適用して計算せよ．

例題 14♣ **$\boldsymbol{B}$ と $\mu_0\boldsymbol{H}$ の違い**

磁性体の磁化 $\boldsymbol{M}$ は，ミクロな磁気双極子（分子・原子・電子）の集まりである．121 ページに説明したように，磁気双極子に対する二つの見方に対応して，磁化のはたらきはマクロな磁荷分布あるいは磁化電流分布で代表される．それぞれの場合に磁化がつくる磁場が $\mu_0\boldsymbol{H}_M$ および $\boldsymbol{B}_M$ で，両者には磁性体中では $\boldsymbol{B}_M - \mu_0\boldsymbol{H}_M = \mu_0\boldsymbol{M}$ だけの差がある．ところが一方，磁気双極子を正負の磁荷の配列あるいは環状電流のどちらと見ても，磁気モーメントさえ等しければ，双極子から離れた所にできる磁場は同一である．磁気双極子がミクロならば磁荷間の距離あるいは環状電流の面積は無限小であるから，どちらの見方をとっても磁場はいたるところで等しいはずである．磁化がつくる磁場は，磁気双極子の集まりがつくる磁場をマクロな領域で平均したものであるから，$\boldsymbol{B}_M$ と $\mu_0\boldsymbol{H}_M$ に差がでるはずはないと思われる．この矛盾をどう説明するか．

解答 大きさが無限小の磁気双極子というのは描象的な極限であって，物理的には，正負の磁荷 $\pm q_m$ の距離 δ，あるいは環状電流 I の面積 S が，微小ではあるが有限な大きさを持つ場合を考えなければならない．原点にある磁気モーメント $\boldsymbol{m}$ の磁気双極子が，正負の磁荷からなる場合にできる磁場を $\mu_0\boldsymbol{h}(\boldsymbol{r})$，環状電流からなる場合にできる磁場を $\boldsymbol{b}(\boldsymbol{r})$ で表す．$\mu_0\boldsymbol{h}(\boldsymbol{r})$ と $\boldsymbol{b}(\boldsymbol{r})$ の一つの大きな差は，$\mu_0\boldsymbol{h}(\boldsymbol{r})$ は磁荷 $\pm q_m$ の所に磁束 $\pm\mu_0 q_m$ のわき出しをもつのに対し，電流による磁場 $\boldsymbol{b}(\boldsymbol{r})$ はどこにもわき出しをもたないことである．したがって $\boldsymbol{b}(\boldsymbol{r}) - \mu_0\boldsymbol{h}(\boldsymbol{r}) \equiv \boldsymbol{b}_1(\boldsymbol{r})$ は，$-q_m$ から $+q_m$ へ向かう磁束 $\mu_0 q_m$ の流れのはずである．S を小さくする極限では，$\boldsymbol{b}_1(\boldsymbol{r})$ は $-q_m$ から $+q_m$ への直線の上だけを流れるとみてよい．すなわち，z 軸を磁気モーメント $\boldsymbol{m}$ の方向にとれば

$$\boldsymbol{b}_1(\boldsymbol{r}) = \begin{cases} \mu_0 q_m \delta(x)\delta(y)\boldsymbol{e}_z & (|z| \leqq \delta/2) \\ 0 & (|z| > \delta/2) \end{cases}$$

実際，$\displaystyle\int dxdy\delta(x)\delta(y) = 1$ であるから，$\boldsymbol{b}_1(\boldsymbol{r})$ の面積分は $\displaystyle\int b_{1z}(\boldsymbol{r})dxdy = \mu_0 q_m$ で，

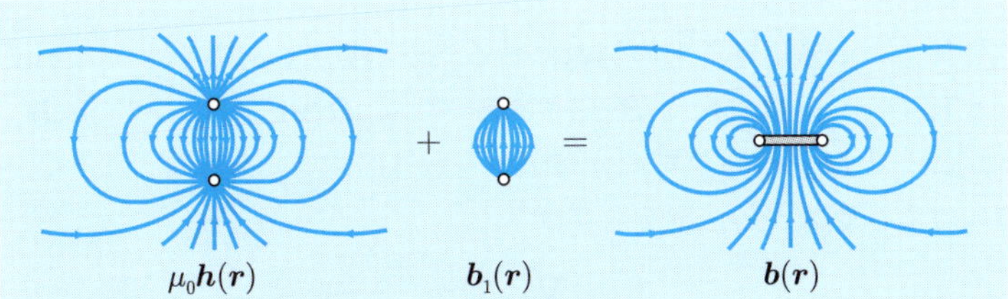

図5. 28

磁束 $\mu_0 q_m$ をもつことがわかる．ここでさらに $\delta \to 0,\ q_m \to m/\delta$ の極限をとれば，序章のデルタ関数の定義 (14) により

$$\boldsymbol{b}_1(\boldsymbol{r}) = \mu_0 m\delta(z)\delta(x)\delta(y)\boldsymbol{e}_z = \mu_0\delta^3(\boldsymbol{r})\boldsymbol{m}$$

となる．すなわち

$$\boldsymbol{b}(\boldsymbol{r}) = \mu_0\boldsymbol{h}(\boldsymbol{r}) + \mu_0\boldsymbol{m}\delta^3(\boldsymbol{r}) \qquad (*)$$

で，$\boldsymbol{b}(\boldsymbol{r})$ と $\mu_0\boldsymbol{h}(\boldsymbol{r})$ は原点以外では一致するが，原点ではデルタ関数的な差をもつことがわかる．この例題に述べられている矛盾はこの差を無視したため生じたことが，次のようにして示せる．

磁性体の単位体積中に含まれる磁気双極子の数を $n(\boldsymbol{r})$ とし，簡単のためすべての磁気モーメントが同じ方向を向くとすれば，磁化は $\boldsymbol{M}(\boldsymbol{r}) = \boldsymbol{m}n(\boldsymbol{r})$ である．この磁気双極子の分布によってできる磁場は

$$\boldsymbol{B}(\boldsymbol{r}) = \int \boldsymbol{b}(\boldsymbol{r}-\boldsymbol{r}')n(\boldsymbol{r}')dV', \quad \mu_0\boldsymbol{H}(\boldsymbol{r}) = \int \mu_0\boldsymbol{h}(\boldsymbol{r}-\boldsymbol{r}')n(\boldsymbol{r}')dV'$$

で，ここで上の関係 (*) を用いれば，ただちに

$$\boldsymbol{B}(\boldsymbol{r}) - \mu_0\boldsymbol{H}(\boldsymbol{r}) = \mu_0\boldsymbol{M}(\boldsymbol{r})$$

が得られる．$\boldsymbol{b}(\boldsymbol{r})$ と $\mu_0\boldsymbol{h}(\boldsymbol{r})$ はほとんどいたるところで等しいにもかかわらず，$\boldsymbol{B}(\boldsymbol{r})$ と $\mu_0\boldsymbol{H}(\boldsymbol{r})$ に有限の差ができることに注意してほしい．

問　題

14.1♣ 上で得られた関係 (*) をみたすような，$\boldsymbol{b}(\boldsymbol{r})$ および $\mu_0\boldsymbol{h}(\boldsymbol{r})$ のそれぞれを表す式を求めよ．

ヒント　$\boldsymbol{b}(\boldsymbol{r})$ と $\mu_0\boldsymbol{h}(\boldsymbol{r})$ は原点以外では等しく，その形は双極子の磁場

$$\boldsymbol{b}_{\mathrm{d}}(\boldsymbol{r}) = \frac{\mu_0}{4\pi}\frac{1}{r^3}\left(3(\boldsymbol{m}\cdot\widehat{\boldsymbol{r}})\widehat{\boldsymbol{r}} - \boldsymbol{m}\right)$$

で与えられる．この式は $r=0$ では不定である．いまはまさに $r=0$ における磁場の形を問うているのである．このような問題を考える一つの手段として，$r>a$ では磁場が $\boldsymbol{b}_{\mathrm{d}}(\boldsymbol{r})$ に一致し，$r<a$ でもいたるところで有限な磁場を与えるような電流分布および磁荷分布をさがしてきて，その磁場の $a \to 0$ の極限をみる方法がある．いかなる分布を考えればよいか．

14.2♣ 磁性体中の全磁場は，上の例題にある二つの見方のどちらをとるかにより，それぞれ $\boldsymbol{B}(\boldsymbol{r}) = \boldsymbol{B}_{\mathrm{ex}}(\boldsymbol{r}) + \boldsymbol{B}_M(\boldsymbol{r})$ あるいは $\mu_0\boldsymbol{H}(\boldsymbol{r}) = \boldsymbol{B}_{\mathrm{ex}}(\boldsymbol{r}) + \mu_0\boldsymbol{H}_M(\boldsymbol{r})$ である．ここで $\boldsymbol{B}_{\mathrm{ex}}(\boldsymbol{r})$ は真電流分布がつくる外部磁場である．ところで，磁性体中における電磁誘導の法則を表す式

$$\nabla \times \boldsymbol{E} = -\frac{\partial \boldsymbol{B}}{\partial t}$$

の右辺に現れる磁場は，$\boldsymbol{B}$ であって $\mu_0\boldsymbol{H}$ ではない．その理由を考えよ．

問題解答

第1章の解答

1.1　直線上にわき出しが一様に分布している場合の流れと同じであるから，電場は直線から直角に，軸対称に出る．直線からの距離 ρ の点の電場の大きさを $E(\rho)$ とする．直線を軸とし，半径 ρ，高さ1の円筒面を考えると，これから外へ出る電束 $2\pi\rho\varepsilon_0 E(\rho)$ が円筒内の電荷 λ に等しい．ゆえに

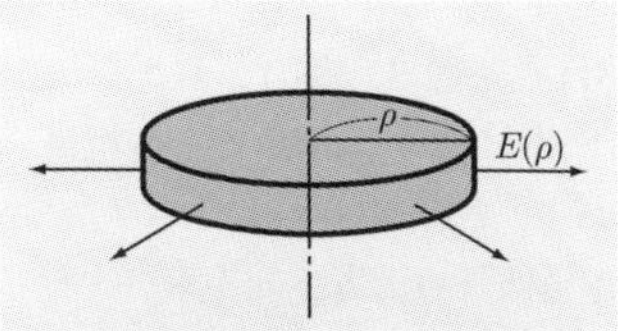

$$E(\rho) = \frac{1}{2\pi\varepsilon_0}\frac{\lambda}{\rho}$$

1.2　電場は円筒の軸に関し軸対称である．円筒内に吸いこみがないので，電場は軸対称な形で円筒内へ向かうことはできない．したがって円筒内には電場はない．円筒表面に単位面積を考えると，これから電束 σ が面と垂直に外へ向かう．軸からの距離 ρ の点では電気力管の断面積は ρ/a 倍に広がるので，$\varepsilon_0 E(\rho)\rho/a = \sigma$，すなわち

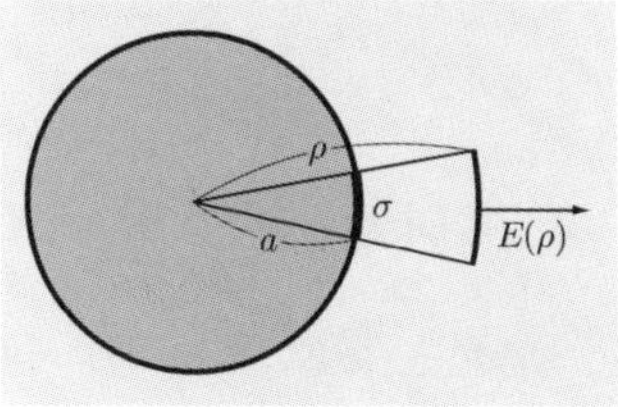

$$E(\rho) = \frac{1}{\varepsilon_0}\frac{a\sigma}{\rho} \quad (\rho > a)$$

円筒の（軸方向の）単位長さ当りに分布する全電荷を $2\pi a\sigma \equiv \lambda$ とおけば，

$$E(\rho) = \frac{1}{2\pi\varepsilon_0}\frac{\lambda}{\rho} \quad (\rho > a)$$

で，問題1.1の直線上の電荷分布がつくる電場と同じ形になる．

2.1　球を薄い球殻の和と考える．中心からの距離 r の点Pにおける電場は，各球殻がつくる電場の重ね合わせで，各球殻は例題1の球面とみなしてよい．Pが球外にあるときは，Pは全球殻の外にあり，したがって電場は全電荷Qが中心に集中したときの電場に等しい．すなわち

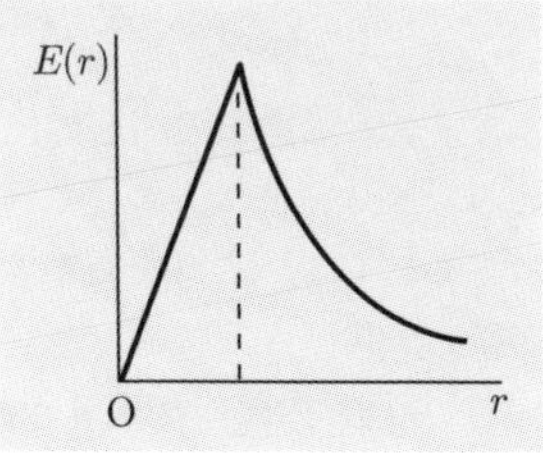

$$\boldsymbol{E}(\boldsymbol{r}) = \frac{1}{4\pi\varepsilon_0}\frac{Q}{r^2}\hat{\boldsymbol{r}} \quad (r \geqq a)$$

Pが球内にあるとき $(r < a)$ は，半径が r より大きい球殻はPに電場をつくらず，半径が r より小さい球殻は，その全電荷 $(r/a)^3 Q$ が中心に集中した場合と同じ電場をPにつくる．すなわち

$$\boldsymbol{E}(\boldsymbol{r}) = \frac{1}{4\pi\varepsilon_0}\frac{1}{r^2}\left(\frac{r}{a}\right)^3 Q\hat{\boldsymbol{r}} = \frac{Q}{4\pi\varepsilon_0}\frac{r}{a^3}\hat{\boldsymbol{r}} = \frac{Q}{4\pi\varepsilon_0 a^3}\boldsymbol{r} \quad (r \leqq a)$$

2.2 円柱を，軸が共通の薄い円筒面の集りとみなす．各円筒面がつくる電場は問題 1.2 で求めてあるので，それを重ね合わせればよい．場を求める点 P の中心軸からの距離を ρ とする．P が円柱の外部にあれば，各円筒面は直線電荷と同じ電場を P につくるので，電場の大きさは，全電荷が直線上に集中しているときの値

$$E(\rho) = \frac{1}{2\pi\varepsilon_0}\frac{\lambda}{\rho} \quad (\rho \geqq a)$$

に等しい．P が円柱の内部にあるときは，半径が ρ より大きい円筒面は P に電場をつくらず，半径が ρ より小さい円筒面は再び直線電荷と同じ電場をつくるので，それを重ね合わせれば，P の電場は，線密度 $(\rho^2/a^2)\lambda$ の直線電荷による電場と同じになり，

$$E(\rho) = \frac{1}{2\pi\varepsilon_0\rho}\frac{\rho^2}{a^2}\lambda = \frac{\lambda}{2\pi\varepsilon_0}\frac{\rho}{a^2} \quad (\rho \leqq a)$$

3.1 例題 3 の図 1.9 において，$n > 2$ ならば，点 P に近い面要素 dS からの電場 dE が，遠い面要素 dS' からの電場 dE' より大きい．したがって合成電場は斜め下方を向くが（$\sigma > 0$ のとき），球面全体から寄与を加えると，点 P には中心に向く電場ができる．逆に $n < 2$ ならば，外向きの電場ができる．

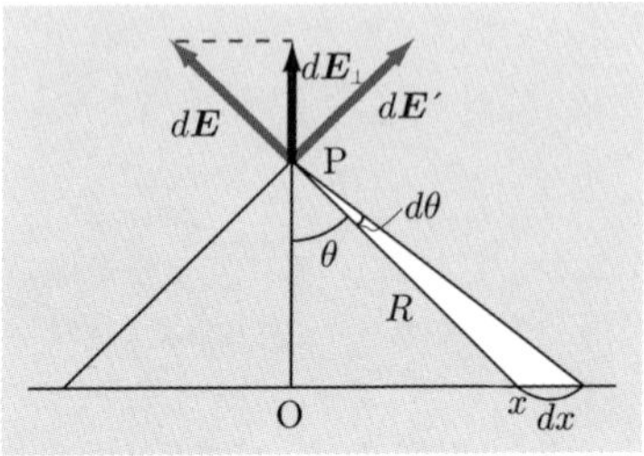

3.2 帯電した直線を x 軸にとり，場を求める点 P から直線に下ろした垂線の足を原点とする．直線上の線要素 dx にある電荷 λdx が P につくる電場を $d\boldsymbol{E}$ で表せば，直線と垂直な方向の $d\boldsymbol{E}$ の成分は $dE_\perp = \dfrac{\lambda dx}{4\pi\varepsilon_0}\dfrac{\cos\theta}{R^2}$ である．$d\boldsymbol{E}$ の直線と平行な成分は，$x < 0$ の部分からの寄与 $d\boldsymbol{E}'$ の平行成分と相殺してしまう．したがって直線全体からの寄与の和をとると，電場は直線と垂直な方向を向き，その大きさ $E(\rho)$ は

$$E(\rho) = \frac{\lambda}{4\pi\varepsilon_0}\int_{\infty}^{\infty}\frac{\cos\theta}{R^2}dx$$

x から角度 θ へ変数変換すると，$Rd\theta = dx\cos\theta$, $R = \rho/\cos\theta$ に注意して

$$E(\rho) = \frac{\lambda}{4\pi\varepsilon_0}\frac{1}{\rho}\int_{-\pi/2}^{\pi/2}\cos\theta d\theta = \frac{1}{2\pi\varepsilon_0}\frac{\lambda}{\rho}$$

3.3 無限に長い円筒面は，軸と平行な多数の直線の集りとみなせる．直線がつくる電場はクーロンの法則から前問で求めたので，これを重ね合わせれば円筒面がつくる電場が得られる．

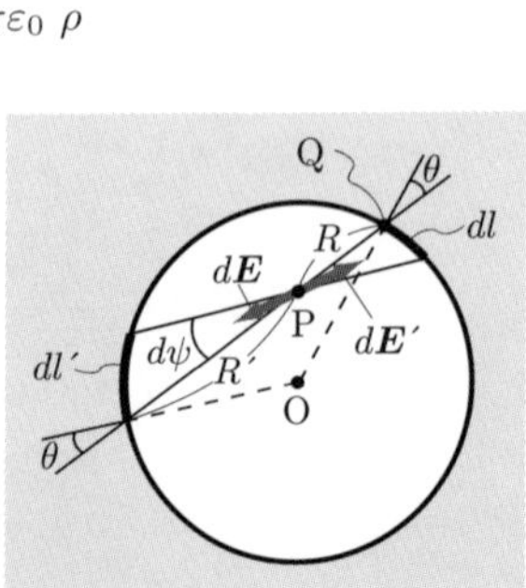

(1) <u>円筒内部</u> 例題 3 と同様に考えればよい．円筒内の任意の点を P とし，円筒面上に図のように対の部分 dl, dl' をとる．dl, dl' を通る紙面と垂直な直線を考え，その上の電荷が P につくる電場を $d\boldsymbol{E}, d\boldsymbol{E}'$ とする．これが相殺していれば，円筒内には電場がないことがわかる．直線上に

(軸方向の単位長さ当り) 分布する電荷の和は，それぞれ，σdl, $\sigma dl'$ であるから，dl, dl' と P の距離を R, R' として，

$$dE = \frac{1}{2\pi\varepsilon_0}\frac{\sigma dl}{R}, \quad dE' = \frac{1}{2\pi\varepsilon_0}\frac{\sigma dl'}{R'}$$

一方 $dl\cos\theta = Rd\psi$ (両辺とも Q から下の線に下ろした垂線の長さ)，$dl'\cos\theta = R'd\psi$ であるから，dE と dE' の大きさは等しく，$d\boldsymbol{E}$ と $d\boldsymbol{E}'$ は確かに相殺する．

(2) 円筒外部　円筒の微小部分 dl と dl' (下記の図参照) が点 P に同じ電場 $d\boldsymbol{E}$ をつくることは，上と同様にわかる．$d\boldsymbol{E}$ のうち，$\overrightarrow{\mathrm{OP}}$ と垂直な方向の成分は，図の下半分からの寄与と相殺するので，$\overrightarrow{\mathrm{OP}}$ と平行な成分

$$dE_{/\!/} = \frac{1}{2\pi\varepsilon_0}\frac{\sigma dl}{R}\cos\psi = \frac{\sigma}{2\pi\varepsilon_0}\frac{d\psi}{\cos\theta}\cos\psi$$

(R は dl と P の距離，$dl\cos\psi = Rd\psi$ を使った) を円筒面上の A から B まで和をとり，それを四倍すれば P における電場が得られる．すなわち

$$E(\rho) = \frac{4\sigma}{2\pi\varepsilon_0}\int_0^{\sin^{-1}(a/\rho)}\frac{\cos\psi}{\cos\theta}d\psi$$

ここで変数を ψ から θ に変える．正弦定理から $a/\sin\psi = \rho/\sin\theta$ であるから

$$\cos\psi d\psi = d(\sin\psi) = \frac{a}{\rho}d(\sin\theta) = \frac{a}{\rho}\cos\theta d\theta$$

ゆえに，円筒面上の軸方向単位長さ当りに分布する電荷を $2\pi a\sigma \equiv \lambda$ として

$$E(\rho) = \frac{4\sigma}{2\pi\varepsilon_0}\frac{a}{\rho}\int_0^{\pi/2}d\theta = \frac{1}{2\pi\varepsilon_0}\frac{\lambda}{\rho}$$

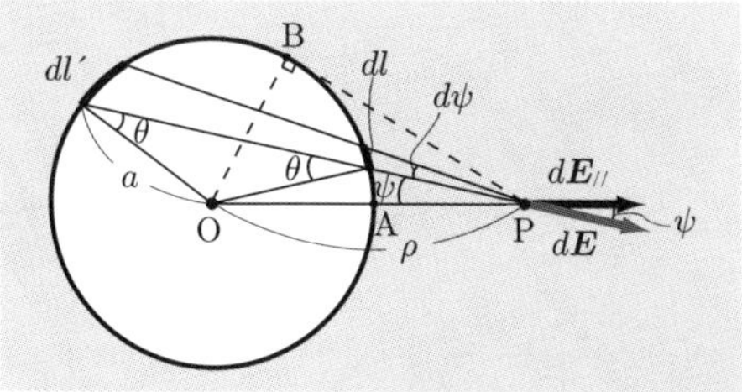

3.4　議論の本質は前問の (2) と同じであるから，簡単に説明する．右図の帯状の部分の面積を dS とすれば，この部分の電荷が P につくる電場は明らかに $\overrightarrow{\mathrm{OP}}$ 方向を向き，その大きさは

$$dE = \frac{1}{4\pi\varepsilon_0}\frac{\sigma dS}{R^2}\cos\psi$$

である．これに，$\cos\theta dS = (2\pi R\sin\psi)\cdot(Rd\psi)$ を代入し，ψ について 0 から $\sin^{-1}(a/r)$ まで積分して二倍すれば $E(\mathrm{P})$ が得られる．

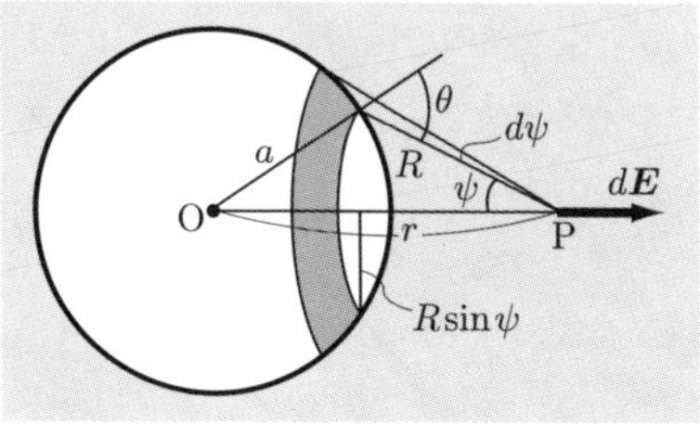

$$E(r) = \frac{4\pi\sigma}{4\pi\varepsilon_0}\int_0^{\sin^{-1}(a/r)} \frac{\sin\psi\cos\psi}{\cos\theta}d\psi$$

変数を ψ から θ に変換すれば，前問と同様にして（$Q = \sigma 4\pi a^2$ は全電荷），

$$E(r) = \frac{4\pi\sigma a^2}{4\pi\varepsilon_0 r^2}\int_0^{\pi/2} \sin\theta d\theta = \frac{1}{4\pi\varepsilon_0}\frac{Q}{r^2}$$

4.1 問題 2.1 で求めた電場を，12 ページの公式 (1) に代入すればよい．球外では

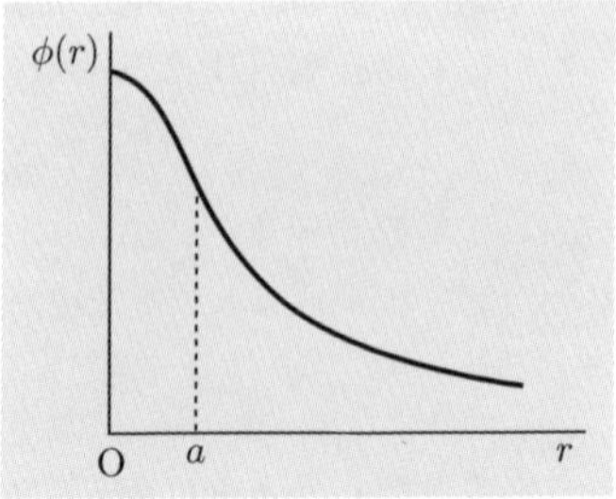

$$\phi(r) = \int_r^\infty E(r')dr' = \frac{Q}{4\pi\varepsilon_0}\int_r^\infty \frac{dr'}{r'^2}$$
$$= \frac{1}{4\pi\varepsilon_0}\frac{Q}{r} \quad (r \geqq a)$$

これはもちろん点電荷 Q による電位に等しい．球内の点の電位は，公式 (3) と上の $\phi\ (r = a)$ を使って

$$\phi(r) = \frac{Q}{4\pi\varepsilon_0 a^3}\int_r^a r'dr' + \phi(a)$$
$$= \frac{Q}{8\pi\varepsilon_0}\frac{1}{a}\left(3 - \frac{r^2}{a^2}\right) \quad (r \leqq a)$$

4.2 球面上の帯状部分（右図）の面積を dS とすれば，この部分が点 P につくる電位は，12 ページの (5) により $d\phi = \dfrac{1}{4\pi\varepsilon_0}\dfrac{\sigma dS}{R}$ である（σ は電荷面密度）．これに $dS = 2\pi a^2 \sin\theta d\theta$ および $R = \sqrt{r^2 + a^2 - 2ra\cos\theta}$ を代入すれば

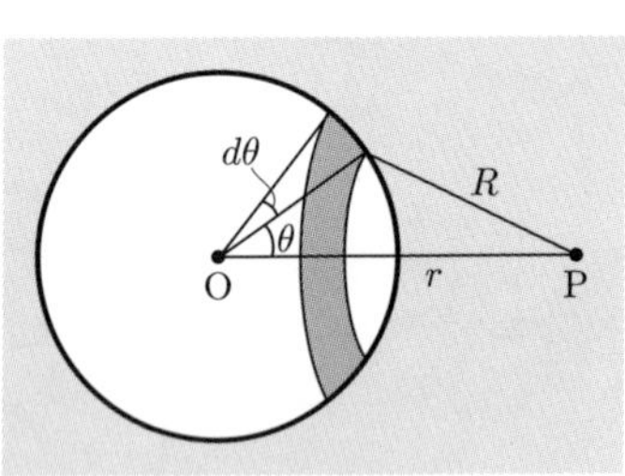

$$\phi(r) = \frac{2\pi a^2\sigma}{4\pi\varepsilon_0}\int_0^\pi \frac{\sin\theta d\theta}{\sqrt{r^2 + a^2 - 2ra\cos\theta}}$$

積分は変数を $w \equiv \cos\theta$ に変えればただちにでき

$$\phi(r) = \frac{2\pi a^2\sigma}{4\pi\varepsilon_0}\frac{1}{ra}\left[-\sqrt{r^2 + a^2 - 2raw}\right]_{-1}^{1}$$
$$= \frac{4\pi a^2\sigma}{4\pi\varepsilon_0}\frac{1}{r} = \frac{1}{4\pi\varepsilon_0}\frac{Q}{r}$$

4.3 原子核内の電荷分布が球対称であれば，原子核が核外につくる電位は $\phi(r) = \dfrac{1}{4\pi\varepsilon_0}\dfrac{Zq_e}{r}$ である．したがって電荷 q_e の陽子は，核外ではポテンシャルエネルギー $q_e\phi(r)$ をもつ．遠方で陽子が運動エネルギー T をもつとき，もし T が核表面におけるポテンシャルエネルギー $q_e\phi(R)$ より小さければ，陽子は核のクーロン斥力ではね返され，核表面まで達することができない．したがって陽子に与えるべき最低の運動エネルギー $T_{\min}$ は $T_{\min} = q_e\phi(R)$ で，$\phi(R)$ を V 単位

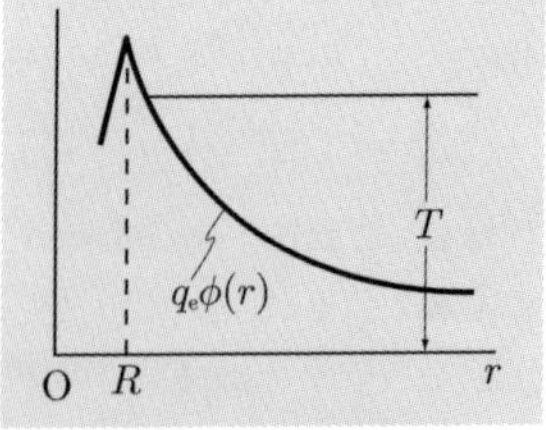

で計算すれば，その値が $T_{\min}$ の eV 単位の値となる．与えられた核半径の式を用いれば

$$\phi(R) = \frac{q_e}{4\pi\varepsilon_0 r_0}\frac{Z}{A^{1/3}} = \frac{1.6\times10^{-19}\times9\times10^9}{1.2\times10^{-15}}\frac{Z}{A^{1/3}} = 1.2\times10^6\times\frac{Z}{A^{1/3}}\ [\mathrm{V}]$$

したがって $T_{\min}$ は $(10^6\,\mathrm{eV}\equiv1\,\mathrm{MeV})$

$$T_{\min} = 1.2\times\frac{Z}{A^{1/3}}\,\mathrm{MeV}$$

となる．たとえば標的核が C^{12} $(Z=6,\ A=12)$ ならば，$T_{\min}=3.1\,\mathrm{MeV}$．陽子や重陽子により核反応をおこさせるには，数 MeV 以上の加速器を要するが，その理由の一つはこの**クーロン障壁**にある．

4.4 直線から距離 ρ の点の電場の大きさは $E(\rho)=\lambda/2\pi\varepsilon_0\rho$ であるから，距離 ρ_0 の点を基準にとった電位（つまり ρ_0 との電位差）は

$$\phi(\rho) = \frac{\lambda}{2\pi\varepsilon_0}\int_\rho^{\rho_0}\frac{d\rho'}{\rho'} = -\frac{\lambda}{2\pi\varepsilon_0}\ln\frac{\rho}{\rho_0} = -\frac{\lambda}{2\pi\varepsilon_0}\ln\rho + \text{定数}$$

$\rho_0=\infty$ とすると積分は発散するので，基準点 ρ_0 を無限遠にとることはできない．

4.5 無限遠を電位の基準にとることができないので，中心軸を基準にとることにしよう．円柱内部の電場は $E(\rho)=(\lambda/2\pi\varepsilon_0 a^2)\rho$ であるから，内部の点の電位は

$$\phi(\rho) = -\int_0^\rho E(\rho')d\rho' = -\frac{\lambda}{2\pi\varepsilon_0}\frac{\rho^2}{2a^2}\quad(\rho\leqq a)$$

外部の電位は，外部の電場が直線電荷による場に等しいため，

$$\phi(\rho) = \phi(a) - \int_a^\rho E(\rho')d\rho' = -\frac{\lambda}{2\pi\varepsilon_0}\left(\frac{1}{2}+\ln\frac{\rho}{a}\right)\quad(\rho\geqq a)$$

（外部と内部の ϕ が $\rho=a$ で一致するようにしている．）

5.1 原点に電荷 $-q_1, -q_2, \cdots, -q_n$ を加えても，その総和がゼロである限り，電場はもちろん変化しない．電荷 q_1 と今加えた電荷 $-q_1$ は双極子をつくり，そのモーメントは $\boldsymbol{p}_1=q_1\boldsymbol{r}_1$ である．この双極子が十分遠方の点 $\boldsymbol{r}$ につくる電位は

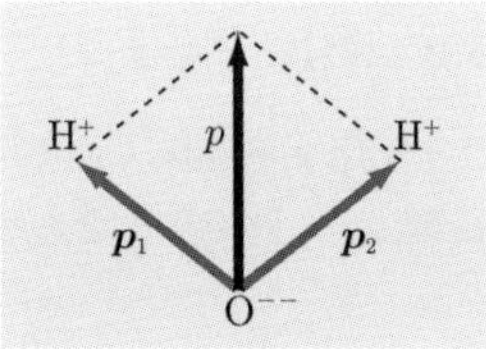

$$\phi_1(\boldsymbol{r}) = \frac{1}{4\pi\varepsilon_0}\frac{\boldsymbol{p}_1\cdot\widehat{\boldsymbol{r}}}{r^2}$$

（双極子の中心が原点から $\boldsymbol{r}_1/2$ だけずれている影響は，遠方では無視できる．）同様にして各双極子がつくる電位を求めれば，全体の電荷がつくる電位は，その重ね合せ

$$\phi(\boldsymbol{r}) = \phi_1(\boldsymbol{r})+\cdots+\phi_n(\boldsymbol{r}) = \frac{1}{4\pi\varepsilon_0}\frac{\boldsymbol{p}\cdot\widehat{\boldsymbol{r}}}{r^2},\quad \boldsymbol{p}=\boldsymbol{p}_1+\cdots+\boldsymbol{p}_n$$

で与えられる．これはそれ自身双極子の電位の形をもち，そのモーメント $\boldsymbol{p}$ は各モーメントのベクトル和である．このように，総和がゼロの電荷分布は，遠方では一般に双極子型の電場をつくる（$\boldsymbol{p}=0$ となる特殊な場合は問題 6.1 を参照）．

注意 電荷分布の付近で原点をずらしても，上の結果は変わらない．したがってたとえば q_n の位置に原点をとるのが便利である．分子は一般に双極子をなし，そのモーメントは右上図（H_2O の場合）のようなベクトル和で与えられる．

5.2 $(0,0,d)$ の電荷 q と，原点の電荷 $-2q$ のうちの $-q$ の組合せはモーメント $(0,0,qd)$ の双極子とみなせる．また $(0,0,-d)$ の電荷 q と原点の残りの電荷 $-q$ の組合せはモーメント $(0,0,-qd)$ の双極子とみなせる．単純にこの二つのモーメントを足せばゼロになってしまうが，位置が z 方向に d だけずれていることを考慮すれば電位が得られる．原点にある z 方向を向く双極子一つの電位（ϕ_0 とする）は

$$\phi_0 = \frac{qd}{4\pi\varepsilon_0}\frac{z}{r^3}$$

なので，十分遠方の位置 P におけるこの問題の電位は，

$$\phi(\mathrm{P}) = -d\frac{\partial}{\partial z}\phi_0 = \frac{qd^2}{4\pi\varepsilon_0}\left(-1+\frac{3z^2}{r^2}\right)$$

となる．電位は r の 3 乗に反比例する．

注意　この問題のような電荷の系（全体の電荷はゼロ，全体を双極子とみなしたときのモーメントもゼロの系）を**四重極**という．電荷一つの電位は距離に反比例，双極子の電位は 2 乗に反比例，そして四重極の電位は距離の 3 乗に反比例する（その電場は 4 乗に反比例）．qd^2 を四重極モーメントという．四重極には，この問題以外にもさまざまな配置がある．

6.1 円板上の電荷は円板の上下に対称な電場をつくり，したがって単位面積にある電荷 σ からは，上下に $\sigma/2$ ずつの電束がでる．それゆえ電場の法線方向成分は，円板の上面ではいたるところ $E_z = \sigma/2\varepsilon_0$，下面では $E_z = -\sigma/2\varepsilon_0$ である（σ をはさむ薄い円筒を考え，ガウスの法則を適用してみよ）．

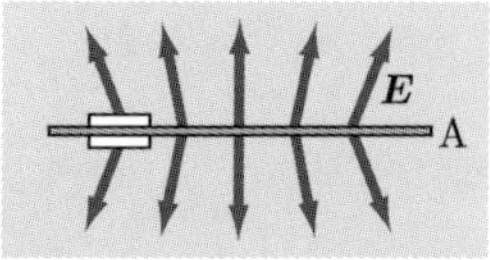

注意　円板の縁の点 A における電場を考えると，円板は無限に薄いとして，上面から A に近づけば，A の電場は z 成分 $E_z = \sigma/2\varepsilon_0$ をもち，下面から A に近づけば $E_z = -\sigma/2\varepsilon_0$ をもつことになる．符号が違うがこれは矛盾ではないのか．$\cdots$ 答は問題 6.3 からわかるが，縁では電場は横方向，無限大になっている．

6.2 線分を x 軸上におく．電場は明らかに x 軸に関し軸対称であるので，点 $\mathrm{P}(x,y,0)$ における電位を求めれば十分である．線分上の微小微分 dx' が P につくる電位は $\dfrac{1}{4\pi\varepsilon_0}\dfrac{\lambda dx'}{R}$ であるから，これを加え合わせて

$$\begin{aligned}
\phi(x,y) &= \frac{\lambda}{4\pi\varepsilon_0}\int_{-c}^{c}\frac{dx'}{\sqrt{(x-x')^2+y^2}} \\
&= \frac{\lambda}{4\pi\varepsilon_0}\int_{x-c}^{x+c}\frac{du}{\sqrt{u^2+y^2}}, \quad u = x-x' \\
&= \frac{\lambda}{4\pi\varepsilon_0}\left[\ln\left(u+\sqrt{u^2+y^2}\right)\right]_{x-c}^{x+c} \\
&= \frac{\lambda}{4\pi\varepsilon_0}\ln\left\{\frac{x+c+\sqrt{(x+c)^2+y^2}}{x-c+\sqrt{(x-c)^2+y^2}}\right\}
\end{aligned}$$

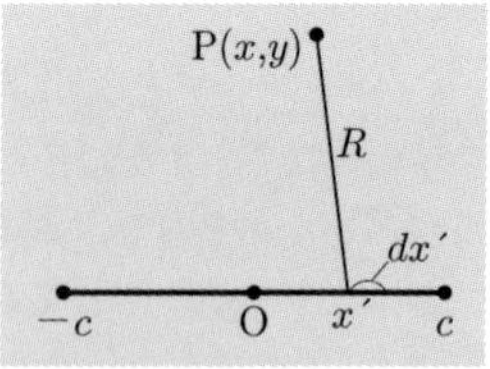

を得る．したがって $\{\quad\}$ の内部が一定値 $\equiv k$ をとるような点 $\mathrm{P}(x,y)$ の軌跡が，xy 平面上における等電位線を与える．容易にわかるように，十分遠方では $k\to 1$，すなわち $\phi\to 0$

となり，また P が線分 $-c \leqq x' \leqq c$ に近づくと $(y \to 0)$，$k \to \infty$，すなわち $\phi \to \infty$ となる．$\lambda > 0$ ならば $\phi(x,y) > 0$ のはずであるから，k が $1 < k < \infty$ の範囲にあるのは当然である．等電位線の方程式 $\{\quad\} = k$ を変形すると，

$$k = \frac{x+c+\sqrt{(x+c)^2+y^2}}{x-c+\sqrt{(x-c)^2+y^2}} = \frac{x-c-\sqrt{(x-c)^2+y^2}}{x+c-\sqrt{(x+c)^2+y^2}}$$
$$= \frac{\sqrt{(x+c)^2+y^2}+\sqrt{(x-c)^2+y^2}+2c}{\sqrt{(x+c)^2+y^2}+\sqrt{(x-c)^2+y^2}-2c}$$

（1 行目の等式は，両辺の分母をはらってみればわかる．2 行目へは，1 行目の両辺の分子どうし，分母どうしの差を考える）となるので，方程式は

$$\sqrt{(x+c)^2+y^2}+\sqrt{(x-c)^2+y^2} = 2\xi, \quad \xi \equiv \frac{k+1}{k-1}c$$

と表される．これは線分の両端からの距離の和が一定の曲線を意味するから，両端を焦点とする楕円で，直径は ξ，短径は $\eta \equiv \sqrt{\xi^2 - c^2} = \big(2\sqrt{k}/(k-1)\big)c$ である．空間的にいえば，等電位面はこの楕円を線分のまわりに回転した**回転楕円体**である．この等電位面の上で電位がとる値は

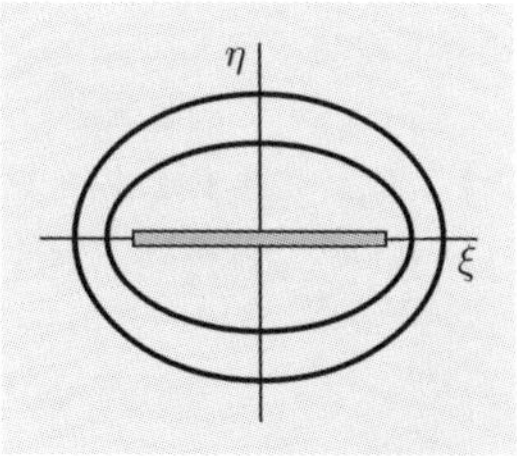

$$\phi = \frac{\lambda}{4\pi\varepsilon_0}\ln k = \frac{\lambda}{4\pi\varepsilon_0}\ln\frac{\xi+c}{\xi-c}$$
$$= \frac{\lambda}{2\pi\varepsilon_0}\ln\frac{\xi+c}{\eta}$$

$k \to 1$ $(\phi \to 0)$ では $\xi \fallingdotseq \eta \to \infty$ で，等電位面は遠方の球面となり，$k \to \infty$ $(\phi \to \infty)$ では $\xi \to c$, $\eta \to 0$ で，等電位面はもとの線分に近づく．

6.3 電位を求める円板上の点を P とし，円板上の微小面積 dS と点 P の距離を r とすれば，電位 $\phi(\mathrm{P})$ は円板上の面積分 $\phi(\mathrm{P}) = \dfrac{\sigma}{4\pi\varepsilon_0}\displaystyle\int\frac{dS}{r}$ で与えられる．この二重積分を一回積分して一重積分の形にするには，変数をどうとればよいかに工夫を要する．図のような角度 ψ と r を変数にとれば，$dS = rd\psi dr$ であるから，積分は

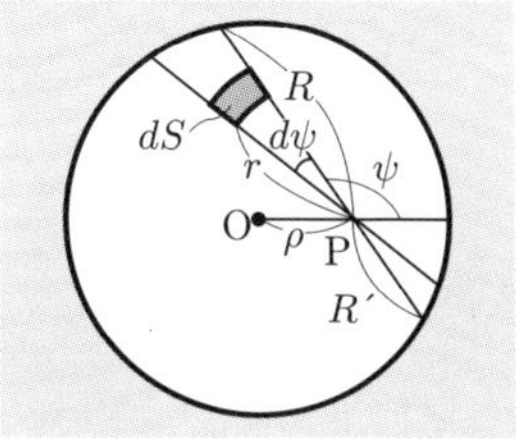

$$\phi(\mathrm{P}) = \frac{\sigma}{4\pi\varepsilon_0}\int d\psi\int dr$$

と表される．ψ 積分の範囲を 0 から π に限り，与えられた ψ に対し，r 積分を図の上半分と下半分をまとめて行うことにすれば，r 積分の結果は単に弦の長さ $R+R'$ を与える．余弦定理により R は $R^2+2R\rho\cos\psi+\rho^2 = a^2$ を，R' は $R'^2-2R'\rho\cos\psi+\rho^2 = a^2$ をみたす．いいかえれば，最初の二次方程式は二根 R と $-R'$ をもつ．そこで根と係数の関係から，弦の長さが

$$(R+R')^2 = (R-R')^2+4RR' = 4\big[\rho^2\cos^2\psi-(\rho^2-a^2)\big] = 4(a^2-\rho^2\sin^2\psi)$$

と得られる．したがって電位の積分は，一重積分

$$\phi(\rho) = \frac{\sigma}{2\pi\varepsilon_0}\int_0^{\pi}\sqrt{a^2-\rho^2\sin^2\psi}\,d\psi = \frac{\sigma a}{\pi\varepsilon_0}\int_0^{\pi/2}\sqrt{1-k^2\sin^2\psi}\,d\psi, \quad k\equiv\frac{\rho}{a}$$

に簡単化された．ここに現れた積分

$$F(k)\equiv\int_0^{\pi/2}\sqrt{1-k^2\sin^2\psi}\,d\psi$$

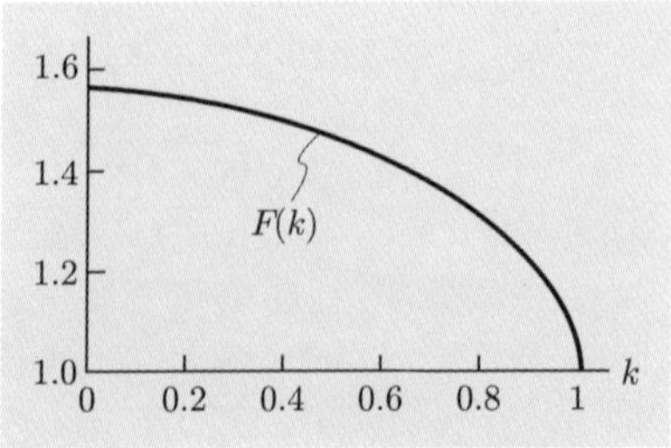

は第二種の完全楕円積分とよばれ，これを初等関数で表すことはできない．しかしその大体の性質は容易にみることができる．まず明らかに $F(0)=\pi/2$ で，これから円板の中心 $\rho=0$ における電位は $\phi(0)=\sigma a/2\varepsilon_0$ となるが，これは例題 6 の結果で $z=0$ とおいたものと一致する．$k^2\ll 1$ では被積分関数をテイラー展開して積分すれば $F(k)\fallingdotseq(\pi/2)(1-k^2/4)$ となり，$F(k)$ の値は k と共に減少し，最後に $F(1)=1$ にいたる．$k=1$ の付近で dF/dk が $\log(1-k)$ に比例した形をもつことを見るのも，あまり難しくない．このように円板表面の電位が中心から縁に向かうにつれ減少するので，電場は，問題 6.1 の図に示したように外向きの成分をもつ．この成分の大きさは，縁に近づくほど増大し，縁において無限大となる．

7.1 軸上の点 P が板を見る立体角は，序章の式 (13) により $\Omega(z)=2\pi(1-\cos\alpha)$ で，$\cos\alpha=z/\sqrt{z^2+a^2}$ を用いれば $-\partial\Omega/\partial z=2\pi a^2/(z^2+a^2)^{3/2}$ であるから（電場が z 方向を向くことは明らか），

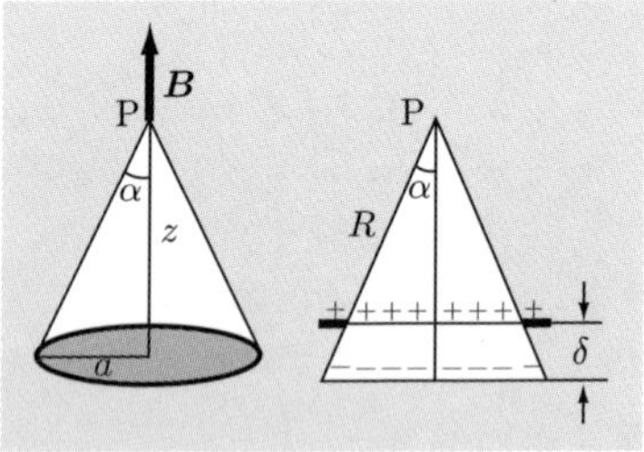

$$E(z) = -\frac{\partial\phi}{\partial z} = \frac{P}{2\varepsilon_0}\frac{a^2}{(z^2+a^2)^{3/2}} = \frac{1}{2\varepsilon_0}\frac{P}{a}\sin^3\alpha$$

$z\gg a$ では双極子モーメント $p=\pi a^2P$ の双極子の電場（例題 5）になることを確かめてほしい．

【別解】 板の両面に分布する電荷の面密度を $\pm\sigma$ とし，面の間隔を δ とする．右側の図のように P を頂点とし下の面を底面とする円錐をつくると，円錐の内部に入る正負の面が P につくる電場は相殺する（理由は，例題 6 の注意を見ればわかる）．したがって P に電場をつくるのは，上の面の幅 $\delta\tan\alpha$ の縁の部分（図の太線部分）の電荷だけであるから，$\sigma\delta=P$ に注意して，

$$E(z) = \frac{1}{4\pi\varepsilon_0}\frac{\sigma 2\pi a\delta\tan\alpha}{R^2}\cos\alpha = \frac{P}{2\varepsilon_0}\frac{\sin^3\alpha}{a}$$

7.2 板の両面の分布する電荷の面密度を σ とすれば，板の内部では正の面から負の面へ向かう電場 $E=\sigma/\varepsilon_0$ ができる．厳密にいえば，これは無限に広い平行板コンデンサーの内部の電場に相当する（したがって外部には電場ができない場合の）値であるが，$\sigma\to\infty,\delta\to 0$

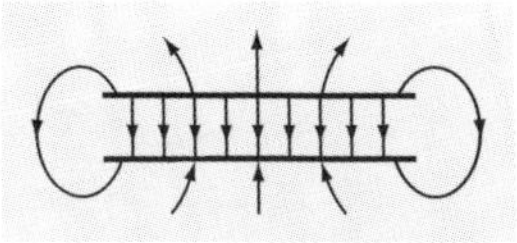

の極限では，面積が有限でかつ面が平面でないことによるずれは，上の値にくらべれば無視できる．したがって両面の電位の差は $E\delta = \sigma\delta/\varepsilon_0 = P/\varepsilon_0$ で，これが板の両側の電位の不連続として現れる．

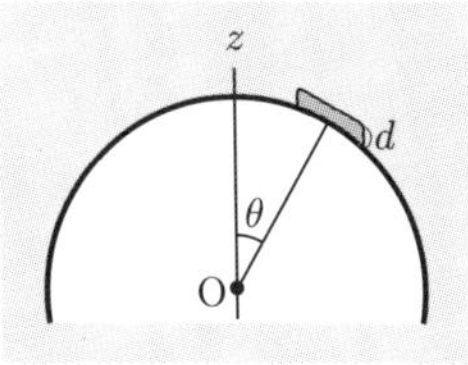

8.1　正負の球がはじめ重なっていて，正の球が微小距離 d だけ z 方向にずれるとする．負の球の表面の天頂角 θ の所に，単位面積を考える．そこからとび出す正球の部分の体積は，図からわかるように $d\cos\theta$ であるから，そこに含まれる電荷は $\rho d\cos\theta$ である．すなわち，面密度 $\sigma_0\cos\theta\,(\sigma_0 = \rho d)$ の型の電荷分布ができる．

8.2　球内の任意の点 P の電場は，正球がつくる電場と負球がつくる電場の重ね合わせである．正球の中心 O_+ から P への位置ベクトルを $\overrightarrow{\mathrm{O}_+\mathrm{P}} = \boldsymbol{r}_+$ とすれば，正球が球内につくる電場は問題 2.1 の結果から

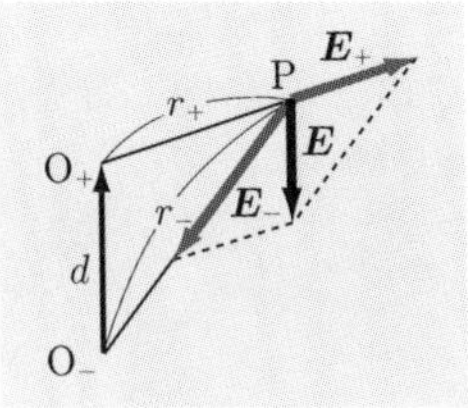

$$\boldsymbol{E}_+(\mathrm{P}) = \frac{q}{4\pi\varepsilon_0 a^3}\boldsymbol{r}_+ = \frac{\rho}{3\varepsilon_0}\boldsymbol{r}_+$$

同様に負球が P につくる電場は，$\overrightarrow{\mathrm{O}_-\mathrm{P}} = \boldsymbol{r}_-$ として

$$\boldsymbol{E}_-(\mathrm{P}) = -\frac{\rho}{3\varepsilon_0}\boldsymbol{r}_-$$

したがって球内の電場は

$$\boldsymbol{E}(\mathrm{P}) = \boldsymbol{E}_+(\mathrm{P}) + \boldsymbol{E}_-(\mathrm{P}) = \frac{\rho}{3\varepsilon_0}(\boldsymbol{r}_+ - \boldsymbol{r}_-)$$

$$= -\frac{1}{3\varepsilon_0}\rho\boldsymbol{d} = -\frac{\sigma_0}{3\varepsilon_0}\boldsymbol{n} \quad (\boldsymbol{n}\text{ は } z \text{ 方向の単位ベクトル})$$

すなわち球内には $-z$ 方向を向く一様な電場ができる．

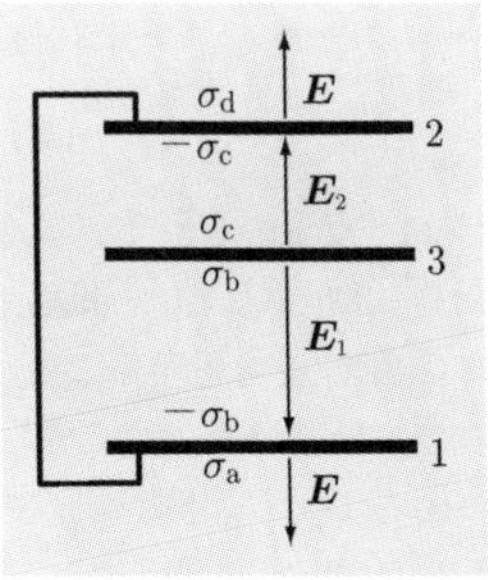

9.1　例題 9 からわかるように，向かいあった面には符号が反対で同量の電荷が分布する．したがって，各面での電荷面密度は図のように書くことができる．また，導体 3, 1 間の電場 E_1 と導体 3, 2 間の電場 E_2 の比は $E_1 : E_2 = \sigma_\mathrm{b} : \sigma_\mathrm{c}$ であるが，1 と 2 が等電位になるためには $E_1 : E_2 = (l - x) : x$ でなければならない．$\sigma_\mathrm{b} + \sigma_\mathrm{c} = \sigma$ より，電荷の分配および内部の電場は

$$\sigma_\mathrm{b} = \frac{l-x}{l}\sigma, \quad \sigma_\mathrm{c} = \frac{x}{l}\sigma,$$

$$E_1 = \frac{\sigma_b}{\varepsilon_0} = \frac{l-x}{l}\frac{\sigma}{\varepsilon_0}, \quad E_2 = \frac{x}{l}\frac{\sigma}{\varepsilon_0}$$

と決まる．3 枚の面全部では電荷面密度 σ になるので，その外側の電場は上下とも $E = \sigma/2\varepsilon_0$．したがって

$$\sigma_\mathrm{a} = \sigma_\mathrm{d} = \frac{\sigma}{2}$$

10.1　コンデンサーとして用いるときは $q_\mathrm{a} = q,\ q_\mathrm{b} = -q$ であるから，電位差 V は

$V = \phi_{\rm a} - \phi_{\rm b} = \phi_{\rm a} = \dfrac{1}{4\pi\varepsilon_0}\left(\dfrac{1}{a} - \dfrac{1}{b}\right)$ となる．ゆえに $C = \dfrac{q}{V} = 4\pi\varepsilon_0 \Big/ \left(\dfrac{1}{a} - \dfrac{1}{b}\right)$.

10.2 例題 10 の結果を使う．外球を接地すれば，$\phi_{\rm b} = 0$ より $q_{\rm b} = -q_{\rm a}$．したがって $\phi_{\rm a} = \dfrac{q_a}{4\pi\varepsilon_0}\left(\dfrac{1}{a} - \dfrac{1}{b}\right)$．内球を接地したときは $\phi_{\rm a} = 0$ より $q_{\rm a} = -(a/b)q_{\rm b}$．したがって $\phi_{\rm b} = \dfrac{q_b}{4\pi\varepsilon_0}\left(\dfrac{b-a}{b^2}\right)$.

11.1 電荷 q を帯電した半径 a の導体球の電位は $\phi = q/4\pi\varepsilon_0 a$，球表面の電場は $E = q/4\pi\varepsilon_0 a^2$ であるから，最大電場 E より電位は $\phi = aE$ と決まる．したがって

$$\phi = 5 \times 10^{-2} \times 3 \times 10^6 = 1.5 \times 10^5 \,\mathrm{V},$$

$$q = 4\pi\varepsilon_0 a\phi = \frac{5 \times 10^{-2} \times 1.5 \times 10^5}{9 \times 10^9} = 8.3 \times 10^{-7}\,\mathrm{C}$$

11.2 内球が電荷をもつと，内球と外球の間に電場ができ，両球は等電位にならない．したがって電荷は全部外球の外側表面に一様に分布する．内部には電場がないので，内球の位置をずらしても分布は変らない．空洞をもつ導体の電荷は全部外側表面に分布するのである．

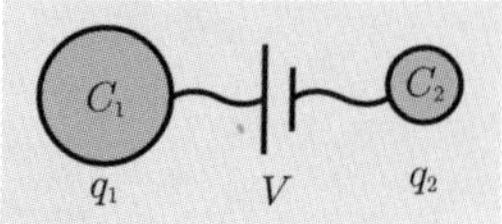

11.3 導体 1, 2 に帯電する電荷を q_1, q_2 とすれば，それぞれの電位は $\phi_1 = q_1/C_1, \phi_2 = q_2/C_2$ となる．これを $\phi_1 - \phi_2 = V$ に代入し，$q_1 + q_2 = Q$ と組み合わせれば，

$$q_1 = \frac{C_1}{C_1 + C_2}Q + \frac{C_1 C_2}{C_1 + C_2}V,$$

$$q_2 = \frac{C_2}{C_1 + C_2}Q - \frac{C_1 C_2}{C_1 + C_2}V$$

$V = 0$ の場合の結果の意味は明らかであろう．$Q = 0$ の場合の結果も，無限遠を通して二つのコンデンサーを直列につないだと考えればわかりやすい．

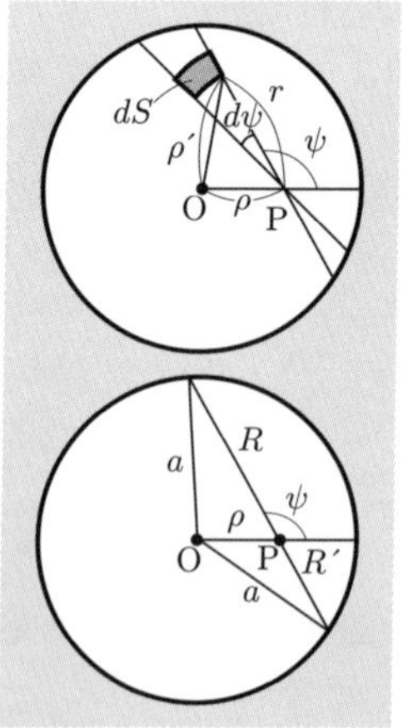

11.4 (1) 与えられた電荷面密度 σ を用いて，円板表面の任意の点 P の電位を計算する．円板上の微小面積を dS とし，dS と P の距離を r とすれば，電位は面積分

$$\phi(\mathrm{P}) = \frac{2}{4\pi\varepsilon_0}\int \frac{\sigma dS}{r}$$

によって求められる．ここで，円板の表裏両面の寄与を加えるため二倍してある．問題 6.3 にならって，積分変数として r および角度 ψ を用いることにしよう．面積要素が $dS = r d\psi dr$ となり，分母の r が消えて具合が良いからである．面密度 σ は dS の中心 O からの距離 ρ' の関数として与えられているので，これを余弦定理を用いて r と ψ で表せば，積分は

$$\phi(\mathrm{P}) = \frac{k}{2\pi\varepsilon_0}\int d\psi \int dr \frac{1}{\sqrt{a^2 - \rho^2 - 2r\rho\cos\psi - r^2}}$$

となる．ψ の積分範囲は 0 から π に限り，ある ψ の値に対し，円板の上半分と下半分をまとめて r 積分する．あるいは，r の積分限界を右図のように R および R' とし，下半分では $r < 0$ として，r について $-R'$ から R まで積分するといっても

よい．問題 6.3 で説明したように，R と $-R'$ は二次方程式 $a^2 = R^2 + 2R\rho\cos\psi + \rho^2$ の二根で，そこで上の被積分関数の $\sqrt{\quad}$ の中が 0 になる．ここで変数 r の原点をずらして $s = r + \rho\cos\psi$ を積分変数にとれば，上の r 積分は $\displaystyle\int_{-A}^{A} \frac{ds}{\sqrt{A^2 - s^2}}$ の形になり，この値はもちろん $2\left[\sin^{-1}\dfrac{s}{A}\right]_0^A = \pi$ である．こうして r 積分の結果が ψ によらなくなったので，ψ 積分は単に π を与え，結局 $\phi(\mathrm{P}) = \pi k/2\varepsilon_0$ となる．すなわち，与えられた電荷分布が導体表面を等電位にすることがわかった．ここで k を円板上の全電荷 Q で表しておく．面密度 σ を積分すれば

$$Q = 2 \times 2\pi \int_0^a \sigma(\rho)\rho d\rho = 4\pi k \int_0^a \frac{\rho}{\sqrt{a^2 - \rho^2}} d\rho = 4\pi k\left[-\sqrt{a^2 - \rho^2}\right]_0^a = 4\pi ak$$

を得るので，円板上の電位は

$$\phi = \frac{Q}{8\varepsilon_0 a}$$

と表される．電荷密度が円板の縁に近づくほど大きくなることに注意してほしい．電荷間のクーロン斥力のため，電荷が端の方におしやられる訳である．

(2)　上の電位の式から，ただちに $C_{\text{円板}} = 8\varepsilon_0 a$ を得る．一方半径 a の導体球の容量は $4\pi\varepsilon_0 a$ であるから，比は $C_{\text{円板}}/C_{\text{球}} = 2/\pi$ となる．

(3)　中心 O における電場は

$$E = \frac{\sigma(0)}{\varepsilon_0} = \frac{k}{\varepsilon_0 a} = \frac{1}{4\pi\varepsilon_0}\frac{Q}{a^2}$$

で，導体球の表面の電場と一致するのは興味がある．一方，円板の縁では電荷密度が無限大になるので，電場も無限大となる（ここでは無限に薄い円板という簡単化をしていることに注意）．

注意　18 世紀の英国の物理学者キャベンディッシュは，クーロンより以前に逆二乗法則を実験的に確かめたことで特に有名であるが，上の円板と球の静電容量の比についても，1/1.57 という驚くべき精度の値を実験から得ていたそうである（Jeans : *The Mathematical Theory of Electricity and Magnetism* による）．

12.1　(1)　導体外部の電場は電荷 q と鏡像電荷 $-q$ による電場の和に等しいので，遠方では双極子の電場となり，原点 O からの距離 r について r^{-3} で減少する．

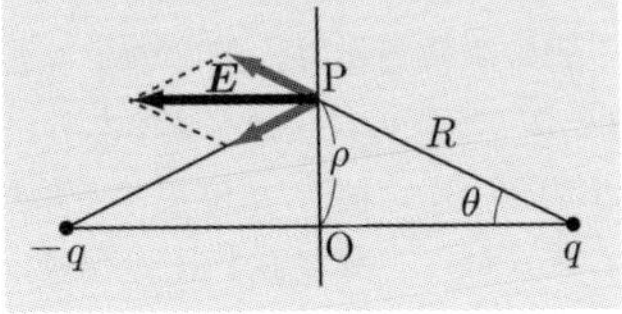

(2)　導体表面上で O から距離 ρ の点 P における電場は $E(\mathrm{P}) = -\dfrac{q}{4\pi\varepsilon_0}\dfrac{\cos\theta}{R^2} \times 2 = -\dfrac{q}{2\pi\varepsilon_0}\dfrac{h}{(h^2 + \rho^2)^{3/2}}$ であるから（$-$ は電場が導体に入る向きであることを意味する），誘導電荷の密度は

$$\sigma(\rho) = \varepsilon_0 E(\rho) = -\frac{q}{2\pi}\frac{h}{(h^2 + \rho^2)^{3/2}}$$

これを表面上で面積分すれば全電荷が得られるが，結果はもちろん $-q$ である．

(3)　誘導電荷がつくる電場は鏡像電荷による電場に等しいので，この電場が電荷 q に及ぼす力は q と $-q$ の間の力にほかならず，$F = -(q^2/4\pi\varepsilon_0)(1/(2h)^2)$．

1

12.2 右図のような三つの鏡像電荷をおけば，導体表面上で電位をゼロにすることができる．

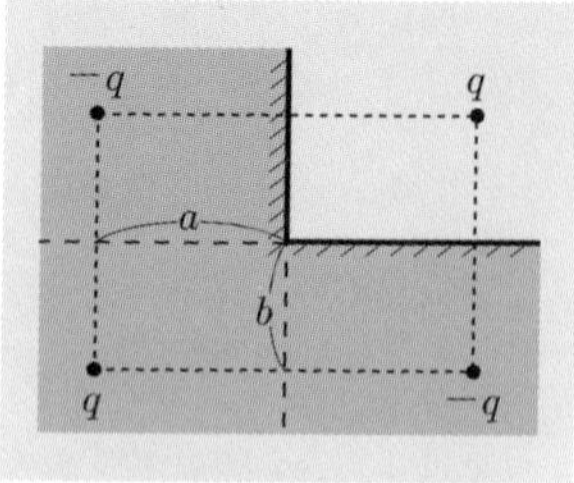

12.3 導体表面に現れる誘導電荷の影響を代表させるため，与えられた直線（**帯電直線**）の鏡像の位置に，線密度 $-\lambda$ に帯電した無限に長い直線（**鏡像直線**）をおいてみる．導体外の任意の点 P の電位は，帯電直線および鏡像直線から P への距離を ρ, ρ' とすれば，問題 4.4 の結果を重ね合わせて

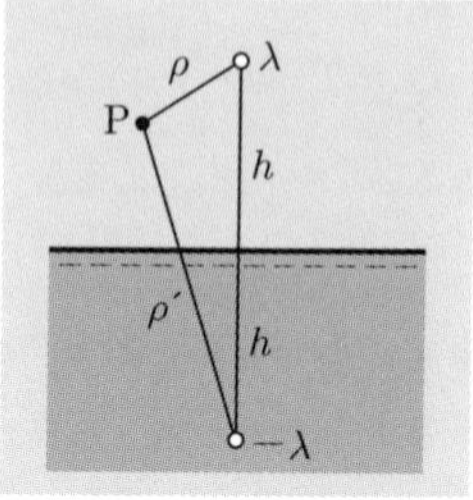

$$\phi(\mathrm{P}) = \frac{\lambda}{2\pi\varepsilon_0}\ln\frac{\rho'}{\rho} + 定数$$

P が導体表面にあるときは $\rho = \rho'$ であるから，表面上で $\phi =$ 一定の条件はみたされている．ゆえにこれが求める電位分布である．一般の等電位面（の切口）は，$\rho/\rho' =$ 一定のアポロニウスの円である．誘導電荷がつくる電場は鏡像直線による電場に等しいので，直線の単位長さが誘導電荷から受ける引力は

$$F = -(\lambda^2/2\pi\varepsilon_0)(1/2h).$$

12.4 前問の等電位面は円筒群であったので，その中の一つを導体円柱でおきかえれば，導体平面に平行に無限に長い導体円柱がある場合の電位分布が，前問と同じ $\phi(\mathrm{P})$ で与えられる．本問では円柱は半径 $a \ll h$ の針金であるから，針金の中心軸と前問の直線の位置のずれは，h にくらべ無視することができる．すなわち，ρ は針金の中心軸からの距離と見てよい（いいかえれば，針金の表面の電荷分布を一様と近似するわけである．厳密な取り扱いは，問題 13.7 と同様にできる）．

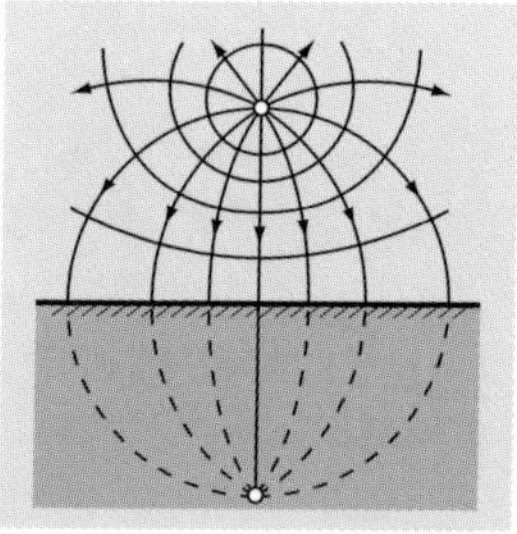

針金に単位長さ当り λ の電荷を帯電させれば，針金の表面 ($\rho \fallingdotseq a$, $\rho' \fallingdotseq 2h$) と導体平面 ($\rho = \rho'$) の電位差 V は，前問の $\phi(\mathrm{P})$ から $V = (\lambda/2\pi\varepsilon_0)\ln(2h/a)$ となるので，針金と平面の間の静電容量は，針金の単位長さ当り $C = 2\pi\varepsilon_0/\ln(2h/a)$.

12.5 導線の長さは有限であるが，導体面からの距離 h にくらべればかなり長いので前問の式を近似的に適用する．単位長さ当りの容量は $C = \left[2\times9\times10^9\times\ln(2/0.05)\right]^{-1} = 1.5\times10^{-11}$ F/m であるから，針金 0.1 m の容量は 1.5×10^{-12} F $=$ 1.5 pF.

13.1 (1) 電荷分布は明らかに OQ に関し軸対称であるから，球面上の任意の点 P_0 の位置を，軸 OQ からの角度 θ で表すことにする．P_0 における電場がわかれば，電荷面密度 σ はただちに得られる．電場を求める一つの方法として，ここでは電位 $\phi(\mathrm{P})$ の勾配を計算しよう．導体表面は等電位で勾配は法線方向を向くので，θ は固定して動径方向の微分を計算すればよい．一般の点 P の中心からの距離を r とすれば，

$$R = \sqrt{r^2 - 2rb\cos\theta + b^2}, \quad R' = \sqrt{r^2 - 2rc\cos\theta + c^2}$$

であるから

$$\frac{\partial R}{\partial r}=\frac{r-b\cos\theta}{R},\quad \frac{\partial R'}{\partial r}=\frac{r-c\cos\theta}{R'}$$

これを用いて例題 13 の電位 $\phi(\mathrm{P})$ を r で微分すれば

$$\left(\frac{\partial\phi}{\partial r}\right)_{r=a}=\frac{q}{4\pi\varepsilon_0}\left(-\frac{a-b\cos\theta}{R^3}+k\frac{a-c\cos\theta}{R'^3}\right)$$

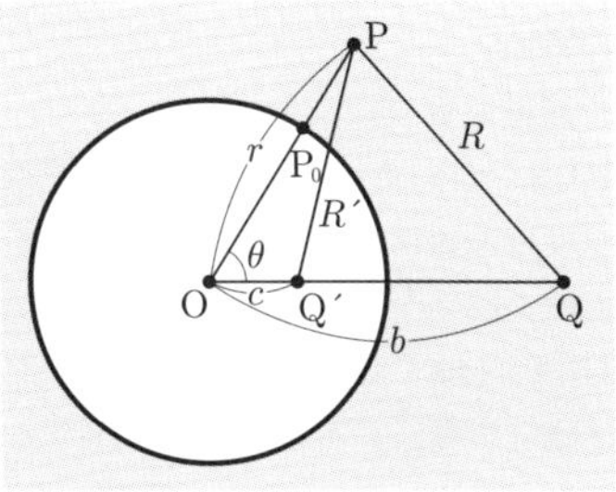

球面上では $R'=kR$ で，$k=c/a=a/b$ に注意すれば，上式の $\cos\theta$ の項が打ち消し合うことはすぐわかる．ゆえに，球面上の電場は

$$E_r(\theta)=-\left(\frac{\partial\phi}{\partial r}\right)_{r=a}=-\frac{q}{4\pi\varepsilon_0}a\left(\frac{b}{c}-1\right)\frac{1}{R^3}=-\frac{q}{4\pi\varepsilon_0}\left(\frac{b^2-a^2}{a}\right)\frac{1}{R^3}$$

と求まる（賢明な読者はこんな計算はせずに，三角形の相似を用いて簡単にこの結果を得たであろう $\cdots$ 問題 13.5 参照）．電荷密度は

$$\sigma(\theta)=\varepsilon_0E_r(\theta)=-\frac{q}{4\pi}\left(\frac{b^2-a^2}{a}\right)\frac{1}{R^3},\quad R=\sqrt{b^2-2ba\cos\theta+a^2}$$

点 Q に近い所ほどたくさんの誘導電荷が集まるのは当然である．

(2)　誘導される全電荷は，上の $\sigma(\theta)$ を球面上で面積分すれば得られる．

$$\text{全電荷}=\int_0^\pi\sigma(\theta)2\pi a^2\sin\theta d\theta=2\pi a^2\int_{-1}^1\sigma(w)dw,\quad w\equiv\cos\theta$$

$$=-\frac{q}{2}a(b^2-a^2)\int_{-1}^1\frac{dw}{(b^2+a^2-2abw)^{3/2}}=-\frac{a}{b}q=-kq$$

誘導電荷がつくる電場と鏡像電荷 $-kq$ がつくる電場は球外で等しく，したがって球から出る電束も等しいので，上の結果は当然である．

(3)　誘導電荷が点 Q につくる電場は，鏡像電荷が Q につくる電場に等しい．したがって電荷 q が受ける力は鏡像電荷によるものとみなして計算してよく，

$$F=-(1/4\pi\varepsilon_0)\big(kq^2/(b-c)^2\big)$$

13.2　絶縁された導体球がもともと帯電していなければ，球面上の全電荷はゼロ，したがって球面から出る全電束もゼロのはずである．そこで例題 13 の鏡像電荷 q' のほかに，さらに中心 O に鏡像電荷 $q''=kq$ をおいてみれば，q' と q'' の電束が打ち消し，全電束はゼロになる．また，q'' がつくる電位はそれ自身で球表面を等電位面とするので，q'' を加えても導体表面が等電位という条件はこわれない．したがって電荷 q および球面上の誘導電荷がつくる電位は，三つの電荷 q,q',q'' による電位の球外の部分に等しく，

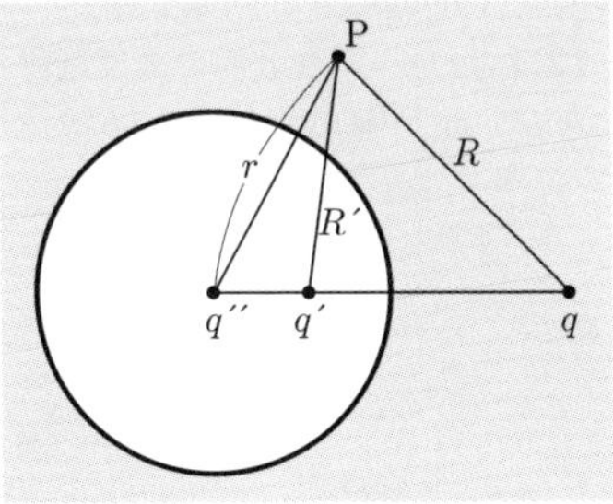

$$\phi(\mathrm{P})=\frac{q}{4\pi\varepsilon_0}\left(\frac{1}{R}-\frac{k}{R'}+\frac{k}{r}\right)$$

と表される．r は中心から P への距離である．電荷 q が受ける力は $F = -\dfrac{kq^2}{4\pi\varepsilon_0}\left(\dfrac{1}{(b-c)^2} - \dfrac{1}{b^2}\right)$ に減少する．

13.3 前問で，中心 O におく鏡像電荷を $q'' = q_1 + kq$ に変えればよい．したがって電荷 q が受ける力は，$q_1 = k_1 q$ とおいて $F = -(q^2/4\pi\varepsilon_0)\bigl(k/(b-c)^2 - (k+k_1)/b^2\bigr)$．$k_1$ がある範囲を越えなければ，誘導電荷の効果の方が大きく，力は引力のままである．

13.4 (1) 空洞内の点電荷 q のために，空洞内壁には静電誘導による電荷分布が現れるが，それの空洞内部に対するはたらきは，空洞内壁に関し Q と共役な点 Q$'$ に鏡像電荷 q' をおいて代表させることができる．すなわち，空洞内の任意の点 P と点 Q, Q$'$ の距離を R, R' とすれば，q, q' が P につくる電位は

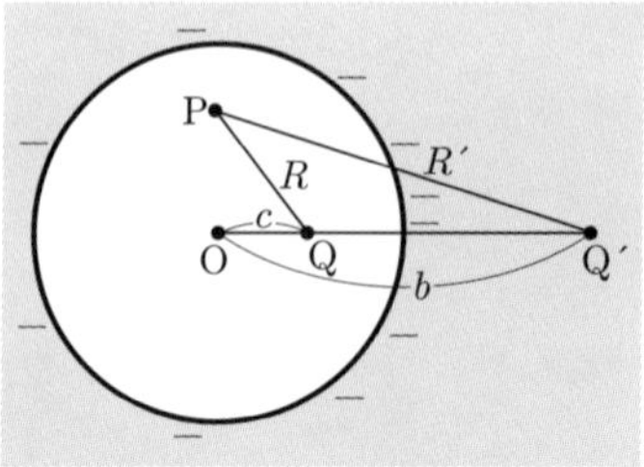

$$\phi(\mathrm{P}) = \frac{1}{4\pi\varepsilon_0}\left(\frac{q}{R} + \frac{q'}{R'}\right) + 定数$$

であるから，$q' = -q/k$ $(k = c/a = a/b)$ ととれば内壁の球面上で $\phi =$ 一定が成り立つ．したがってこれが球内の正しい電位分布を与える．これは例題 13 で，球の内外を入れかえたものにほかならない．それゆえ，球面上の電場 E_r は，問題 13.1 の計算で $q \leftrightarrow q'$, $R \leftrightarrow R'$ のおきかえをすれば得られる．すなわち，そこの $E_r(\theta)$ で $b \leftrightarrow c$ のおきかえをすればよい．これから，導体の法線方向が逆向きになったことに注意すれば，内壁上の電荷密度は

$$\sigma(\theta) = -\varepsilon_0 E_r(\theta) = -\frac{q}{4\pi}\frac{a^2 - c^2}{a}\frac{1}{R^3}, \quad R = \sqrt{a^2 - 2ac\cos\theta + c^2}$$

(2) q には鏡像力 $F = -(q^2/4\pi\varepsilon_0 k)(1/(b-c)^2)$ がはたらく（$-$ は鏡像から引力を受けることを意味する）．

(3) 空洞をもつ導体が絶縁されている場合は，内壁に誘導された電荷と符号だけ逆の電荷が，導体の外側表面に分布する．その分布の仕方は，導体表面を等電位にする（すなわち導体内部に電場をつくらない）という条件だけで決まる．いまの例でいえば，電荷 $-kq' = q$ が球殻表面に一様に分布する．空洞内部は外部から静電的に遮蔽されているので，空洞内部の電場は（$\phi(\mathrm{P})$ の付加定数を除き）導体が接地されているか否かに無関係に決まる．

13.5 (1) 円柱表面の誘導電荷のはたらきを代表させるため，円柱表面に関し直線と共役な位置に（すなわち図の $c = a^2/b$ の所に）鏡像として電荷線密度 $-\lambda$ の直線をおいてみる．この両直線からそれぞれ距離 ρ_1, ρ_2 離れた点 P の電位は

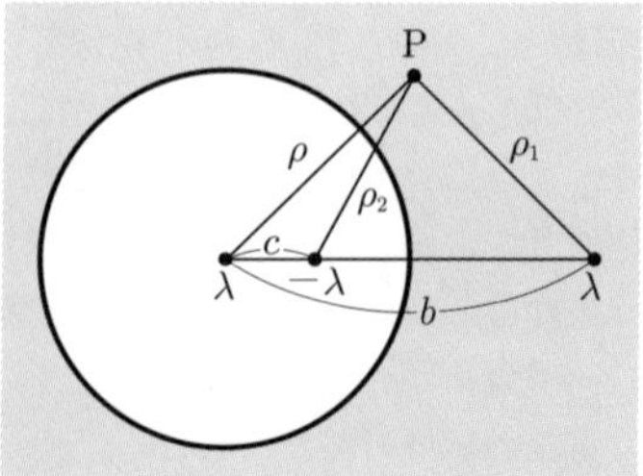

$$\psi(\mathrm{P}) = -\frac{\lambda}{2\pi\varepsilon_0}\ln\frac{\rho_1}{\rho_2} + 定数$$

となる．等電位面は $\rho_1/\rho_2 =$ 一定のアポロニウスの円で，特に円柱表面は一つの等電位面 $(\rho_1/\rho_2 = a/c = b/a)$ になっている．しかしこれだけでは，円柱は単位

長さ当り $-\lambda$ の電荷を帯電することになるので，第二の鏡像として，円柱の中心軸に電荷線密度 λ の直線をおく．中心軸から点 P への距離を ρ とすれば，P の電位は

$$\phi(\mathrm{P}) = \psi(\mathrm{P}) - \frac{\lambda}{2\pi\varepsilon_0}\ln\rho = -\frac{\lambda}{2\pi\varepsilon_0}\ln\frac{\rho_1\rho}{\rho_2} + 定数$$

となる．円柱表面が等電位面という条件はここでもみたされている．$\phi(\mathrm{P})$ のうち円柱外部の部分が，求める電位分布である．

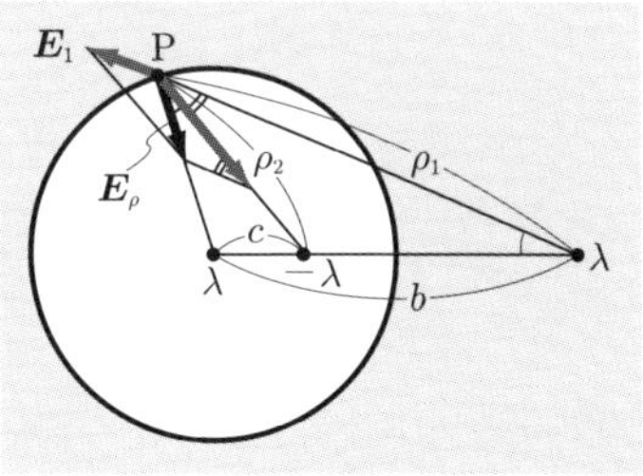

(2) 電荷密度は問題 13.1 と同様に求めればよい．はじめの直線電荷が球表面につくる電場の大きさは $E_1 = \dfrac{\lambda}{2\pi\varepsilon_0\rho_1}$ であり，これに第一の鏡像直線の寄与を加えた電場 $\boldsymbol{E}_\rho$ は動径方向を向き（電場は等電位面に垂直），その大きさは三角形の相似から

$$E_\rho = \frac{b-c}{\rho^2}E_1 = \frac{\lambda}{2\pi\varepsilon_0}\frac{b^2-a^2}{a}\frac{1}{\rho_1^2}$$

したがって電荷面密度は $-\dfrac{\lambda}{2\pi a}\dfrac{b^2-a^2}{\rho_1^2}$ となる．最後に中心軸においた鏡像直線は，もちろん円柱表面に一様な電荷密度 $\lambda/2\pi a$ を与えるので，これを加えれば

$$\sigma = -\frac{\lambda}{2\pi a}\left(\frac{b^2-a^2}{\rho_1^2} - 1\right), \quad \rho_1^2 = a^2 - 2ab\cos\theta + b^2$$

検算として，全電荷がゼロになっていることを確かめてほしい．

13.6 問題 12.4 の導体平面がここでは半径 a の導体円柱になっているだけで，考え方は全く同じであるから詳しい説明ははぶく．前問の電位 $\psi(\mathrm{P})$ を用いれば，針金表面 ($\rho_1 \fallingdotseq a'$, $\rho_2 \fallingdotseq b-c$) と円柱表面 ($\rho_1/\rho_2 = b/a$) の電位差は

$$V = \frac{\lambda}{2\pi\varepsilon_0}\ln\frac{b(b-c)}{aa'} = \frac{\lambda}{2\pi\varepsilon_0}\ln\frac{b^2-a^2}{aa'}$$

したがって単位長さ当りの容量は

$$C = 2\pi\varepsilon_0 \Big/ \ln\frac{b^2-a^2}{aa'}$$

$a \to \infty$ の極限では，$b = a + h$ とおけば $C \to 2\pi\varepsilon_0/\ln(2h/a')$ となり，問題 12.4 の結果と一致する．

13.7 電荷線密度 $\pm\lambda$ の平行な二直線がつくる電位分布

$$\phi(\mathrm{P}) = -\frac{\lambda}{2\pi\varepsilon_0}\ln\frac{\rho_1}{\rho_2} + 定数$$

の等電位面はアポロニウスの円であるから，直線 λ および $-\lambda$ をそれぞれ囲む二つの等電位面を円柱導体でおきかえれば，平行な二つの円柱導体による電位が求まったことになる．この問題では二つの円柱の半径が等しいので，与えられた a, d から鏡像直線

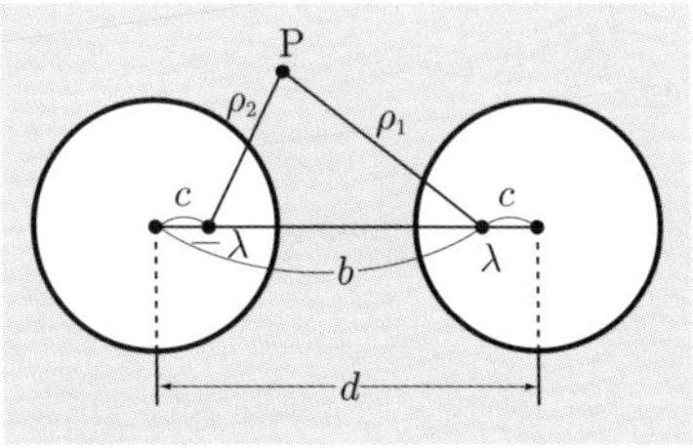

1

の位置を求めるには，$b+c=d$, $bc=a^2$ を解けばよい．すなわち，二次方程式 $x^2-dx+a^2=0$ を解いて

$$b=\frac{1}{2}\bigl(d+\sqrt{d^2-4a^2}\bigr),\quad c=\frac{1}{2}\bigl(d-\sqrt{d^2-4a^2}\bigr)$$

右の円柱表面では $\rho_1/\rho_2=a/b$，左の円柱表面では $\rho_1/\rho_2=b/a$ であるから，上の $\phi(\mathrm{P})$ から円柱間の電位差 V は $V=(\lambda/\pi\varepsilon_0)\ln(b/a)$ で，したがって単位長さ当りの容量は

$$C=\pi\varepsilon_0\Big/\ln\frac{b}{a}=\pi\varepsilon_0\Big/\ln\frac{d+\sqrt{d^2-4a^2}}{2a}$$

(注意) 円柱と導体平面の間の容量は，$d=2h$ とおきかえて（h は円柱と平面の距離）

$$C=2\pi\varepsilon_0\Big/\ln\frac{h+\sqrt{h^2-a^2}}{a}$$

この問題の円柱の中間に平面を入れ（全体の容量は変わらない），円柱と平面がつくるコンデンサーの直接接続と考える（一つずつのコンデンサーの容量は 2 円柱の場合の 2 倍）．

13.8 問題 6.2 によれば，一様な線密度 λ で帯電した長さ $2c$ の線分がつくる電場の等電位面は，線分の両端を焦点にする回転楕円体である．長径 ξ，短径 $\eta=\sqrt{\xi^2-c^2}$ の等電位面の上では，電位は

$$\phi=\frac{\lambda}{4\pi\varepsilon_0}\ln\frac{\xi+c}{\xi-c}=\frac{\lambda}{2\pi\varepsilon_0}\ln\frac{\xi+c}{\eta}$$

なる値をとる．そこで，この等電位面の一つ（その長径を a，短径を $b=\sqrt{a^2-c^2}$ とする）を回転楕円体の導体でおきかえても，その外部の空間の電位分布はやはり上式で与えられる．特に導体自身の電位は $\phi=(\lambda/2\pi\varepsilon_0)\ln\bigl((a+c)/b\bigr)$ である．一方，線分の全電荷，すなわちおきかえた導体に帯電している電荷は $2c\lambda$ であるから，この導体の静電容量は

$$C=4\pi\varepsilon_0 c\Big/\ln\frac{a+c}{b}$$

(注意) ここでいくつか特別の場合をみてみよう．まず楕円体が十分細長いときは $a\gg b$, $c\fallingdotseq a$ であるから $C=4\pi\varepsilon_0 a/\ln(2a/b)$．これは半径 b，長さ $2a$ の導体棒の容量とみることができる．次に楕円体が球に近づけば，$b\to a$, $c\to 0$ で，

$$\ln\frac{a+c}{\sqrt{a^2-c^2}}=\ln\frac{1+(c/a)}{(1-(c/a)^2)^{1/2}}=\frac{c}{a}+O\left(\frac{c^3}{a^3}\right)$$

であるから，C は確かに球の容量 $4\pi\varepsilon_0 a$ に近づく．なお上で得られたのは，$a>b$ のいわゆる葉巻型の回転楕円体の容量であるが，$a<b$，すなわち扁平なパンケーキ型の回転楕円体の場合にまで上の結果を形式的に適用してみる．このときは $c=\sqrt{a^2-b^2}\equiv ic'$ は虚数になるが，複素数 $re^{i\alpha}$ の対数は $\ln(re^{i\alpha})=\ln r+i\alpha$ であることを用いれば，

$$\ln\frac{a+c}{a-c}=\ln\frac{a+ic'}{a-ic'}=i2\sin^{-1}\frac{c'}{b}$$

と表せるので，上の式は

$$C=4\pi\varepsilon_0 c'\Big/\sin^{-1}\frac{c'}{b}=4\pi\varepsilon_0\sqrt{b^2-a^2}\Big/\sin^{-1}\frac{\sqrt{b^2-a^2}}{b}$$

となる．特に $a\to 0$ の場合は楕円体は半径 b の円板に近づくが，そのとき上式は $C\to 8\varepsilon_0 b$ となり，問題 11.4 の結果と一致する．

14.1 問題 13.2 において電荷 q を十分遠方に引き離せば，q は球の付近にほぼ一様な電場

$$\boldsymbol{E}_0 = \frac{1}{4\pi\varepsilon_0}\frac{q}{b^2}\boldsymbol{n}$$

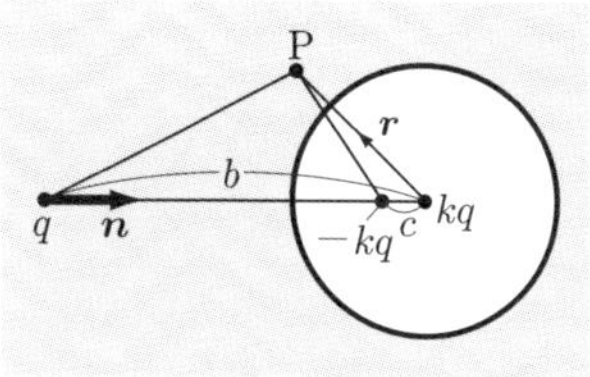

をつくる．ここで $\boldsymbol{n}$ は q から球の中心へ向く単位ベクトルである．b と q を無限大にするが，q/b^2 という比，つまり $\boldsymbol{E}_0$ は有限の値にとどまるような極限を考える．そのとき，球内の鏡像電荷 $\pm kq$ の間隔 c は $c = ka = a^2/b \to 0$ となるので，この鏡像電荷がつくる電場はモーメント $\boldsymbol{p} = kqc\boldsymbol{n} = \boldsymbol{n}a^3q/b^2 = 4\pi\varepsilon_0 a^3\boldsymbol{E}_0$ の電気双極子の電場である．したがって全電場は

$$\boldsymbol{E}(\boldsymbol{r}) = \boldsymbol{E}_0 + \frac{1}{4\pi\varepsilon_0}\frac{1}{r^3}\big(3(\boldsymbol{p}\cdot\widehat{\boldsymbol{r}})\widehat{\boldsymbol{r}} - \boldsymbol{p}\big) = \boldsymbol{E}_0 + \left(\frac{a}{r}\right)^3\big(3(\boldsymbol{E}_0\cdot\widehat{\boldsymbol{r}})\widehat{\boldsymbol{r}} - \boldsymbol{E}_0\big)$$

14.2 導体球表面における電場は，例題 14 の $\boldsymbol{E}(\boldsymbol{r})$ で $r = a$ とおけば，$\boldsymbol{E}(\boldsymbol{r}) = 3(\boldsymbol{E}_0\cdot\widehat{\boldsymbol{r}})\widehat{\boldsymbol{r}} = 3E_0\cos\theta\widehat{\boldsymbol{r}}$. θ は天頂角である．この電場は微小面積 dS 上の電荷 $\sigma(\theta)dS$ に，動径方向を向く力 $d\boldsymbol{F} = (1/2)\boldsymbol{E}(\boldsymbol{r})\sigma(\theta)dS$ を及ぼす（1/2 がかかる理由については，問題 16.1 を参照されたい）．$0 \leqq \theta \leqq \pi/2$ の部分にはたらく力の合力は $\boldsymbol{E}_0$ 方向を向き，その大きさは

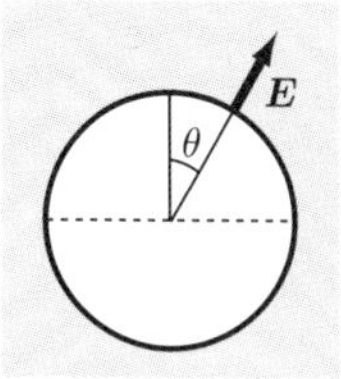

$$F = \frac{1}{2}\int_{\text{半球}} E(\theta)\sigma(\theta)\cos\theta dS = \frac{\varepsilon_0}{2}\int_{\text{半球}} E(\theta)^2\cos\theta dS$$

これに $E(\theta) = 3E_0\cos\theta$ および $dS = 2\pi a^2\sin\theta d\theta$ を代入すれば

$$F = 9\pi\varepsilon_0 a^2 E_0^2\int_0^{\pi/2}\cos^3\theta\sin\theta d\theta = \frac{9\pi}{4}a^2\varepsilon_0 E_0^2$$

球の下半分には，これと同じ大きさで $-\boldsymbol{E}_0$ 方向を向く力がはたらく．

14.3 球の中心にある双極子 $\boldsymbol{p}$ が球の外につくる電場は，球殻内壁に誘導される電荷分布が球の外につくる電場により打ち消されているはずである（静電遮蔽）．すなわち後者の電場は，球の中心に仮想的においた双極子 $-\boldsymbol{p}$ が球の外につくる電場に等しい．例題 8 によれば，このような電場を球外につくる球面上の電荷分布は，面密度 $\sigma(\theta) = -\sigma_0\cos\theta$ の分布である．ただし $\sigma_0 = p/V$ で，V は球の体積である．

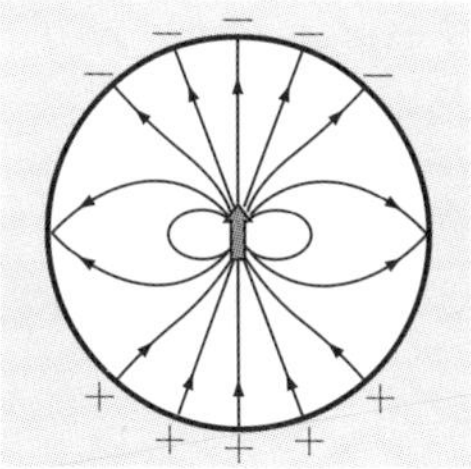

注意 この電荷分布は，問題 8.2 によれば，空洞内には一様な電場 $\sigma_0\boldsymbol{n}/3\varepsilon_0$ をつくる（$\boldsymbol{n}$ は $\boldsymbol{p}$ 方向の単位ベクトル）．したがって球内の全電場は

$$\boldsymbol{E}(\boldsymbol{r}) = \frac{1}{4\pi\varepsilon_0}\frac{1}{r^3}\big(3(\boldsymbol{p}\cdot\widehat{\boldsymbol{r}})\widehat{\boldsymbol{r}} - \boldsymbol{p}\big) + \frac{1}{4\pi\varepsilon_0}\frac{1}{a^3}\boldsymbol{p}$$

15.1 $\frac{1}{2}CV^2 = \frac{1}{2}\times 10^{-6}\times(200)^2 = 2\times 10^{-2}\,\mathrm{J}$

15.2 まず，一様な電荷密度で帯電した半径 R の球について，静電エネルギー U を求める．

全電荷を Q とすれば，中心から距離 r の点の電場の大きさは，問題 2.1 により

$$E(r) = \frac{Q}{4\pi\varepsilon_0} \times \begin{cases} 1/r^2 & (r \geqq R) \\ r/R^3 & (r \leqq R) \end{cases}$$

であるから，電場のエネルギー密度 $\varepsilon_0 E^2/2$ を全空間で積分すれば

$$U = \int_0^\infty \frac{\varepsilon_0}{2} E(r)^2 4\pi r^2 dr = \frac{Q^2}{4\pi\varepsilon_0}\frac{1}{2}\left[\int_0^R \left(\frac{r}{R^3}\right)^2 r^2 dr + \int_R^\infty \left(\frac{1}{r^2}\right)^2 r^2 dr\right]$$
$$= \frac{Q^2}{4\pi\varepsilon_0}\frac{3}{5R}$$

これに原子核の電荷 $Q = Zq_\mathrm{e}$ および半径 $R = r_0 A^{1/3}$ を代入すれば

$$U = \frac{3}{5}\frac{q_\mathrm{e}^2}{4\pi\varepsilon_0}\frac{Z^2}{r_0 A^{1/3}}$$

この数値を電子ボルト (eV) で求めるには，q_e の一つを 1 として計算すればよい．問題 4.3 の r_0 と q_e 値を使うと

$$\frac{3}{5}\frac{q_\mathrm{e}}{4\pi\varepsilon_0}\frac{1}{r_0} = \frac{0.6 \times 1.6 \times 10^{-19} \times 9 \times 10^9}{1.2 \times 10^{-15}} = 0.72 \times 10^6\,\mathrm{V}$$

したがって $U = \dfrac{Z^2}{A^{1/3}} \times 0.72 \times 10^6\,\mathrm{eV}$．$Z = 92$, $A = 238$ を代入すれば

$$U = 985 \times 10^6\,\mathrm{eV} = 985\,\mathrm{MeV}$$

15.3 始めと終わりの状態で電場がもつエネルギーを計算する．その差が，電荷 q を移動させるのに要した仕事である．終わりの状態の電場は，もちろん，十分遠方にある電荷 q のまわりの球対称なクーロン場である．始めの状態の電場は空洞内部にだけあって，終わりの状態の電場の $r \leqq a$ の部分に等しい．これら二つの電場の静電エネルギーは，電荷 q が文字通りの点電荷であれば，どちらも無限大になる（電荷 q に有限な広がりをもたせれば，問題 15.2 で計算したように，有限な静電エネルギーを得ることができる）．しかしここで必要なのは両者の差 W であり，それは，終わりの状態の電場のうち，$r \geqq a$ の部分に含まれるエネルギーに等しい．すなわち

$$W = \int_a^\infty \frac{\varepsilon_0}{2} E(r)^2 4\pi r^2 dr = \frac{q^2}{8\pi\varepsilon_0}\int_a^\infty \frac{dr}{r^2} = \frac{q^2}{8\pi\varepsilon_0}\frac{1}{a}$$

これが求める仕事を与える．

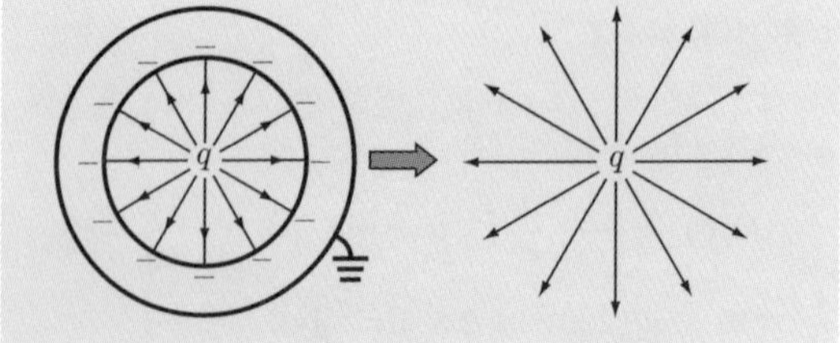

【別解】 念のため，電荷にはたらく力 F から正直に仕事を計算してみよう．まず，電荷 q が空洞内にあるときを考える．空洞内壁の誘導電荷が q に及ぼす力は，問題 13.4 で見たように，

鏡像電荷 q' による鏡像力として表される．すなわち，q と中心 O の距離が r のとき，鏡像電荷 $q' = -(a/r)q$ が $r' = a^2/r$ の点にあるので，q が受ける力の大きさは

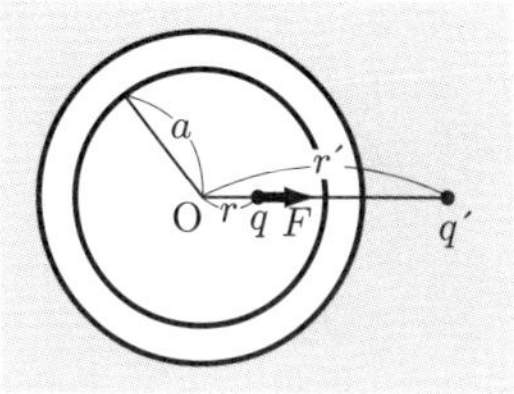

$$F = \frac{q^2}{4\pi\varepsilon_0}\frac{a}{r}\frac{1}{(r'-r)^2} = \frac{q^2}{4\pi\varepsilon_0}\frac{ar}{(a^2-r^2)^2}$$

それゆえ，電荷 q を $r=0$ から $r=a-\delta$ $(\delta \ll a)$ まで運ぶのに要する仕事 W_1 は

$$W_1 = -\int_0^{a-\delta} F dx = -\frac{q^2}{4\pi\varepsilon_0}\int_0^{a-\delta}\frac{ar}{(a^2-r^2)^2}dr$$

$t = a^2 - r^2$ とおけば，$r = a-\delta$ のとき $t \fallingdotseq 2a\delta$ となることに注意して

$$W_1 = -\frac{q^2 a}{8\pi\varepsilon_0}\int_{2a\delta}^{a^2}\frac{dt}{t^2} = -\frac{q^2}{8\pi\varepsilon_0}\left(\frac{1}{2\delta}-\frac{1}{a}\right)$$

積分を $r=a$ までですると W_1 は無限大になってしまう．もともと q が穴の近くにくると上の F の形は正しくないので，壁のわずか手前まで運ぶのに要する仕事をまず計算したのである．次に q が空洞の外へ出ると，q は引き戻す向きの鏡像力を受ける（例題 13）．その大きさは，上の F の式で半径 a を b でおきかえたものに等しい．そこで，q を $r=b+\delta$ から無限遠まで運ぶのに要する仕事は（$t = r^2 - b^2$ とおく）

$$W_2 = \int_{b+\delta}^{\infty} F dr = \frac{q^2 b}{8\pi\varepsilon_0}\int_{2b\delta}^{\infty}\frac{dt}{t^2} = \frac{q^2}{8\pi\varepsilon_0}\frac{1}{2\delta}$$

最後に，$r=a-\delta$ から $r=b+\delta$ まで，すなわち q が球殻の穴を通り抜けるのに要する仕事を考えると，ここでは球殻は導体の板とみてよく，q にはたらく力 F の向きは板の中央で反転するので，対称性から仕事はゼロであることがわかる．結局仕事の総和は，

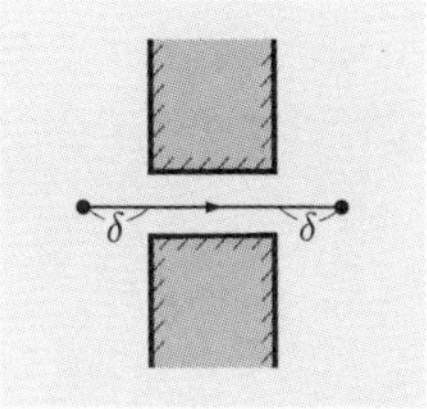

$$W = W_1 + W_2 = \frac{q^2}{8\pi\varepsilon_0}\frac{1}{a}$$

で，上で求めた結果に一致する．

16.1　例題 15 の U の値を使うと，29 ページ仮想仕事の公式 (6) より

$$F = -\frac{\partial U}{\partial a} = \frac{Q^2}{8\pi\varepsilon_0 a^2}$$

やはり例題 15 に記されている球外の電場の式を使えば，これは $QE/2$ に等しいことがわかる．

16.2　電場は極板の外では大きさ E をもち，極板の内部ではゼロであるから，極板の表面の付近で急激に変化する．電荷 $-Q$ はまさにその付近に分布しているので，$-Q$ にはたらく力を単純に $-QE$ とすることはできない．正しい力を求める一つの方法として，電場 E は下の極板がつくる電場 $E/2$ と上の極板がつくる電場 $E/2$ の重ね合わせであることに注意する．上の極板にはたらく合力に寄与するのは，下の極板による電場だけであり，この電場は上の極板の表面付近でも連続であるから，今度は安心して $F = -Q(E/2)$ とすることができる．

【別解】　極板の表面から深さ x の点の電荷密度 $\rho(x)$ を，きちんと考えてもよい（$\rho(x)$ の具体的な形は必要ない）．極板内の電場を $E(x)$ とすれば，極板にはたらく力は単位面積当り

$\displaystyle\int_0^{x_1} \rho(x)E(x)dx$ であるが（ここで x_1 は極板の内部の点で，そこでは $\rho = E = 0$ とする），ガウスの法則から $\dfrac{dE}{dx} = \dfrac{1}{\varepsilon_0}\rho(x)$ であるから，上の積分は

$$\int_0^{x_1} \rho(x)E(x)dx = \varepsilon_0 \int_0^{x_1} \frac{dE(x)}{dx}E(x)dx = \frac{\varepsilon_0}{2}\int_0^{x_1} \frac{dE^2}{dx}dx = -\frac{\varepsilon_0}{2}E^2$$

となり，例題 16 の結果と一致する．

16.3 (1) $\sigma = \varepsilon_0 E = -100/9 \times 10^9 \times 4\pi = -8.8 \times 10^{-10}\,\mathrm{C/m^2}$．地球半径を 6400 km とすれば，全電荷は $4.6 \times 10^5\,\mathrm{C}$.

(2) $\varepsilon_0 E^2/2 = \sigma E/2 = 4.4 \times 10^{-8}\,\mathrm{N/m^2}$．これは，地球表面の他の部分に分布している電荷が及ぼす斥力の合力である．

16.4 $V =$ 一定の条件で仮想変位を行うと，$U = CV^2/2$ の変化は

$$\Delta U = \frac{V^2}{2}\Delta C = -\frac{V^2}{2}\frac{\varepsilon_0 S}{x^2}\Delta x = -\frac{V^2}{2}\frac{C^2}{\varepsilon_0 S}\Delta x = -\frac{Q^2}{2}\frac{\Delta x}{\varepsilon_0 S}$$

であるから，$\Delta U = -F\Delta x$ を用いると，F は符号だけ例題 16 の結果とくいちがう．その理由は，V を一定に保つには極板間に起電力 V の電池をつないでおく必要があり，仮想変位に伴い Q が ΔQ 変化するならば，起電力も $V\Delta Q$ の仕事をするのに，それを無視してしまったからである．すなわち，正しい仮想仕事の式は

$$\Delta U = -F\Delta x + V\Delta Q$$

である．ところで，容量 C の変化 ΔC に伴う電荷 Q の変化は，$V =$ 一定の条件のもとでは $\Delta Q = V\Delta C$ であるから，電池の行う仕事は $V\Delta Q = V^2\Delta C$ となり，これと最初の ΔU の式をくらべれば $\Delta U - V\Delta Q = -\Delta U$ となる．したがって V を一定に保つ場合の仮想仕事の式は

$$\Delta U = +F\Delta x$$

と表すことができ，これを用いれば力 F の正しい符号が得られる．

17.1 静電エネルギーの式 $\displaystyle\int \frac{1}{2}\varepsilon_0 \boldsymbol{E}^2 dV = \frac{1}{2}\sum_i \varPhi_i Q_i$ において，すべての $\varPhi_i$ がゼロならば右辺は消える．ところが左辺の被積分関数は $\geqq 0$ であるから，積分がゼロになるためにはすべての場所で $\boldsymbol{E}^2 = 0$，すなわち $\boldsymbol{E} = 0$ でなければならない．

17.2 指定された条件の下で，二通りの電場 $\boldsymbol{E}^{\mathrm{a}}(\boldsymbol{r})$ および $\boldsymbol{E}^{\mathrm{b}}(\boldsymbol{r})$ が可能であると仮定する．そのときの各導体の電位を $\varPhi_i^{\mathrm{a}}, \varPhi_i^{\mathrm{b}}$，電荷を $Q_i^{\mathrm{a}}, Q_i^{\mathrm{b}}$ とし，その差を $\varPhi_i^{\mathrm{d}} = \varPhi_i^{\mathrm{a}} - \varPhi_i^{\mathrm{b}}$, $Q_i^{\mathrm{d}} = Q_i^{\mathrm{a}} - Q_i^{\mathrm{b}}$ とおく．$\varPhi_i^{\mathrm{d}}, Q_i^{\mathrm{d}}$ は電場が $\boldsymbol{E}^{\mathrm{d}}$ であるときの電位と電荷である．また，各導体 i について，$\varPhi_i^{\mathrm{d}}$ あるいは Q_i^{d} のどちらかは題意によりゼロであることに注意する．$\displaystyle\int (\boldsymbol{E}^{\mathrm{d}})^2 dV$ について例題 17 と全く同じ変形を行えば，

$$\int \frac{\varepsilon_0}{2}\left(\boldsymbol{E}^{\mathrm{d}}(\boldsymbol{r})\right)^2 dV = \frac{1}{2}\sum_i \varPhi_i^{\mathrm{d}} Q_i^{\mathrm{d}}$$

を示すことができるが，上の注意から右辺はゼロであり，したがって前問と同じ議論により，

いたるところで $\boldsymbol{E}^{\mathrm{d}}(\boldsymbol{r})=0$，すなわち $\boldsymbol{E}^{\mathrm{a}}(\boldsymbol{r})=\boldsymbol{E}^{\mathrm{b}}(\boldsymbol{r})$ が成り立つ．これで，Φ_i あるいは Q_i のどちらかを指定することにより，電場 $\boldsymbol{E}(\boldsymbol{r})$ が一意的に定まることがわかった．

ただし，上の証明は，指定された Φ_i あるいは Q_i から電場を具体的に求める方法は教えてくれない．実際，そのような方法は一般には存在しない．これが，導体を含む問題にいろいろな処法が案出されている理由である．

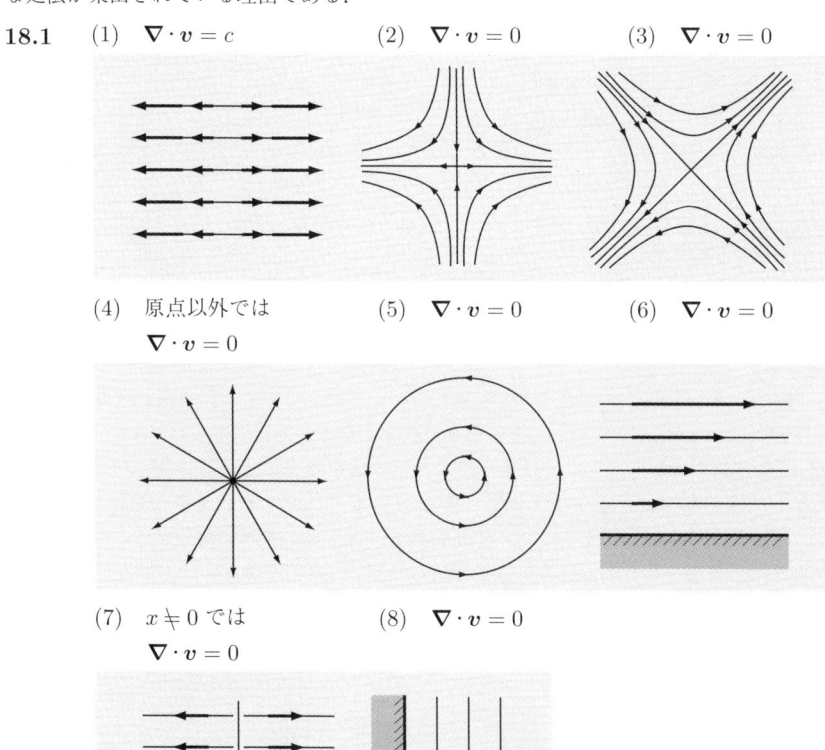

18.1 (1) $\nabla\cdot\boldsymbol{v}=c$ (2) $\nabla\cdot\boldsymbol{v}=0$ (3) $\nabla\cdot\boldsymbol{v}=0$

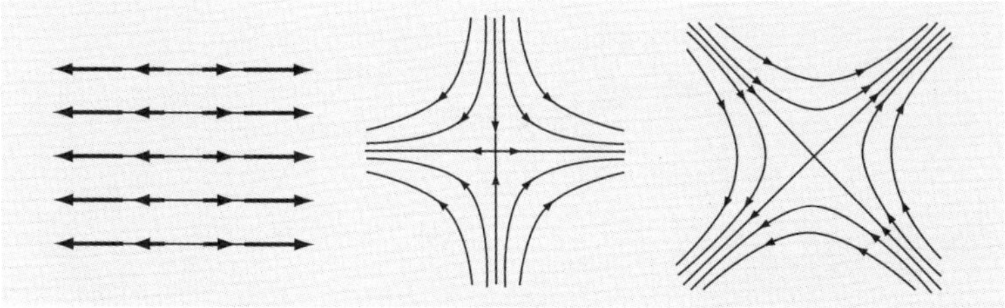

(4) 原点以外では $\nabla\cdot\boldsymbol{v}=0$ (5) $\nabla\cdot\boldsymbol{v}=0$ (6) $\nabla\cdot\boldsymbol{v}=0$

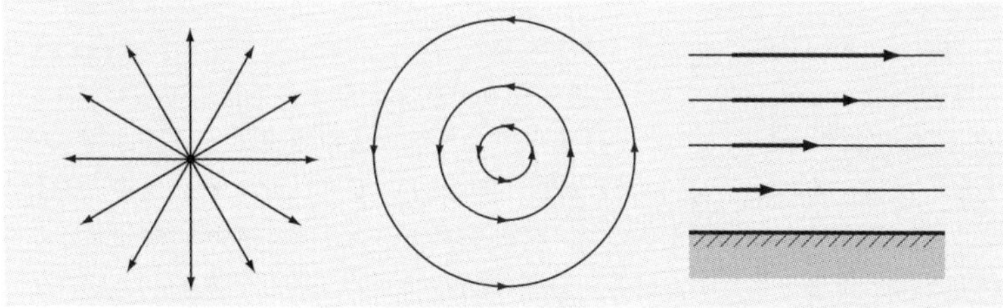

(7) $x\neq 0$ では $\nabla\cdot\boldsymbol{v}=0$ (8) $\nabla\cdot\boldsymbol{v}=0$

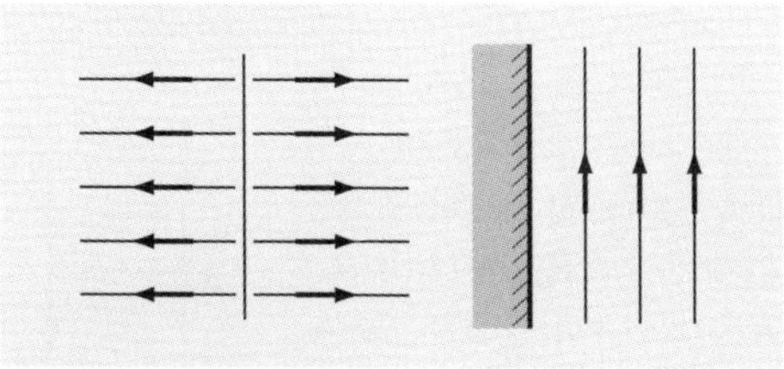

注意 (4) の発散は原点まで含めれば $\nabla\cdot\boldsymbol{v}(\boldsymbol{r})=2\pi c\delta^2(\boldsymbol{r})$．つまり原点にのみわき出しがある．例題 18 の (1) との違いに注意．(7) の発散は直線 $x=0$ の線上まで含めれば $\nabla\cdot\boldsymbol{v}(\boldsymbol{r})=c\delta(x)$．$x=0$ 上にわき出しがある．

19.1 ポアソン方程式 $\nabla^2\phi=-\rho/\varepsilon_0$ はガウスの法則 $\nabla\cdot\boldsymbol{E}=\rho/\varepsilon_0$ と同じ意味をもつから，本問は例題 19 から自明であるが，念のため説明しておく．$r\geqq a$ では，電位は $\phi(\boldsymbol{r})=\dfrac{Q}{4\pi\varepsilon_0}\dfrac{1}{r}$ であった（問題 4.1）．$\dfrac{\partial}{\partial x}\left(\dfrac{1}{r}\right)=-\dfrac{x}{r^3}$，$\dfrac{\partial^2}{\partial x^2}\left(\dfrac{1}{r}\right)=-\dfrac{1}{r^3}+3\dfrac{x^2}{r^5}$ および同様の微分を y，z

で行えば

$$\nabla^2\left(\frac{1}{r}\right)=\left(\frac{\partial^2}{\partial x^2}+\frac{\partial^2}{\partial y^2}+\frac{\partial^2}{\partial z^2}\right)\frac{1}{r}=-\frac{3}{r^3}+3\frac{x^2+y^2+z^2}{r^5}=0$$

$r \leqq a$ では $\phi(\boldsymbol{r})=\dfrac{Q}{8\pi\varepsilon_0 a}\left(3-\dfrac{r^2}{a^2}\right)$ で，$\nabla^2 r^2=\nabla^2(x^2+y^2+z^2)=6$ であるから

$$\nabla^2\phi=-\frac{Q}{\varepsilon_0}\frac{3}{4\pi a^3}=-\frac{\rho}{\varepsilon_0}$$

19.2 点電荷に半径 a の広がりをもたせれば，電位 $1/r$ は $r \leqq a$ では $-r^2/2a^3+$ 定数に変わり，その ∇^2 をとると，前問により $-3/a^3=-4\pi/V_a$ となる．ただし $V_a=4\pi a^3/3$ は $r \leqq a$ の部分の体積である．ここで極限 $a\to 0$ をとったものを $\nabla^2(1/r)$ とみなせば，序章のデルタ関数の定義 (20) により，$\nabla^2(1/r)=-4\pi\delta^3(\boldsymbol{r})$ を得る．

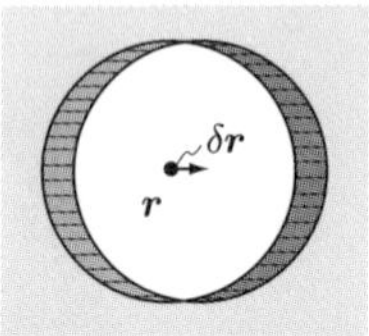

19.3 $\nabla^2\phi(\boldsymbol{r})=\dfrac{1}{4\pi\varepsilon_0}\nabla^2\displaystyle\int\frac{\rho(\boldsymbol{r}')}{|\boldsymbol{r}-\boldsymbol{r}'|}dV'$．積分と微分の順序を交換し，前問の公式 $\nabla^2\dfrac{1}{|\boldsymbol{r}-\boldsymbol{r}'|}=-4\pi\delta^3(\boldsymbol{r}-\boldsymbol{r}')$ を用いれば，

$$\nabla^2\phi(\boldsymbol{r})=-\frac{1}{\varepsilon_0}\int\rho(\boldsymbol{r}')\delta^3(\boldsymbol{r}-\boldsymbol{r}')dV'=-\frac{1}{\varepsilon_0}\rho(\boldsymbol{r})$$

注意 $1/|\boldsymbol{r}-\boldsymbol{r}'|$ は $\boldsymbol{r}=\boldsymbol{r}'$ の点で微分可能でない．それをさけるには，$\phi(\boldsymbol{r})$ の定義の積分式で，積分領域から $\boldsymbol{r}'=\boldsymbol{r}$ を中心とする微小半径 ε の球をくり抜いておけばよい．こうしても $\phi(\boldsymbol{r})$ の値に影響を与えないことは明らかである（球の体積は ε^3 に比例するので）．この定義を用いれば，常に $\boldsymbol{r}\neq\boldsymbol{r}'$ であるから，安心して $\nabla^2(1/|\boldsymbol{r}-\boldsymbol{r}'|)=0$ とおける．しかし今度は，積分領域が $\boldsymbol{r}$ に依存するので，$\phi(\boldsymbol{r})$ の微分に際し積分領域の微分からの寄与があり，それが上と同じ結果を与える．詳しい計算は読者の演習に任せよう．

第2章の解答

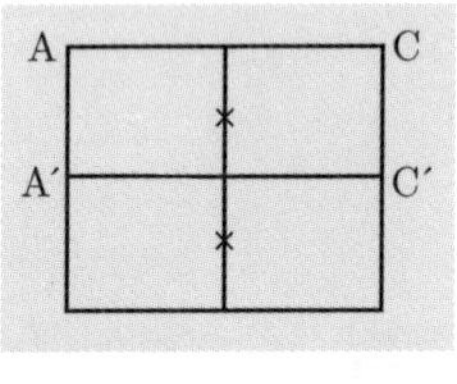

1.1 対称性から，右図の×をつけた抵抗の両端は等電位で，したがって電流は流れない．この二つの抵抗をはずせば，回路は直列と並列の組み合わせになる．並列の合成抵抗の公式 $R_1R_2/(R_1+R_2)$ を使うと，A′C′ 間の合成抵抗は $(2\times 4)/(2+4)=4/3$ であるから，AC 間の合成抵抗は

$$\left(2\times\frac{10}{3}\right)\Big/\left(2+\frac{10}{3}\right)=\frac{5}{4}\quad \text{すなわち}\quad \frac{5}{4}r$$

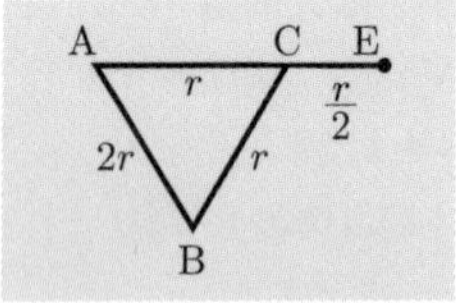

1.2 導線 AB を縦に二つに割って，抵抗 $2r$ の導線を二本並列につないだものとみれば，問題の回路は右図のような回路を二つ並列につないだものになる．したがって合成抵抗は

$$\left(\frac{3\times 1}{3+1}+\frac{1}{2}\right)\times\frac{1}{2}=\frac{5}{8}\quad \text{すなわち}\quad \frac{5}{8}r$$

1.3　$R = \rho l/S$ より $l = RS/\rho = 10^{-6}/2 \times 10^{-8} = 50\,\mathrm{m}$.

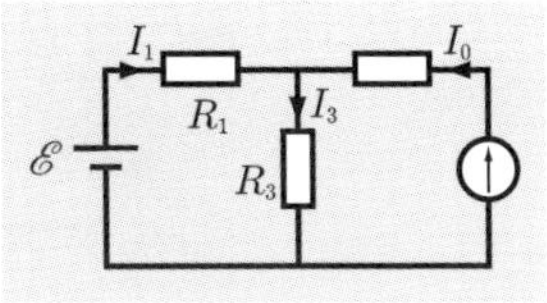

2.1　右図のように電流を名付ければ $I_1 = I_3 - I_0$ であるから，キルヒホッフの法則により

$$(I_3 - I_0)R_1 + I_3R_3 = \mathscr{E}$$

ゆえに

$$I_3 = \frac{1}{R_1 + R_3}(\mathscr{E} + R_1I_0)$$

これより R_3 の両端の電圧 I_3R_3 として例題 2 の結果を得る.

2.2　例題 2 の説明図 2.9 を見れば，重ね合わせの原理により

$$I_1 = \frac{1}{R_1 + R_3}\mathscr{E} - \frac{R_3}{R_1 + R_3}I_0$$

$I_1 = I_0 - I_3$ だから，これは問題 2.1 の結果と一致する.

2.3　$\mathscr{E}_2 = \mathscr{E}_3 = 0$ のときは，AB 間の電圧は

$$\frac{\dfrac{R_2R_3}{R_2 + R_3}}{R_1 + \dfrac{R_2R_3}{R_2 + R_3}}\mathscr{E}_1 = \frac{R_2R_3}{R_1R_2 + R_1R_3 + R_2R_3}\mathscr{E}_1 = \frac{\dfrac{\mathscr{E}_1}{R_1}}{\dfrac{1}{R_3} + \dfrac{1}{R_2} + \dfrac{1}{R_1}}$$

起電力が $\mathscr{E}_2$ のみおよび $\mathscr{E}_3$ のみのときの式は，分子の添字が 2, 3 に変わるだけで，これらを加えれば表記の式を得る.

3.1　抵抗 R を，右図の関係，すなわち

$$R = r + \frac{Rr'}{R + r'}$$

をみたすようにとれば，どの $\mathrm{A}_i\mathrm{B}_i$ から右を見た抵抗も R に等しく，したがって例題 3 の回路の場合と同様になり，$\mathrm{A}_i\mathrm{B}_i$ 間の電圧は等比級数的に減少する.

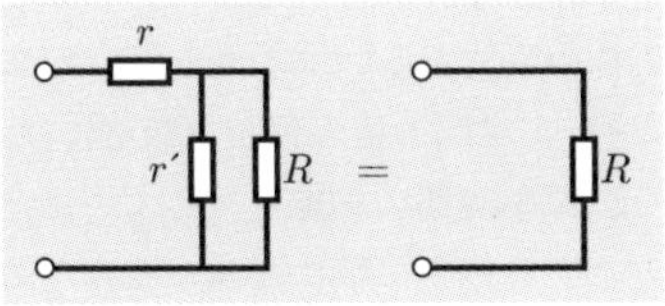

4.1　(1)　$R_i = \dfrac{R_1R_2}{R_1 + R_2}$,　$V_0 = \dfrac{R_2}{R_1 + R_2}\widetilde{V}$,　$I_0 = \dfrac{1}{R_1}V$

(2)　$R_i = \dfrac{R_1R_2}{R_1 + R_2}$,　$V_0 = \dfrac{R_2}{R_1 + R_2}\widetilde{V} + \dfrac{R_1R_2}{R_1 + R_2}\widetilde{I}$　（重ね合わせの原理），

$I_0 = \dfrac{1}{R_1}\widetilde{V} + \widetilde{I}$. したがってどちらの場合も，$V_0 = I_0R_i$ が確かに成り立つ.

4.2　図 2.18 の回路では電池の起電力 V_0 が箱の開放電圧を打ち消すので，AB 間には電流は流れない．重ね合わせの原理により，箱の内部の起電力のみをもつ回路と，AB 間の V_0 のみを起電力としてもつ回路に分解する（次ページの図）．第一の回路が我々の目的とする回路で，A → B の向きに流れる電流を I とする．第二の回路では箱は単に抵抗 R_i であるから，B → A の向きに電流 $V_0(R + R_i)$ が流れる．二つの回路の重ね合わせで $I = 0$ を得るには，第一の回路に流れる電流も $I = V_0/(R + R_i)$ でなければならない．すなわち，ブラックボックスは，内部抵抗 R_i をもつ定電圧電源とみなせる．例題 4 で考えた回路は，本問の回路で $R = 0$ とした場合にほかならない（同様に，任意のブラックボックスは，内部抵抗 R_i をもつ定電流電源 I_0 と等価であることも証明できる）.

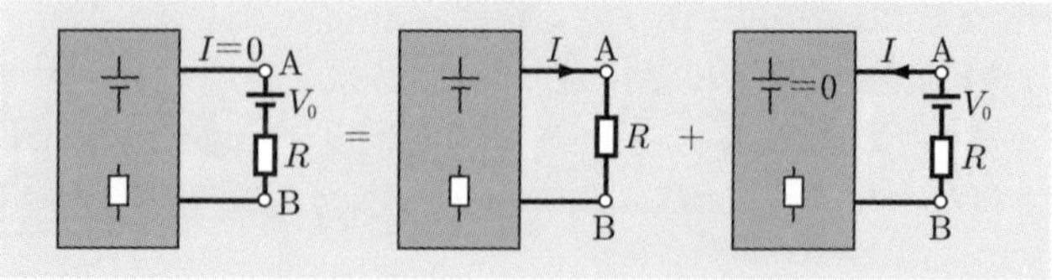

4.3　右図の回路に，問題 4.1 で求めた R_i, V_0, I_0 を代入すればよい．

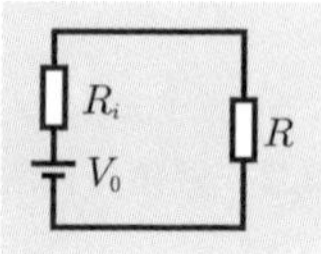

(1)　$I = \dfrac{V_0}{R_i + R} = \dfrac{R_2}{R_1R_2 + (R_1 + R_2)R}\widetilde{V}$

(2)　$I = \dfrac{R_2}{R_1R_2 + (R_1 + R_2)R}\left(\widetilde{V} + R_1\widetilde{I}\right)$

4.4　抵抗 R をはずしたとき，AB からみた内部抵抗 R_i および AB 間の電圧 V_0 は

$$R_i = \frac{R_1R_3}{R_1 + R_3} + \frac{R_2R_4}{R_2 + R_4}, \quad V_0 = \left(\frac{R_1}{R_1 + R_3} - \frac{R_2}{R_2 + R_4}\right)\mathscr{E}$$

であるから，これを用いて $I = V_0/(R + R_i)$ を計算すればよい．整理すれば

$$I = \frac{R_1R_4 - R_2R_3}{R(R_1 + R_3)(R_2 + R_4) + R_1R_3(R_2 + R_4) + R_2R_4(R_1 + R_3)}\mathscr{E}$$

5.1　電流は導体表面（ここでは地表）から外へ出ることはできないから，電流密度は（したがって電場も）導体表面では表面と平行でなければならない．この境界条件をみたす電流分布は，電極の電位あるいは電流を指定すれば一意的に定まる（問題 6.3 参照）．本問の電流分布を知るには，大地表面から上の上半空間を，下半空間の鏡像で補ってみるとよい．すなわち，全空間をみたす導体中に球状電極を埋めた問題をまず考えるわけである．

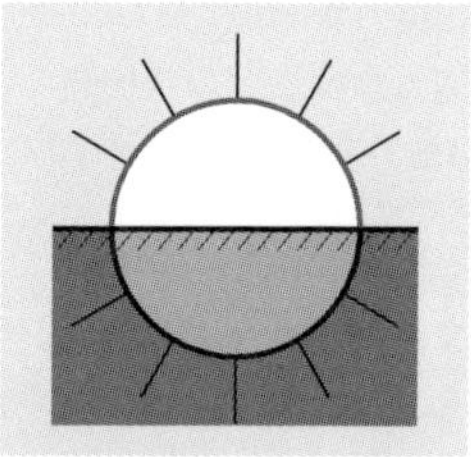

これは例題 5 にほかならず，このときは，対称性から明らかなように，電流は中心に関し球対称に，すべての方向に一様に流れる．特に大地表面では電流は表面に沿って流れる．そこでこの電流分布のうち下半空間の部分だけを取り出すと，これはもとの問題の境界条件をみたす電流分布になっている．したがって，電流分布の一意性から，これが我々の求める電流分布である．すなわち，半球状電極から出た電流は，下半空間のすべての方向に一様に流れる．

接地抵抗は改めて計算してもよいが，例題 5 の結果から簡単にわかる．すなわち，電極の電位を与えたとき，流れる電流は例題 5 の場合の半分であり，したがって接地抵抗は倍になるので

$$R = \frac{1}{2\pi\sigma a} = \frac{\rho}{2\pi a}$$

与えられた数値を入れれば，$R = 100/\pi = 31.8\,\Omega$.

5.2　全電流を I とすれば，中心から距離 r の点の電流密度は $j = I/2\pi r^2$ で，$E = \rho j$ の電場ができている．電場の方向に両足を開いている人には，歩幅を d とすれば歩幅電圧 $V = Ed$ がかかる．したがって $V = I\rho d/2\pi r^2 = 477\,\mathrm{V}$.

6.1　電流 I が流れているときには，電極には $\pm q = \pm I\varepsilon_0/\sigma$ の電荷が帯電している．電極の半径 a が小さければ，これはほとんど点電荷とみてよい．電場の源となるのは，この二つの

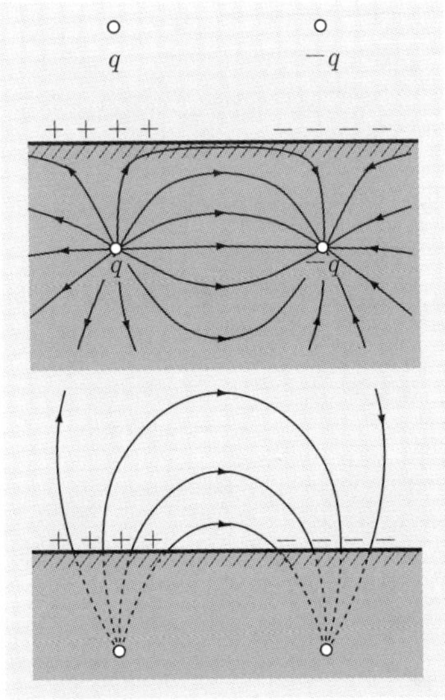

電荷と，導体表面上の誘導電荷分布である．導体内の電場は，導体表面で表面と平行でなければならない（電流密度が表面と垂直な成分をもてないからである）．この境界条件で，導体内の電場は一意的に決まる（問題 6.3 参照）．そこで，表面上の電荷分布のはたらきを代表させるため，表面に関し電極 $\pm q$ と鏡像の位置に，鏡像電極 $\pm q$ をおいてみる．この四つの電極がつくる電場は，導体表面上で明らかに表面と平行であるから，この電場のうち下半空間の部分が，求める電場となる（これは例題 5 と同じ考え方である）．たとえば四つの電極を含む平面内では，右上図のような電気力線ができる．もちろん，これは電流が流れる道すじでもある．

次に導体外部の電場を考える．平面上の電荷分布は平面に関し対称な電場をつくるので，導体表面上の電荷分布は，導体外から見れば，もとの電極の位置にある $\pm q$ の鏡像電極で代表させることができる．したがって，導体外部の全電場は，$\pm 2q$ の電荷を帯電した二つの電極がつくる電場に等しい．すなわち，双極子型の電場の上半空間の部分である．

電極を点電荷で近似する限り，各点の電場は（必要があれば）容易に計算することができる．

6.2 導体内部の電場は導体表面で表面に平行ゆえ，表面でわき出しをもたない．したがって表面電荷は導体外部の電場のわき出しとなっている．それゆえ，導体外部の電場の，表面における法線成分を E_n とすれば，表面には面密度 $\sigma = \varepsilon_0 E_n$ の誘導電荷が分布していることがわかる．

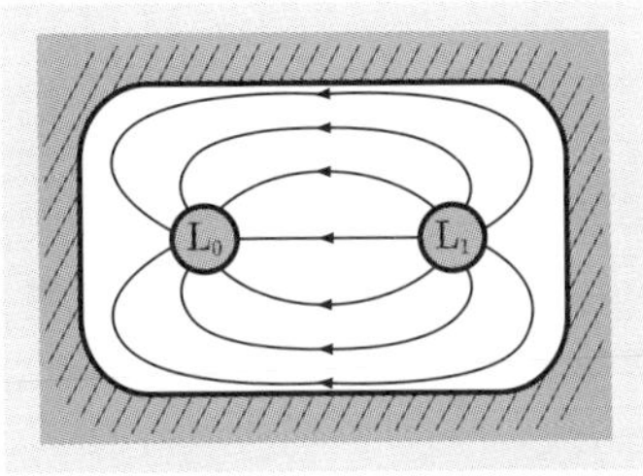

6.3 電極自身の抵抗は無視できるとするので，各電極内は等電位である．電極 L_i の電位を（L_0 の電位を基準として）Φ_i とする．電極 L_i に帯電している電荷 Q_i は，L_i から流れ出す電流 I_i と $I_i = \sigma Q_i/\varepsilon_0$ の関係にある．また電流は導体表面から外へ出られないので，表面では $j_n = 0$（j_n は電流密度 $\boldsymbol{j}$ の法線方向成分），したがって，$E_n = 0$，すなわち電場は表面と平行である．さて与えられた条件をみたす電場が二通り可能であると仮定し，それを $\boldsymbol{E}^{\mathrm{a}}(\boldsymbol{r})$ および $\boldsymbol{E}^{\mathrm{b}}(\boldsymbol{r})$，その差を $\boldsymbol{E}^{\mathrm{d}}(\boldsymbol{r}) \equiv \boldsymbol{E}^{\mathrm{a}}(\boldsymbol{r}) - \boldsymbol{E}^{\mathrm{b}}(\boldsymbol{r})$ とおく．導体外側の表面で $\boldsymbol{E}^{\mathrm{a}}$, $\boldsymbol{E}^{\mathrm{b}}$ は表面に平行であるから，$\boldsymbol{E}^{\mathrm{d}}$ も表面に平行であり，したがって導体内部を $\boldsymbol{E}^{\mathrm{d}}$ の電気力管の和に分割すると，すべての電気力管は電極から出て電極に入る（導体内部には，電極との境界以外には電荷がないので）．そこで 1.4 節問題 17.2 の場合と同様に，導体内部についての積分 $\displaystyle\int \varepsilon_0(\boldsymbol{E}^{\mathrm{d}})^2 dV$ を各電気力管ごとに分けて行えば，結果 $\displaystyle\int \varepsilon_0(\boldsymbol{E}^{\mathrm{d}})dV = \sum_{i=1}^{n} \Phi_i^{\mathrm{d}} Q_i^{\mathrm{d}}$ となる．こ

ここで $\Phi_i^{\mathrm{d}} = \Phi_i^{\mathrm{a}} - \Phi_i^{\mathrm{b}}$, $Q_i^{\mathrm{d}} = Q_i^{\mathrm{a}} - Q_i^{\mathrm{b}}$. ところが，すべての電極 L_i で Φ_i あるいは Q_i のどちらかが指定されているので，$\Phi_i^{\mathrm{d}} = 0$ あるいは $Q_i^{\mathrm{d}} = 0$，したがって $\sum_{i=1}^{n} \Phi_i^{\mathrm{d}} Q_i^{\mathrm{d}} = 0$. それゆえ左辺もゼロで，これは，$(\boldsymbol{E}^{\mathrm{d}})^2 \geqq 0$ ゆえ，$\boldsymbol{E}^{\mathrm{d}} \equiv 0$ すなわち $\boldsymbol{E}^{\mathrm{a}} = \boldsymbol{E}^{\mathrm{b}}$ を意味する．すなわち問題の条件をみたす電場は一意的に定まる．

注意　この一意性の定理が，鏡像電極を用いる解法（問題 5.1, 6.1 参照）の正しさを保証している．

6.4　問題 5.1 の場合と同様に，電極および大地を鏡像で補う．すなわち全空間が大地でみたされ，その中に長さ $2l$ の棒状電極がある場合の接地抵抗 R' をまず求める．この電極の静電容量を C とすれば，例題 5 の注意 2 より接地抵抗は $R' = \varepsilon_0/\sigma C = \varepsilon_0 \rho/C$. 棒が十分細長ければ，静電容量は，同じ長さ，同じ半径をもつ回転楕円体の電極の静電容量で近似することができる．1.3 節問題 13.8 によれば，後者は $a \ll l$ のとき $C \fallingdotseq 4\pi\varepsilon_0 l \Big/ \ln \dfrac{2l}{a}$. これを代入すれば R' が求まる．もとの問題の接地抵抗は $R = 2R' = \dfrac{\rho}{2\pi l} \ln \dfrac{2l}{a}$. 数値を代入すれば $R = 64.3\,\Omega$.

第 3 章の解答

1.1　円を xy 平面内に，中心が原点に一致するようにおく．磁位 ϕ_m を用いれば話は簡単で，点 $\boldsymbol{r}$ の磁位は円電流を見る立体角 Ω により $\phi_m(\boldsymbol{r}) = I\Omega/4\pi$ と表され，円の半径にくらべ r が十分に大きいときは，序章公式 (12) より $\Omega \fallingdotseq S\cos\theta/r^2$ （$S = \pi a^2$ は円の面積）であるから，

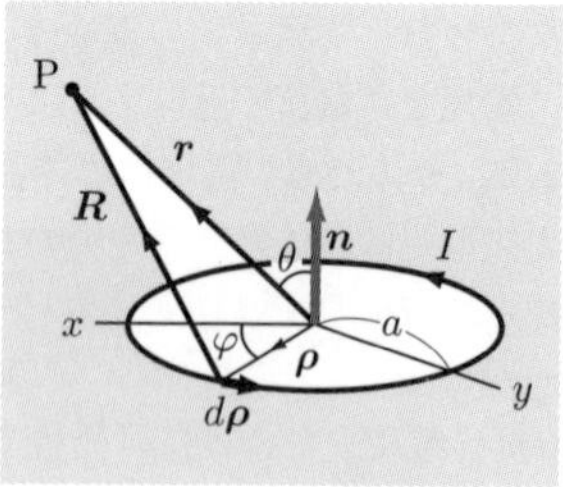

$$\phi_m(\boldsymbol{r}) = \frac{1}{4\pi} IS \frac{\cos\theta}{r^2} = \frac{1}{4\pi} IS \frac{\boldsymbol{n}\cdot\widehat{\boldsymbol{r}}}{r^2}$$

これは電気双極子の電位と同じ形であり（第 1 章例題 5），したがって磁場も，電気双極子の電場と同じ形になる（ただし p/ε_0 を $\mu_0 IS$ に置き換える）．

次にビオ-サバールの法則から直接磁場を計算してみよう．点 $\boldsymbol{r}$ が xz 平面内にくるように xy 軸をとる．円の中心から円の線要素 $d\boldsymbol{\rho}$ へのベクトルを $\boldsymbol{\rho}$ とし，$d\boldsymbol{\rho}$ から点 $\boldsymbol{r}$ へのベクトルを $\boldsymbol{R}$ とすれば，$\boldsymbol{R} = \boldsymbol{r} - \boldsymbol{\rho}$.

ビオ-サバールの式 $\boldsymbol{B}(\boldsymbol{r}) = \dfrac{\mu_0}{4\pi} I \oint \dfrac{d\boldsymbol{\rho}\times\boldsymbol{R}}{R^3}$ で，$R = \sqrt{(\boldsymbol{r}-\boldsymbol{\rho})^2} \fallingdotseq \sqrt{r^2 - 2\boldsymbol{r}\cdot\boldsymbol{\rho}}$ を $r \gg \rho$ としてテイラー展開すれば，$R^{-3} \fallingdotseq r^{-3}(1 + 3(\boldsymbol{r}\cdot\boldsymbol{\rho})/r^2)$ であるから，

$$-\oint \frac{\boldsymbol{R}\times d\boldsymbol{\rho}}{R^3} \fallingdotseq \frac{1}{r^3}\left[-\boldsymbol{r}\times\oint d\boldsymbol{\rho} + \oint \boldsymbol{\rho}\times d\boldsymbol{\rho} - 3\widehat{\boldsymbol{r}}\times\oint(\widehat{\boldsymbol{r}}\cdot\boldsymbol{\rho})d\boldsymbol{\rho}\right]$$

第一項の積分は一周すれば消える（$d\boldsymbol{\rho} = (-\sin\varphi,\, \cos\varphi,\, 0)a\,d\varphi$ なので）．第二項は，$\boldsymbol{\rho}\times d\boldsymbol{\rho}$ の大きさが $\boldsymbol{\rho}$ と $d\boldsymbol{\rho}$ がつくる三角形の面積の二倍で方向は $\boldsymbol{n}$ 方向を向くので，積分は $2S\boldsymbol{n}$ となる．第三項の積分では，$\widehat{\boldsymbol{r}} = (\sin\theta,\, 0,\, \cos\theta)$, $\boldsymbol{\rho} = (a\cos\varphi,\, a\sin\varphi,\, 0)$ より $\widehat{\boldsymbol{r}}\cdot\boldsymbol{\rho} = a\sin\theta\cos\varphi$

であるから，積分のうち y 成分だけが残る．すなわち

$$\oint(\widehat{\boldsymbol{r}}\cdot\boldsymbol{\rho})d\boldsymbol{\rho}=a^2\sin\theta\boldsymbol{e}_y\int_0^{2\pi}\cos^2\varphi d\varphi=\pi a^2\sin\theta\boldsymbol{e}_y=S\boldsymbol{n}\times\widehat{\boldsymbol{r}}$$

ここで $\boldsymbol{e}_y$ は y 方向の単位ベクトルで，$\boldsymbol{n}\times\widehat{\boldsymbol{r}}=\sin\theta\boldsymbol{e}_y$ となることを用いた．まとめると $[\quad]=2S\boldsymbol{n}-3S\widehat{\boldsymbol{r}}\times(\boldsymbol{n}\times\widehat{\boldsymbol{r}})=S\big(3(\boldsymbol{n}\cdot\widehat{\boldsymbol{r}})\widehat{\boldsymbol{r}}-\boldsymbol{n}\big)$ となるので（序章公式 (6) 参照），

$$\boldsymbol{B}(\boldsymbol{r})=\frac{\mu_0}{4\pi}IS\frac{1}{r^3}\big(3(\boldsymbol{n}\cdot\widehat{\boldsymbol{r}})\widehat{\boldsymbol{r}}-\boldsymbol{n}\big)$$

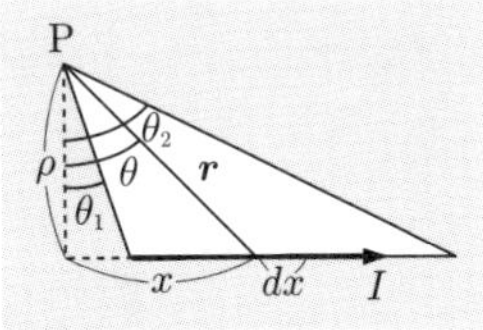

1.2 まず右図のような直線電流の一部分が点 P につくる磁場を求めておく．P と直線の距離を ρ とし，P が線分の両端を見る角度を，図のように θ_1, θ_2 とする．点 P の磁場が紙面から手前方向に向くことは明らかである．その大きさは，ビオ-サバールの法則により $B(\mathrm{P})=\dfrac{\mu_0}{4\pi}I\displaystyle\int\frac{\sin(\pi/2-\theta)}{r^2}dx$ と表され，積分変数を角 θ にとれば，$x=\rho\tan\theta,\ r\cos\theta=\rho$ より $rd\theta=dx\cos\theta$ であるから，

$$B(\mathrm{P})=\frac{\mu_0}{4\pi}\frac{I}{\rho}\int_{\theta_1}^{\theta_2}\cos\theta d\theta=\frac{\mu_0}{4\pi}\frac{I}{\rho}(\sin\theta_2-\sin\theta_1)$$

（特に無限に長い直線電流の場合は $\theta_1=-\pi/2,\ \theta_2=\pi/2$ ゆえ，47 ページの公式 (7) に帰着する．）正方形の各辺が中心 O につくる磁場は，紙面から手前へ向き，大きさは上式で $\theta_2=\pi/4,\ \theta_1=-\pi/4$ とおいて得られる．各辺が同じ寄与を与えるので $B(\mathrm{O})=\dfrac{\mu_0}{4\pi}\dfrac{I}{a}4\sqrt{2}=\dfrac{\mu_0}{4\pi}IS\dfrac{\sqrt{2}}{a^3}$．ここで $S=4a^2$ は正方形の面積である．

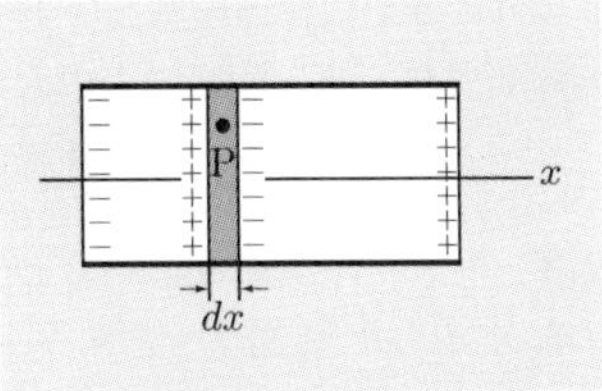

1.3 ソレノイドの軸方向に x 軸をとる．厚さ dx の部分は環状電流 $nIdx$ とみなし，それを等価な電気双極子層に置き換えて考える．双極子層はその両面に密度 $\pm\sigma$ の電荷が分布したものである（大きさは σ/ε_0 と $\mu_0 nI$ が対応する）．ソレノイドすべての部分をこのような双極子層で置き換えると，隣りどうしの双極子層の電荷が打ち消しあうので，結局，ソレノイドの両端の面の電荷だけが残る．すなわち，ソレノイドが外部につくる磁場は，両端に面密度 $\pm\sigma$ の電荷が分布した，ソレノイドと同じ大きさの円柱がつくる電場に対応する．特にソレノイドの長さ l を十分に長くしていけば，外部の任意の固定点から電荷までの距離が l に比例して増し，電場は l^2 に反比例して小さくなる．

次にソレノイドの内部の磁場を考えるが，環状電流と双極子層の等価性は，双極子層の外部でだけ成り立つことに注意しなければならない．そこでまず，場を求める点 P の付近の厚さ dx の環状電流を取り除く．環状電流がつくる磁場は $nIdx$ に比例するので，dx を十分小さくとれば，dx 部分を取り除いても磁場には影響を与えない．ここでソレノイドの残りの部分を双極子層でおきかえると，点 P は図のように二つの円柱にはさまれた形になる．P は円柱の外部にあるので，P の電場はこの二つの円柱の電荷がつくる電場に等しい．ソレノイドが十分長ければ，両端の電荷の影響は再び無視できる．一方 P をはさむ二つの面の電荷は，dx が十分小さいため，無限に広い平行板コンデンサーの場合と同様に，両面の間にだけ x 方向

を向く一様な電場 $E = \sigma/\varepsilon_0$ をつくる．これは磁場 $B = \mu_0 nI$ に対応する．点 P の位置は任意であるから，結局ソレノイドの内部に一様な磁場 $B = \mu_0 nI$ ができる．

1.4 $B = \mu_0 nI = 4\pi \cdot 10^{-7} \cdot 10^3 = 4\pi \times 10^{-4}\,\mathrm{T} = 4\pi\,\mathrm{G}$

2.1 円筒の軸を z 軸にとり，内側の円筒の電流は $+z$ 向きに，外側の円筒の電流は $-z$ 向きに流れるとする．それぞれの円筒が単独にあるときの磁場を B_a, B_b とすれば，どちらも z 軸のまわりの渦状の場で，その大きさは（右まわりのときを正にとり），

$$B_a(\rho) = \begin{cases} 0 & (\rho < a) \\ \mu_0 I/2\pi\rho & (\rho > a) \end{cases} \quad ; \quad B_b(\rho) = \begin{cases} 0 & (\rho < b) \\ -\mu_0 I/2\pi\rho & (\rho > b) \end{cases}$$

これを重ね合わせれば本問の磁場が得られる．

$$B(\rho) = B_a(\rho) + B_b(\rho) = \begin{cases} 0 & (\rho < a) \\ \mu_0 I/2\pi\rho & (a < \rho < b) \\ 0 & (b < \rho) \end{cases}$$

すなわち二つの円筒の間の領域にだけ，直線電流 I による場と同じ磁場ができる．

2.2 球の内部に一様に電荷が分布しているときの静電場の問題（1.1 節問題 2.1）と同じように考える．すなわち，円柱を薄い円筒面の集まりとみる．各円筒面上の電流がつくる磁場は例題 2 に求めてあるので，それを重ね合わせればよい．まず，磁場が円柱の軸を中心にする渦状の形をもつことは明らかである．場をみる点 P が円柱の外部にあれば，P はすべての円筒面の外部にあることになるので，円柱外部の磁場は中心軸を流れる直線電流 I による磁場に等しい．次に P が円柱内部にあるときは，中心軸から P への距離を ρ とすれば，半径が ρ より大きい円筒面の電流は P に磁場をつくらない．半径が ρ より小さい円筒面上の電流からの寄与は，再び中心軸上の直線電流 $(\rho/a)^2 I$ による磁場に等しい．結局

$$B(\rho) = \frac{\mu_0}{2\pi}\frac{I}{\rho} \quad (\rho \geqq a); \qquad B(\rho) = \frac{\mu_0}{2\pi}\frac{I}{a^2}\rho \quad (\rho \leqq a)$$

2.3 円筒内の任意の点を P とし，円筒面を右図のような対の部分 dl, dl' の和に分割する．$d\varphi$ を小さくとれば，dl, dl' を流れる電流は直線電流とみなせる．その大きさをそれぞれ dI, dI' とする．dI と dI' が点 P につくる磁場 $d\boldsymbol{B}$ と $d\boldsymbol{B}'$ がちょうど打ち消し合っていれば，円筒内には磁場がないことがわかる．$d\boldsymbol{B}$ と $d\boldsymbol{B}'$ の方向が逆向きなことは明らかであるから，大きさが等しいことをいえばよい．直線電流の磁場の式から

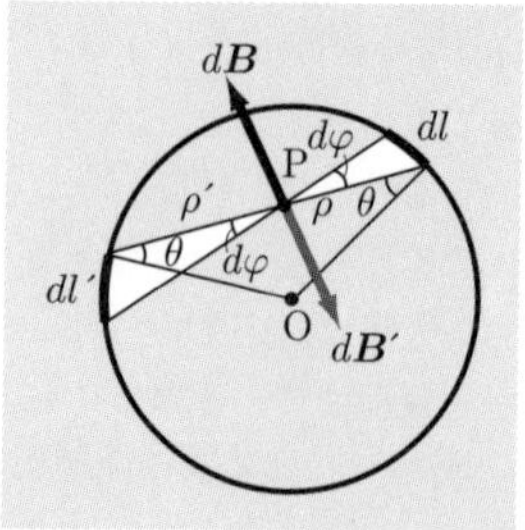

$$dB = \frac{\mu_0}{2\pi}\frac{dI}{\rho}, \quad dB' = \frac{\mu_0}{2\pi}\frac{dI'}{\rho'}$$

であるが，$dI : dI' = dl : dl'$ で，$dl = \rho d\varphi/\cos\theta$, $dl' = \rho' d\varphi/\cos\theta$ であるから $dI : dI' = \rho : \rho'$ が成り立ち，これより $dB = dB'$ を得る．

3.1 平面上の電流は，z 方向を向く直線電流の集まりとみなせる．平面が無限に広いので，場を考える点 P は x 軸上にとっても一般性を失なわない．平面上の，y 座標が y と $y + dy$

の間を流れる直線電流 Jdy が P につくる磁場の大きさは，P と直線電流の距離を ρ とすれば，$dB = (\mu_0/2\pi)(Jdy/\rho)$ である．この磁場の x 成分は，y 座標が $-y$ の所の直線電流の寄与により打ち消され，平面に平行な y 方向の成分が残る．平面全体からの寄与は

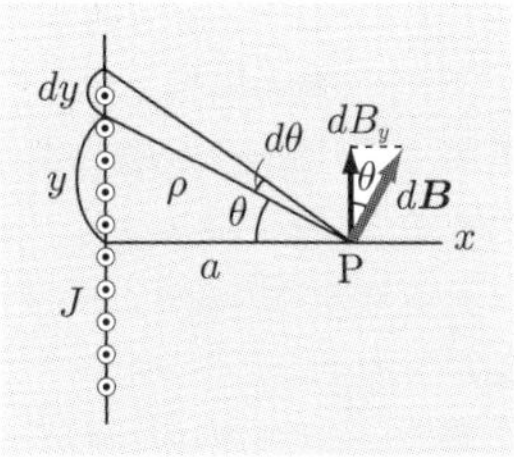

$$B_y = \frac{\mu_0 J}{2\pi}\int_{-\infty}^{\infty}\frac{\cos\theta}{\rho}dy$$

で，積分変数を角度 θ に変換し，$dy\cos\theta = \rho d\theta$ を用いれば，ただちに例題 3 の結果が得られる．

3.2 中心軸からの距離が ρ' と $\rho' + d\rho'$ の間を流れる環状電流は，軸方向の単位長さ当り $jd\rho'$ である．この電流は，ソレノイドの電流と同様に，その内部には軸方向の磁場 $\mu_0 jd\rho'$ をつくり，外部には磁場をつくらない．これを $a \leqq \rho' \leqq b$ について重ね合わせれば，中心軸から距離 ρ の点の磁場は，方向はもちろん軸と平行で，大きさは

$$B(\rho) = \mu_0(b-a)j \ (0 \leqq \rho \leqq a); = \mu_0(b-\rho)j \ (a \leqq \rho \leqq b); = 0 \ (b \leqq \rho)$$

4.1 (1) 問題 1.3 で説明したように，ソレノイドの環状電流をすべて等価な電気双極子層でおきかえると，ソレノイド外部の磁場は，ソレノイドの両端の面に面密度 $\pm\sigma$ で分布した電荷による電場に対応する．いまはソレノイドが半無限であるから，無限遠にある端の影響は無視でき，単に一枚の円板上の電荷分布による電場だけ考えればよい．

(2) これも問題 1.3 で説明したように，ソレノイド内部の磁場を考えるときは，磁場を求める点をはさむ二枚の面電荷を付け加えねばならない．これに対応する磁場は軸方向を向く一様な場 $B_0 = \mu_0 nI$ で，これと (1) による磁場の和が全磁場である．

(3) 上の (1) で考えた，ソレノイドの端の円板上には，面密度 σ の一様な電荷が分布しているので，それがその両側につくる電場の面に垂直な成分は，$\sigma/2\varepsilon_0$ である．これは $\mu_0 nI/2$ の磁場に相当するので，面のすぐ外側を考えれば例題 4 の (1) の性質は明らかである（面のすぐ内側で考える場合は，上記 (2) の $\mu_0 nI$ の磁場に，この面の効果による逆向きの磁場を加えることになり，結論は同じである）．

例題 2 の (2) と (3) は，いずれもソレノイドの外部の話なので，上の (1) の円板だけを考えればよく，明らかである．

4.2 (1) ソレノイドの軸を x 軸にとる．厚さ dx の部分の環状電流 $Indx$ が軸上の点 P につくる磁場 $d\boldsymbol{B}$ は，方向はもちろん x 方向で，大きさは例題 1 により $dB = (\mu_0/2)(Indx/a)\sin^3\theta$ である．これを積分すれば P の磁場が得られる．$dx\sin\theta = (a/\sin\theta)d\theta$ に注意して積分変数を θ に変えれば，

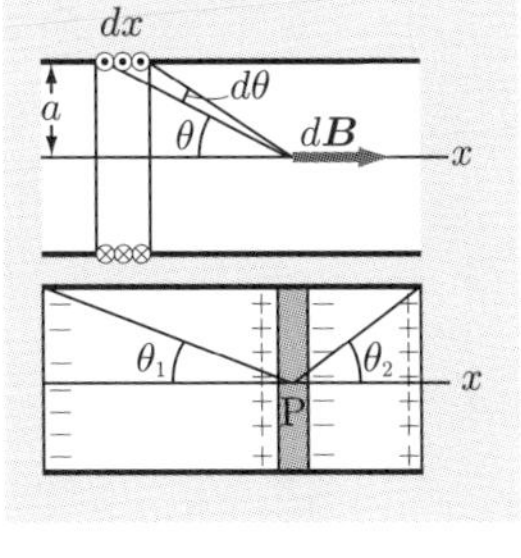

$$B(\mathrm{P}) = \frac{\mu_0 nI}{2a}\int_{\theta_1}^{\pi-\theta_2}\sin^3\theta\frac{ad\theta}{\sin^2\theta}$$
$$= \frac{\mu_0}{2}nI(\cos\theta_1 + \cos\theta_2)$$

(2) ソレノイド内部の，軸上の点Pにおける磁場を等価定理の方法で求めるには，問題1.3により，4枚の円板上にある面電荷を考えればよい．Pをはさむ二枚は x 方向を向く電場 σ/ε_0 をつくる．両端の円板からの寄与は1.2節例題6より，$-\sigma/2\varepsilon_0\{(1-\cos\theta_1)+(1-\cos\theta_2)\}$ となる．これらを足して，σ/ε_0 を $\mu_0 nI$ に置き換えれば，(1) と同じ結果が得られる．ソレノイド外部の場合は，両端だけを考えて同じ結果が得られる．

4.3 ソレノイドの電流をかこむ図のような矩形の積分路 C を考える．軸方向の辺の長さは dl，軸と直交する辺の長さは無限小にとる．C を貫く電流は $Indl$ であるから，アンペールの法則は $(B_{//}^{\rm in}-B_{//}^{\rm out})dl=\mu_0 nIdl$ で，これから問題に与えられた式を得る．次に側面をはさむ薄い円筒面 S を考える．底面積を dS，高さは無限小とすれば，下面から S に入る磁束は $B_\perp^{\rm in}dS$，上面から出る磁束は $B_\perp^{\rm out}dS$ で，磁束にわき出しはないので $B_\perp^{\rm in}=B_\perp^{\rm out}$．

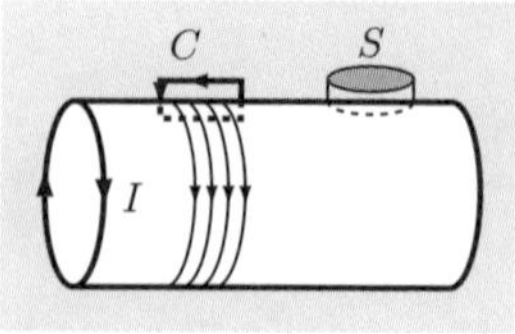

注意 上の結果は，等価定理の立場から見ればほとんど自明である．すなわちソレノイド外部の磁場は両端の面に分布した電荷による電場に対応し，内部の磁場はそれに軸方向を向く一様な場 $B_0=\mu_0 nI$ を加えたものであるから（問題1.3参照），両端の電荷による電場はソレノイド内外で連続であることに注意すれば，内外の不連続は B_0 だけに起因することがわかる．それが問題の関係である．

5.1 55ページの図3.18のように球を輪切りにして双極子層でおきかえると，球内の任意の点Pは必ずどれか一つの双極子層の内部にある．環状電流と双極子層の場が等価なのは双極子層の外部でだけであるから，Pを含む双極子層は取り除いておく必要がある．そのように考えてよい理由は，問題1.3で説明した．したがってPに電場をつくる磁荷分布は，球面上の面密度 $J_0\cos\theta$ の分布と，Pをはさむ二つの面上の面密度 $\pm J_0$ の分布である．前者に対応する磁場は（1.2節問題8.2を参照して） $-(1/3)\mu_0 J_0\boldsymbol{n}$，後者に対応する磁場は $\mu_0 J_0\boldsymbol{n}$ であるから，和として問題の磁場を得る．

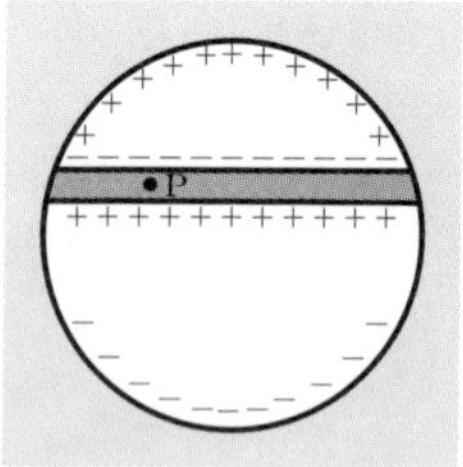

5.2 ある面の両側の磁場を図のように $\boldsymbol{B}_1$, $\boldsymbol{B}_2$ とし，その法線成分を B_{1n}, B_{2n} とするとき，面上の単位面積に入る磁束は B_{1n}，そこから出ていく磁束は B_{2n} であるから，面上にわき出しがないことと $B_{1n}=B_{2n}$ が成り立つことは等価である．前問で求めた球内の磁場は，表面で法線成分

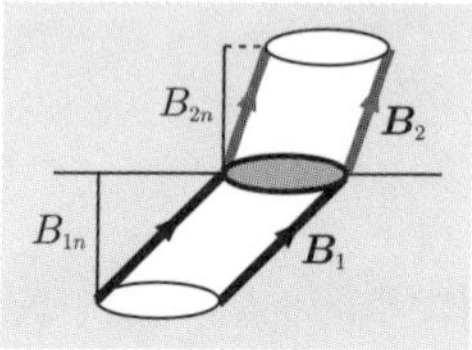

$$\boldsymbol{B}\cdot\hat{\boldsymbol{r}}=\frac{2}{3}\mu_0 J_0\boldsymbol{n}\cdot\hat{\boldsymbol{r}}=\frac{2}{3}\mu_0 J_0\cos\theta$$

をもち，また例題5で求めた球外の磁場も，球表面 $(r=a)$ で同じ $\boldsymbol{B}\cdot\hat{\boldsymbol{r}}$ をもつので，確かに磁束の保存が成り立っている．

6.1 (1) 運動方程式は $m\dfrac{d\boldsymbol{v}}{dt}=q(\boldsymbol{E}+\boldsymbol{v}\times\boldsymbol{B})$，すなわち $\dfrac{d\boldsymbol{v}}{dt}+\dfrac{q}{m}\boldsymbol{B}\times\boldsymbol{v}=\dfrac{q}{m}\boldsymbol{E}$．これは $\boldsymbol{v}(t)$ に対する線形非斉次の微分方程式であるから，その一般解は，この方程式の特解（任意の解）と斉次方程式の一般解の和の形に求められる．特解としては，時間によらない解を

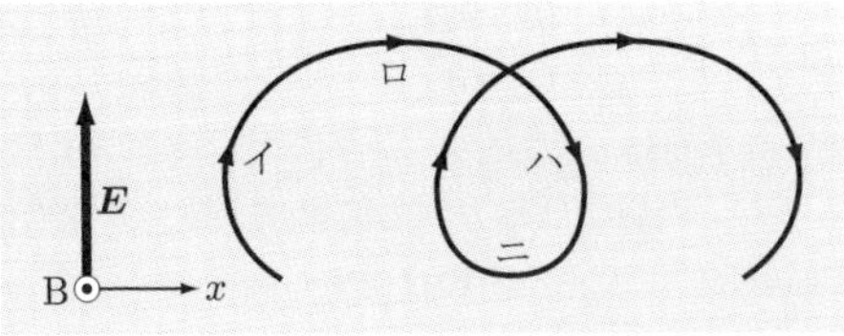

求めるのが簡単である．$d\boldsymbol{v}/dt = 0$ とおけば方程式は $\boldsymbol{B} \times \boldsymbol{v} = \boldsymbol{E}$．$\boldsymbol{B}$ は z 方向，$\boldsymbol{E}$ は y 方向を向くので，$\boldsymbol{v} = (E/B)\boldsymbol{e}_x$（$\boldsymbol{e}_x$ は x 方向の単位ベクトル）ととればこの式はみたされる．次にもとの方程式の右辺をゼロとおいた斉次方程式は，電場がない場合の運動方程式であるから，一般解は例題 6 により，角速度 $\boldsymbol{\omega}_c = -\boldsymbol{B}q/m$ で回転する $\boldsymbol{v}$ である．したがってもとの方程式の一般解は

$$v_x(t) = A\cos(\omega_c \boldsymbol{t} + \alpha) + E/B, \quad v_y(t) = A\sin(\omega_c t + \alpha)$$

ここで A と α は初期条件から決まる積分定数である．すなわちこの粒子の運動は，角速度 $\boldsymbol{\omega}_c = -q\boldsymbol{B}/m$ の等速円運動と，x 方向への速度 E/B の等速運動（**ドリフト**とよばれる）の重ね合わせである．電場 $\boldsymbol{E}$ の効果が，$\boldsymbol{E}$（および $\boldsymbol{B}$）と直交する方向へのドリフトである点が予想外であるかもしれないが，次のように考えれば直観的に理解できよう．$\boldsymbol{B}$ による円運動において，上図のイにおいては粒子は $\boldsymbol{E}$ により加速され，したがってロの部分の曲率半径は大きくなる．次にハにおいては $\boldsymbol{E}$ により減速され，ニの部分の曲率半径は小さくなる．その結果が x 方向へのドリフトとして現れる．

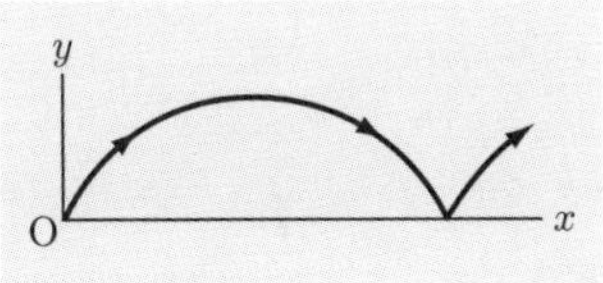

(2)　上の一般解に初期条件 $v_x(0) = v_y(0) = 0$ を入れれば，$\alpha = 0$，$A = -E/B$．さらに時間積分して初期条件 $x(0) = y(0) = 0$ を入れれば

$$x(t) = \frac{E}{B}t - \frac{mE}{qB^2}\sin\frac{qB}{m}t, \quad y(t) = \frac{mE}{qB^2}\left(1 - \cos\frac{qB}{m}t\right)$$

これはサイクロイドの方程式である．

7.1　コイルの面が磁場と平行のときトルクは最大で，$N_{\max} = nISB = 10^{-3}\,\mathrm{N\cdot m}$．

7.2　47 ページの式 (7) より $F = (\mu_0/4\pi)2I^2/d = 2 \times 10^{-4}\,\mathrm{N/m}$．

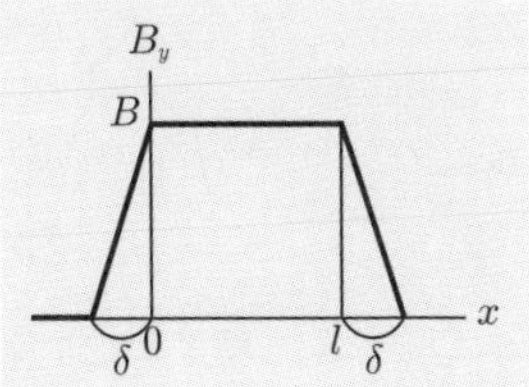

8.1　面 S_1，S_2 の厚さを δ とし，二つの面の間の領域 ($0 \leqq x \leqq l$) の磁場を $B\,(=\mu_0 J)$ とする．面の内部の電流密度 $j_z(x)$ と内部の磁場 $B_y(x)$ の間には $dB_y(x)/dx = \mu_0 j_z(x)$ の関係がある．これは面の内部に長方形の回路をとってアンペールの法則を適用すればわかる（もちろんこれは，微分形のアンペールの法則 $\boldsymbol{\nabla} \times \boldsymbol{B} = \mu_0 \boldsymbol{j}$ にほかならない）．したがってたとえば j_z が面内で一様であれば，$B_y(x)$ は図のような形になる．面内の微小体積 dV の電流分布が受ける力は x 方向に $-j_z(x)B_y(x)dV$ であるから（自分自身がつくる磁場は dV を小さくとれば無視できる），S_1 が受ける力は，単位面積当り

$$F_x = -\int_{-\delta}^{0} j_z(x)B_y(x)dx = -\frac{1}{\mu_0}\int_{-\delta}^{0}\frac{dB_y}{dx}B_y dx = -\frac{1}{2\mu_0}\int_{-\delta}^{0}\frac{d}{dx}(B_y^2)dx = -\frac{1}{2\mu_0}B^2$$

8.2　ソレノイドの側壁に微小面積 dS をとる．dS 内の電流が dS 付近につくる磁場は dS の両側で向きが反対であるから，内側では軸方向の磁場 B_1 を，外側では $-B_1$ をつくるとする．dS 以外の部分の電流分布が dS につくる磁場は dS の両側で連続で，これを軸方向の磁場 B_2 とする．この重ね合わせが全磁場で，それは内部では $B_1+B_2=B$，外部では $-B_1+B_2=0$ である（ソレノイド内部の磁場 B は，軸方向の単位長さ当りの電流を J とすれば $B=\mu_0 J$）．したがって $B_2=B/2$ で，dS 内の電流がそれ以外の部分の電流から受ける力は，外向きに

$$F = JB_2 dS = \frac{1}{2}JBdS = \frac{1}{2\mu_0}B^2 dS$$

となる．あるいは前問と同様に，ソレノイドの側壁が微小な厚さ δ をもつとみなし，面内の磁場をきちんと考えて，電流分布が受ける力を計算してもよい．

9.1　この電気双極子モーメントは，$r \pm (d/2)$ に位置する $\pm q$ の電荷から構成されているとする．この二点での電場が異なれば，両電荷に働く力は相殺せず，合力は

$$\boldsymbol{F} = q\{\boldsymbol{E}(\boldsymbol{r}+\boldsymbol{d}/2) - \boldsymbol{E}(\boldsymbol{r}-\boldsymbol{d}/2)\} = q(\boldsymbol{d}\cdot\boldsymbol{\nabla})\boldsymbol{E}(\boldsymbol{r}) = (\boldsymbol{p}\cdot\boldsymbol{\nabla})\boldsymbol{E}(\boldsymbol{r})$$

序章式 (9) のテイラー展開を用いた．この式が磁気モーメントの場合にも使えるとすれば $\boldsymbol{F} = (\boldsymbol{m}\cdot\boldsymbol{\nabla})\boldsymbol{B}$ である．この x 成分をていねいに書けば $F_x = m_x\dfrac{\partial B_x}{\partial x} + m_y\dfrac{\partial B_x}{\partial y} + m_z\dfrac{\partial B_x}{\partial z}$．ところで，電流が分布していない所では，磁場は $\boldsymbol{\nabla}\times\boldsymbol{B}=\boldsymbol{0}$ をみたす．すなわち $\dfrac{\partial B_x}{\partial y} = \dfrac{\partial B_y}{\partial x}$，$\dfrac{\partial B_x}{\partial z} = \dfrac{\partial B_z}{\partial x}$．これを用いれば上の F_x は

$$F_x = \frac{\partial}{\partial x}(m_x B_x + m_y B_y + m_z B_z) = \frac{\partial}{\partial x}(\boldsymbol{m}\cdot\boldsymbol{B})$$

となるが，これは例題 9 で得た電流回路が受ける力の x 成分に一致する．

9.2　磁場 $\boldsymbol{B}$ の方向に z 軸をとる．はじめ磁気モーメントは x 軸方向を向く（すなわち環状電流が yz 平面内にある）とし，これを y 軸を軸として角度 $\theta-\pi/2$ 回転させる．終わりの位置で $\boldsymbol{m}$ と $\boldsymbol{B}$ のなす角が θ である．$\boldsymbol{m}$ と $\boldsymbol{B}$ の間の角が θ' のとき $\boldsymbol{B}$ が $\boldsymbol{m}$ に及ぼすトルクは $\boldsymbol{N}=\boldsymbol{m}\times\boldsymbol{B} = -mB\sin\theta'\boldsymbol{e}_y$ で，このトルクにさからって $\boldsymbol{m}$ を回転させるには外からトルク $\boldsymbol{N}_{\mathrm{ex}} = -\boldsymbol{N}$ を加える必要がある．これの行う仕事は

$$W = \int_{\pi/2}^{\theta} N_{\mathrm{ex}}d\theta' = mB\int_{\pi/2}^{\theta}\sin\theta' d\theta'$$
$$= -mB\cos\theta = -\boldsymbol{m}\cdot\boldsymbol{B}$$

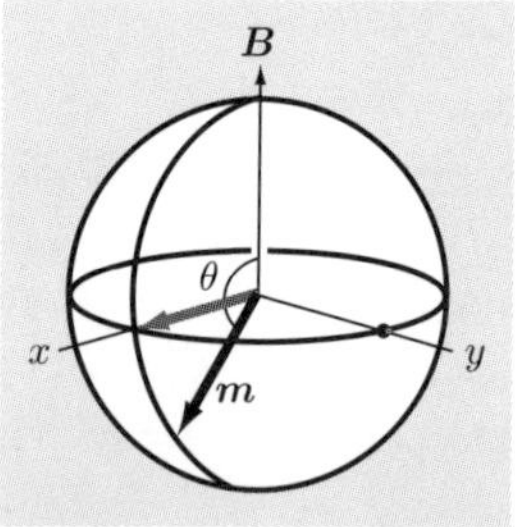

$\boldsymbol{m}$ をさらに z 軸を軸として角度 φ 回転させても，それには仕事はいらないので，任意の方向 $(\theta,\ \varphi)$ を向く磁気モーメント $\boldsymbol{m}$ の力学的ポテンシャルが上式で表される．

9.3　磁場 $\boldsymbol{B}$ は z 方向を向き，その中で y 軸と平行におかれた導線が速度 $\boldsymbol{v}_\perp$ で x 方向に進む場合を考える．導線中の電荷 q は，電流として導線に沿って速度 $\boldsymbol{v}_{/\!/}$ で動き，同時に導線

の運動と共に速度 $\boldsymbol{v}_\perp$ で x 方向に動くので，q の全速度は $\boldsymbol{v} = \boldsymbol{v}_{/\!/} + \boldsymbol{v}_\perp$ で，磁場は q に力 $\boldsymbol{F} = q\boldsymbol{v} \times \boldsymbol{B}$ を及ぼす．この力は $\boldsymbol{v}$ と直交するので仕事はしない．ところで，"$\boldsymbol{B}$ が電流に及ぼす力" $\boldsymbol{I} \times \boldsymbol{B}dl$ は，上の力 $\boldsymbol{F}$ を導線部分 dl 中の電荷について加えたものではなく，$\boldsymbol{F}$ を

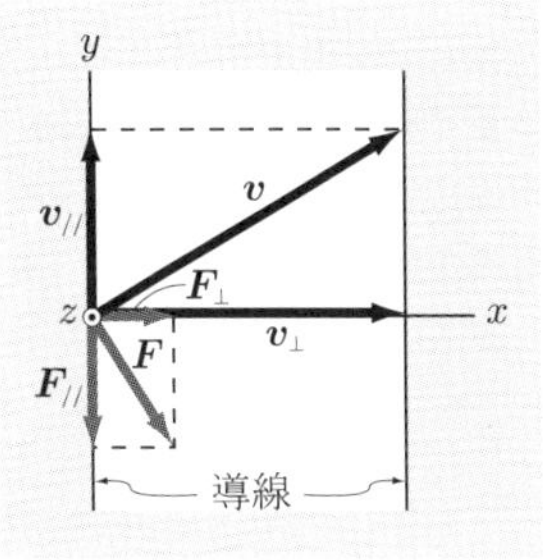

$$\boldsymbol{F} = \boldsymbol{F}_\perp + \boldsymbol{F}_{/\!/}, \quad \boldsymbol{F}_\perp = q\boldsymbol{v}_{/\!/} \times \boldsymbol{B}, \quad \boldsymbol{F}_{/\!/} = q\boldsymbol{v}_\perp \times \boldsymbol{B}$$

と分解したときの $\boldsymbol{F}_\perp$ の和である．この力だけに着目すれば，q は単位時間に $\boldsymbol{F}_\perp \cdot \boldsymbol{v}_\perp = q\boldsymbol{v}_\perp \cdot (\boldsymbol{v}_{/\!/} \times \boldsymbol{B})$ の仕事を受ける．これの和が，導線が磁場中を動くときに導線が受ける力学的仕事である．一方力 $\boldsymbol{F}_{/\!/}$ が q に行う仕事率は $\boldsymbol{F}_{/\!/} \cdot \boldsymbol{v}_{/\!/} = q\boldsymbol{v}_{/\!/} \cdot (\boldsymbol{v}_\perp \times \boldsymbol{B}) = -\boldsymbol{F}_\perp \cdot \boldsymbol{v}_\perp$ で，当然ながら q が $\boldsymbol{B}$ から受ける全仕事はゼロである．ところで $\boldsymbol{F}_{/\!/}$ は図からわかるように電流を弱めるはたらきをする．したがって導線が動いている間電流を一定に保つには，回路の起電力が $\boldsymbol{F}_{/\!/}$ を打ち消す仕事をしなければならない．すなわち，起電力が q にする仕事率は $-\boldsymbol{F}_{/\!/} \cdot \boldsymbol{v}_{/\!/} = \boldsymbol{F}_\perp \cdot \boldsymbol{v}_\perp$ である．導線が磁場から受けた力学的仕事と見えたのは，実は起電力がした仕事であり，磁場は単に電気的エネルギーを力学的エネルギーに変換する役割をしているだけである．

10.1 ある面の一方の側には面と平行に磁場 B があり，他方の側には磁場がなければ，マクスウェルの圧力により面は単位面積当り $B^2/2\mu_0$ の力を受ける．例題 8 および問題 8.2 はその例である．

10.2 問題 2.2 で求めたように，中心軸を軸とする環状の磁場ができる．中心軸から距離 ρ の点の磁場の大きさは，アンペールの法則 $2\pi\rho B(\rho) = \mu_0 \pi \rho^2 j$ より $B(\rho) = \mu_0 j\rho/2$．磁力管と直交する断面（右図の S_1）の両側は張力 $B(\rho)^2/2\mu_0$ で引っぱり合い，磁力管に沿った面（右図の S_2）の両側は圧力 $B(\rho)^2/2\mu_0$ で押し合う．図の微小領域の表面を通してはたらく応力は，まず動径方向の圧力の合力として内向きに

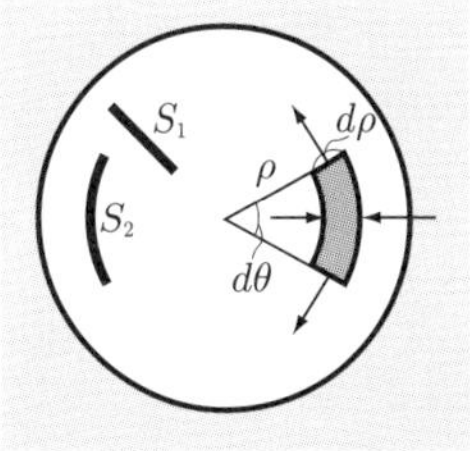

$$\frac{1}{2\mu_0}\left\{B(\rho+d\rho)^2(\rho+d\rho)d\theta - B(\rho)^2\rho d\theta\right\} = \frac{1}{2\mu_0}\frac{d}{d\rho}\left\{B(\rho)^2\rho\right\}d\rho d\theta$$

次に横の面からの張力の合力は，内向きに $(1/2\mu_0)B(\rho)^2 d\rho d\theta$（例題 10 の図 3.28 (右) 参照）．したがって全合力は，内向きの力

$$dF = \frac{1}{2\mu_0}\left\{\frac{d}{d\rho}(B(\rho)^2\rho) + B(\rho)^2\right\}d\rho d\theta = \frac{1}{\mu_0}\left\{B\frac{dB}{d\rho}\rho + B^2\right\}d\rho d\theta = \frac{2}{\mu_0}B^2 d\rho d\theta$$
$$= jB(\rho)\rho d\rho d\theta$$

となり，これは体積 $\rho d\rho d\theta$ 中の電流 $j\rho d\rho d\theta$ に磁場 $B(\rho)$ が及ぼす力にほかならない．この問題のように広がった領域を電流が流れるとき，電流間の引力のため領域が縮もうとすることはよく知られている．

10.3 電流間にはたらく力は，弾性体内の応力のように近接作用として空間を伝わって電流から電流へ達すると考えられるというのがマクスウェルの応力である．したがって一方の導線

を囲む任意の曲面について，その外側が内側へ及ぼす応力の合力を計算すれば，それが導線の受ける力に等しいはずである．実際には，二本の平行電流の中間を通る二等分面について応力を計算するのがもっとも簡単であろう．

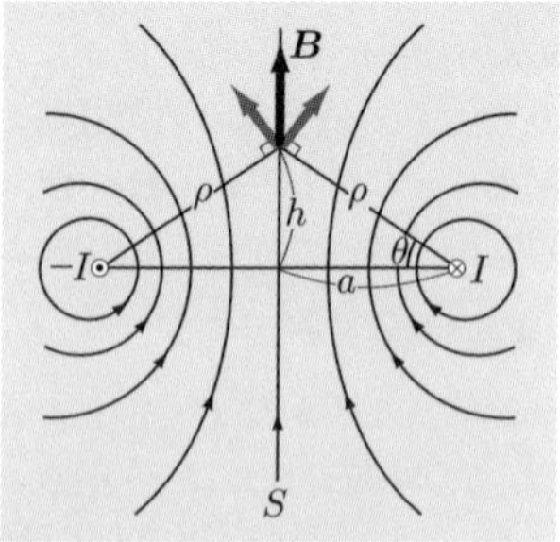

電流が反対向きの場合． 電流の間隔を $2a$ とする．二等分面 S の上で上図の h の点の磁場は

$$B(h) = 2 \times \frac{\mu_0}{2\pi}\frac{I}{\rho}\cos\theta.$$

圧力 $B(h)^2/2\mu_0$ を h について積分すれば面 S の両側（紙面と垂直な方向には単位長さをとる）が押し合う圧力の合力が得られる．

$dh\cdot\cos\theta = \rho d\theta$, $\rho\cos\theta = a$ に注意して

$$\begin{aligned} F &= \frac{1}{2\mu_0}\int_{-\infty}^{\infty} B(h)^2 dh \\ &= \frac{\mu_0}{2\pi^2} I^2 \int_{-\pi/2}^{\pi/2} \frac{\cos\theta}{\rho} d\theta \\ &= \frac{\mu_0}{2\pi^2}\frac{I^2}{a}\int_{-\pi/2}^{\pi/2}\cos^2\theta d\theta = \frac{\mu_0}{4\pi}\frac{I^2}{a} \end{aligned}$$

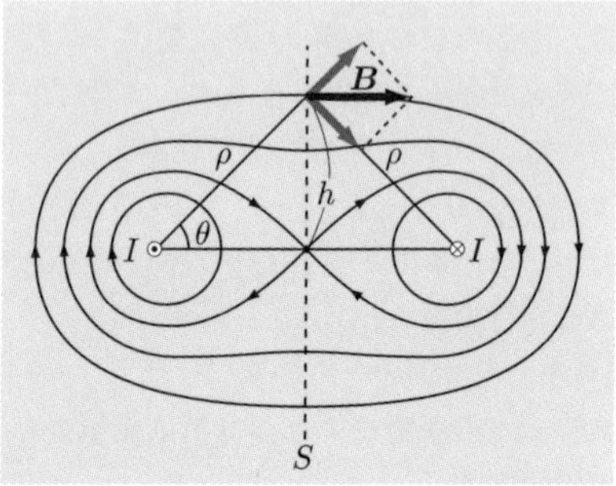

これは間隔 $2a$ の電流 $\pm I$ の間にはたらく斥力にほかならない．

電流が同じ向きの場合． h の点の磁場は $B(h) = 2 \times \dfrac{\mu_0}{2\pi}\dfrac{I}{\rho}\sin\theta$. 面 S の両側は張力 $B(h)^2/2\mu_0$ で引き合う．その合力は

$$F = \frac{1}{2\mu_0}\int_{-\infty}^{\infty} B(h)^2 dh = \frac{\mu_0}{2\pi^2} I^2 \int_{-\pi/2}^{\pi/2} \frac{\sin^2\theta}{\rho\cos\theta} d\theta = \frac{\mu_0}{2\pi^2}\frac{I^2}{a}\int_{-\pi/2}^{\pi/2}\sin^2\theta d\theta = \frac{\mu_0}{4\pi}\frac{I^2}{a}$$

すなわち平行電流間の引力が再現できた．

10.4 導体表面では電場 $\boldsymbol{E}$ は表面に直交する．したがって表面には，単位面積当りマクスウェルの張力 $\varepsilon_0 \boldsymbol{E}^2/2$ が外向きにはたらく．表面に分布する電荷の面密度を σ とすれば $E = \sigma/\varepsilon_0$ であるから，この力は $\sigma E/2$ と表すこともできる．1.4 節の例題 16 や問題 16.3 がその実例である．

11.1 原点を中心とする半径 ρ の円 C の上では，$\boldsymbol{v}$ は $\boldsymbol{C}$ の接線方向を向き大きさは $v = \omega\rho$ であるから，$\displaystyle\oint_C v_l dl = 2\pi\rho v(\rho) = 2\pi\rho^2\omega$. $(\boldsymbol{\nabla}\times\boldsymbol{v})_z$ はいたるところ 2ω ゆえ $\displaystyle\int_S (\boldsymbol{\nabla}\times\boldsymbol{v})_z dS = \pi\rho^2 2\omega$ で，確かにストークスの定理が成り立つ．

11.2 (1) $(\boldsymbol{\nabla}\times\boldsymbol{v})_z = 0$ (2) $(\boldsymbol{\nabla}\times\boldsymbol{v})_z = 0$ (3) $(\boldsymbol{\nabla}\times\boldsymbol{v})_z = c - c = 0$

(4) $\dfrac{\partial v_y}{\partial x} = cy\dfrac{\partial}{\partial x}\dfrac{1}{\rho^2} = -\dfrac{2cyx}{\rho^4}$, $\dfrac{\partial v_x}{\partial y}$ も同じで $(\boldsymbol{\nabla}\times\boldsymbol{v})_z = 0$. この速度場は $\boldsymbol{v} = \boldsymbol{\nabla}\phi$, $\phi = c\ln\rho$ とポテンシャル ϕ の勾配として表されるが，このような場の回転は常に $\boldsymbol{\nabla}\times\boldsymbol{v} = \boldsymbol{\nabla}\times\boldsymbol{\nabla}\phi = \boldsymbol{0}$ である．

(5) $\dfrac{\partial v_y}{\partial x} = \omega\left(\dfrac{1}{\rho^2} - \dfrac{2x^2}{\rho^4}\right)$, $\dfrac{\partial v_x}{\partial y} = -\omega\left(\dfrac{1}{\rho^2} - \dfrac{2y^2}{\rho^4}\right)$ ゆえ $(\nabla \times \boldsymbol{v})_z = 2\omega\left(\dfrac{1}{\rho^2} - \dfrac{x^2+y^2}{\rho^4}\right) = 0$. ただしこれは $\rho \fallingdotseq 0$ のときで，$\rho = 0$ ではこの計算は意味ももたない．原点を中心とする半径 ρ の円 C の上では $v(\rho) = \omega/\rho$ ゆえ，$\displaystyle\oint_C v_l dl = 2\pi\omega$. ストークスの定理によりこれが $\displaystyle\oint_S (\nabla \times \boldsymbol{v})_z dS$ に等しくなければならないが，$(\nabla \times \boldsymbol{v})_z$ は原点以外ではいたるところゼロであるから，$(\nabla \times \boldsymbol{v})_z = 2\pi\omega\delta^2(\boldsymbol{r})$（これは直線電流がつくる磁場にほかならない）．

(6) $(\nabla \times \boldsymbol{v})_z = -c$　　(7) $(\nabla \times \boldsymbol{v})_z = 0$

(8) v_y は $x = 0$ で不連続ゆえ，$\partial v_y/\partial x$ は $x = 0$ で無限大になる．v_y を連続関数の極限とみれば，$\partial v_y/\partial x = c\delta(x)$ であることが容易にわかる．したがって $(\nabla \times \boldsymbol{v})_z = c\delta(x)$. 本問のような不連続な流れでは，不連続面に渦が分布する．

注意　1.5 節問題 18.1 の解答にある流線の形と本問の結果をよく見くらべてほしい．

11.3 (1) 問題の図から，点 $\boldsymbol{r}$ の速度の大きさは $v = \omega\rho = \omega r \sin\theta$ で，方向まで含めればベクトル積 $\boldsymbol{v} = \boldsymbol{\omega} \times \boldsymbol{r}$ となることは明らかである．

(2) $\nabla \times \boldsymbol{v} = \nabla \times (\boldsymbol{\omega} \times \boldsymbol{r})$. 序章の公式 (6) を用いれば，$\nabla$ は $\boldsymbol{r}$ にかかる微分演算子であることに注意して $\nabla \times \boldsymbol{v} = \boldsymbol{\omega}(\nabla \cdot \boldsymbol{r}) - (\boldsymbol{\omega} \cdot \nabla)\boldsymbol{r} = 3\boldsymbol{\omega} - \boldsymbol{\omega} = 2\boldsymbol{\omega}$. 例題 11 の (2) は，$\boldsymbol{\omega}$ が z 方向を向く場合にほかならない．

12.1 例題 12 の (1) がいうことを定量的に表そうというわけである．問題図 3.42 の半径 ρ の円柱の上底面から出る磁束と下底面から入る磁束の差は

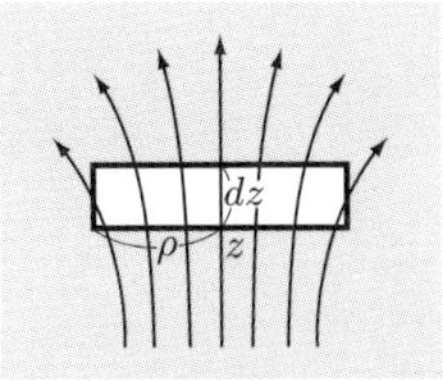

$$\int_0^\rho \left\{B_z(z+dz, \rho') - B_z(z, \rho')\right\} 2\pi\rho' d\rho' = \int_0^\rho \frac{\partial B_z(z,\rho')}{\partial z} 2\pi\rho' d\rho' dz$$

ここで $B_z(z, \rho')$ を中心軸上の値 $B_z(z, 0) \equiv B_z(z)$ で近似すれば，上の積分は $(\partial B_z/\partial z)\pi\rho^2 dz$ となる．一方円柱の側面から出る磁束は $B_\rho(z,\rho)2\pi\rho dz$ で，磁束の保存 $(\nabla \cdot \boldsymbol{B} = 0)$ から上の二つの和はゼロでなければならない．したがって

$$B_\rho(z,\rho) \fallingdotseq -\frac{1}{2}\frac{\partial B_z}{\partial z}\rho$$

予想通り，$\dfrac{\partial B_z}{\partial z} < 0$ ならば $B_\rho > 0$ である．

【別解】 上と同じことを次のようにいうこともできる．z 軸と垂直に x, y 軸をとり，点 $(x, 0, z)$ における磁場の成分を $B_x(x,z)$, $B_z(x,z)$ と表す．z 軸の近くでこれを x についてテイラー展開すれば，

$$B_x(x,z) = \left(\frac{\partial B_x}{\partial x}\right)_0 x + \cdots, \quad B_z(x,z) = B_z(z) + \frac{1}{2}\left(\frac{\partial^2 B_z}{\partial x^2}\right)_0 x^2 + \cdots$$

となる．添字 0 は $x = 0$ における値を意味する．$\boldsymbol{B}$ は z 軸のまわりに軸対称であるから，B_x

は x の奇関数，B_z は x の偶関数であることに注意．軸対称性より $\left(\dfrac{\partial B_x}{\partial x}\right)_0 = \left(\dfrac{\partial B_y}{\partial y}\right)_0$ であるから，$\boldsymbol{\nabla}\cdot\boldsymbol{B}=0$ は $\left(\dfrac{\partial B_x}{\partial x}\right)_0 = -\dfrac{1}{2}\left(\dfrac{\partial B_z}{\partial z}\right)_0$ と書け，したがって

$$B_x(x,z) \fallingdotseq -\frac{1}{2}\left(\frac{\partial B_z}{\partial z}\right)_0 x \qquad (*)$$

x を ρ でおきかえれば式 $(*)$ は上の解に一致する．また $\boldsymbol{\nabla}\times\boldsymbol{B}=\boldsymbol{0}$ より $\dfrac{\partial^2 B_z}{\partial x^2} = \dfrac{\partial}{\partial x}\left(\dfrac{\partial B_x}{\partial z}\right)$，これに上の B_x の形を入れれば

$$B_z(x,z) = B_z(z) - \frac{1}{4}\left(\frac{\partial^2 B_z}{\partial z^2}\right)_0 x^2 + \cdots$$

となる．以上の結果の実例を問題 12.3 で示す．

12.2 $B_x(x,z)$ を z についてテイラー展開すれば，$z=0$ では $B_x=0$ ゆえ，$B_x(x,z) \fallingdotseq \dfrac{\partial B_x}{\partial z}z$．電流が分布していない所では $\boldsymbol{\nabla}\times\boldsymbol{B}=\boldsymbol{0}$ ゆえ，$\dfrac{\partial B_x}{\partial z} = \dfrac{\partial B_z}{\partial x}$．したがって $B_x(x,z) \fallingdotseq (\partial B_z/\partial x)z$．これは例題 12 の (2) を定量的にいい表したものである．予想通り，$\dfrac{\partial B_z}{\partial x} < 0$ ならば $B_x \leqq 0$ である．

12.3 ソレノイドの軸上の磁場は問題 4.2 で求めた．ソレノイドが十分長いとすれば，端の付近の磁場は，問題 4.2 の式で $\theta_1 \fallingdotseq 0$, $\theta_2 \equiv \pi-\theta$, $\mu_0 nI \equiv B_0$ とおいて，$B_z(z) = (1-\cos\theta)B_0/2$ と表される．軸から微小距離 ρ の点の磁場は，$\cos\theta = z/\sqrt{a^2+z^2}$ に注意して問題 12.1 の結果を用いれば

$$B_z(z,\rho) = \frac{B_0}{2}\left[1 - \frac{z}{(a^2+z^2)^{1/2}} - \frac{3}{4}\frac{a^2 z\rho^2}{(a^2+z^2)^{5/2}} + \cdots\right],$$

$$B_\rho(z,\rho) = \frac{B_0}{4}\frac{a^2\rho}{(a^2+z^2)^{3/2}} + \cdots$$

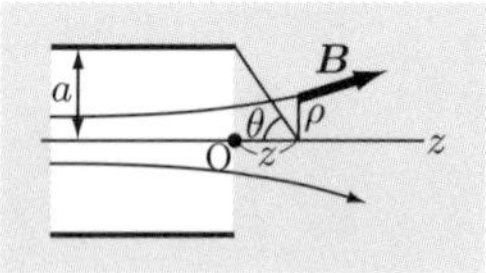

12.4 環状電流の上の磁場 $\boldsymbol{B}$ の，z 軸と垂直な方向の成分を B_ρ とすれば，環状電流は z 方向を向く力 $F=-2\pi aIB_\rho$ を受ける（磁場の z 成分は環を押し広げる力を及ぼすが，その合力は消える）．問題 12.1 によれば $B_\rho \fallingdotseq -(\partial B_z/\partial z)a/2$ であるから，$F = 2\pi aI(\partial B_z/\partial z)a/2 = m(\partial B_z/\partial z)$．ただし $m=\pi a^2 I$ は磁気モーメント．

12.5 力 $-F$ を加えて環状電流を運ぶのに要する仕事は $-\displaystyle\int_{-\infty}^{z} F dz = -mB_z(z) = -\boldsymbol{m}\cdot\boldsymbol{B}$ で，例題 9 の結果に一致する．

13.1 円筒の軸を z 軸とする座標系をとれば，$\rho \leqq a$ における $\boldsymbol{A}(x,y,z)$ の成分は，

$$A_x = -\frac{1}{2}By, \quad A_y = \frac{1}{2}Bx, \quad A_z = 0$$

したがって $\boldsymbol{\nabla}\times\boldsymbol{A}$ の x, y 成分はゼロで，z 成分は $\dfrac{\partial A_y}{\partial x} - \dfrac{\partial A_x}{\partial y} = B$ となる．あるいは，$\boldsymbol{A} = \dfrac{1}{2}\boldsymbol{B}\times\boldsymbol{r}$ より

$$\nabla \times \boldsymbol{A} = \frac{1}{2}\nabla \times (\boldsymbol{B} \times \boldsymbol{r}) = \frac{1}{2}\Big\{(\nabla \cdot \boldsymbol{r})\boldsymbol{B} - (\boldsymbol{B} \cdot \nabla)\boldsymbol{r}\Big\} = \frac{1}{2}(3\boldsymbol{B} - \boldsymbol{B}) = \boldsymbol{B}$$

$\rho \geqq a$ では

$$A_x = -\frac{Ba^2}{2\rho^2}y, \quad A_y = \frac{Ba^2}{2\rho^2}x, \quad A_z = 0$$

であるから，問題 11.2 の (5) の計算により $\nabla \times \boldsymbol{A} = 0$.

13.2 問題 2.1 でみたように，磁場が存在するのは二つの円筒の間の領域 $(a < \rho < b)$ だけで，そこでは，円筒の軸を中心とする大きさ $B(\rho) = \mu_0 I/2\pi\rho$ の渦状の場ができる．そこでまず $\boldsymbol{B} \to \mu_0 \boldsymbol{j}$ とおきかえ，このような形の電流分布がつくる磁場 $\boldsymbol{B}$ を考える．問題 4.2 と同様の議論により，$\boldsymbol{B}$ は軸方向を向くことは明らかである．$\mu_0 j = k/\rho$ とおけば，$\boldsymbol{B}$ の大きさは，$0 \leqq \rho \leqq a$ では $B_z = k\ln(b/\rho)$，$a \leqq \rho \leqq b$ では $B_z = k\ln(b/\rho)$，$b \leqq \rho$ では $B_z = 0$. ここで $k \to \mu_0 I/2\pi$，$\boldsymbol{B} \to \boldsymbol{A}$ と戻せば，$0 \leqq \rho \leqq a$ で $A_z(\rho) = \dfrac{\mu_0 I}{2\pi}\ln\dfrac{b}{a}$，$a \leqq \rho \leqq b$ で $A_z(\rho) = \dfrac{\mu_0 I}{2\pi}\ln\dfrac{b}{\rho}$，$b \leqq \rho$ で $A_z(\rho) = 0$ の大きさをもつ，軸方向を向く A が得られる．

13.3 ループ C を縁とする任意の面を S とすれば，ストークスの定理により

$$\oint_C A_l dl = \int_S (\nabla \times \boldsymbol{A})_n dS = \int_S B_n dS$$

これは S を貫く磁束にほかならない．この式は電流分布と磁場の関係を表すアンペールの法則と同じ形をもつので，例題 13 や問題 13.2 のベクトルポテンシャルはこの式を用いて求めることも容易にできる．

13.4 微小環状電流による磁場は，1.2 節例題 5 の電気双極子の電場で，$\boldsymbol{p}/\varepsilon_0$ を $\mu_0 \boldsymbol{m}$ に置き換えたものである．そしてそのベクトルポテンシャルは，まず答を先に記すと

$$\boldsymbol{A}(\boldsymbol{r}) = \frac{\mu_0}{4\pi}\frac{\boldsymbol{m} \times \boldsymbol{r}}{r^3}$$

となる．これが正しいことを，$\nabla \times \boldsymbol{A} = \boldsymbol{B}$ を確かめることによって示そう．まず，

$$\nabla \times \boldsymbol{A} = \frac{\mu_0}{4\pi}\left\{\frac{1}{r^3}\nabla \times (\boldsymbol{m} \times \boldsymbol{r}) + \left(\nabla\frac{1}{r^3}\right) \times (\boldsymbol{m} \times \boldsymbol{r})\right\}$$

序章の公式 (6) を使うと，括弧内の第 1 項は

$$\nabla \times (\boldsymbol{m} \times \boldsymbol{r}) = (\nabla \cdot \boldsymbol{r})\boldsymbol{m} - (\boldsymbol{m} \cdot \nabla)\boldsymbol{r} = 3\boldsymbol{m} - \boldsymbol{m} = 2\boldsymbol{m}$$

第 2 項は

$$(\nabla 1/r^3) \times (\boldsymbol{m} \times \boldsymbol{r}) = -3/r^5\left\{r^2\boldsymbol{m} - (\boldsymbol{m} \cdot \boldsymbol{r})\boldsymbol{r}\right\}$$

これらを代入すれば正しい磁場が得られる．上の $\boldsymbol{A}$ と，分子が内積 $\boldsymbol{p} \cdot \boldsymbol{r}$ になっている電気双極子の電位 ϕ（第 1 章例題 5）の類似性は興味深い（この公式の別の証明を問題 15.3 に示す）．

14.1 $\nabla \times \boldsymbol{E} = -\nabla \times (\nabla\phi) = -(\nabla \times \nabla)\phi$. これは例題 14 でみたように恒等的にゼロである．

14.2 点 $\boldsymbol{r}_0$ と $\boldsymbol{r}$ を結ぶ道 C に沿った線積分 $\phi(\boldsymbol{r}, \boldsymbol{r}_0, C) = -\displaystyle\int_C E_l dl$ を考えると，ϕ の値は道 C の取り方によらない．実際 $\boldsymbol{r}$ と $\boldsymbol{r}'$ を結ぶ二つの道 C と C' についての上記の線積分の差は

3

$$\phi(\boldsymbol{r},\boldsymbol{r}_0,C)-\phi(\boldsymbol{r},\boldsymbol{r}_0,C')=-\int_C E_l dl+\int_{C'} E_l dl=-\oint_{C+(-C')} E_l dl$$

ただし $C+(-C')$ は C と C' がつくる閉じた積分路である．ストークスの定理により右辺は $C+(-C')$ が張る面 S の上での $(\boldsymbol{\nabla}\times\boldsymbol{E})_n$ の面積分に等しく，渦無しの場合はゼロになる．したがって $\boldsymbol{r}_0$ を固定すれば $\phi(\boldsymbol{r},\boldsymbol{r}_0,C)\equiv\phi(\boldsymbol{r})$ は $\boldsymbol{r}$ の一価関数（各点で値が一つに決まる関数）となる．

$$\phi(\boldsymbol{r}+d\boldsymbol{r})-\phi(\boldsymbol{r})=-\int_{\boldsymbol{r}}^{\boldsymbol{r}+d\boldsymbol{r}} E_l dl=-\boldsymbol{E}(\boldsymbol{r})\cdot d\boldsymbol{r}$$

より $\boldsymbol{E}(\boldsymbol{r})=-\boldsymbol{\nabla}\phi(\boldsymbol{r})$ は明らかである．ただし上では考える領域が単連結である（穴がない）ことを仮定している．トーラス（ドーナツ）のように領域が単連結でなければ，領域内で $\boldsymbol{E}$ が渦無しであっても，領域内を一周する道に沿った線積分 $\oint E_l dl$ は必ずしもゼロでなく，したがって上のようにつくった $\phi(\boldsymbol{r})$ は $\boldsymbol{r}$ の多価関数になる．その場合でも $\boldsymbol{E}=-\boldsymbol{\nabla}\phi$ は成り立つ（電流による磁場の磁位が，そのような場合の例である）．

14.3 一般の場合を考えることもできるが，ここでは領域が全空間であり，遠方で $\boldsymbol{B}(\boldsymbol{r})$ が十分速く小さくなる場合に話を限る．アンペールの法則

$$\boldsymbol{\nabla}\times\boldsymbol{B}=\mu_0\boldsymbol{j},\quad \boldsymbol{\nabla}\cdot\boldsymbol{B}=0$$

の解がビオ-サバールの法則で与えられることの類推から，

$$\boldsymbol{B}=\boldsymbol{\nabla}\times\boldsymbol{A},\quad \boldsymbol{\nabla}\cdot\boldsymbol{A}=0$$

をみたす $\boldsymbol{A}(\boldsymbol{r})$ は積分

$$\boldsymbol{A}(\boldsymbol{r})=\frac{1}{4\pi}\int\frac{\boldsymbol{B}(\boldsymbol{r}')\times\widehat{\boldsymbol{R}}}{R^2}dV'$$

で与えられることが予想できる．ただし

$$\boldsymbol{R}=\boldsymbol{r}-\boldsymbol{r}',\quad R=|\boldsymbol{r}-\boldsymbol{r}'|=\sqrt{(x-x')^2+(y-y')^2+(z-z')^2}$$

実際 $\boldsymbol{A}(\boldsymbol{r})$ の回転を計算すると（以下 $\boldsymbol{r}$, $\boldsymbol{r}'$ についての微分演算子をそれぞれ $\boldsymbol{\nabla}$, $\boldsymbol{\nabla}'$ で表す），$\boldsymbol{\nabla}(1/R)=-\widehat{\boldsymbol{R}}/R^2$ に注意して

$$\begin{aligned}\boldsymbol{\nabla}\times\boldsymbol{A}(\boldsymbol{r})&=-\frac{1}{4\pi}\boldsymbol{\nabla}\times\int\left(\boldsymbol{B}(\boldsymbol{r}')\times\boldsymbol{\nabla}\frac{1}{R}\right)dV'\\&=\frac{1}{4\pi}\int\left[-\boldsymbol{B}(\boldsymbol{r}')\boldsymbol{\nabla}^2\frac{1}{R}+(\boldsymbol{B}(\boldsymbol{r}')\cdot\boldsymbol{\nabla})\boldsymbol{\nabla}\frac{1}{R}\right]dV'\end{aligned}$$

ただし序章の公式 (6) をベクトル演算子 $\boldsymbol{\nabla}$ に適用した．第二項は，R にかかる微分が $\boldsymbol{\nabla}R=-\boldsymbol{\nabla}'R$ をみたすことを用いれば

$$\begin{aligned}\int(\boldsymbol{B}(\boldsymbol{r}')\cdot\boldsymbol{\nabla})\boldsymbol{\nabla}\frac{1}{R}dV'&=\boldsymbol{\nabla}\int\boldsymbol{B}(\boldsymbol{r}')\cdot\boldsymbol{\nabla}\frac{1}{R}dV'=-\boldsymbol{\nabla}\int\boldsymbol{B}(\boldsymbol{r}')\cdot\boldsymbol{\nabla}'\frac{1}{R}dV'\\&=\boldsymbol{\nabla}\int\frac{\boldsymbol{\nabla}'\cdot\boldsymbol{B}(\boldsymbol{r}')}{R}dV'=0\end{aligned}$$

ここで第三式から第四式への変形は部分積分で，境界（無限遠）の寄与は $\boldsymbol{B}(\boldsymbol{r})$ についての仮定から落ちる．そして最後に $\boldsymbol{\nabla}\cdot\boldsymbol{B}=0$ を使った．したがって 1.5 節問題 19.2 の公式

$\nabla^2(1/R) = -4\pi\delta^3(\boldsymbol{R})$ を用いれば

$$\nabla \times \boldsymbol{A}(\boldsymbol{r}) = \int \boldsymbol{B}(\boldsymbol{r}')\delta^3(\boldsymbol{r}-\boldsymbol{r}')dV' = \boldsymbol{B}(\boldsymbol{r})$$

が確かめられる．すなわち任意の $\boldsymbol{B}(\boldsymbol{r})$ に対し，題意をみたす $\boldsymbol{A}(\boldsymbol{r})$ の一つの形を上で与えることができたわけである．なお，上の $\boldsymbol{A}(\boldsymbol{r})$ の形は，再び部分積分を用いれば次のように変形される．

$$\boldsymbol{A}(\boldsymbol{r}) = \frac{1}{4\pi}\int \boldsymbol{B}(\boldsymbol{r}') \times \nabla' \frac{1}{R} dV' = \frac{1}{4\pi}\int \frac{\nabla' \times \boldsymbol{B}(\boldsymbol{r}')}{R} dV'$$

これに $\nabla' \times \boldsymbol{B}(\boldsymbol{r}') = \mu_0 \boldsymbol{j}(\boldsymbol{r}')$ を代入すれば，電流分布からベクトルポテンシャルを求める公式（66 ページの式 (12)）を得る．

14.4　$\boldsymbol{C} = \boldsymbol{r} \times \nabla$ は微分演算子であるから，$f(\boldsymbol{r})$ を任意の関数として，

$$\boldsymbol{C} \times \boldsymbol{C} f(\boldsymbol{r}) = \big[(\boldsymbol{r} \times \nabla) \times (\boldsymbol{r} \times \nabla)\big] f(\boldsymbol{r})$$

を考える必要がある．便宜上，[　] 内第一項の $\boldsymbol{r}$ は $\boldsymbol{r}'$ と書き，最後に $\boldsymbol{r}' \to \boldsymbol{r}$ とする．第一項の ∇ が微分する相手は第二項の $\boldsymbol{r}$ および $f(\boldsymbol{r})$ であるから，微分の相手をそのどちらかに限定した演算子を $\nabla_{\boldsymbol{r}}$ および ∇_f と表す．第二項の ∇ が微分する相手は $f(\boldsymbol{r})$ だけであるから $\nabla \to \nabla_f$ としてよい．関数の積の微分の公式を用いれば

$$\boldsymbol{C} \times \boldsymbol{C} f(\boldsymbol{r}) = \big[(\boldsymbol{r}' \times \nabla_{\boldsymbol{r}}) \times (\boldsymbol{r} \times \nabla_f) + (\boldsymbol{r}' \times \nabla_f) \times (\boldsymbol{r} \times \nabla_f)\big] f(\boldsymbol{r})$$

このように微分の相手を限定してしまえば，通常のベクトルの公式を ∇ にも適用することができる．まず第二項の ∇ はどちらも ∇_f であるから，$\boldsymbol{r}' \to \boldsymbol{r}$ と戻せば $(\boldsymbol{r} \times \nabla_f) \times (\boldsymbol{r} \times \nabla_f) = 0$ である．次に第一項は，序章の公式 (6) により

$$(\boldsymbol{r}' \times \nabla_{\boldsymbol{r}}) \times (\boldsymbol{r} \times \nabla_f) = \nabla_{\boldsymbol{r}}\big(\boldsymbol{r}' \cdot (\boldsymbol{r} \times \nabla_f)\big) - \boldsymbol{r}'\big(\nabla_{\boldsymbol{r}} \cdot (\boldsymbol{r} \times \nabla_f)\big)$$

と変形され，この第二項は $\nabla_{\boldsymbol{r}} \cdot (\boldsymbol{r} \times \nabla_f) = \nabla_f \cdot (\nabla_{\boldsymbol{r}} \times \boldsymbol{r}) = 0$ ゆえ，結局残る項は

$$\boldsymbol{C} \times \boldsymbol{C} = \nabla_{\boldsymbol{r}}\big(\boldsymbol{r}' \cdot (\boldsymbol{r} \times \nabla_f)\big) = \nabla_{\boldsymbol{r}}\big(\boldsymbol{r} \cdot (\nabla_f \times \boldsymbol{r}')\big) = \nabla_f \times \boldsymbol{r}' = -\boldsymbol{r}' \times \nabla_f$$

だけである．$\boldsymbol{r}' \to \boldsymbol{r}$ と戻せば $\boldsymbol{C} \times \boldsymbol{C} = -\boldsymbol{C}$ を得る．

15.1　例題 15 の公式 (ハ) を用いれば，

$$\oint_C d\boldsymbol{l} \times \frac{\widehat{\boldsymbol{R}}}{R^2} = \int_S dS(\boldsymbol{n} \times \nabla') \times \frac{\widehat{\boldsymbol{R}}}{R^2} = \int_S dS\left[\nabla'\left(\boldsymbol{n} \cdot \frac{\widehat{\boldsymbol{R}}}{R^2}\right) - \boldsymbol{n}\left(\nabla' \cdot \frac{\widehat{\boldsymbol{R}}}{R^2}\right)\right]$$

ただし C または S 上の位置を $\boldsymbol{r}'$ として $\boldsymbol{R} \equiv \boldsymbol{r} - \boldsymbol{r}'$．$\nabla'$ は $\boldsymbol{r}'$ についての微分を表す．第二項はクーロン場の発散の形であるから，$\boldsymbol{R} = 0$ でない限り消える．第一項は $\nabla'\left(\boldsymbol{n} \cdot \dfrac{\widehat{\boldsymbol{R}}}{R^2}\right) = -\nabla\left(\boldsymbol{n} \cdot \dfrac{\widehat{\boldsymbol{R}}}{R^2}\right)$ と書きかえれば

$$\boldsymbol{B}(\boldsymbol{r}) = -\frac{\mu_0 I}{4\pi}\nabla \int_S dS \frac{\boldsymbol{n} \cdot \widehat{\boldsymbol{R}}}{R^2} = -\frac{\mu_0 I}{4\pi}\nabla\Omega = -\mu_0 \nabla \phi_m, \quad \phi_m \equiv \frac{I}{4\pi}\Omega$$

Ω は点 $\boldsymbol{r}$ が S を見る立体角である．

15.2　公式 (ハ) および序章の公式 (6) を用いれば

$$\boldsymbol{F} = I\oint_C d\boldsymbol{l} \times \boldsymbol{B} = I\int_S dS(\boldsymbol{n} \times \nabla) \times \boldsymbol{B} = I\int_S dS[\nabla(\boldsymbol{n} \cdot \boldsymbol{B}) - \boldsymbol{n}(\nabla \cdot \boldsymbol{B})]$$

第二項は $\nabla\cdot\boldsymbol{B}=0$ により消える．S が小さいとして第一項の $\nabla(\boldsymbol{n}\cdot\boldsymbol{B})$ を積分の外に出せば，$\boldsymbol{F}=\nabla(\boldsymbol{n}\cdot\boldsymbol{B})IS=\nabla(\boldsymbol{m}\cdot\boldsymbol{B})$．ここで $\boldsymbol{m}=IS\boldsymbol{n}$．すなわち例題 9 の結果が一般的に再現された．

15.3 66 ページの式 (12) によれば，電流分布 $\boldsymbol{j}(\boldsymbol{r})$ からベクトルポテンシャルを求める公式は $\boldsymbol{A}(\boldsymbol{r})=\dfrac{\mu_0}{4\pi}\displaystyle\int\dfrac{\boldsymbol{j}(\boldsymbol{r}')}{R}dV'$ である ($\boldsymbol{R}=\boldsymbol{r}-\boldsymbol{r}'$)．いまは電流分布はループの上だけに限られているので，この式は $\boldsymbol{A}(\boldsymbol{r})=\dfrac{\mu_0}{4\pi}I\displaystyle\oint\dfrac{d\boldsymbol{l}}{R}$ となる．これに例題 15 の公式 (ロ) を適用すれば，

$$\boldsymbol{A}(\boldsymbol{r})=\frac{\mu_0}{4\pi}I\int dS(\boldsymbol{n}\times\nabla')\frac{1}{R}=\frac{\mu_0}{4\pi}I\int dS\frac{\boldsymbol{n}\times\widehat{\boldsymbol{R}}}{R^2}\fallingdotseq\frac{\mu_0}{4\pi}IS\frac{\boldsymbol{n}\times\widehat{\boldsymbol{r}}}{r^2}=\frac{\mu_0}{4\pi}\frac{\boldsymbol{m}\times\widehat{\boldsymbol{r}}}{r^2}$$

第三式から第四式への変形は，原点をループの中心付近にとり，$\boldsymbol{R}=\boldsymbol{r}-\boldsymbol{r}'\fallingdotseq\boldsymbol{r}$ として被積分関数を積分の外に出した結果である．

15.4 (注意) テンソルとは，F_{xx}, F_{xy}, F_{xz}, F_{yx}, $\cdots$ という，合計 9 成分からなる数のセットである．これを (F_{xx}, F_{xy}, F_{xz}), $(F_{yx},\cdots)$ というように 3 つずつに分けて，3 つのベクトルのセットだとみなすというのが，$\boldsymbol{F}(j)$ の意味である．また，反対称の場合は $F_{xx}=F_{yy}=F_{zz}=0$ であり，また $F_{xy}=-F_{yx}$ などの関係があるので，独立な成分は問題に示された 3 つしかない．それをここでは $\boldsymbol{A}$ というベクトルとみなす．これだけの理解で問題の公式は形式的に証明できるが，公式が座標系の取り方に依存しないベクトル間の公式として成立することを証明するには，さらに深い議論が必要であり，そこまではここでは触れない.)

F_{ij} の添字 i をベクトル $\boldsymbol{F}_{(j)}$ の i 成分とみなしてストークスの定理を書くと

$$\sum_i\oint_C dl_iF_{ij}=\oint_C d\boldsymbol{l}\cdot\boldsymbol{F}_{(j)}=\int_S dS\boldsymbol{n}\cdot(\nabla\times\boldsymbol{F}_{(j)})=\int_S dS(\boldsymbol{n}\times\nabla)\cdot\boldsymbol{F}_{(j)}$$
$$=\sum_i\int_S dS(\boldsymbol{n}\times\nabla)_iF_{ij}$$

$j=z$ の場合に上の式をていねいに書けば，両辺はそれぞれ

$$\sum_i\oint_C dl_iF_{iz}=\oint_C(dl_xF_{xz}+dl_yF_{yz})=\oint_C(-dl_xA_y+dl_yA_x)=-\oint_C(d\boldsymbol{l}\times\boldsymbol{A})_z$$
$$\sum_i\int_S dS(\boldsymbol{n}\times\nabla)_iF_{iz}=\int_S dS\left[(\boldsymbol{n}\times\nabla)_xF_{xz}+(\boldsymbol{n}\times\nabla)_yF_{yz}\right]=-\int dS\left[(\boldsymbol{n}\times\nabla)\times\boldsymbol{A}\right]_z$$

$j=x$ および y の場合も同様に表せるので，まとめて公式 (ハ) を得る．

他の公式も同様な工夫で導ける．たとえば公式 (ロ) を得るには，F_{ij} を $F_{11}=F_{22}=F_{33}=\phi(x)$, $F_{ij}=0$ $(i\neq j)$ という対称テンソルであるとして，上のストークスの定理に代入すればよい．

第 4 章の解答

1.1 本問では，時間微分を点 ($\dot{}$) で表す．磁場 $\boldsymbol{B}$ の中を速度 $\boldsymbol{v}$ で動く電子には，ローレンツ力 $\boldsymbol{F}=-e\boldsymbol{v}\times\boldsymbol{B}$ がはたらく．一方 $\boldsymbol{B}$ が時間的に変化すれば誘導電場 $\boldsymbol{E}$ が生じ，これ

が電子に力 $\boldsymbol{F}' = -e\boldsymbol{E}$ を及ぼす．$\boldsymbol{E}$ の大きさは $\boldsymbol{B}$ の時間変化率 $\dot{\boldsymbol{B}}$ に比例するので，$\boldsymbol{B}$ の時間変化がゆっくりであれば力 $\boldsymbol{F}'$ は $\boldsymbol{F}$ にくらべて小さく，したがって電子の運動の軌道の大まかな形は力 $\boldsymbol{F}$ によって決まり，その形が力 $\boldsymbol{F}'$ によって時間的に変っていくとみることができる．ローレンツ力 $\boldsymbol{F}$ による電子の運動はもちろん円運動で，その半径 ρ と B の積は電子の運動量 $p = mv$ に比例する．実際，$\boldsymbol{F}$ の大きさ evB と遠心力 mv^2/ρ を等置すれば，$B\rho = mv/e = p/e$ が得られる．一方誘導電場 $\boldsymbol{E}$ の大きさは，例題 1 により $E = -\dot{B}\rho/2$ であるから，力 $\boldsymbol{F}'$ は大きさ $e\dot{B}\rho/2$ で，反時計まわりの向きをもつ．したがって反時計向きに原点のまわりを円運動している電子は力 $\boldsymbol{F}'$ により加速され，その運動量の大きさ p の時間変化率は運動方程式

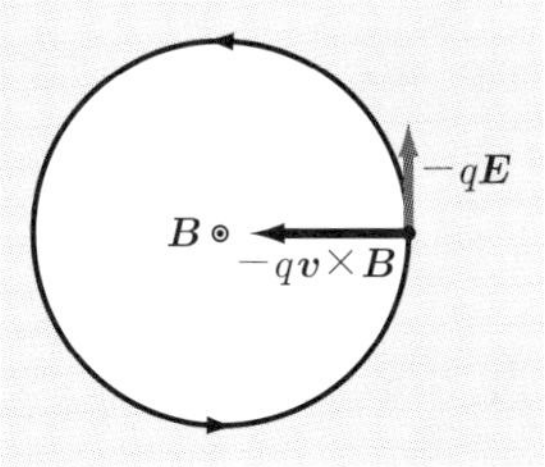

$$\dot{p} = m\dot{v} = F' = \frac{1}{2}e\dot{B}\rho$$

によって決まる．半径 $\rho = p/eB$ の時間変化は，$\dot{B}$ およびそれに伴う $\dot{p}$ の両方から影響を受ける．すなわち

$$\dot{\rho} = \frac{1}{e}\frac{d}{dt}\left(\frac{p}{B}\right) = \frac{1}{e}\left(\frac{\dot{p}}{B} - \frac{p\dot{B}}{B^2}\right) = \frac{\rho\dot{B}}{2B} - \frac{\rho\dot{B}}{B} = -\frac{\rho\dot{B}}{2B}$$

で，B 自身の時間変化の効果の方が p の時間変化の効果より大きく，ρ は B の増大に伴い減少する．

注意　この問題は，磁束の時間変化に伴う誘導電場によって電子を加速する**ベータトロン**の原理を示している．しかし，一様な磁場を用いると，電子の円運動の半径が加速と共に上記のように減少してしまうので，半径を一定に保つには磁場の形に工夫が必要である．どのような形にとればよいか．

2.1　$\mathscr{E}_{\max} = \omega BS = (2\pi \times 10) \times 10^{-2} \times 10^{-4} = 2\pi \times 10^{-5}\,\mathrm{V} = 0.063\,\mathrm{mV}$

2.2　誘導起電力のためコイルに流れる電流は $I = \mathscr{E}/R$ であるから，電気量 Q は

$$Q = \int I dt = \frac{\omega BS}{R}\int \sin\omega t dt = \frac{BS}{R}\int_0^{\pi}\sin\theta d\theta = \frac{2BS}{R}$$

この結果は一般的である．すなわち，回路を貫く磁束が Φ_1 から Φ_2 まで変化する間に流れる電気量は

$$Q = \int I dt = \frac{1}{R}\int \mathscr{E} dt = -\frac{1}{R}\int \frac{d\Phi}{dt}dt = \frac{1}{R}(\Phi_1 - \Phi_2)$$

いまの場合は $\Phi_1 = BS$, $\Phi_2 = -BS$ であるから，上の結果がでる．

2.3　(1)　コイルの面積が $S = \pi a^2$ になる他は，例題 2 の (1) と同様である．

(2)　コイルの各部分で単位電荷が受けるローレンツ力は $\boldsymbol{F} = \boldsymbol{v} \times \boldsymbol{B}$ で，コイルの接線方向への $\boldsymbol{F}$ の成分 F_l を一周積分したものが，単位電荷がコイルを一周する際に受ける仕事，すなわち誘導起電力 $\mathscr{E}$ である．まず $\boldsymbol{n}$ と $\boldsymbol{B}$ のなす角が $\pi/2$，すなわちコイル面が $\boldsymbol{B}$ と平行な瞬間（次ページ上の図）には，各点の $\boldsymbol{v}$ は $\boldsymbol{B}$ と垂直で，図の角度 φ の部分の $\boldsymbol{v}$ の大きさは $v = a\sin\varphi\cdot\omega$ であるから，大きさが $F = \omega Ba\sin\varphi$ のローレンツ力が図の向きにはたらく．その接線成分 $F_l = F\sin\varphi$ を一周積分すれば，誘導起電力

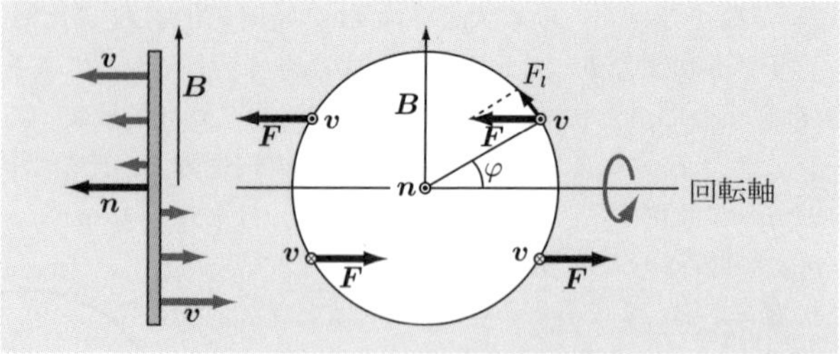

$$\mathscr{E} = \oint F_l dl = \omega B a^2 \int_0^{2\pi} \sin^2 \varphi d\varphi$$
$$= \omega B \pi a^2 = \omega B S$$

を得る．一般に $\boldsymbol{n}$ と $\boldsymbol{B}$ が角度 θ をなす場合を考えると，$\boldsymbol{B}$ を $\boldsymbol{n}$ 方向と $\boldsymbol{n}$ と垂直な方向の成分に分解したとき，上の議論から，後者のみが誘導起電力を与えることがわかる．$\boldsymbol{n}$ と垂直な方向への $\boldsymbol{B}$ の成分は $B\sin\theta$ であるから，$\mathscr{E} = \omega BS\sin\theta$ で，例題 2 の式と一致する．

2.4 これも前問と同様に計算できる．コイルの微小部分 $d\boldsymbol{l}$ が磁場 $\boldsymbol{B}$ から受ける力を $d\boldsymbol{F} = Id\boldsymbol{l} \times \boldsymbol{B}$ とする．まずコイル面が $\boldsymbol{B}$ と垂直，すなわち $\theta = 0$ の場合には，$d\boldsymbol{F}$ はコイルを広げる向きにはたらき，トルクにはならない．次にコイル面が $\boldsymbol{B}$ と平行，すなわち $\theta = \pi/2$ の場合には，図の向きの $d\boldsymbol{F}$ がはたらく（コイルの回転と逆方向）．角度 φ の部分の $d\boldsymbol{F}$ の大きさは $dF = IB\sin\varphi dl$ で，したがってトルクへの寄与 $dN = dFa\sin\varphi = IBa^2\sin^2\varphi d\varphi$ を与える．コイル全体について和をとれば，トルク

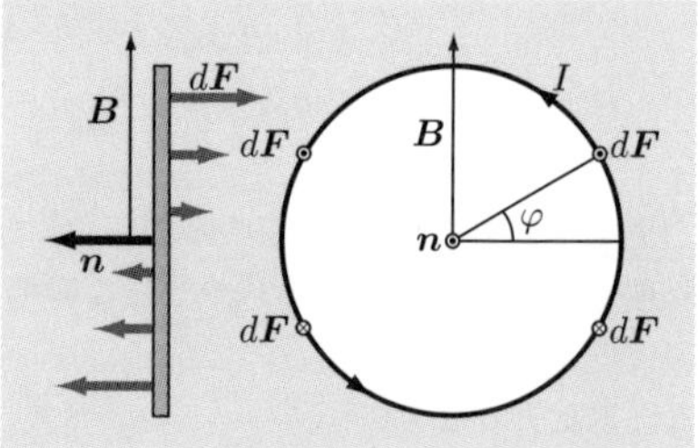

$$N = IBa^2 \int_0^{2\pi} \sin^2\varphi d\varphi = IB\pi a^2 = IBS$$

が得られる．最後に $\boldsymbol{n}$ と $\boldsymbol{B}$ が角度 θ をなす場合には，$\boldsymbol{n}$ と垂直な方向への $\boldsymbol{B}$ の成分 $B\sin\theta$ のみがトルクを与えるので $N = IBS\sin\theta$．トルクの方向は $\boldsymbol{n} \times \boldsymbol{B}$ の方向であるから，コイルのモーメント $\boldsymbol{m} = IS\boldsymbol{n}$ を用いて

$$\boldsymbol{N} = IS\boldsymbol{n} \times \boldsymbol{B} = \boldsymbol{m} \times \boldsymbol{B}$$

と表すことができる．

本問は前問と密接に関係している．コイル中の電荷はコイルの回転によってコイル面と垂直な方向に動き，同時に電流 I としてコイルに沿って動く．磁場 $\boldsymbol{B}$ が電荷に及ぼすローレンツ力をこの二つの運動に分解して考え，それぞれ前問と本問で扱ったわけである．

2.5 球殻の回転軸を x 軸にとり（回転ベクトルは $+x$ 方向とする），磁場 $\boldsymbol{B}$ の方向は $+y$ 方向とする．球殻の各点の動く方向は yz 平面に平行なので，ローレンツ力はそれに垂直，つまり $-x$ 方向（$y > 0$ のとき），あるいは $+x$ 方向（$y < 0$ のとき）になる．といっても電荷

は球殻上しか動けないので，電荷が $\pm x$ 方向に動くわけではなく，電流は xy 平面に平行な円周上を循環する．（このことは，球殻の右側では図の向こう向き，左側では図の手前向きに力が働いていることを考えれば想像できるだろうが，厳密な扱いは問題 5.2（球の場合）で説明する．球殻が回転していることは，ローレンツ力の発生のためには必要だが，電流の方向を考えるときは無関係であることに注意．回転に関しては，プラスの電荷もマイナスの電荷も同じように動くからである．電流の向きは $\boldsymbol{j} = \sigma \boldsymbol{E}$ あるいは $\boldsymbol{j} = \sigma \boldsymbol{v} \times \boldsymbol{B}$ で決まる．）

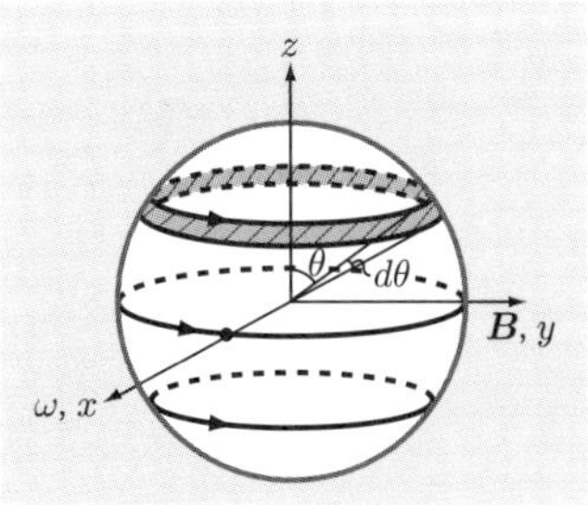

電流が流れる円周（図の斜線部分）に沿っての起電力を計算しよう．$\pm x$ 方向に向くローレンツ力の，この円周方向の成分を求め，それを一周積分すればよい．この円周上の点の，y 方向から測った角度を φ とすると，求めるべき力の成分は少しの計算ののち $F(\varphi) = \omega B(a \cdot \sin\theta)\cos^2\varphi$ となり，起電力は

$$\varepsilon(\theta) = \int F(\varphi)(a \cdot \sin\theta)d\varphi = \pi\omega B(a \cdot \sin\theta)^2$$

となる（起電力はローレンツ力の公式ではなく磁束の変化率からも求められる．図の斜線部分に囲まれた円の面積は $S(\theta) = \pi(a\sin\theta)^2$ である．微小時間 δt 後には面は角度 $\omega\delta t$ だけ傾き，そこを磁束 $-BS\sin(\omega\delta t) \fallingdotseq -BS\omega\delta t$ が貫くので，磁束の時間変化率は $d\Phi/dt = -\omega BS(\theta)$．したがって生ずる起電力 $\mathscr{E} = -d\Phi/dt$ は上式と同じになる）．

図の斜線部分の長さは $2\pi a\sin\theta$，断面積は $b \cdot ad\theta$ であるから，抵抗は $R = 2\pi a\sin\theta/\sigma abd\theta = 2\pi\sin\theta/\sigma bd\theta$ である．したがって，この部分に流れる電流を $J(\theta)ad\theta$ で表せば（$J(\theta)$ は球殻上の子午線方向の単位長さを通過する電流），

$$J(\theta)ad\theta = \frac{\mathscr{E}}{R} = \frac{1}{2}\omega B\sigma ab\sin\theta ad\theta \equiv J_0\sin\theta ad\theta$$

となる．この形の電流分布はしばしば現れるもので，3.1 節の例題 5 の計算によれば，この電流分布がつくる磁気モーメントの大きさは $m = VJ_0$（V は球の体積）で，方向はもちろん z 方向を向く．したがってこれにはたらくトルク $\boldsymbol{N} = \boldsymbol{m} \times \boldsymbol{B}$ は $-x$ 方向を向く．上の結果をまとめれば，

$$\boldsymbol{N} = -\frac{2\pi}{3}\sigma a^4 bB\omega$$

2.6　球殻の回転角速度の時間変化率は，剛体回転の運動方程式

$$M\frac{d\omega}{dt} = N = -\left(\frac{2\pi}{3}\sigma a^4 bB\right)\omega$$

で決まる．この式は，速度に比例する粘性力を受ける質点の運動方程式と同型で，解は

$$\omega(t) = \omega(0)e^{-t/\tau}, \quad \tau \equiv 3M/2\pi\sigma a^4 bB$$

すなわち，角速度は “粘性” により指数関数的に減衰する．

3.1　例題 3 の解答の式 (**) の両辺に I をかければ $\mathscr{E}I = BaIv + RI^2$．これに式 (*) を代入すれば

$$\mathscr{E}I = Fv + RI^2$$

この左辺は起電力 $\mathscr{E}$ の仕事率（単位時間にする仕事）で，右辺の第一項は導体片が受ける仕事率，すなわち単位時間当りの運動エネルギーの増加であり，第二項はジュール熱であるから，確かに保存則が成り立っている．

3.2 例題 3 の式 (∗), (∗∗) で $\mathscr{E} = 0$ とすれば

$$M dv/dt = BaI, \quad -Bav = RI$$

I を消去すれば $dv/dt = -v/\tau$（τ は例題 3 で定義した量）．この式を解いて初期条件を代入すれば，$v = v_0 e^{-t/\tau}$ となる．

3.3 時刻 t での右左の棒の速度，および電流をそれぞれ $v_1(t), v_2(t), I(t)$ と記す．速度は右に動いているときに + だとする．電流の向きは図に示されている通り．棒の運動方程式は

$$M dv_1/dt = BaI, \quad M dv_2/dt = -BaI$$

である．また電流に働く起電力は，右の棒では電流と逆向き，左の棒では電流の向きなので

$$-Bav_1 + Bav_2 = 2RI$$

これより明らかに $v_1 + v_2 =$ 一定，$d(v_1 - v_2)/dt = -(v_1 - v_2)/\tau$．初期条件を考えれば $v_1 = v_0/2(1 + e^{-t/\tau})$, $v_2 = v_0/2(1 - e^{-t/\tau})$．つまり左の棒は右の棒に引っぱられ，右の棒はその反作用で減速し，最終的には両方が同じ速度で動く．重心は最初から等速運動をする．また電流

$$I(t) = -Ba/2R(v_1 - v_2) = -Bav_0/2Re^{-t/\tau}$$

を使ってジュール熱 $2I^2R$ の時間積分を計算すると，運動エネルギーの減少量 $1/4Mv_0^2$ に等しいことがわかる．

4.1 表面電流による磁場のため，表面より下（つまり超伝導体内部）では全磁場はゼロになる．つまり表面電流による磁場は，表面より下では，問題に与えられた磁気双極子と同じ位置にある，逆向きの磁気双極子がつくる磁場に等しい．表面電流による磁場は，表面上下で対称だから，その磁場は表面より上では，与えられた磁気双極子と鏡像の位置にある逆向きの磁気双極子の磁場に等しい．したがって磁気モーメント m が磁場 $\boldsymbol{B}$ から受ける力の公式 $\boldsymbol{\nabla}(\boldsymbol{m}\cdot\boldsymbol{B})$（3.2 節例題 9）を使えば，求める力は（$m$ が水平方向を向いていることを考えると）

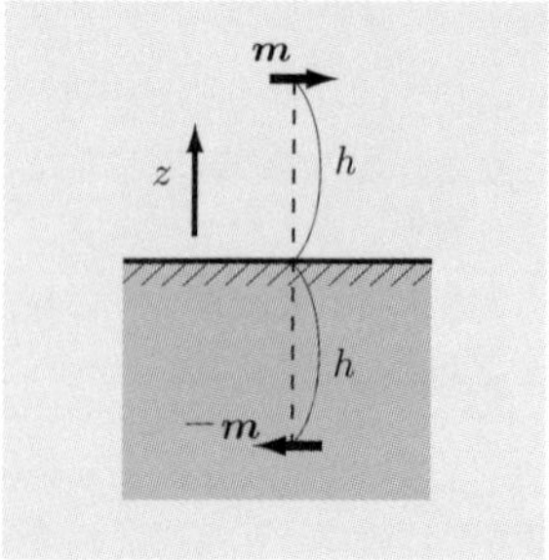

$$\boldsymbol{F} = \boldsymbol{\nabla}\left(\frac{\mu_0}{4\pi}\frac{\boldsymbol{m}^2}{r^3}\right)$$

（ただし r は鏡像の位置からこの双極子までの距離）．したがって力は下向きになり，その大きさは

$$\boldsymbol{F} = \frac{\mu_0}{4\pi}\frac{3\boldsymbol{m}^2}{(2h)^4}$$

この双極子に働くトルク $\boldsymbol{m} \times \boldsymbol{B}$ はゼロになる．つまり回転に関しては横向きは安定な向きである．これは，2 つの双極子は反平行のときに安定になることに対応する．

5.1　球の中心を原点にとり，$\boldsymbol{B}(t)$ の方向の単位ベクトルを $\boldsymbol{e}_1(t) = (\cos\omega t, \sin\omega t, 0)$ とし，$\boldsymbol{e}_z$ および $\boldsymbol{e}_1(t)$ と直交する単位ベクトルを $\boldsymbol{e}_2(t) = (-\sin\omega t, \cos\omega t, 0)$ とする．$\boldsymbol{e}_1(t)$, $\boldsymbol{e}_2(t)$, $\boldsymbol{e}_z$ は，回転磁場 $\boldsymbol{B}(t)$ と共に z 軸のまわりを回転する直交座標系をつくる．$\boldsymbol{B}(t)$ の時間微分は

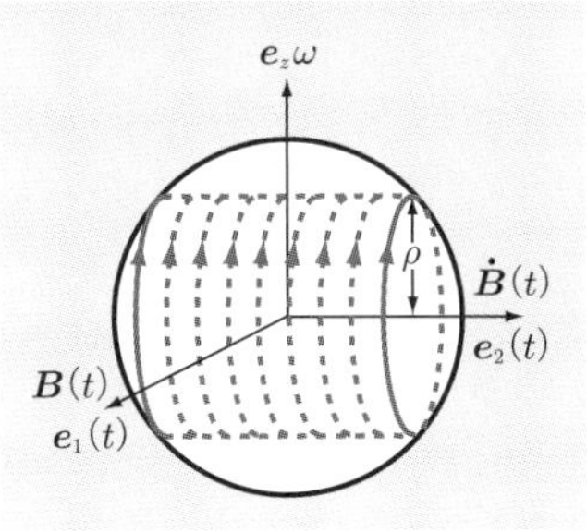

$$\dot{\boldsymbol{B}}(t) \equiv \frac{\partial \boldsymbol{B}(t)}{\partial t} = \omega B_0(-\sin\omega t, \cos\omega t, 0)$$
$$= \omega B_0 \boldsymbol{e}_2(t)$$

すなわち，大きさ ωB_0 で $\boldsymbol{e}_2(t)$ 方向を向く一様なベクトルである．$\dot{\boldsymbol{B}}(t)$ によって球内に生ずる誘導電場は，明らかに，$\boldsymbol{e}_2(t)$ 軸に関し軸対称な，左ねじ向きの渦状の電場である．$\boldsymbol{e}_2(t)$ 軸から距離 ρ の点の電場の大きさ $E(\rho)$ を求めるには，この軸を中心にする半径 ρ の円を回路 C にとり，これに電磁誘導の法則 $\mathscr{E} = -d\Phi/dt$ を適用すればよい．これは例題 1 の場合と全く同様であり，

$$E(\rho) = -\frac{1}{2}\dot{B}\rho = -\frac{1}{2}\omega B_0 \rho$$

と得られる．$-$ は左ねじ向きを意味する．この渦状の電気力線に沿って渦電流が流れる．電流密度は

$$j(\rho) = \sigma E(\rho) = -\frac{1}{2}\sigma\omega B_0 \rho$$

である．球内の電流分布による磁気モーメントは，$j(\rho)$ が流れる "円筒" の長さが $2\sqrt{a^2-\rho^2}$ であることを考慮すれば，

$$m = \int_0^a 2\sqrt{a^2-\rho^2}\,\pi\rho^2 j(\rho)d\rho = -\pi\sigma\omega B_0 \int_0^a \sqrt{a^2-\rho^2}\,\rho^3 d\rho = -\frac{2\pi}{15}a^5\sigma\omega B_0$$
$$= -\frac{1}{10}Va^2\sigma\omega B_0$$

ここで $V = 4\pi a^3/3$ は球の体積である．方向まで含めれば

$$\boldsymbol{m}(t) = -\frac{1}{10}Va^2\sigma\omega B_0 \boldsymbol{e}_2(t)$$

と表される．したがって，渦電流分布に磁場が及ぼすトルクは

$$\boldsymbol{N} = \boldsymbol{m}(t) \times \boldsymbol{B}(t) = \frac{1}{10}Va^2\sigma\omega B_0^2 \boldsymbol{e}_z = \frac{1}{10}Va^2\sigma B_0^2 \boldsymbol{\omega}$$

であり，球を磁場と共に回転させようとするはたらきをもつ．

この問題は，誘導電導機の原理を示すものである．

5.2　$\mathscr{E} = -d\Phi/dt$ の形に表した電磁誘導の法則は，磁場と導体の間の相対的な運動にのみ依存する．本問では導体球が角速度 $\boldsymbol{\omega}$ で回転するが，これを球に固定した座標系から見れば，磁場の方が角速度 $-\boldsymbol{\omega}$ で回転するので，電磁誘導は前問の場合に帰着する．すなわち，再び，磁場および回転軸と直交する直径のまわりに渦状の電流分布ができ，これに磁場が及ぼすトルクは，前問の $\boldsymbol{N}$ で $\boldsymbol{\omega}$ を $-\boldsymbol{\omega}$ でおきかえた式（すなわち球の回転を止めようとするトルク）で与えられる．ここで用いた相対性は，静止座標系と回転座標系の間のものであり，特殊相対性

理論でいう慣性系の間の相対性には含まれない．電磁誘導の法則がこのような広い座標変換に対して不変であることの証明は，ランダウ，リフシッツの "*Electrodynamics of Continuous Media*"（邦訳：『電磁気学 1 —連続媒質の電気力学—』東京図書）に与えられている．

【別解】 この問題を相対性を用いずに正直に解くのは少々長くなるが，教育的な面も多いので，次にこれを説明する．

球の中心を原点にとり，x 軸を磁場 $\boldsymbol{B}_0$ の方向に，z 軸を回転軸の方向にとる．球内の任意の点 $\boldsymbol{r}$ が球の回転によりもつ速度 $\boldsymbol{v}$ は $\boldsymbol{v} = \boldsymbol{\omega} \times \boldsymbol{r}$ であるから（3.3 節問題 11.3 参照），この点にある単位電荷に磁場 $\boldsymbol{B}_0$ が及ぼすローレンツ力 $\boldsymbol{E}'$ は，$\boldsymbol{\omega} \cdot \boldsymbol{B}_0 = 0$ も使うと

$$\boldsymbol{E}' = \boldsymbol{v} \times \boldsymbol{B}_0 = (\boldsymbol{\omega} \times \boldsymbol{r}) \times \boldsymbol{B}_0 = -(\boldsymbol{r} \cdot \boldsymbol{B}_0)\boldsymbol{\omega} = -xB_0\boldsymbol{\omega}$$

である．この "電場" $\boldsymbol{E}'$ が渦電流の原因となるが，球の表面で $\boldsymbol{E}'$ が法線方向（動径方向）成分 E_n' をもつため，電流密度を $\boldsymbol{j} = \sigma \boldsymbol{E}'$ とおくわけにはいかない．実際には，$\boldsymbol{E}'$ のために電荷が球の表面に分布し，この電荷が球内につくる電場を $\boldsymbol{E}^{\text{in}}(\boldsymbol{r})$ とすれば，表面における $\boldsymbol{E}^{\text{in}}$ の法線方向成分 E_n^{in} が E_n' をちょうど相殺しているはずである．以下この $\boldsymbol{E}^{\text{in}}(\boldsymbol{r})$ を具体的に求めよう．

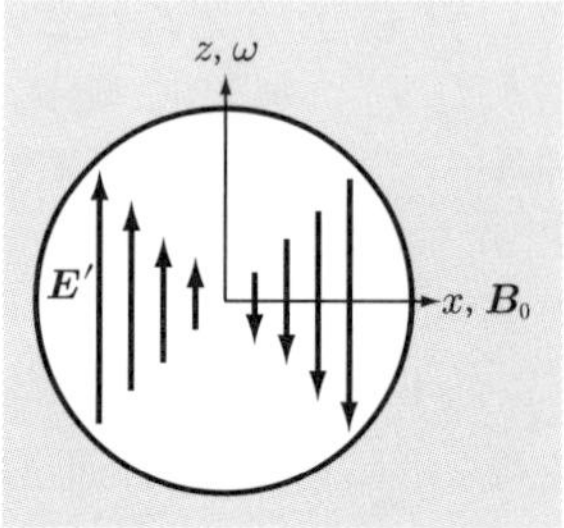

球面上の任意の点 $\boldsymbol{r} = (x, y, z)$ における法線方向の単位ベクトルは $\hat{\boldsymbol{r}} = \dfrac{1}{a}(x, y, z)$ であるから，この点で $\boldsymbol{E}'$ がもつ法線方向成分 E_n' は，$E_n' = \boldsymbol{E}' \cdot \hat{\boldsymbol{r}} = -xzB_0\omega/a$ である．そこで問題は，球面上で法線成分 $E_n^{\text{in}} = -E_n' = xzB_0\omega/a$ をもつような球内の電場 $\boldsymbol{E}^{\text{in}}(\boldsymbol{r})$ を求めることである．一般に，表面上で E_n が与えられているとき，表面で囲まれる空間の電場を求める問題は**ノイマンの問題**とよばれ，解は（存在すれば）一意的であることが証明できる．そこで，条件をみたす電場を一つ見つければそれが解になる．いま，球内の電位として $\phi(\boldsymbol{r}) = -Axz$ なる形を仮定してみる．この形がラプラスの方程式をみたすことは容易に確かめられる．球内の電場は

$$\boldsymbol{E}^{\text{in}}(\boldsymbol{r}) = -\boldsymbol{\nabla}\phi(\boldsymbol{r}) = A(z\boldsymbol{e}_x + x\boldsymbol{e}_z)$$

であるから，表面における法線成分は $E_n^{\text{in}} = 2xzA/a$ となり，したがって $A = B_0\omega/2$ ととれば境界条件がみたされる．すなわちこれが求める解である．

球内で単位電荷にはたらく力は

$$\boldsymbol{E}^{\text{tot}}(\boldsymbol{r}) = \boldsymbol{E}'(\boldsymbol{r}) + \boldsymbol{E}^{\text{in}}(\boldsymbol{r}) = \frac{1}{2}B_0\omega(z\boldsymbol{e}_x - x\boldsymbol{e}_z) = \frac{1}{2}B_0\omega\boldsymbol{e}_y \times \boldsymbol{r}$$

となり，これはまさに y 軸のまわりを右ねじ向きにまわる渦状の場で，y 軸から距離 ρ の点では大きさ $E^{\text{tot}} = B_0\omega\rho/2$ をもつ．こうして前問の場合と向きを除いて全く一致する "電場" が得られ，したがって $\boldsymbol{j} = \sigma\boldsymbol{E}^{\text{tot}}$ で決まる電流密度も y 軸のまわりの右ねじ向きの渦電流となる．これにはたらくトルクは，もちろん前問の $\boldsymbol{N}$ の符号を変えたものである．

6.1 (1) 電流 I が流れるときのソレノイド中の磁場は，$r \ll l$ ならば無限に長いソレノイドの磁場 $B = \mu_0 nI$ で近似できる．したがって，nl 巻きのコイルを貫く磁束は，ソレノイドの断面積を $S = \pi r^2$ とおけば

$$\Phi = nlBS = \mu_0 n^2 lSI$$

で，これを L の定義 $\Phi = LI$ と比較して問題の表式を得る．

(2)　$L = k \times 10^{-7} \times \pi^2 d^2 N^2/l$ に数値を代入すれば，(イ) 0.17 mH，(ロ) 0.17 mH.

7.1　コイルに電流 I を流すとき，中心から距離 ρ の点を通る磁場は，アンペールの法則 $2\pi\rho B(\rho) = \mu_0 NI$ より $B(\rho) = \mu_0 NI/2\pi\rho$ である．したがって断面を通る磁束は

$$\Phi = h\int_a^b B(\rho)d\rho = \frac{\mu_0}{2\pi}NIh\ln\frac{b}{a}$$

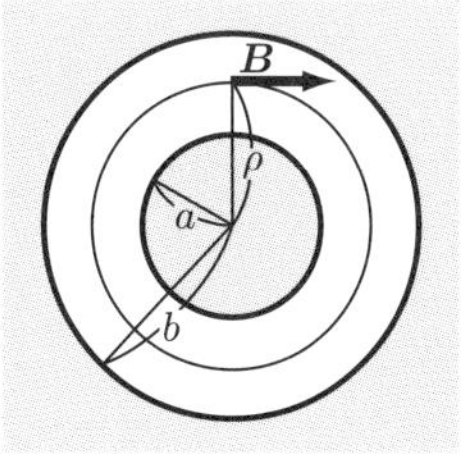

で，これが N 巻きのコイルを通るので，自己インダクタンスは $N\Phi = LI$ より

$$L = \frac{\mu_0}{2\pi}N^2 h\ln\frac{b}{a}$$

7.2　<u>インダクタンス</u>　二本の円筒を電流 $\pm I$ が流れるとき，この両円筒を縁とする（任意の）面を通過する磁束を計算すればよい．計算上は，もちろん，円筒間に張られた平面について考えるのが楽である．対称性から，二つの電流は同じだけの寄与を磁束に与えるので，一方の電流による磁束を計算して二倍すれば，全磁束 Φ が得られる．電流 I が円筒上を一様に流れるとみなせば，中心軸から距離 ρ の点の磁場は 3.1 節の例題 2 により $B(\rho) = \dfrac{\mu_0}{2\pi}\dfrac{I}{\rho}$ で，考えている平面上では向きは平面と直交するので，磁束への寄与は，円筒の単位長さ当り

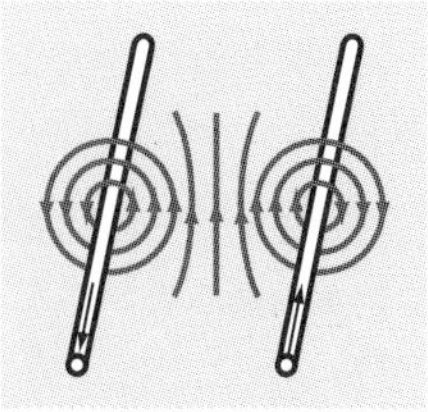

$$\frac{\Phi}{2} = \int_a^d B(\rho)d\rho = \frac{\mu_0}{2\pi}I\ln\frac{d}{a}$$

である．単位長さ当りの自己インダクタンスは，$\Phi = LI$ より $L = \dfrac{\mu_0}{\pi}\ln\dfrac{d}{a}$.

<u>容量</u>　二本の円筒が単位長さ当り $\pm\lambda$ の電荷を帯電しているとき，円筒間の電位差 V は，1.5 節の問題 13.7 により，$a \ll d$ では $V = \dfrac{\lambda}{\pi\varepsilon_0}\ln\dfrac{d}{a}$ で，単位長さ当りの容量 C は $C = \pi\varepsilon_0\Big/\ln\dfrac{d}{a}$ である．$LC = \varepsilon_0\mu_0$ が成り立つ．

8.1　ソレノイドを回路 1，円形回路を回路 2 とよぶ．ソレノイドに電流 I_1 を流すとき，内部には一様な磁場 $B_1 = \mu_0 nI_1$ ができるので，S を貫く磁束は $\Phi_2 = B_1 S\cos\alpha = \mu_0 nS\cos\alpha I_1$ であり，$L_{21} = \mu_0 nS\cos\alpha$．一方円形回路に電流 I_2 を流すとき，ソレノイドの各コイルを貫く磁束の和は，位置の相対性から，円形回路を右図のように並べてコイルは一つだけ考えたときの磁束に等しい．並べた円形回路は一つの面積 $S\cos\alpha$ のソレノイドと同等であるから，その内部に

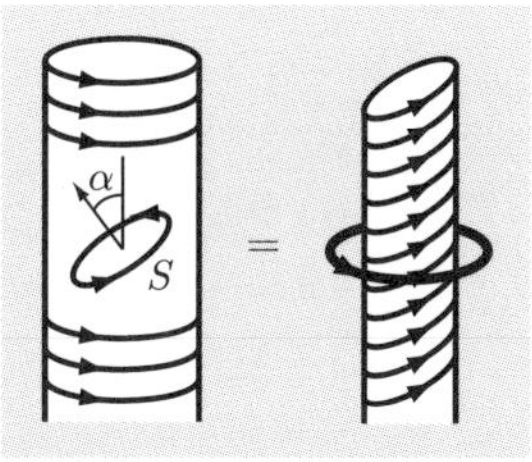

磁場 $B_2 = \mu_0 nI_2$ ができ，コイルを貫く磁束は $\Phi_2 = B_2 S\cos\alpha = \mu_0 nS\cos\alpha I_2$ となる．したがって $L_{12} = \mu_0 nS\cos\alpha$（$\alpha \fallingdotseq 0$ のときは，各コイルが垂直ではなく少しずつずれて重なっていることに対応して B_2 のほかに，この“ソレノイド”の軸と直交する面内に双極子型の磁

場ができるが，これはコイルを貫かない）.

8.2 環状回路 1 に電流 I_1 を流すと，磁気モーメント $\boldsymbol{m}_1 = I_1 S_1 \boldsymbol{n}_1$ の磁気双極子による磁場ができる．したがって回路 2 の所の磁場は

$$\boldsymbol{B}(\boldsymbol{r}) = \frac{\mu_0}{4\pi}\frac{1}{r^3}\big(3(\boldsymbol{m}_1\cdot\widehat{\boldsymbol{r}})\widehat{\boldsymbol{r}} - \boldsymbol{m}_1\big) = \frac{\mu_0}{4\pi r^3}\big(3(\boldsymbol{n}_1\cdot\widehat{\boldsymbol{r}})\widehat{\boldsymbol{r}} - \boldsymbol{n}_1\big)S_1 I_1$$

回路 2 を貫く磁束は $\Phi_2 = \boldsymbol{B}(\boldsymbol{r})\cdot\boldsymbol{n}_2 S_2$ となる．ゆえに相互インダクタンスは

$$L_{21} = \frac{\mu_0}{4\pi}\frac{1}{r^3}\big(3(\boldsymbol{n}_1\cdot\widehat{\boldsymbol{r}})(\boldsymbol{n}_2\cdot\widehat{\boldsymbol{r}}) - \boldsymbol{n}_1\cdot\boldsymbol{n}_2\big)S_1 S_2$$

で，1, 2 について対称な形をしているため $L_{12} = L_{21}$ は自明である．

9.1 それぞれのソレノイドが単独でつくる磁場を $B_1 = \mu_0 n_1 I_1$, $B_2 = \mu_0 n_2 I_2$ とすると，両方のソレノイドに電流を流したときにできる磁場は，重ね合わせにより，1 の内部では $B_1 + B_2$，1 と 2 の間の領域では B_2 である．したがってエネルギー密度の体積積分は

$$U = \frac{l}{2\mu_0}\left[(B_1+B_2)^2 S_1 + B_2^2(S_2 - S_1)\right] = \frac{l}{2\mu_0}\left[B_1^2 S_1 + B_2^2 S_2 + 2B_1 B_2 S_1\right]$$
$$= \frac{\mu_0}{2}(n_1^2 l S_1 I_1^2 + n_2^2 l S_2 I_2^2 + 2n_1 n_2 l S_1 I_1 I_2)$$

となり，例題 6 のインダクタンスと比較すれば，問題の表式を得る．

9.2 磁束 Φ の時間変化にともない，一次側および二次側のコイルには，それぞれ誘導起電力 $\mathscr{E}_1 = -N_1\dfrac{d\Phi}{dt}$, $\mathscr{E}_2 = -N_2\dfrac{d\Phi}{dt}$ を生ずる．したがって $\dfrac{\mathscr{E}_1}{\mathscr{E}_2} = \dfrac{N_1}{N_2}$ で，これは変圧器の基礎原理として周知の関係である（すべての量の符号は図 4.17 の矢印の方向をプラスとする．左右で線の巻き方が逆なので，I_1 と I_2 の向きが逆になっている）.

(1) 一次側の抵抗は無視しているので，電圧 V_1 は逆起電力 $\mathscr{E}_1$ と釣り合う．すなわち $V_1 + \mathscr{E}_1 = 0$．これより

$$\Phi(t) = \frac{V_m}{N_1\omega}\sin\omega t$$

を得る．二次側の電圧は

$$V_2(t) = \mathscr{E}_2(t) = -\frac{N_2}{N_1}V_1(t)$$

一次側電流は $\Phi(t)$ に比例し，$V_1(t)$ と $90°$ 位相が異なるので，仕事率 $W(t) = V_1(t)I_0(t)$ の時間平均は消える．エネルギーを消費する場所がないのだから，これは当然である．

(2) $V_1 + \mathscr{E}_1 = 0$ の関係はそのまま成り立つので，$\Phi(t)$ は変化せず，したがって $\mathscr{E}_2(t) = V_2(t)$ に変化はない．二次側電流は $I_2(t) = V_2(t)/R$.

(3) $I_2(t)$ が流れればこれも磁束をつくるが，$\mathscr{E}_1$ は変わらないので $\Phi(t)$ に変化はない．つまり磁場に変化はないのでアンペールの法則より $N_1 I_1 + N_2 I_2 = N_1 I_0$．したがって

$$\Delta I_1(t) = I_1(t) - I_0(t) = -(N_2/N_1)I_2(t) = (N_2/N_1)^2 V_1(t)/R$$

この ΔI_1 による磁束の変化が I_2 による磁束を打ち消すのである．

(4) ΔI_1 は V_1 と同位相であるから電力に寄与する．

$$\overline{W} = \overline{I_1 V_1} = \overline{\Delta I_1 V_1} = (N_2/N_1)^2\overline{V_1^2}/R = (N_2/N_1)^2 V_m^2/2R$$

これはもちろん，ジュール熱 $V_2(t)^2/R$ の時間平均に等しい．

10.1 ソレノイドの半径を r，断面積を $S=\pi r^2$ とする．仮想変位 $r \to r+\delta r$ に際し圧力 p がする仕事は，ソレノイドの単位長さ当りの側面積が $2\pi r$ であるから，$p\cdot 2\pi r\delta r = p\delta S$ である．いいかえれば，外部から仮想仕事 $-p\delta S$ を与えねばならない．エネルギー $U=\dfrac{1}{2\mu_0}B^2S$ の変化を $\varPhi = BS =$ 一定の条件の下で求めると

$$\delta U = \delta\left(\frac{1}{2\mu_0}\frac{\varPhi^2}{S}\right) = -\frac{1}{2\mu_0}\frac{\varPhi^2}{S^2}\delta S = -\frac{1}{2\mu_0}B^2\delta S$$

したがって $\delta U = -p\delta S$ より $p=\dfrac{1}{2\mu_0}B^2 = \dfrac{1}{2}\mu_0(nI)^2$ を得る．

10.2 円形回路 C_2 に力 $-F$ を加えて δz の仮想変位をさせる．電流系 I_1, I_2 の磁気エネルギーの中で回路間の間隔 z に依存するのは，相互インダクタンス $M=L_{12}$ による項 $U=MI_1I_2$ である．これを磁束 $\varPhi_1 = MI_1, \varPhi_2 = MI_2$ で表し，磁束を一定にして変分をとれば

$$\delta U = \delta\left(\frac{\varPhi_1\varPhi_2}{M}\right) = \varPhi_1\varPhi_2\delta\left(\frac{1}{M}\right)$$

例題 8 により $M=\mu_0S_1S_2/2\pi R^3$, $R\equiv\sqrt{z^2+a_1^2}$ であるから

$$\delta U = \varPhi_1\varPhi_2\frac{2\pi}{\mu_0S_1S_2}\delta R^3 = \frac{\varPhi_1\varPhi_2}{M}\frac{3z\delta z}{R^2} = MI_1I_2\frac{3z\delta z}{R^2}$$

したがって $\delta U = -F\delta z$ より $F=-\dfrac{3z}{R^2}MI_1I_2 = -\dfrac{\mu_0}{2\pi}\dfrac{3z}{R^5}(S_1I_1)(S_2I_2)$ を得る．$-$ は引力を意味する．

10.3 電流系の各回路を流れる電流を I_i，回路を貫く磁束を $\varPhi_i$ $(i=1,2,\cdots,n)$ とする．すべての I_i を一定に保ちながら仮想変位を行うと，当然 $\varPhi_i$ が変化し，したがって各回路に誘導起電力 $-d\varPhi_i/dt$ が生ずる．I_i を一定に保つには，これを打ち消す起電力 $\mathscr{E}_i = d\varPhi_i/dt$ を各回路に加えねばならない．仮想変位の間に $\mathscr{E}_i$ が行う仕事は $\mathscr{E}_iI_i\delta t = I_i\delta\varPhi_i$ であるから，仮想仕事の式は

$$\delta U = -F\delta x + \sum_{i=1}^{n} I_i\delta\varPhi_i$$

となる．一方 $U=\dfrac{1}{2}\sum\limits_{i=1}^{n}I_i\varPhi_i$ の（$I_i=$ 一定の下での）変分は $\delta U = \dfrac{1}{2}\sum\limits_{i=1}^{n}I_i\delta\varPhi_i$ であるから，問題に与えられた式を得る．

11.1 まず，原点にある磁荷 q_m と，点 $\boldsymbol{r}$ にある電流素片 $Id\boldsymbol{l}$ の間にはたらく力について復習してみよう．q_m はクーロン磁場 $\boldsymbol{B}=\dfrac{\mu_0q_m}{4\pi}\dfrac{\widehat{\boldsymbol{r}}}{r^2}$ をつくり，これが電流素片に力

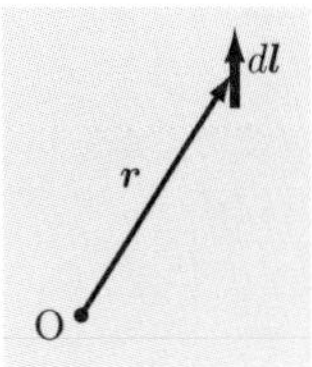

$$\boldsymbol{F} = Id\boldsymbol{l}\times\boldsymbol{B} = \frac{\mu_0q_mI}{4\pi}\frac{d\boldsymbol{l}\times\widehat{\boldsymbol{r}}}{r^2}$$

を及ぼす．一方電流素片が原点につくるビオ-サバールの磁場は，電流から原点へ向かうベクトルは $-\boldsymbol{r}$ であることを考慮して，$\boldsymbol{B}'=\dfrac{\mu_0I}{4\pi}\dfrac{d\boldsymbol{l}\times(-\widehat{\boldsymbol{r}})}{r^2}$ であり，これが q_m に力

$$\boldsymbol{F}' = q_m\boldsymbol{B}' = -\frac{\mu_0q_mI}{4\pi}\frac{d\boldsymbol{l}\times\widehat{\boldsymbol{r}}}{r^2}$$

を及ぼす．したがって，磁荷と電流素片の間にはたらく力は，作用反作用の法則 $\boldsymbol{F}=-\boldsymbol{F}'$ を

みたしている（もっとも両者の作用線までは一致せず，したがって角運動量保存則はこのままでは成り立たないが，それは電磁場の角運動量を考慮に入れる必要を示している）.

そこで，原点にある電荷 q と，点 $\boldsymbol{r}$ にある磁流素片 $I_m d\boldsymbol{l}$ の間にはたらく力について，これと同じことを調べてみよう．まず，磁流素片が原点につくる電場（ビオ-サバールの電場）は，定常な場合のアンペールの法則 $\boldsymbol{\nabla}\times\boldsymbol{B}=\mu_0\boldsymbol{j}$ に対応する式が $\boldsymbol{\nabla}\times\boldsymbol{E}=-\mu_0\boldsymbol{j}_m$ であることから，

$$\boldsymbol{E}'=-\frac{\mu_0 I_m}{4\pi}\frac{d\boldsymbol{l}\times(-\widehat{\boldsymbol{r}})}{r^2}=\frac{\mu_0 I_m}{4\pi}\frac{d\boldsymbol{l}\times\widehat{\boldsymbol{r}}}{r^2}$$

と得られる．したがって電荷が受ける力は

$$\boldsymbol{F}'=q\boldsymbol{E}'=\frac{\mu_0 q I_m}{4\pi}\frac{d\boldsymbol{l}\times\widehat{\boldsymbol{r}}}{r^2}$$

一方，電荷 q は点 $\boldsymbol{r}$ にクーロン電場 $\boldsymbol{E}=\dfrac{q}{4\pi\varepsilon_0}\dfrac{\widehat{\boldsymbol{r}}}{r^2}$ をつくるので，電場が磁流素片に及ぼす力 $\boldsymbol{F}$ をどのようにとれば，作用反作用の法則 $\boldsymbol{F}=-\boldsymbol{F}'$ を成り立たせることができるかを考える．その答が

$$\boldsymbol{F}=-\mu_0\varepsilon_0 I_m d\boldsymbol{l}\times\boldsymbol{E}=-\frac{1}{c^2}I_m d\boldsymbol{l}\times\boldsymbol{E}$$

であることはただちにわかる．

磁場が電流素片に及ぼす力 $\boldsymbol{F}=Id\boldsymbol{l}\times\boldsymbol{B}$ を，速度 $\boldsymbol{v}$ で動く電荷 q に及ぼす力に翻訳したものが，ローレンツ力 $\boldsymbol{F}=q\boldsymbol{v}\times\boldsymbol{B}$ であった．同様に上で求めた力を，電場が速度 $\boldsymbol{v}$ の磁荷 q_m に及ぼす力に翻訳すれば $\boldsymbol{F}=-\dfrac{1}{c^2}q_m\boldsymbol{v}\times\boldsymbol{E}$ となり，磁場による力と合わせれば

$$\boldsymbol{F}=q_m\left(\boldsymbol{B}-\frac{1}{c^2}\boldsymbol{v}\times\boldsymbol{E}\right)$$

12.1 (1) 軸対称性から，z 軸のまわりの渦状の磁場ができることは明らかである．図の点 P における磁場を求めるには，P を通る半径 ρ の円 C にアンペールの法則を適用すればよい．C が張る面 S のとり方は任意であるが，電流 I を横切らないようにとる方が話は簡単である．時刻 t に原点 O にある電荷を $q(t)$ とすれば，S を通る電束は，O が C を見る立体角 $\varOmega$ により（$\varOmega$ の符号は正にとる），$\varPhi_{\mathrm{D}}=q(t)\varOmega/4\pi$ と表されるので，S を通る変位電流は $I_{\mathrm{D}}=d\varPhi_{\mathrm{D}}/dt=I\varOmega/4\pi$ である．したがってアンペールの法則は（いまの場合 S を通る電流はゼロであるから）$2\pi\rho B=\mu_0 I\varOmega/4\pi$ で，$\varOmega=2\pi(1-\cos\theta)$ を代入すれば

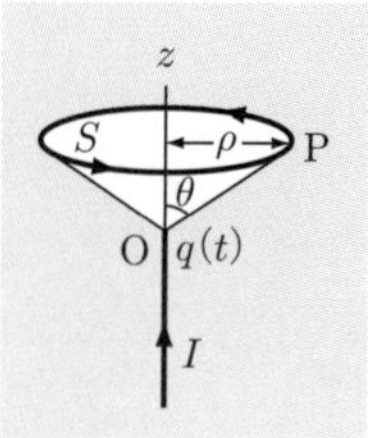

$$B(\rho,\theta)=\frac{\mu_0}{4\pi}\frac{I}{\rho}(1-\cos\theta)$$

を得る．xy 平面上 $(\theta=\pi/2)$ では，磁場は無限に長い直線電流の場合の半分になり，また $\theta\fallingdotseq\pi$，すなわち電流 I のすぐ近くでは，無限に長い電流の場合と同じ磁場になる．

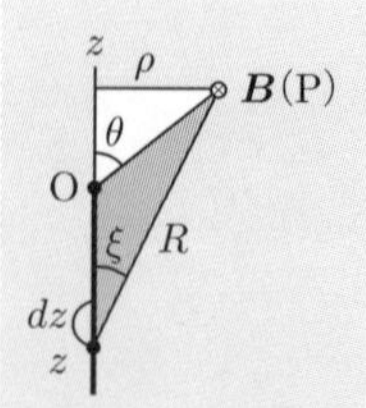

上の結果をビオ-サバールの法則から求めるのも容易である．右図の記号を用いれば

$$B(\mathrm{P}) = \frac{\mu_0 I}{4\pi}\int_{-\infty}^{0}\frac{\sin\xi}{R^2}dz$$

積分変数を ξ にとれば，$R = \rho/\sin\xi$, $dz = \rho d\xi/\sin^2\xi$ ゆえ，ただちに上と同じ結果が得られる．

(2) この場合も電流分布は z 軸に関し軸対称であるから，磁場も軸対称で，ビオ-サバールの法則を一本一本の電流に対して定性的に用いれば，xy 平面より上の空間では右まわりの渦状の磁場が，下の空間では左まわりの磁場ができることがわかる．そこで再びアンペールの法則を適用することができるが，変位電流は (1) の場合と全く同じであるから，磁場も同じ，すなわち

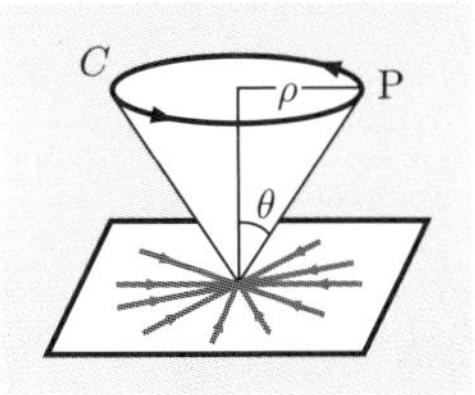

$$B(\rho,\theta) = \frac{\mu_0}{4\pi}\frac{I}{\rho}(1-\cos\theta) \quad \left(\theta < \frac{\pi}{2}\right)$$

である．$\theta > \pi/2$，すなわち xy 平面より下には，この結果をそのまま延長するわけにはいかない．このときは，C が張る面 S を平面上の真電流 $-I$ も通るからである．（C が下側でも，軸上では面 S は上側を通るとしているので）その寄与を加えれば，アンペールの法則は $2\pi\rho B = \mu_0(-I + I\Omega/4\pi)$ となり，これから

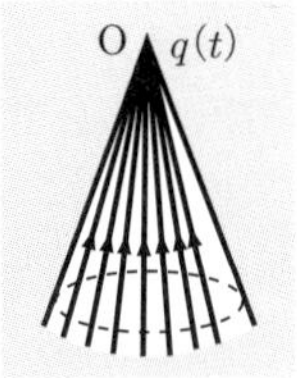

$$B(\rho,\theta) = -\frac{\mu_0}{4\pi}\frac{I}{\rho}(1+\cos\theta) = -\frac{\mu_0}{4\pi}\frac{I}{\rho}(1-\cos(\pi-\theta))$$

すなわち上半空間と対称で向きが逆の磁場が得られる．

注意 上と同じ議論により，たとえば右図の円錐面上を軸対称な形で O に向って電流 I が流れる場合にも，（円錐の外部では）半無限直線の場合と同じ磁場ができることがわかる．

12.2 z 軸に関し軸対称な定常電流分布であるから，z 軸のまわりの渦状の磁場ができるはずである．磁場の大きさは，通常の意味のアンペールの法則によって求め得る．z 軸を中心とする半径 ρ の円 C を xy 平面より下にとると，C を貫く電流は I であるから，C についてのアンペールの法則は $2\pi\rho B = \mu_0 I$ で，

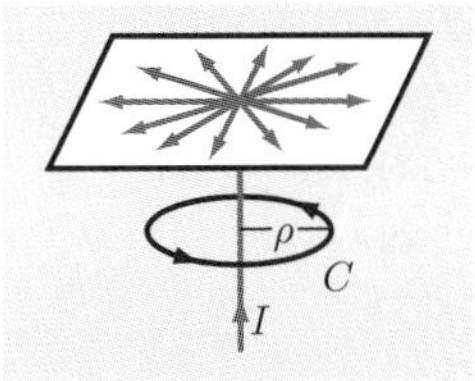

$$B(z,\rho) = \frac{\mu_0}{2\pi}\frac{I}{\rho} \quad (z < 0)$$

すなわち無限に長い直線電流の場合と同じ磁場が得られる．一方円 C を xy 平面より上にとれば，そこでは C を貫く電流はないので

$$B(z,\rho) = 0 \quad (z > 0)$$

上で得られた著しい結果の意味は，前問を見ればわかりやすいであろう．本問の電流分布は，z 軸上の半無限直線電流と，原点から xy 平面上を一様に広がる電流分布の和であるが，それぞれの部分がつくる磁場は前問に与えてあるので，それを重ね合わせると，確かに上の結果と一致する．

12.3 電荷分布 $\rho(\boldsymbol{r},t)$ がつくる瞬間的クーロン場は

$$\boldsymbol{E}(\boldsymbol{r},t)=\frac{1}{4\pi\varepsilon_0}\int\rho(\boldsymbol{r}',t)\frac{\widehat{\boldsymbol{R}}}{R^2}dV',\quad \boldsymbol{R}\equiv\boldsymbol{r}-\boldsymbol{r}'$$

であるから，その時間変化による変位電流密度は

$$\boldsymbol{j}_{\mathrm{D}}(\boldsymbol{r},t)=\varepsilon_0\frac{\partial\boldsymbol{E}}{\partial t}=\frac{1}{4\pi}\int\dot{\rho}(\boldsymbol{r}',t)\frac{\widehat{\boldsymbol{R}}}{R^2}dV',\quad \dot{\rho}\equiv\frac{\partial\rho}{\partial t}s$$

で，これは各点 $\boldsymbol{r}'$ の $\dot{\rho}$ からの寄与の重ね合わせである．したがって原点の点電荷による変位電流 $\boldsymbol{j}_{\mathrm{D}}(\boldsymbol{r},t)=\dfrac{\dot{q}(t)}{4\pi}\dfrac{\widehat{\boldsymbol{r}}}{r^2}$ について考えれば十分である．ところがこれは，原点から空間の各方向に一様に流れ出す電流分布であるため，ビオ-サバールの法則による磁場をつくり得ない．なぜなら，ビオ-サバールの磁場は，本質的には，ある軸のまわりの渦状の場であるが，上の変位電流分布には特定の軸は存在しないからである．実際，上の電流分布を半無限の直線電流の和と見て，対称性を用いれば，任意の点の磁場が相殺されることを容易に示すことができる．

12.4　ベクトル演算子 $\boldsymbol{\nabla}$ は，その右にある すべて の関数の積を微分する演算子である．これを忘れて形式的にベクトルの公式を適用すると，しばしば誤った結果が得られる．それをさけるには，$\boldsymbol{\nabla}$ がかかる相手を一つに限定しておくのが便利である．関数の積の微分の公式 $\dfrac{d}{dx}(fg)=\dfrac{df}{dx}g+f\dfrac{dg}{dx}$ により，たとえば $\boldsymbol{\nabla}(fg)$ を $\boldsymbol{\nabla}(fg)=\boldsymbol{\nabla}_f(fg)+\boldsymbol{\nabla}_g(fg)$ と表すことができる．ここで $\boldsymbol{\nabla}_f$ は関数 f にのみかかる微分演算子を意味し，したがって $\boldsymbol{\nabla}_f(fg)$ を成分でかけば

$$\boldsymbol{\nabla}_f(fg)=\left(\frac{\partial f}{\partial x}g,\ \frac{\partial f}{\partial y}g,\ \frac{\partial f}{\partial z}g\right)$$

である．$\boldsymbol{\nabla}_f(fg)$ では g は外へ取り出すことができるので $\boldsymbol{\nabla}_f(fg)=g(\boldsymbol{\nabla}_f f)$ となり，$\boldsymbol{\nabla}_f f$ の $\boldsymbol{\nabla}_f$ はもはや f 以外の関数は微分しない単なるベクトルであるから，ベクトルの公式を適用してもまぎれがない．

(1)　自明

(2)　$\boldsymbol{\nabla}\cdot(f\boldsymbol{A})=\boldsymbol{\nabla}_f\cdot(f\boldsymbol{A})+\boldsymbol{\nabla}_A\cdot(f\boldsymbol{A})=(\boldsymbol{\nabla}_f f)\cdot\boldsymbol{A}+f\boldsymbol{\nabla}_A\cdot\boldsymbol{A}$

(3)　$\boldsymbol{\nabla}\times(f\boldsymbol{A})=\boldsymbol{\nabla}_f\times(f\boldsymbol{A})+\boldsymbol{\nabla}_A\times(f\boldsymbol{A})=(\boldsymbol{\nabla}_f f)\times\boldsymbol{A}+f\boldsymbol{\nabla}_A\times\boldsymbol{A}$

(4)　$$\begin{aligned}\boldsymbol{\nabla}\cdot(\boldsymbol{A}\times\boldsymbol{B})&=\boldsymbol{\nabla}_A\cdot(\boldsymbol{A}\times\boldsymbol{B})+\boldsymbol{\nabla}_B\cdot(\boldsymbol{A}\times\boldsymbol{B})=\boldsymbol{\nabla}_A\cdot(\boldsymbol{A}\times\boldsymbol{B})-\boldsymbol{\nabla}_B\cdot(\boldsymbol{B}\times\boldsymbol{A})\\&=\boldsymbol{B}\cdot(\boldsymbol{\nabla}_A\times\boldsymbol{A})-\boldsymbol{A}\cdot(\boldsymbol{\nabla}_B\times\boldsymbol{B})\end{aligned}$$

(5)　$$\begin{aligned}\boldsymbol{\nabla}\times(\boldsymbol{A}\times\boldsymbol{B})&=\boldsymbol{\nabla}_A\times(\boldsymbol{A}\times\boldsymbol{B})+\boldsymbol{\nabla}_B\times(\boldsymbol{A}\times\boldsymbol{B})\\&=(\boldsymbol{B}\cdot\boldsymbol{\nabla}_A)\boldsymbol{A}-(\boldsymbol{\nabla}_A\cdot\boldsymbol{A})\boldsymbol{B}+(\boldsymbol{\nabla}_B\cdot\boldsymbol{B})\boldsymbol{A}-(\boldsymbol{A}\cdot\boldsymbol{\nabla}_B)\boldsymbol{B}\end{aligned}$$

12.5　(1)　速度 $\boldsymbol{v}$ を z 軸方向にとる．$\boldsymbol{B}^{(1)}$ のみたす式の積分型が，アンペールの法則 $\displaystyle\oint_C B_l^{(1)}dl=\frac{1}{c^2}\dot{\Phi}^{(0)}$ である（$\Phi^{(0)}$ は回路 C を通る $\boldsymbol{E}^{(0)}(\boldsymbol{r})$ の電束）．$\dot{\boldsymbol{E}}^{(0)}$ は z 軸に関し軸対称であるから，できる磁場 $\boldsymbol{B}^{(1)}(\boldsymbol{r})$ は，z 軸のまわりの渦状の場であり，したがってアンペールの法則から $\boldsymbol{B}^{(1)}$ を求めることができる．右図の点 P の磁場を求めるため，z 軸を軸とする半径 ρ の円を C にとる．電荷 q が単位時間に z 軸上を v 進むと

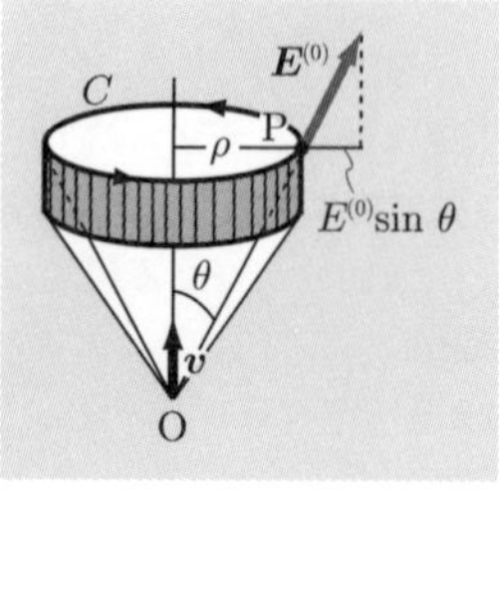

きの，C を通る $\boldsymbol{E}^{(0)}$ の電束の増し高が$\dot{\boldsymbol{\Phi}}^{(0)}$ であるが，これはいいかえれば，C の方を下向きに v だけずらしたときの電束の増し高であり，したがって図の帯状部分を通る電束である．$\boldsymbol{E}^{(0)}$ の法線成分は $E^{(0)}\sin\theta$ であるから，アンペールの法則は $2\pi\rho B^{(1)} = \dfrac{1}{c^2}2\pi\rho v E^{(0)}\sin\theta$ となり，磁場は $B^{(1)} = \dfrac{v}{c^2}\sin\theta E^{(0)}$ と得られる．方向まで含めて表せば

$$\boldsymbol{B}^{(1)}(\boldsymbol{r}) = \frac{1}{c^2}\boldsymbol{v}\times\boldsymbol{E}^{(0)}(\boldsymbol{r})$$

(2) $\boldsymbol{\nabla}\cdot\boldsymbol{E}^{(n)} = 0, \quad \boldsymbol{\nabla}\times\boldsymbol{E}^{(n)} = -\dot{\boldsymbol{B}}^{(n-1)} \qquad (n = 2, 4, \cdots)$
$\boldsymbol{\nabla}\cdot\boldsymbol{B}^{(n)} = 0, \quad \boldsymbol{\nabla}\times\boldsymbol{B}^{(n)} = \dot{\boldsymbol{E}}^{(n-1)}/c^2 \qquad (n = 3, 5, \cdots)$

(3) $\boldsymbol{E}^{(2)}$ を求めるために，まず

$$\boldsymbol{\nabla}\cdot\boldsymbol{F} = 0, \quad \boldsymbol{\nabla}\times\boldsymbol{F} = \boldsymbol{B}^{(1)}$$

をみたす $\boldsymbol{F}(\boldsymbol{r})$ を求める．$\boldsymbol{E}^{(2)}$ はこれから $\boldsymbol{E}^{(2)}(\boldsymbol{r}) = -\dot{\boldsymbol{F}}(\boldsymbol{r})$ で得られる．ビオ-サバールの磁場 $\boldsymbol{B}^{(1)}(\boldsymbol{r})$ は z 軸のまわりの渦状の場で，これを“環状電流分布”とみなしたときの“磁場”が $\boldsymbol{F}(\boldsymbol{r})$ である．いま，半径 r'，厚さ dr' の球殻中に含まれる“電流密度”を考える．$\boldsymbol{B}^{(1)}(\boldsymbol{r})$ の大きさは（$q/4\pi\varepsilon_0$ は略して） $(v/c^2)\sin\theta/r^2$ であるから，球殻を流れる“環状電流の密度”は $\dfrac{v}{c^2}\dfrac{dr'}{r'^2}\sin\theta$ である．この $\sin\theta$ 型の面電流分布は何度も現れたもので，3.1 節の例題 5，問題 5.1 によれば，球内には一様な“磁場”$\dfrac{2}{3}\ \dfrac{dr'}{c^2r'^2}\boldsymbol{v}$ ができ，一方球外の点 $\boldsymbol{r}$ $(r > r')$ には，磁気双極子型の“磁場”$\dfrac{1}{3}\dfrac{dr'}{c^2r'^2}\cdot\left(\dfrac{r'}{r}\right)^3(3(\boldsymbol{v}\cdot\widehat{\boldsymbol{r}})\widehat{\boldsymbol{r}}-\boldsymbol{v})$ ができる．そこの点 $\boldsymbol{r}$ の“磁場”$\boldsymbol{F}(\boldsymbol{r})$ は，$0 \leqq r' \leqq r$ および $r \leqq r' < \infty$ の球殻からの寄与の和として得られる．

$$\begin{aligned}\boldsymbol{F}(\boldsymbol{r}) &= \frac{1}{3}\frac{1}{c^2r^3}\big(3(\boldsymbol{v}\cdot\widehat{\boldsymbol{r}})\widehat{\boldsymbol{r}}-\boldsymbol{v}\big)\int_0^r r'dr' + \frac{2}{3}\frac{1}{c^2}\boldsymbol{v}\int_r^\infty \frac{dr'}{r'^2}\\ &= \frac{1}{2}\frac{1}{c^2r}\big((\boldsymbol{v}\cdot\widehat{\boldsymbol{r}})\widehat{\boldsymbol{r}}+\boldsymbol{v}\big)\end{aligned}$$

次に時間微分$\dot{\boldsymbol{F}}$ は，後出の (4) によって空間微分で表される．すなわち

$$\begin{aligned}\boldsymbol{E}^{(2)}(\boldsymbol{r}) = -\dot{\boldsymbol{F}}(\boldsymbol{r}) = (\boldsymbol{v}\cdot\boldsymbol{\nabla})\boldsymbol{F}(\boldsymbol{r}) &= \frac{1}{2c^2}(\boldsymbol{v}\cdot\boldsymbol{\nabla})\left(\frac{(\boldsymbol{v}\cdot\boldsymbol{r})\boldsymbol{r}}{r^3}+\frac{\boldsymbol{v}}{r}\right)\\ &= -\frac{1}{2c^2}\big(3(\boldsymbol{v}\cdot\widehat{\boldsymbol{r}})^2-v^2\big)\frac{\widehat{\boldsymbol{r}}}{r^2}\end{aligned}$$

$q/4\pi\varepsilon_0$ を補えば

$$\boldsymbol{E}^{(2)}(\boldsymbol{r}) = -\frac{q}{4\pi\varepsilon_0}\frac{\widehat{\boldsymbol{r}}}{r^2}\frac{v^2}{2c^2}(3\cos^2\theta-1), \quad \boldsymbol{v}\cdot\widehat{\boldsymbol{r}} = v\cos\theta$$

すなわち $\boldsymbol{E}^{(2)}$ も $\boldsymbol{E}^{(0)}$ 同様，動径方向を向く場である．

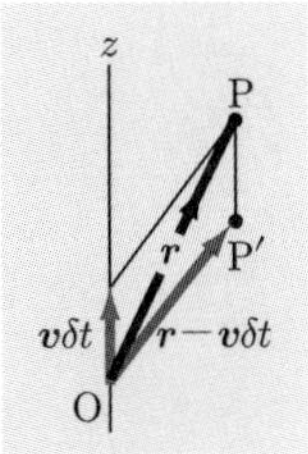

$\boldsymbol{E}^{(2)}(\boldsymbol{r})$ から $\boldsymbol{B}^{(3)}(\boldsymbol{r})$ を求める手続は，$\boldsymbol{E}^{(2)}$ が動径方向を向くため (1) の場合と全く同じで，したがって

$$\boldsymbol{B}^{(3)}(\boldsymbol{r}) = \frac{1}{c^2}\boldsymbol{v}\times\boldsymbol{E}^{(2)}(\boldsymbol{r})$$

(4) 等速直線運動であるため，q の位置以外は時間変化しない．それゆえ，電場磁場も，形は一定のまま q と共に速度 $\boldsymbol{v}$ で動いていく．したがって時間 δt の間に q が $\boldsymbol{v}\delta t$ 進むこと

は，場を見る点 P を $-\boldsymbol{v}\delta t$ だけずらすことと等価であるから，時間微分を空間微分で表すことができる．

$$\begin{aligned}\frac{\partial \boldsymbol{E}(\boldsymbol{r},t)}{\partial t} &= \frac{1}{\delta t}\big[\boldsymbol{E}(\boldsymbol{r},t+\delta t)-\boldsymbol{E}(\boldsymbol{r},t)\big] = \frac{1}{\delta t}\big[\boldsymbol{E}(\boldsymbol{r}-\boldsymbol{v}\delta t,t)-\boldsymbol{E}(\boldsymbol{r},t)\big]\\ &= -(\boldsymbol{v}\cdot\boldsymbol{\nabla})\boldsymbol{E}(\boldsymbol{r},t)\end{aligned}$$

これを時刻 $t=0$ で書いたものが問題の式である．これを (2) の式に入れれば

$$\boldsymbol{\nabla}\times\boldsymbol{E}^{(n)} = (\boldsymbol{v}\cdot\boldsymbol{\nabla})\boldsymbol{B}^{(n-1)},\ \boldsymbol{\nabla}\times\boldsymbol{B}^{(n)} = -(\boldsymbol{v}\cdot\boldsymbol{\nabla})\boldsymbol{E}^{(n-1)}/c^2$$

これより，n が増せば v のべきが一つずつ増すことは明らかで，$\boldsymbol{E}^{(0)}\propto v^0$, $\boldsymbol{B}^{(1)}\propto v^1$ であるから，$\boldsymbol{E}^{(n)}$, $\boldsymbol{B}^{(n)}\propto v^n$ である．一方，r 依存性が r^{-1} のべき乗であれば，微分 $\boldsymbol{\nabla}$ により r^{-1} のべきは一つ増すが，上式は両辺に $\boldsymbol{\nabla}$ を含むので，$\boldsymbol{E}^{(n)}$, $\boldsymbol{B}^{(n)}$ の r^{-1} の次数は n によって変化せず，$\boldsymbol{E}^{(0)}$, $\boldsymbol{B}^{(1)}$ と同じ r^{-2} に保たれる．

4

(5)　以上の結果を参考にして，$\boldsymbol{E}(\boldsymbol{r})$ は動径方向を向くベクトルであると仮定する．r については r^2 に逆比例することがわかっているので，残る変数は角度だけで，これを $s=(v^2/c^2)\cos^2\theta$ で表して，未知関数を $f(s)$ とする．これが問題に与えられている $\boldsymbol{E}$ の式である．$\boldsymbol{E}(\boldsymbol{r})$ が動径方向を向くため，$\boldsymbol{B}(\boldsymbol{r})=\boldsymbol{v}\times\boldsymbol{E}(\boldsymbol{r})/c^2$ は $\boldsymbol{v}$ を軸とする渦状の場で，したがって $\boldsymbol{\nabla}\cdot\boldsymbol{B}=0$ は明らかである．$\boldsymbol{\nabla}\times\boldsymbol{B}$ は，問題 12.4 の公式を用いて変形すれば

$$\begin{aligned}\boldsymbol{\nabla}\times\boldsymbol{B} &= \frac{1}{c^2}\boldsymbol{\nabla}\times(\boldsymbol{v}\times\boldsymbol{E}) = \frac{1}{c^2}\big(\boldsymbol{v}(\boldsymbol{\nabla}\cdot\boldsymbol{E})-(\boldsymbol{v}\cdot\boldsymbol{\nabla})\boldsymbol{E}\big)\\ &= \frac{1}{c^2}\left(\frac{1}{\varepsilon_0}q\boldsymbol{v}\delta^3(\boldsymbol{r})+\dot{\boldsymbol{E}}\right)\end{aligned}$$

となり（$\boldsymbol{E}$ が (a) をみたすことを仮定した），確かに (b) が成り立つ．

(6)　まず (a) の第二式を調べる．仮定した $\boldsymbol{E}$, $\boldsymbol{B}$ の形を両辺に代入し，問題 12.4 の諸公式を用いて計算すれば（$q/4\pi\varepsilon_0$ は略して）

$$\begin{aligned}\boldsymbol{\nabla}\times\boldsymbol{E}(\boldsymbol{r}) &= f'(s)\frac{2(\widehat{\boldsymbol{r}}\cdot\boldsymbol{v})}{c^2r^3}\boldsymbol{v}\times\widehat{\boldsymbol{r}}\\ -\dot{\boldsymbol{B}}(\boldsymbol{r}) &= \left[f'(s)\left(\frac{v^2}{c^2}-s\right)-\frac{3}{2}f(s)\right]\frac{2(\widehat{\boldsymbol{r}}\cdot\boldsymbol{v})}{c^2r^3}\boldsymbol{v}\times\widehat{\boldsymbol{r}}\end{aligned}$$

となるので，両辺を等置すれば，$f(s)$ に対する微分方程式

$$\left(1-\frac{v^2}{c^2}+s\right)f'(s) = -\frac{3}{2}f(s)$$

を得る．これは変数分離型であるからただちに解ける．すなわち，C を積分定数として

$$f(s) = \frac{C}{[1-(v^2/c^2)+s]^{3/2}}$$

次に $\boldsymbol{\nabla}\cdot\boldsymbol{E}$ を見る．原点以外で $\boldsymbol{\nabla}\cdot\boldsymbol{E}=0$ であることは直観的に明らかであるし，容易に確かめることができる．原点のわき出し量は，$f(s)$ の角度積分 ($w\equiv\cos\theta$)

$$\int f(s)d\Omega = 4\pi C\int_0^1\left(1-\frac{v^2}{c^2}+\frac{v^2}{c^2}w^2\right)^{-3/2}dw = 4\pi C\Big/\left(1-\frac{v^2}{c^2}\right)$$

で与えられるが，これが 4π に等しいという条件から $C=1-(v^2/c^2)$ と決まる．

以上の結果をまとめると，等速運動する電荷がつくる電磁場は

$$\boldsymbol{E}(\boldsymbol{r}) = f(s)\frac{q}{4\pi\varepsilon_0}\frac{\widehat{\boldsymbol{r}}}{r^2}, \quad \boldsymbol{B}(\boldsymbol{r}) = \frac{1}{c^2}\boldsymbol{v}\times\boldsymbol{E}(\boldsymbol{r}) = f(s)\frac{q}{4\pi\varepsilon_0}\frac{\boldsymbol{v}\times\widehat{\boldsymbol{r}}}{c^2r^2}$$

$$f(s) = \left(1-\frac{v^2}{c^2}\right)\left(1-\frac{v^2}{c^2}+\frac{(\boldsymbol{v}\cdot\widehat{\boldsymbol{r}})^2}{c^2}\right)^{-3/2}$$

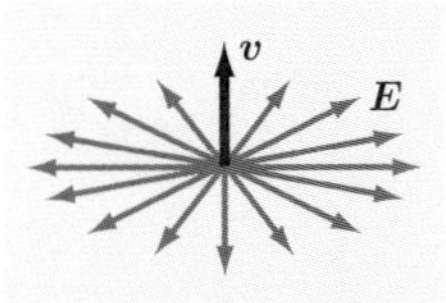

で与えられる．すなわち電場は，原点の電荷 q がつくる等方的なクーロン場に，方向に依存する係数 $f(s)$ がかかり，磁場は原点の電流 $q\boldsymbol{v}$ がつくるビオ-サバールの磁場に，同じ係数がかかる．係数 $f(s)$ は，$\widehat{\boldsymbol{r}}$ が $\boldsymbol{v}$ 方向のとき最小値 $1-(v^2/c^2)$ をとり，$\boldsymbol{v}$ と直交する方向のとき最大値 $(1-v^2/c^2)^{-1/2}$ をとる．すなわち $\boldsymbol{v}$ 方向では弱められ，直交する方向では強められる．

注意　この電場や磁場はポテンシャルで書くと少し簡単になる．実際，

$$s^2 \equiv (1-v^2/c^2)\boldsymbol{r}^2 + (\boldsymbol{v}\cdot\boldsymbol{r}/c)^2$$

と定義すると

$$\phi = \frac{1}{4\pi\varepsilon_0}\frac{q}{s}, \quad \boldsymbol{A} = \frac{\mu_0}{4\pi}\frac{q\boldsymbol{v}}{s}$$

である．これを**リエナール-ウィーヘルトのポテンシャル**とよぶ（たとえば，和田純夫『振動・波動のききどころ』（岩波書店）を参照）．

13.1　オームの法則 $\mathscr{E} = RI + \dfrac{Q}{C}$ の両辺に I をかければ $\mathscr{E}I = RI^2 + \dfrac{d}{dt}\left(\dfrac{Q^2}{2C}\right)$．左辺は電源の仕事率，右辺第一項はジュール熱，第二項はコンデンサーの静電エネルギーの増加率であるから，この式がエネルギーの収支を表している．

13.2　オームの法則は $L\dfrac{dI}{dt} + RI = \mathscr{E}$．この微分方程式の一般解は $I(t) = Ae^{-t/\tau} + \dfrac{\mathscr{E}}{R}, \tau \equiv \dfrac{L}{R}$ で，$t = 0$ にスイッチを入れたとすれば，インダクタンスの慣性のため電流はすぐに流れ始めることはできないので（$I(t)$ が不連続に変わると dI/dt が無限大になってしまう），初期条件は $I(0) = 0$．これから任意定数 A が決まり

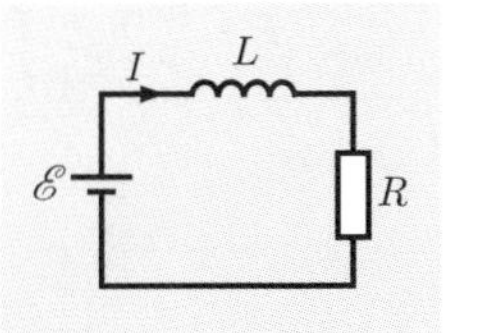

$$I(t) = \frac{\mathscr{E}}{R}(1-e^{-t/\tau})$$

この時間変化のグラフは，例題 13 の $Q(t)$ のグラフと同型である．時定数 τ に対する R の寄与の仕方が，例題 13 の CR 回路と本問の RL 回路で逆になっていることに注意されたい．

14.1　$V_0 = 10\,\mathrm{V}$, $T = 0.2\,\mathrm{m\,sec}$, $\tau = CR = 0.1\,\mathrm{m\,sec}$ とおく．$0 < t < T$ の間は，例題 14 に従い $V_1(t) = V_0e^{-t/\tau}$．したがって $t = T$ で V_1 は $V_1(T_-) = 10 \times e^{-2} = 1.35\,\mathrm{V}$ になる．ここで V_{in} が $10 \to 0\,\mathrm{V}$ に変化するが，C の電荷は時定数 τ のため瞬間的には変われないので，V_{in} の変化は全部 R にかかり，V_1 は $V_1(T_-) - 10 = -8.65\,\mathrm{V} \equiv V_1(T_+)$ にとぶ．それ以後は再び例題 14 に従い，$V_1(t) = V_1(T_+)e^{-(t-T)/\tau}$．

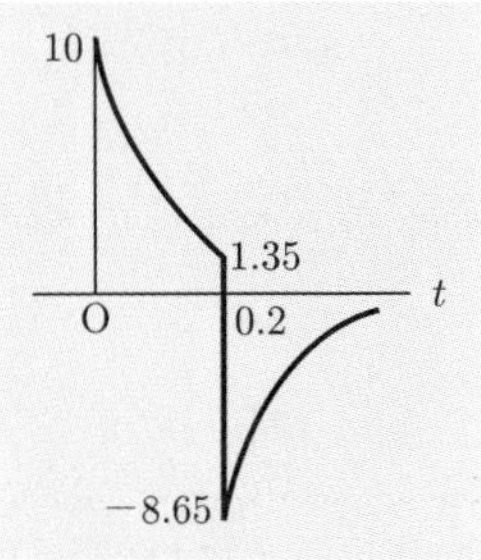

14.2　微分回路（イ）の出力電圧 V_1 は，前問を参照すれば，図の形をもつことがわかる．図示した各点の V_1 の値の間には，

$\alpha \equiv e^{-T/\tau}$ として，$V_b = \alpha V_a$，$V_c = V_b - 2V_0$，$V_d = \alpha V_c$，$V'_a = V_d + 2V_0$ の関係があるから，1サイクルの間の V_1 の変化は

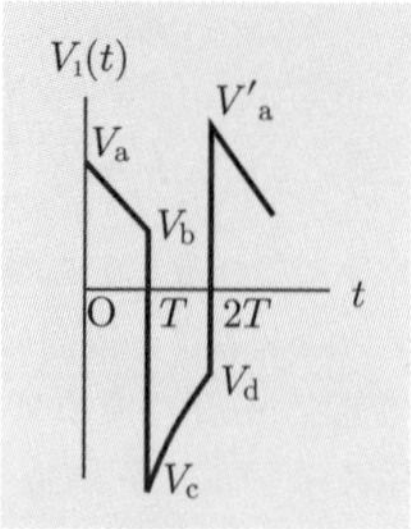

$$V'_a - V_a = (1-\alpha^2)\left(\frac{2}{1+\alpha}V_0 - V_a\right)$$

したがって $V_a = 2V_0/(1+\alpha)$ ならば $V'_a = V_a$ となり，出力電圧も周期的である（定常状態）．実際，V_a の初期値がどんな値をもっていても，上式を

$$\frac{2V_0}{1+\alpha} - V'_a = \alpha^2\left(\frac{2V_0}{1+\alpha} - V_a\right)$$

と書き変えれば明らかなように，定常状態における値 $2V_0/(1+\alpha)$ と V_a の差は，1サイクルごとに公比 $\alpha^2 = e^{-2T/\tau}$ の等比級数で減少する．以下，出力電圧が周期的になった状態 $V_a = -V_c = 2V_0/(1+\alpha)$ を考える．微分回路 (イ) の出力電圧は

$$V_1(t) = \begin{cases} \dfrac{2V_0}{1+\alpha}e^{-t/\tau} & (0 < t < T) \\ -\dfrac{2V_0}{1+\alpha}e^{-(t-T)/\tau} & (T < t < 2T) \end{cases}$$

積分回路 (ロ) の出力電圧 $V_2(t)$ は，$V_1(t) + V_2(t) = V_{in}(t)$ を用いて

$$V_2(t) = \begin{cases} \dfrac{1-\alpha}{1+\alpha}V_0\left(-1+2\dfrac{1-e^{-t/\tau}}{1-\alpha}\right) & (0 \leqq t \leqq T) \\ -\dfrac{1-\alpha}{1+\alpha}V_0\left(-1+2\dfrac{1-e^{-(t-T)\tau}}{1-\alpha}\right) & (T \leqq t \leqq 2T) \end{cases}$$

当然ながら，$V_2(t)$ は $t = T$ で連続である．下図のグラフを見れば，$T \gg \tau$ の場合の微分回路および $T \ll \tau$ の場合の積分回路は，それぞれ微分，積分の名にふさわしくふるまうことがわかる．

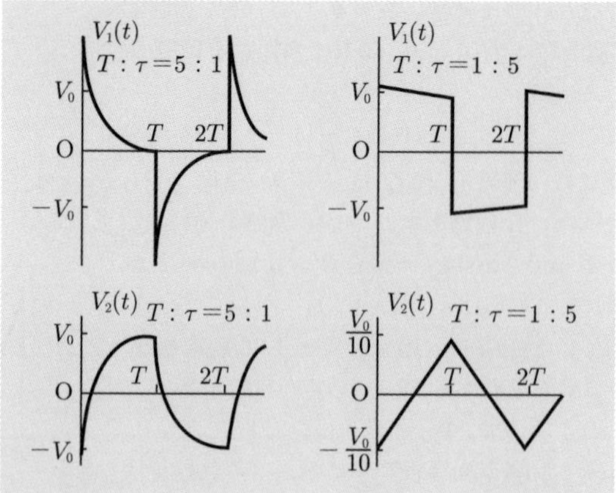

15.1 二つのコンデンサーを C_a, C_b とし（容量は $C_a = C_b = C$），そこに帯電している電荷を図のように Q_a, Q_b とする．

(1)　$0<t<T$ ではダイオード (ハ) は電流を通さず，$C_{\rm b}$ には電荷 $Q_{\rm b}=CV_0$ が充電される．そのとき $C_{\rm a}$ は電荷 $Q_{\rm a}$ を帯電しているとする．$T<t<2T$ では (ニ) が電流を通さず，$C_{\rm a}, C_{\rm b}$ の電荷を $Q'_{\rm a}, Q'_{\rm b}$ とすれば，

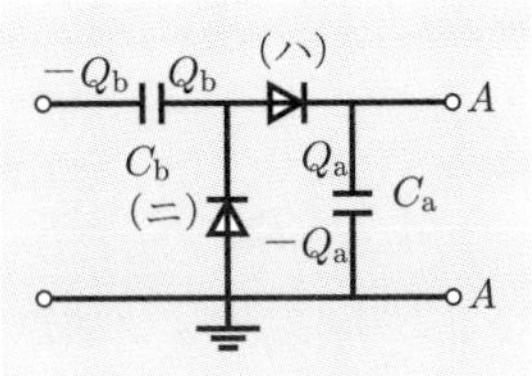

$$Q'_{\rm a}+Q'_{\rm b}=Q_{\rm a}+CV_0,\quad Q'_{\rm a}-Q'_{\rm b}=CV_0$$

の条件（電荷保存の条件と電圧の条件）から，

$$Q'_{\rm a}=(Q_{\rm a}/2)+CV_0$$

である．したがって $Q_{\rm a}=2CV_0$ ならば $Q'_{\rm a}=Q_{\rm a}$ で，$Q_{\rm a}$ は時間変化しない．実際，$Q_{\rm a}$ が任意の初期値をもっても，上の式を

$$2CV_0-Q'_{\rm a}=(2CV_0-Q_{\rm a})/2$$

と書き表せばわかるように，最終値 $2CV_0$ と $Q_{\rm a}$ の差は，1 サイクルごとに公比 1/2 の等比級数で減少する．したがって定常状態では $V(t)$ は時間変化せず，

$$V(t)=Q_{\rm a}/C=2V_0$$

(2)　AA′ 間に抵抗 R をつなぐ．$0<t<T$ では，$Q_{\rm b}$ は上と同じく $Q_{\rm b}=CV_0$．$t=0$ における $Q_{\rm a}$ を $Q_{\rm a}(0)$ とすれば，これは R を通して時定数 $\tau=CR$ で放電する．したがって $t=T$ の直前には，

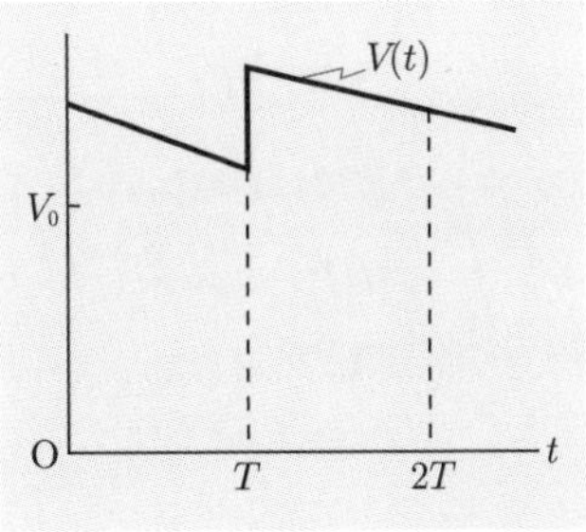

$$Q_{\rm a}(T_-)=Q_{\rm a}(0)e^{-T/\tau}\equiv\beta^2Q_{\rm a}(0)$$

となる．ここで $e^{-T/2\tau}\equiv\beta$ とおいた．$t=T$ において (1) と同様に $Q_{\rm a}, Q_{\rm b}$ は再配分され，

$$Q_{\rm a}(T_+)=Q_{\rm a}(T_-)/2+CV_0$$

となる．$T<t<2T$ では $Q_{\rm a}, Q_{\rm b}$ は R を通して放電する．それを表す微分方程式は

$$\frac{dQ_{\rm a}}{dt}+\frac{dQ_{\rm b}}{dt}=-I,\quad \frac{1}{C}(Q_{\rm a}-Q_{\rm b})=V_0,\quad \frac{1}{C}Q_{\rm a}=IR$$

であるから，$Q_{\rm b}$ を消去すれば $2\dfrac{dQ_{\rm a}}{dt}=-\dfrac{1}{CR}Q_{\rm a}$，すなわち放電の時定数は $2CR\equiv2\tau$ で，$Q_{\rm a}(t)=Q_{\rm a}(T_+)e^{-(t-T)/2\tau}$．$t=2T$ では

$$Q_{\rm a}(2T)=\beta Q_{\rm a}(T_+)=(\beta^3/2)Q_{\rm a}(0)+\beta CV_0$$

となる．したがって変化が周期的であれば，

$$Q_{\rm a}(0)=Q_{\rm a}(2T)=\frac{\beta CV_0}{1-\beta^3/2}$$

である．(1) の場合と同様に，$Q_{\rm a}(0)$ と $Q_{\rm a}(2T)$ の関係を

$$\frac{\beta CV_0}{1-\beta^3/2}-Q_{\rm a}(2T)=\frac{\beta^3}{2}\left(\frac{\beta CV_0}{1-\beta^3/2}-Q_{\rm a}(0)\right)$$

と表せば，$t=0, 2T, \cdots$ における $Q_{\rm a}$ の値と定常値 $\dfrac{\beta CV_0}{1-\beta^3/2}$ との差は，公比 $\dfrac{\beta^3}{2}$ の等比級

数で減少することがわかる．そこで変化が周期的になった場合を考えると，

$$V(t)=\frac{1}{C}Q_{\mathrm{a}}(t)=\begin{cases}\dfrac{\beta}{1-\beta^3/2}V_0e^{-t/\tau} & (0\leqq t<T)\\ \dfrac{1}{1-\beta^3/2}V_0e^{-(t-T)/2\tau} & (T<t\leqq 2T)\end{cases}$$

15.2 例題 15 および問題 15.1 の (1) では $2V_0$，問題 15.1 の (2) では，ダイオード (ハ) には $\dfrac{\beta}{1-\beta^3/2}V_0$，(ニ) には $\dfrac{1}{1-\beta^3/2}V_0$ の最大電圧がかかる．

16.1 $\mathscr{E}(t)=\mathscr{E}_0\cos\omega t$, $I(t)=|I|\cos(\omega t-\varphi)$ より，起電力の仕事率は

$$W(t)=\mathscr{E}(t)I(t)=\mathscr{E}_0|I|(\cos\varphi\cos^2\omega t+\sin\varphi\cos\omega t\sin\omega t)$$

であるが，時間平均すれば第二項は消え，$\overline{W}=\mathscr{E}_0|I|\cos\varphi/2$. これに $\cos\varphi=R/|Z|$, $\mathscr{E}_0=|Z||I|$ を代入すれば $\overline{W}=|I|^2R/2$. これはジュール熱 $I(t)^2R$ の時間的平均に等しい．各時刻で見ると $W(t)$ と $I(t)^2R$ には差があるが，この差は回路がもつのエネルギーの振動分である．

16.2 $2\Delta\omega=2\gamma=R/L$ より $Q=\omega_0/2\Delta\omega=\omega_0L/R$. 共振状態では $\mathscr{E}(t)=\mathscr{E}_0\cos\omega_0t$ のとき $I(t)=\mathscr{E}(t)/R, Q(t)=\mathscr{E}_0\sin\omega_0t/\omega_0R$. 回路のエネルギーは

$$U=\frac{1}{2}LI^2+\frac{1}{2}\frac{Q^2}{C}=\frac{L}{2}\frac{\mathscr{E}_0^2}{R^2}\cos^2\omega_0t+\frac{\mathscr{E}_0^2}{2C\omega_0^2R^2}\sin^2\omega_0t=\frac{L}{2}\frac{\mathscr{E}_0^2}{R^2}$$

で，(共振状態では) 時間的に一定である．起電力が一周期にする仕事 A は

$A=\displaystyle\int_0^T\mathscr{E}(t)I(t)dt=\frac{\mathscr{E}_0^2}{R}\int_0^T\cos^2\omega_0tdt=\frac{\pi}{\omega_0}\frac{\mathscr{E}_0^2}{R}$. したがって $\dfrac{U}{A}=\dfrac{\omega_0}{2\pi}\dfrac{L}{R}=\dfrac{1}{2\pi}Q$.

17.1 例題 17 の解答で与えられた電場と磁場を代入すると，単位体積当りのエネルギー密度は，$B_0/E_0=k/\omega$ も使って

$$\begin{aligned}u&=\frac{\varepsilon_0}{2}\boldsymbol{E}^2+\frac{1}{2\mu_0}\boldsymbol{B}^2=\frac{\varepsilon_0}{2}E_0^2\left(1+\frac{1}{\varepsilon_0\mu_0}\frac{k^2}{\omega^2}\right)\cos^2(\omega t-kz)\\&=\varepsilon_0E_0^2\cos^2(\omega t-kz)\end{aligned}$$

一方，ポインティング・ベクトルは z 軸の方向を向き，

$$S_z=\frac{1}{\mu_0}E_0B_0\cos^2(\omega t-kz)=\pm cu$$

ただし右辺の符号は k の正負で決まる．つまり密度 u のエネルギーが速度 c で，(k の符号に応じて) z 方向または $-z$ 方向に移動している．

17.2 円筒の軸を z 方向にとる．円筒を流れる電流を $\pm I(z,t)=\pm I_0\cos(\omega t-kz)$ とすれば，円筒面上 (円周方向の) 単位長さを通過する電流密度は，内側の円筒では $J_a(z,t)=I(z,t)/2\pi a$, 外側の円筒では $J_b(z,t)=-I(z,t)/2\pi b$ である．電荷密度をそれぞれ $\sigma_a(z,t)$, $\sigma_b(z,t)$ とおけば，例題 17 の電荷の保存則による議論と同様にして，$\sigma_a(z,t)=\dfrac{k}{\omega}J_a(z,t)$, $\sigma_b(z,t)=\dfrac{k}{\omega}J_b(z,t)$ を得る．電場，磁場はどちらも二つの円筒の間の領域にのみ存在し，電場は円筒 a から b へ向かう方向 (ρ 方向) に，磁場は円筒間の領域を一周する方向 (φ 方向) にできる．

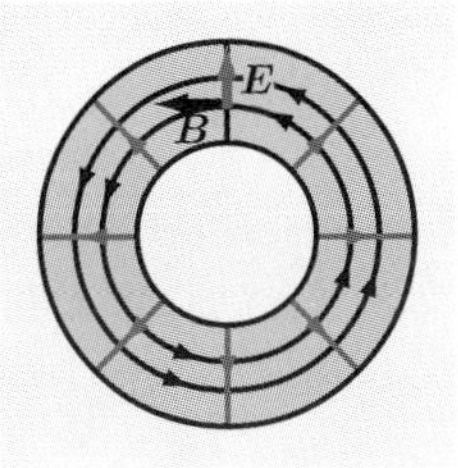

中心軸からの距離を ρ で表せば，電場の大きさはガウスの法則から

$$E_\rho(z,\rho,t)=\frac{a}{\rho}\frac{\sigma_a(z,t)}{\varepsilon_0}=\frac{1}{2\pi\varepsilon_0}\frac{k}{\omega}\frac{1}{\rho}I(z,t)$$

磁場の大きさはアンペールの法則から

$$B_\varphi(z,\rho,t)=\frac{\mu_0}{2\pi}\frac{1}{\rho}I(z,t)$$

電磁誘導の法則は，例題 17 と同様の考察から $\dfrac{\partial E_\rho}{\partial z}=-\dfrac{\partial B_\varphi}{\partial t}$.

これを上の E_ρ, B_φ がみたすためには，$\dfrac{\omega^2}{k^2}=\dfrac{1}{\varepsilon_0\rho_0}\equiv c^2$，すなわち $\omega=ck$ でなければならない．これを用いれば，E_ρ と B_φ の間の関係 $E_\rho=cB_\varphi$ が得られる．変位電流の法則は $-\dfrac{\partial B_\varphi}{\partial z}=\dfrac{1}{c^2}\dfrac{\partial E_\rho}{\partial t}$ で，これは上の E_ρ, B_φ により自動的にみたされている．

結局，例題 17 の場合と同様に，同軸ケーブルを流れる振動電流は光速 c の進行波として進み，それに伴い，円筒間の領域に電磁波が伝わることがわかった．

18.1　$\boldsymbol{E}(\boldsymbol{r},t)$ の形を $\boldsymbol{\nabla}\cdot\boldsymbol{E}=0$ に代入すれば，

$$\frac{\partial E_x}{\partial x}=-k_xE_{0x}\sin(\boldsymbol{k}\cdot\boldsymbol{r}-\omega t)$$

等の計算により，

$$\boldsymbol{\nabla}\cdot\boldsymbol{E}=-\boldsymbol{k}\cdot\boldsymbol{E}_0\sin(\boldsymbol{k}\cdot\boldsymbol{r}-\omega t)=0$$

これがすべての $\boldsymbol{r},t$ について成り立つためには，$\boldsymbol{k}\cdot\boldsymbol{E}_0=0$ でなければならない．すなわち $\boldsymbol{E}_0$ と $\boldsymbol{k}$ は直交する．同様に $\boldsymbol{B}(\boldsymbol{r},t)$ を $\boldsymbol{\nabla}\cdot\boldsymbol{B}=0$ に代入すれば，条件 $\boldsymbol{k}\cdot\boldsymbol{B}_0=0$ がでる．次に $\boldsymbol{\nabla}\times\boldsymbol{B}=\dfrac{1}{c^2}\dfrac{\partial\boldsymbol{E}}{\partial t}$ に $\boldsymbol{B}(\boldsymbol{r},t)$, $\boldsymbol{E}(\boldsymbol{r},t)$ を代入する ($c^2\equiv1/\varepsilon_0\mu_0$).

$$\begin{aligned}(\boldsymbol{\nabla}\times\boldsymbol{B})_z&=\frac{\partial B_y}{\partial x}-\frac{\partial B_x}{\partial y}=-(k_xB_{0y}-k_yB_{0x})\sin(\boldsymbol{k}\cdot\boldsymbol{r}-\omega t+\delta)\\&=-(\boldsymbol{k}\times\boldsymbol{B}_0)_z\sin(\boldsymbol{k}\cdot\boldsymbol{r}-\omega t+\delta)\end{aligned}$$

等の計算から

$$\boldsymbol{\nabla}\times\boldsymbol{B}=-(\boldsymbol{k}\times\boldsymbol{B}_0)\sin(\boldsymbol{k}\cdot\boldsymbol{r}-\omega t+\delta),\quad \frac{1}{c^2}\frac{\partial\boldsymbol{E}}{\partial t}=\frac{\omega}{c^2}\boldsymbol{E}_0\sin(\boldsymbol{k}\cdot\boldsymbol{r}-\omega t)$$

この二つがすべての $\boldsymbol{r},t$ について等しいためには，$\delta=0$ および $\boldsymbol{k}\times\boldsymbol{B}_0=-\dfrac{\omega}{c^2}\boldsymbol{E}_0$ が成り立たねばならない．同様に $\boldsymbol{\nabla}\times\boldsymbol{E}=-\dfrac{\partial\boldsymbol{B}}{\partial t}$ より，条件 $\boldsymbol{k}\times\boldsymbol{E}_0=\omega\boldsymbol{B}_0$ が出る．これより $\boldsymbol{E}_0$ と $\boldsymbol{B}_0$ も直交し，ベクトル $\boldsymbol{E}_0,\boldsymbol{B}_0,\boldsymbol{k}$ はこの順に右手系をつくることがわかる．$\boldsymbol{E}_0,\boldsymbol{B}_0,\boldsymbol{k}$ が互いに直交すれば，上の二つの条件は $kB_0=\dfrac{\omega}{c^2}E_0$, $kE_0=\omega B_0$ に帰着するが，これが両立するためには $\omega^2=c^2k^2$，すなわち $\omega=ck$ でなければならない．これより波の速度 $v\equiv\dfrac{\omega}{k}=c$, および E_0 と B_0 の関係 $E_0=cB_0$ が得られる．

18.2　ループアンテナは大地に対し垂直に，すなわちコイルの軸 $\boldsymbol{n}$ が大地と平行になるようにおく．到来する電波は，大地の抵抗を無視すれば，$\boldsymbol{E}$ が大地と垂直に，$\boldsymbol{B}$ が大地と平行に向いている．コイルに誘起される電圧 $\mathscr{E}$ は，電磁誘導から求めるのが簡単である．すなわち

磁場を $\boldsymbol{B}(\boldsymbol{r},t)=\boldsymbol{B}_0\cos(\boldsymbol{k}\cdot\boldsymbol{r}-\omega t)$ とすれば，コイルを貫く磁束は $\Phi=NSB\sin\theta$ であるから（以下 $\boldsymbol{r}=\boldsymbol{0}$ とおく），

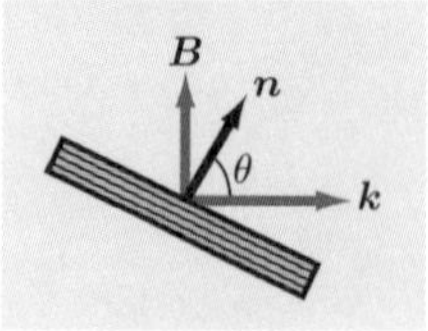

$$\mathscr{E}=-\frac{d\Phi}{dt}=NS\omega B_0\sin\theta\sin\omega t=NSk\sin\theta E_0\sin\omega t$$

ここで $E_0=cB_0$ は電場の振幅である．すなわち誘起される電圧は $\sin\theta$ 型の指向性をもち，コイル面を電波の方向 $\boldsymbol{k}$ と平行に向けたとき $\mathscr{E}$ は最大になる．なお上の結果は，$\boldsymbol{E}(\boldsymbol{r},t)$ からコイルに沿った積分 $\mathscr{E}=N\oint E_l dl$ を計算して求めることもできる．

19.1 例題 19 の図 4.42 (下) において，$\overline{\mathrm{PP}_r}=dr$, $\overline{\mathrm{PP}_\theta}=rd\theta$, $\overline{\mathrm{PP}_\varphi}=r\sin\theta d\varphi$ であるから，本問の $\boldsymbol{\nabla}\psi$ の式は自明であろう．たとえば

$$(\boldsymbol{\nabla}\psi)_\theta=\left[\psi(\mathrm{P}_\theta)-\psi(\mathrm{P})\right]/\overline{\mathrm{PP}_\theta}=\left[\psi(r,\theta+d\theta,\varphi)-\psi(r,\theta,\varphi)\right]/rd\theta=\partial\psi/r\partial\theta$$

19.2 $\boldsymbol{\nabla}^2\psi=\boldsymbol{\nabla}\cdot\boldsymbol{A}$, $\boldsymbol{A}=\boldsymbol{\nabla}\psi$ であるから，前問の $\boldsymbol{\nabla}\psi$ の表式を例題 19 の $\boldsymbol{\nabla}\cdot\boldsymbol{A}$ の式に代入すれば，ただちに $\boldsymbol{\nabla}^2\psi$ の式が得られる．

19.3 ストークスの定理によれば，$\boldsymbol{\nabla}\times\boldsymbol{A}$ の $\boldsymbol{n}$ 方向成分は，$\boldsymbol{n}$ を法線としてもつ単位面積の周囲に沿った $\boldsymbol{A}$ の循環に等しい．したがって $(\boldsymbol{\nabla}\times\boldsymbol{A})_r$ を求めるには，例題 19 の図の $\mathrm{PP}_\theta\mathrm{P}_{\theta\varphi}\mathrm{P}_\varphi$ に沿う $\boldsymbol{A}$ の循環を計算し，面積 $r^2\sin\theta d\theta d\varphi$ で割ればよい．循環は

$$\left[A_\theta(r,\theta,\varphi)-A_\theta(r,\theta,\varphi+d\varphi)\right]rd\theta+\left[A_\varphi(r,\theta+d\theta,\varphi)\sin(\theta+d\theta)\right.$$
$$\left.-A_\varphi(r,\theta,\varphi)\sin\theta\right]rd\varphi=\left[-\frac{\partial A_\theta}{\partial\varphi}+\frac{\partial}{\partial\theta}(\sin\theta A_\varphi)\right]rd\theta d\varphi$$

であるから，面積で割れば問題の $(\boldsymbol{\nabla}\times\boldsymbol{A})_r$ を得る．同様に $(\boldsymbol{\nabla}\times\boldsymbol{A})_\theta$ は $\mathrm{PP}_\varphi\mathrm{P}_{r\varphi}\mathrm{P}_r$ に沿った循環から，$(\boldsymbol{\nabla}\times\boldsymbol{A})_\varphi$ は $\mathrm{PP}_r\mathrm{P}_{r\theta}\mathrm{P}_\theta$ に沿った循環からただちに求められる．

19.4 $\boldsymbol{\nabla}\times\boldsymbol{E}=-\partial\boldsymbol{B}/\partial t$, $\boldsymbol{\nabla}\times\boldsymbol{B}=\partial\boldsymbol{E}/c^2\partial t$ を，前問を用いて極座標成分で表せば

$$\left\{\begin{aligned}&\frac{1}{r\sin\theta}\left[\frac{\partial}{\partial\theta}(\sin\theta E_\varphi)-\frac{\partial E_\theta}{\partial\varphi}\right]=-\frac{\partial B_r}{\partial t}\\&\frac{1}{r}\left[\frac{1}{\sin\theta}\frac{\partial E_r}{\partial\varphi}-\frac{\partial}{\partial r}(rE_\varphi)\right]=-\frac{\partial B_\theta}{\partial t}\\&\frac{1}{r}\left[\frac{\partial}{\partial r}(rE_\theta)-\frac{\partial E_r}{\partial\theta}\right]=-\frac{\partial B_\varphi}{\partial t}\end{aligned}\right.$$

$$\left\{\begin{aligned}&\frac{1}{r\sin\theta}\left[\frac{\partial}{\partial\theta}(\sin\theta B_\varphi)-\frac{\partial B_\theta}{\partial\varphi}\right]=\frac{1}{c^2}\frac{\partial E_r}{\partial t}\\&\frac{1}{r}\left[\frac{1}{\sin\theta}\frac{\partial B_r}{\partial\varphi}-\frac{\partial}{\partial r}(rB_\varphi)\right]=\frac{1}{c^2}\frac{\partial E_\theta}{\partial t}\\&\frac{1}{r}\left[\frac{\partial}{\partial r}(rB_\theta)-\frac{\partial B_r}{\partial\theta}\right]=\frac{1}{c^2}\frac{\partial E_\varphi}{\partial t}\end{aligned}\right.$$

$\boldsymbol{\nabla}\cdot\boldsymbol{E}=0$ は，例題 19 の結果を用いれば，

$$\frac{1}{r^2}\frac{\partial}{\partial r}(r^2E_r)+\frac{1}{r\sin\theta}\frac{\partial}{\partial\theta}(\sin\theta E_\theta)+\frac{1}{r\sin\theta}\frac{\partial E_\varphi}{\partial\varphi}=0$$

$\boldsymbol{\nabla}\cdot\boldsymbol{B}=0$ も同様の式で表される．

19.5 前問のマクスウェルの式の中で，遠方で r^{-1} に比例する項だけを残せば

$$\frac{1}{r}\frac{\partial}{\partial r}(rE_\theta) = -\frac{\partial B_\varphi}{\partial t}, \quad -\frac{1}{r}\frac{\partial}{\partial r}(rB_\varphi) = \frac{1}{c^2}\frac{\partial E_\theta}{\partial t}$$

与えられた E_θ, B_φ を代入し，$\omega = ck$ に注意すれば，これがみたされることは明らかである（$\nabla\cdot\boldsymbol{E} = 0$ は，E_r に r^{-1} の項がないことを要求する）.

19.6 (1) 簡単のため $\boldsymbol{r} \neq 0$ における式を書く．問題 12.4 の公式を用い，$\nabla r = \widehat{\boldsymbol{r}}$ に注意すれば

$$\nabla\cdot\boldsymbol{E} = 0 \to \nabla\cdot\widetilde{\boldsymbol{E}} - ik\widehat{\boldsymbol{r}}\cdot\widetilde{\boldsymbol{E}} = 0, \quad \nabla\times\boldsymbol{E} = -\frac{\partial\boldsymbol{B}}{\partial t} \to \nabla\times\widetilde{\boldsymbol{E}} - ik\widehat{\boldsymbol{r}}\times\widetilde{\boldsymbol{E}} = -i\omega\widetilde{\boldsymbol{B}}$$

$$\nabla\cdot\boldsymbol{B} = 0 \to \nabla\cdot\widetilde{\boldsymbol{B}} - ik\widehat{\boldsymbol{r}}\cdot\widetilde{\boldsymbol{B}} = 0, \quad \nabla\times\boldsymbol{B} = \frac{1}{c^2}\frac{\partial\boldsymbol{E}}{\partial t} \to \nabla\times\widetilde{\boldsymbol{B}} - ik\widehat{\boldsymbol{r}}\times\widetilde{\boldsymbol{B}} = i\frac{\omega}{c^2}\widetilde{\boldsymbol{E}}$$

(2) $\nabla\cdot\widetilde{\boldsymbol{E}}^{(l)}$, $\nabla\times\widetilde{\boldsymbol{E}}^{(l)}$ は $r^{-(l+1)}$ に比例するので

$$\nabla\cdot\widetilde{\boldsymbol{E}}^{(l)} = ik\widehat{\boldsymbol{r}}\cdot\widetilde{\boldsymbol{E}}^{(l+1)}, \quad \nabla\times\widetilde{\boldsymbol{E}}^{(l)} = ik\widehat{\boldsymbol{r}}\times\widetilde{\boldsymbol{E}}^{(l+1)} - i\omega\widetilde{\boldsymbol{B}}^{(l+1)}$$
$$\nabla\cdot\widetilde{\boldsymbol{B}}^{(l)} = ik\widehat{\boldsymbol{r}}\cdot\widetilde{\boldsymbol{B}}^{(l+1)}, \quad \nabla\times\widetilde{\boldsymbol{B}}^{(l)} = ik\widehat{\boldsymbol{r}}\times\widetilde{\boldsymbol{B}}^{(l+1)} + i(\omega/c^2)\widetilde{\boldsymbol{E}}^{(l+1)}$$

(3) 原点の近くでは，r^{-1} の次数の最も高い $\widetilde{\boldsymbol{E}}^{(n)}$, $\widetilde{\boldsymbol{B}}^{(m)}$ が主要項となる．ところで，原点付近の電場は，電荷 $\pm q(t)$ の双極子による瞬間的クーロン場であるから，$n = 3$ で，$1/4\pi\varepsilon_0$ を省略して書けば

$$\widetilde{\boldsymbol{E}}^{(3)}(\boldsymbol{r}) = \frac{3(\boldsymbol{p}\cdot\widehat{\boldsymbol{r}})\widehat{\boldsymbol{r}} - \boldsymbol{p}}{r^3}$$

また原点付近の磁場は，電流要素 $I(t)\delta$ および $\widetilde{\boldsymbol{E}}^{(3)}$ の変位電流を源とする場で，これは例題 12 からもわかるように，電流要素 $I(t)\delta$ がつくるビオ-サバールの磁場の形に表される．ゆえに $m = 2$ で，$I(t)\delta = \dfrac{dq(t)}{dt}\delta = \dfrac{dp(t)}{dt} = i\omega p(t)$ に注意すれば，

$$\widetilde{\boldsymbol{B}}^{(2)}(\boldsymbol{r}) = \frac{i\omega}{c^2}\frac{\boldsymbol{p}\times\widehat{\boldsymbol{r}}}{r^2}$$

(4) $\widetilde{\boldsymbol{E}}^{(2)}$ のみたす式は

$$\nabla\cdot\widetilde{\boldsymbol{E}}^{(2)} = 2ik\frac{\boldsymbol{p}\cdot\widehat{\boldsymbol{r}}}{r^3}, \quad \nabla\times\widetilde{\boldsymbol{E}}^{(2)} = ik\frac{\boldsymbol{p}\times\widehat{\boldsymbol{r}}}{r^3}$$

$\widetilde{\boldsymbol{E}}^{(2)}(\boldsymbol{r})$ の基底となり得るベクトルは $\boldsymbol{p}$ と $\widehat{\boldsymbol{r}}$ で，また $\boldsymbol{E}$, $\boldsymbol{B}$ はすべて $\boldsymbol{p}$ の一次に比例するはずであるから，とり得る一般形は $\widetilde{\boldsymbol{E}}^{(2)}(\boldsymbol{r}) = \big(\alpha\boldsymbol{p} + \beta(\boldsymbol{p}\cdot\widehat{\boldsymbol{r}})\widehat{\boldsymbol{r}}\big)/r^2$ である．その発散および回転を計算すると

$$\nabla\cdot\widetilde{\boldsymbol{E}}^{(2)} = -2\alpha\boldsymbol{p}\cdot\widehat{\boldsymbol{r}}/r^3, \quad \nabla\times\widetilde{\boldsymbol{E}}^{(2)}(\boldsymbol{r}) = (2\alpha + \beta)(\boldsymbol{p}\times\widehat{\boldsymbol{r}})/r^3$$

となるので，$\alpha = -ik$, $\beta = 3ik$ で，

$$\widetilde{\boldsymbol{E}}^{(2)}(\boldsymbol{r}) = ik\frac{3(\boldsymbol{p}\cdot\widehat{\boldsymbol{r}})\widehat{\boldsymbol{r}} - \boldsymbol{p}}{r^2}$$

$\widetilde{\boldsymbol{E}}^{(1)}$ のみたす式は，$\omega = ck$ を用いて，

$$\nabla\cdot\widetilde{\boldsymbol{E}}^{(1)} = -2k^2\frac{\boldsymbol{p}\cdot\widehat{\boldsymbol{r}}}{r^2}, \quad \nabla\times\widetilde{\boldsymbol{E}}^{(1)} = \boldsymbol{0}$$

再び $\widetilde{\boldsymbol{E}}^{(1)}(\boldsymbol{r})$ の一般形を $\widetilde{\boldsymbol{E}}^{(1)}(\boldsymbol{r}) = \big(\alpha\boldsymbol{p} + \beta(\boldsymbol{p}\cdot\widehat{\boldsymbol{r}})\widehat{\boldsymbol{r}}\big)/r$ とおいて α, β を定めれば

$$\widetilde{\boldsymbol{E}}^{(1)}(\boldsymbol{r}) = k^2\frac{\boldsymbol{p} - (\boldsymbol{p}\cdot\widehat{\boldsymbol{r}})\widehat{\boldsymbol{r}}}{r}$$

$\widetilde{\boldsymbol{B}}^{(1)}$ のみたす式は

$$\nabla\cdot\widetilde{\boldsymbol{B}}^{(1)}(\boldsymbol{r}) = 0, \quad \nabla\times\widetilde{\boldsymbol{B}}^{(1)} = -\frac{2k^2}{c}\frac{(\boldsymbol{p}\cdot\widehat{\boldsymbol{r}})\widehat{\boldsymbol{r}}}{r^2}$$

$\widetilde{\boldsymbol{B}}^{(1)}(\boldsymbol{r})$ の基底となり得るベクトルは $\boldsymbol{p}\times\widehat{\boldsymbol{r}}$ だけであるから $\widetilde{\boldsymbol{B}}^{(1)}(\boldsymbol{r}) = \alpha(\boldsymbol{p}\times\widehat{\boldsymbol{r}})/r$ とおいて α を定めると，

$$\widetilde{\boldsymbol{B}}^{(1)}(\boldsymbol{r}) = -\frac{k^2}{c}\frac{\boldsymbol{p}\times\widehat{\boldsymbol{r}}}{r}$$

最後に，$\widetilde{\boldsymbol{E}}^{(1)}, \widetilde{\boldsymbol{B}}^{(1)}$ は，(2) で $l = 0$ とおいた式

$$\widehat{\boldsymbol{r}}\cdot\widetilde{\boldsymbol{E}}^{(1)} = \widehat{\boldsymbol{r}}\cdot\widetilde{\boldsymbol{B}}^{(1)} = 0, \quad \widetilde{\boldsymbol{B}}^{(1)} = \widehat{\boldsymbol{r}}\times\widetilde{\boldsymbol{E}}^{(1)}/c, \quad \widetilde{\boldsymbol{E}}^{(1)} = c\widetilde{\boldsymbol{B}}^{(1)}\times\widehat{\boldsymbol{r}}$$

をみたさねばならないが（最初の二式は後の二式から出るから独立ではない），上で求めた $\widetilde{\boldsymbol{E}}^{(1)}, \widetilde{\boldsymbol{B}}^{(1)}$ は確かにこれをみたしている．こうして，(2) の形に仮定した $\widetilde{\boldsymbol{E}}, \widetilde{\boldsymbol{B}}$ は，実際にマクスウェルの方程式の解になることがわかった．

注意　$\widetilde{\boldsymbol{E}}$ を求めるときは $\boldsymbol{p}$ と $\widehat{\boldsymbol{r}}$ だけを，$\widetilde{\boldsymbol{B}}$ を求めるときは $\boldsymbol{p}\times\widehat{\boldsymbol{r}}$ だけを基底ベクトルにとったが，これは電場は座標軸の反転で符号を変える極性ベクトルで，磁場は符号を変えない軸性ベクトルであることをはじめから考慮に入れたためである．心配な読者は，すべての場合に $\boldsymbol{p}$, $\widehat{\boldsymbol{r}}$, $\boldsymbol{p}\times\widehat{\boldsymbol{r}}$ の三つを基底ベクトルにとって一般形を書き，解を求めればよい．

以上で求めた電場，磁場をまとめて書けば，$1/4\pi\varepsilon_0$ を補って，

$$\boldsymbol{E}(\boldsymbol{r},t) = \left[-k^2\left(1 + \frac{1}{ikr} - \frac{1}{(kr)^2}\right)\frac{(\boldsymbol{p}\cdot\widehat{\boldsymbol{r}})\widehat{\boldsymbol{r}} - \boldsymbol{p}}{4\pi\varepsilon_0 r} + 2ki\left(1 + \frac{1}{ikr}\right)\frac{(\boldsymbol{p}\cdot\widehat{\boldsymbol{r}})\widehat{\boldsymbol{r}}}{4\pi\varepsilon_0 r^2}\right]e^{i(\omega t - kr)}$$

$$\boldsymbol{B}(\boldsymbol{r},t) = -\frac{k^2}{c}\left(1 + \frac{1}{ikr}\right)\frac{\boldsymbol{p}\times\widehat{\boldsymbol{r}}}{4\pi\varepsilon_0 r}e^{i(\omega t - kr)}$$

$\boldsymbol{p}$ 方向を z 軸にとる極座標の r, θ, φ 方向の単位ベクトルを $\widehat{\boldsymbol{r}}, \boldsymbol{e}_\theta, \boldsymbol{e}_\varphi$ とすれば，$(\boldsymbol{p}\cdot\widehat{\boldsymbol{r}})\widehat{\boldsymbol{r}} = p\cos\theta\widehat{\boldsymbol{r}}$, $(\boldsymbol{p}\cdot\widehat{\boldsymbol{r}})\widehat{\boldsymbol{r}} - \boldsymbol{p} = p\sin\theta\boldsymbol{e}_\theta$, $\boldsymbol{p}\times\widehat{\boldsymbol{r}} = p\sin\theta\boldsymbol{e}_\varphi$ であるから，上の $\boldsymbol{E}$, $\boldsymbol{B}$ を極座標成分にわければ

$$E_\theta(\boldsymbol{r},t) = -\left(1 + \frac{1}{ikr} - \frac{1}{(kr)^2}\right)\frac{k^2 p\sin\theta}{4\pi\varepsilon_0 r}e^{i(\omega t - kr)}$$

$$B_\varphi(\boldsymbol{r},t) = -\left(1 + \frac{1}{ikr}\right)\frac{k^2 p\sin\theta}{4\pi\varepsilon_0 cr}e^{i(\omega t - kr)}$$

$$E_r(\boldsymbol{r},t) = \left(1 + \frac{1}{ikr}\right)\frac{i2kp\cos\theta}{4\pi\varepsilon_0 r^2}e^{i(\omega t - kr)}$$

$$E_\varphi = B_\theta = B_r = 0$$

(5)　上で求めた $\boldsymbol{E}, \boldsymbol{B}$ のうち $1/r$ の部分が，遠方に伝わる電磁波を表す．立体角 $d\Omega = \sin\theta d\theta d\varphi$ の方向に単位時間に放射されるエネルギーを求めるには，十分遠方の半径 r の球面上にとった面積 $r^2 d\Omega$ を通るポインティング・ベクトル $\boldsymbol{S}$ をみればよい．その際，現実の双極子 $\boldsymbol{p}(t) = \boldsymbol{p}\cos\omega t$ に対応する電磁場は，上の結果の実数部分であることに注意する．十分

遠方では $\boldsymbol{S} = (1/\mu_0)\boldsymbol{E} \times \boldsymbol{B} = \varepsilon_0 c^2 \boldsymbol{E} \times \boldsymbol{B}$ は $\widehat{\boldsymbol{r}}$ 方向を向き，その大きさは

$$S = \varepsilon_0 c^2 E_\theta B_\varphi = \varepsilon_0 c E_\theta^2 = \frac{p^2}{4\pi\varepsilon_0}\frac{ck^4 \sin^2\theta}{4\pi r^2}\cos^2(\omega t - kr)$$

である．S は単位面積を単位時間に通過するエネルギーであるから，θ, φ 方向の立体角 $d\Omega$ 内に放射されるエネルギーは

$$W(\theta,\varphi)d\Omega = \frac{p^2}{4\pi\varepsilon_0}\frac{\omega^4}{c^3}\sin^2\theta\frac{d\Omega}{4\pi}\cos^2(\omega t - kr)$$

である．時間平均をとれば，単位立体角内に放射されるエネルギーは

$$\overline{W}(\theta,\varphi) = \frac{p^2}{4\pi\varepsilon_0}\frac{\omega^4}{8\pi c^3}\sin^2\theta$$

で，双極子 $\boldsymbol{p}$ と直交する方向で $\overline{W}(\theta,\varphi)$ は最大になる．立体角 $d\Omega$ で積分すれば，単位時間に放射される全エネルギー $\overline{W}$ が得られる．

$$\overline{W} = \int \overline{W}(\theta,\varphi)d\Omega = \frac{p^2}{4\pi\varepsilon_0}\frac{\omega^4}{3c^3}$$

(6) 時間平均をしなければ，上の結果は

$$W = \frac{p^2}{4\pi\varepsilon_0}\frac{2\omega^4}{3c^3}\cos^2(\omega t - kr)$$

であるが，これは時刻 t に半径 r の球面に達した電磁波のエネルギーで，この電磁波が原点を出た時刻は $t' = t - r/c$ であり，この時刻で表せば $\cos(\omega t - kr) = \cos\omega t'$ となる．したがって時刻 t に原点から放射されるエネルギーは

$$W = \frac{p^2}{4\pi\varepsilon_0}\frac{2\omega^4}{3c^3}\cos^2\omega t$$

である．一方，双極子 $p(t)$ の時間変化が電荷 q の単振動 $z(t) = d\cos\omega t$ によるならば $(p = qd)$，加速度は $\ddot{z}(t) = -\omega^2 d\cos\omega t$ で，これを代入すれば

$$W = \frac{q^2}{4\pi\varepsilon_0}\frac{2}{3c^3}\ddot{z}^2$$

第 5 章の解答

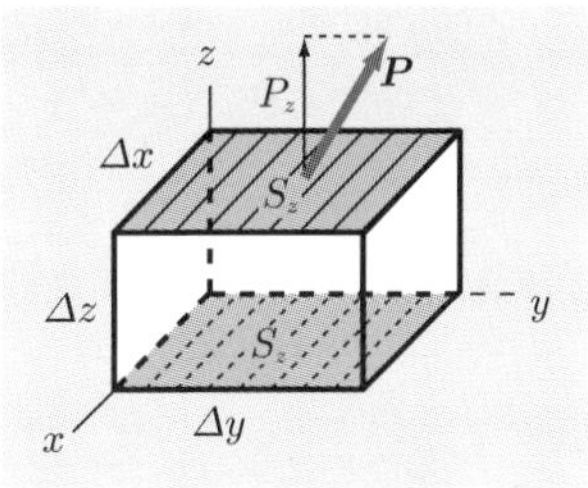

1.1 誘電体中に微小な直方体を考え，分極の結果この直方体から外へ出ていく電気量を計算する．右図のように z 軸と垂直な面を S_z, S_z' とする（面積 $\Delta x\Delta y$）．S_z からは電荷 $P_n\Delta x\Delta y = P_z\Delta x\Delta y$ が出る．一方 S_z' からは $P_z\Delta x\Delta y$ が中に入るので，$\boldsymbol{P}$ が一様ならばこの二つが相殺するが，$\boldsymbol{P}$ に場所による変化があれば，差し引き

$$\bigl(P_z(z+\Delta z) - P_z(z)\bigr)\Delta x\Delta y = \frac{\partial P_z}{\partial z}\Delta x\Delta y\Delta z$$
$$= \frac{\partial P_z}{\partial z}\Delta V$$

だけの電荷が外へ出ることになる（ΔV は直方体の体積）．他の四つの面から出入りする電荷も同様に計算できるので，結局，直方体の表面から分極により外へ出る電気量は $\left(\dfrac{\partial P_x}{\partial x}+\dfrac{\partial P_y}{\partial y}+\dfrac{\partial P_z}{\partial z}\right)\Delta V \equiv \boldsymbol{\nabla}\cdot\boldsymbol{P}\Delta V$ で，直方体中には電荷 $-\boldsymbol{\nabla}\cdot\boldsymbol{P}\Delta V$ が残る．すなわち電荷密度 $\rho_P=-\boldsymbol{\nabla}\cdot\boldsymbol{P}$ を生ずる．

1.2　$\kappa=1+\chi$ が一定の場所では $\rho_P=-\boldsymbol{\nabla}\cdot\boldsymbol{P}=-\boldsymbol{\nabla}\cdot(\varepsilon_0\chi\boldsymbol{E})=-\varepsilon_0\chi\boldsymbol{\nabla}\cdot\boldsymbol{E}$ で，一方，全電荷密度は真電荷密度 ρ と分極電荷密度 ρ_P の和であるから $\varepsilon_0\boldsymbol{\nabla}\cdot\boldsymbol{E}=\rho+\rho_P$．したがって $\rho_P=-\dfrac{\chi}{1+\chi}\rho=-\dfrac{\kappa-1}{\kappa}\rho$．ゆえに $\rho=0$ の所では $\boldsymbol{P}$ が一様でなくても $\rho_P=0$．また $\rho\neq 0$ の所では全電荷密度は $\rho+\rho_P=\dfrac{1}{\kappa}\rho$ となる．これは真電荷 ρ に反対符号の分極電荷がひきつけられ，その結果 ρ の一部が遮蔽されることを示す．

1.3　前問でみたように，真電荷がないのに分極電荷が現れるのは，κ が一定でない場所（誘電体の表面等）に限られる．表面の法線方向を x 方向とすれば，表面の分極電荷面密度は，体積密度の積分 $\sigma_P=\displaystyle\int\rho_P(x)dx$ で表される．積分範囲は $\kappa(x)$ が変化している範囲である．$\rho_P=-\boldsymbol{\nabla}\cdot\boldsymbol{P}=-\partial P_x/\partial x$ を代入し，積分の上限では $P_x(x)=0$，下限では $P_x(x)=P_x$（$\boldsymbol{P}$ は誘電体内部の分極）であることに注意すれば $\sigma_P=-\displaystyle\int\frac{\partial P_x}{\partial x}dx=P_x=P_n$ を得る．

2.1　$C=\kappa\varepsilon_0 S/d$ より $S=Cd/(\kappa\varepsilon_0)=4\pi Cd/(4\pi\varepsilon_0\kappa)=4\pi\times10^{-9}\times10^{-3}\times9\times10^9/1500=0.75\times10^{-4}\,\mathrm{m}^2=0.75\,\mathrm{cm}^2$．

2.2　(1)　電池をつないである場合．ガラスを入れる前の極板の電荷密度を $\pm\sigma_0$，電場を E_0 とすれば，$E_0=\sigma_0/\varepsilon_0$, $V=E_0 d$．ガラスを挿入した後の極板の電荷密度を $\pm\sigma$，ガラス内の電場を E_{in}，ガラスの外の電場を E_{out} とすれば，

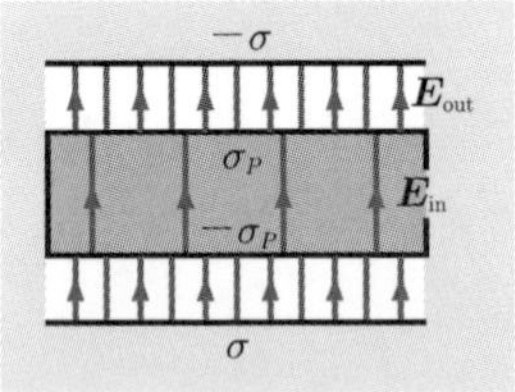

$$E_{\mathrm{out}}=\sigma/\varepsilon_0,\quad E_{\mathrm{in}}=(\sigma-\sigma_P)/\varepsilon_0$$

分極電荷密度 σ_P と E_{in} には $\sigma_P=P=\varepsilon_0\chi E_{\mathrm{in}}$ の関係があるから，

$$E_{\mathrm{in}}=\sigma/(1+\chi)\varepsilon_0=E_{\mathrm{out}}/\kappa$$

極板間の電位差は変わらないので

$$V=E_{\mathrm{out}}(d-x)+E_{\mathrm{in}}x=E_{\mathrm{out}}\big((d-x)+x/\kappa\big)$$

したがって電場は

$$E_{\mathrm{out}}=\kappa E_{\mathrm{in}}=\frac{V}{(d-x)+x/\kappa}$$

と求まる．挿入前後の容量を C_0, C とすれば，

$$\frac{C}{C_0}=\frac{\sigma}{\sigma_0}=\frac{E_{\mathrm{out}}}{E_0}=\frac{d}{(d-x)+x/\kappa}$$

(2)　電池をはずす場合．ガラスの挿入により極板の電荷は変わらないので，

$$E_{\mathrm{out}}=\kappa E_{\mathrm{in}}=E_0=V/d$$

極板間の電位差は $E_{\mathrm{out}}(d-x)+E_{\mathrm{in}}x$ に減少し，これより上と同じ容量変化を得る．

2.3 (1) 内球および外球に帯電している電荷を $\pm Q$ とすれば，誘電体表面の分極電荷による遮蔽のため，$\pm Q/\kappa$ が電場の源となる．1.3 節例題 10 の場合と同様に，$a < r < b$ の領域に大きさ $E(r) = \dfrac{Q}{4\pi\varepsilon_0\kappa}\dfrac{1}{r^2} = \dfrac{Q}{4\pi\varepsilon}\dfrac{1}{r^2}$ の電場が動径方向にできる．$\boldsymbol{D}$ も $\boldsymbol{P}$ も動径方向にできて

$$D(r) = \varepsilon E(r) = \frac{Q}{4\pi}\frac{1}{r^2}$$
$$P(r) = \varepsilon_0\chi E(r) = \frac{\chi}{1+\chi}\frac{Q}{4\pi}\frac{1}{r^2}$$

Q は極板間の電位が V であることから決まり

$$V = \int_a^b E(r) = \frac{Q}{4\pi\varepsilon}\left(\frac{1}{a} - \frac{1}{b}\right)$$

すなわち

$$Q = 4\pi\varepsilon V\frac{ab}{b-a}$$

したがって

$$E(r) = \frac{abV}{b-a}\frac{1}{r^2}$$

であり，$E(r)$ は ε（すなわち κ）に依存しない．

(2) 分極電荷は誘電体内部には現れない（問題 1.2 参照，この事実は $\boldsymbol{E}$ を求めるときにすでに用いた）．表面の電荷密度は $\sigma_P(b) = P(b)$．$\sigma_P(a) = -P(a)$．$r = a$ および $r = b$ に生じる全分極電荷は等しいことに注意．

(3) $C = Q/V = 4\pi\varepsilon\dfrac{ab}{b-a}$

3.1 $\tan\theta_1 = \dfrac{E_{1t}}{E_{1n}}$，$\tan\theta_2 = \dfrac{E_{2t}}{E_{2n}}$，$E_{1t} = E_{2t}$，$\kappa_1 E_{1n} = \kappa_2 E_{2n}$ より $\dfrac{\tan\theta_1}{\kappa_1} = \dfrac{\tan\theta_2}{\kappa_2}$

4.1 $\sigma_P = P_n = \pm P_x = \pm\dfrac{\kappa-1}{\kappa}\varepsilon_0 E_0\cos\theta$

4.2 (1) 細長い円柱　対称性から考え，分極 $\boldsymbol{P}$ が軸方向（すなわち $\boldsymbol{E}_0$ の方向）に生ずるのは明らかである．円柱の両端に現れる分極電荷がつくる電場は，円柱の長さを l とするとき l^{-2} に比例して小さくなるので，両端付近を除けば無視できる．したがって $\boldsymbol{E} = \boldsymbol{E}_0$，$\boldsymbol{D} = \kappa\varepsilon_0\boldsymbol{E}_0$．

(2) 扁平な円柱　例題 4 の (2) と全く同様に考えてよく，$\boldsymbol{E} = \boldsymbol{E}_0/\kappa$，$\boldsymbol{D} = \varepsilon_0\boldsymbol{E}_0$．

4.3 前問を例にとると，扁平な円柱の場合は $\boldsymbol{D}/\varepsilon_0 = \boldsymbol{E}_{\text{ex}}$ であるが，細長い円柱の場合は $\boldsymbol{D}/\varepsilon_0 = \kappa\boldsymbol{E}_{\text{ex}}$ で，したがって本問の主張は一般には成り立たぬことがわかる．もし $\nabla\cdot\boldsymbol{D} = \rho$ と共に $\nabla\times\boldsymbol{D} = \boldsymbol{0}$ も成り立つならば，これは $\boldsymbol{E}_{\text{ex}}$ のみたす方程式と同じであるから，解の一意性から $\boldsymbol{D}/\varepsilon_0 = \boldsymbol{E}_{\text{ex}}$ が正しいことになる．

$$\nabla\times\boldsymbol{D} = \nabla\times(\varepsilon_0\boldsymbol{E} + \boldsymbol{P}) = \nabla\times\boldsymbol{P}$$

であるから，誘電率が一様な誘電体の内部では

$$\nabla\times\boldsymbol{P} = \nabla\times(\varepsilon_0\chi\boldsymbol{E}) = \varepsilon_0\chi\nabla\times\boldsymbol{E} = \boldsymbol{0}$$

ゆえ $\nabla\times\boldsymbol{D} = \boldsymbol{0}$ が確かに成り立っている．しかし誘電体の表面では χ が変化し，一般に $\nabla\times\boldsymbol{P} \neq \boldsymbol{0}$ であるから（3.3 節問題 11.2 の (8) 参照），$\nabla\times\boldsymbol{D} = \nabla\times\boldsymbol{P} \neq \boldsymbol{0}$，したがって

5

$\boldsymbol{D}/\varepsilon_0 = \boldsymbol{E}_{\mathrm{ex}}$ は一般には正しくない．より詳しく説明すると，$\boldsymbol{P}$ を与えられたものとみなすとき，

$$\nabla \cdot \boldsymbol{D} = \rho, \quad \nabla \times \boldsymbol{D} = \nabla \times \boldsymbol{P}$$

の解は，

$$\nabla \cdot \boldsymbol{D}^{(1)} = \rho, \quad \nabla \times \boldsymbol{D}^{(1)} = \boldsymbol{0}$$

をみたす $\boldsymbol{D}^{(1)}$ と，

$$\nabla \cdot \boldsymbol{D}^{(2)} = 0, \quad \nabla \times \boldsymbol{D}^{(2)} = \nabla \times \boldsymbol{P}$$

をみたす $\boldsymbol{D}^{(2)}$ により $\boldsymbol{D} = \boldsymbol{D}^{(1)} + \boldsymbol{D}^{(2)}$ と得られるが，この $\boldsymbol{D}^{(1)}$ が上で説明したように $\boldsymbol{D}^{(1)} = \varepsilon_0 \boldsymbol{E}_{\mathrm{ex}}$ にほかならない．一方 $\boldsymbol{D}^{(2)}$ は $\nabla \times \boldsymbol{P}$ を電流とみなしたときの磁場のようなものだが（$\nabla \times \boldsymbol{B} = \mu_0 \cdot \boldsymbol{j}$ との類推），今までの例では誘電体の側面で値をもつ．したがって試料が扁平な場合は無視でき ($\boldsymbol{D}^{(2)} = 0$)，細長い場合では無視できない．

4.4　極板の電荷密度（真電荷）を $\pm\sigma$ とする．前問の説明によりこの問題では $D = \varepsilon_0 E_{\mathrm{ex}}$ が成り立つので，極板間には一様な電束密度 $D = \sigma$ ができる．媒質①，②中の電場は $E_1 = D/\varepsilon_0\kappa_1$，$E_2 = D/\varepsilon_0\kappa_2$，極板間の電位差および容量は

$$V = E_1 d_1 + E_2 d_2 = \left(\frac{d_1}{\kappa_1} + \frac{d_2}{\kappa_2}\right)\frac{\sigma}{\varepsilon_0}, \quad C = \frac{\sigma S}{V} = \varepsilon_0 S \Big/ \left(\frac{d_1}{\kappa_1} + \frac{d_2}{\kappa_2}\right)$$

5.1　例題 5 の (**) により，誘電体表面の電荷面密度は $\sigma_P = \dfrac{q'}{q} 2\varepsilon_0 E_x^{\mathrm{ex}}$．これを表面上で面積分すれば，$\displaystyle\int \varepsilon_0 E_x^{\mathrm{ex}} dS = -\frac{1}{2} q$ より（これは具体的に面積分してもわかるし，q から出た $\boldsymbol{E}^{\mathrm{ex}}$ の電束のうち左半分が誘電体に入ることからも明らか）$\displaystyle\int \sigma_P dS = -q'$ という当然の結果を得る．

5.2　誘電体表面の分極電荷が点 Q につくる電場は，点 Q′ においた $-q'$ がつくる電場で代表できるから，

$$F = -\frac{1}{4\pi\varepsilon_0}\frac{qq'}{(2h)^2} = -\frac{1}{4\pi\varepsilon_0}\frac{\kappa - 1}{\kappa + 1}\frac{q^2}{(2h)^2}.$$

電荷 q を無限遠から Q まで運ぶのに要する仕事は $W = -\displaystyle\int_\infty^h F(h')dh' = -\frac{1}{4\pi\varepsilon_0}\frac{\kappa - 1}{\kappa + 1}\frac{q^2}{4h}$.

5.3　点 Q に真電荷 q をもち，誘電体表面で電場の境界条件 $\boldsymbol{E}_t^1 = \boldsymbol{E}_t^2$, $\kappa E_n^1 = E_n^2$ をみたすような電位分布は一意的に定まるので，それを試行錯誤的に探せばよい．誘電体外部の電位は，点 Q の電荷 q と点 Q′ の鏡像電荷 $-q'$ による電位の形に表されると仮定すれば，

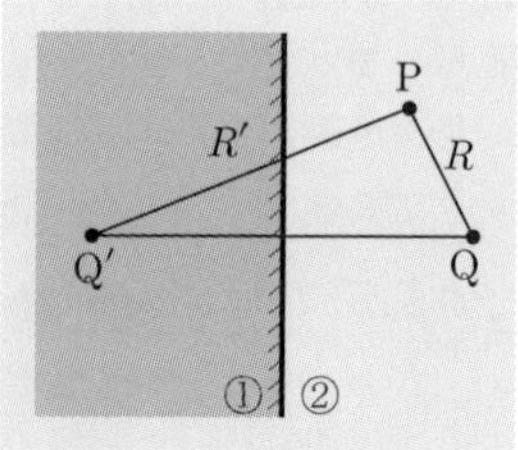

$$\phi_2(\mathrm{P}) = \frac{1}{4\pi\varepsilon_0}\left(\frac{q}{R} - \frac{q'}{R'}\right)$$

誘電体内部の電位は，点 Q の電荷 q''（真電荷 + 鏡像電荷）による電位

$$\phi_1(\mathrm{P}) = \frac{1}{4\pi\varepsilon_0}\frac{q''}{R}$$

の形に表されると仮定する．表面 ($R = R'$) で電位が連続 ($\phi_1 = \phi_2$) であるためには $q-q' = q''$．これで電場の接線成分の連続性は自動的に保証される．電場の法線成分の関係 $\kappa\dfrac{\partial\phi_1}{\partial x} = \dfrac{\partial\phi_2}{\partial x}$ は，$\dfrac{\partial}{\partial x}\left(\dfrac{1}{R}\right) = -\dfrac{\partial}{\partial x}\left(\dfrac{1}{R'}\right)$ に注意すれば $\kappa q'' = q + q'$ に帰着する．この二つの条件は

$$q'' = \frac{2}{\kappa+1}q, \quad -q' = -\frac{\kappa-1}{\kappa+1}q$$

ととればみたされる．すなわち上で仮定した形の ϕ_1, ϕ_2 は接続条件をみたすので，これが正しい解である．

5.4 電場の源になるのは点 Q の電荷 q およびそのまわりの分極電荷，および誘電体①, ②の境界面上の分極電荷である．q のまわりの分極電荷は q を遮蔽し，その結果 Q の電荷は q/κ_2 になる．境界面上の分極電荷の効果は電場の接続条件として表される．そこで前問と同様に，媒質②中の電位は

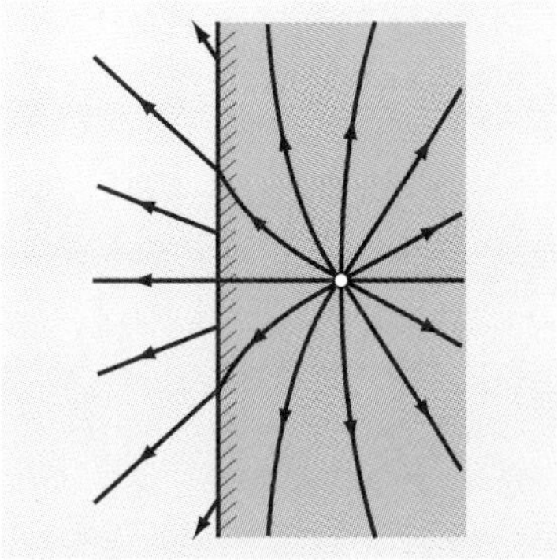

$$\phi_2(\mathrm{P}) = \frac{1}{4\pi\varepsilon_0}\left(\frac{q}{\kappa_2 R} - \frac{q'}{R'}\right)$$

媒質①中の電位は

$$\phi_1(\mathrm{P}) = \frac{1}{4\pi\varepsilon_0}\frac{q''}{R}$$

の形に表されると仮定しよう．境界面上の $\phi(\mathrm{P})$ の連続性より $(q/\kappa_2) - q' = q''$，電場の法線成分の接続条件より $\kappa_1 q'' = q + \kappa_2 q'$ の条件がでる．これは

$$q'' = \frac{2}{\kappa_1+\kappa_2}q, \quad -q' = -\frac{\kappa_1-\kappa_2}{\kappa_1+\kappa_2}\frac{q}{\kappa_2}$$

ととればみたされる．したがって上で仮定した電位が正しい解であることがわかる．$\kappa_1 > \kappa_2$ のときは，電気力線の形は例題 5 の図 5.13 と定性的に同じであるが，$\kappa_1 < \kappa_2$ では $-q' > 0$ となるので，電気力線は上図のような形をもつ．

6.1 球面上の電荷分布 $\sigma_P(\theta) = P\cos\theta$ が球外につくる電場は，1.2 節例題 8 により，球の中心にモーメント $\boldsymbol{p} = V\boldsymbol{P}$（$V$ は球の体積）の電気双極子があるときの電場に等しい．すなわち

$$\boldsymbol{E}_P(\boldsymbol{r}) = \frac{1}{4\pi\varepsilon_0}\frac{1}{r^3}\left(3(\boldsymbol{p}\cdot\widehat{\boldsymbol{r}})\widehat{\boldsymbol{r}} - \boldsymbol{p}\right) = \frac{1}{3\varepsilon_0}\left(\frac{a}{r}\right)^3\left(3(\boldsymbol{P}\cdot\widehat{\boldsymbol{r}})\widehat{\boldsymbol{r}} - \boldsymbol{P}\right)$$

したがって球外の電場は $\boldsymbol{E}(\boldsymbol{r}) = \boldsymbol{E}_0 + \boldsymbol{E}_P(\boldsymbol{r}) = \boldsymbol{E}_0 + \dfrac{\kappa-1}{\kappa+2}\left(\dfrac{a}{r}\right)^3\left(3(\boldsymbol{E}_0\cdot\widehat{\boldsymbol{r}})\widehat{\boldsymbol{r}} - \boldsymbol{E}_0\right)$．電気力線は例題 6 の図 5.14 に示してある．

6.2 空洞がないときの誘電体中の分極を $\boldsymbol{P}_0$ とする．

(1) 空洞が十分細長ければ，空洞があっても分極は $\boldsymbol{P}_0$ のままである．実際もしそうなら，現れる分極電荷は円筒の下底面，上底面の面密度 $\sigma_P = \pm P_0$ の電荷だけであるが，円筒が十分細長ければ，これがつくる電場 $\boldsymbol{E}_P$ はほとんどの所で無視できる．したがって電場は $\boldsymbol{E}_0$

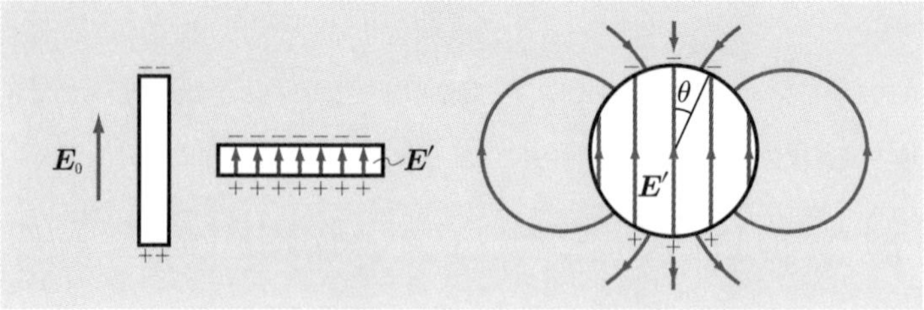

のままで，分極が $\boldsymbol{P}_0$ のままということとつじつまがあう．上で述べた理由で，空洞部分でも電場は $\boldsymbol{E}_0$ である．

(2) 扁平な空洞の場合も，誘電体中の分極は $\boldsymbol{P}_0$ のままである．もしそうなら空洞の両底面に面密度 $\sigma_P = \pm P_0$ の分極電荷分布ができ，これが空洞内部に軸方向を向く電場 $\boldsymbol{E}' = \boldsymbol{P}_0/\varepsilon_0$ をつくるが，$\boldsymbol{E}'$ は空洞外部にはほとんどもれず（平行板コンデンサーの電場と同じ），したがって誘電体中の電場は $\boldsymbol{E}_0$ から変わらないからである．空洞内の電場は

$$\boldsymbol{E} = \boldsymbol{E}_0 + \boldsymbol{E}' = (\varepsilon_0 \boldsymbol{E}_0 + \boldsymbol{P}_0)/\varepsilon_0 = \boldsymbol{D}/\varepsilon_0 = \kappa \boldsymbol{E}_0$$

$\boldsymbol{D}$ は誘電体中の電束密度であり，空洞内と等しいことがわかる．

5

(3) 球状の空洞をつくると，誘電体中の分極が $\boldsymbol{P}_0$ から変わる．それを見るため，球面上に面密度 $\sigma_P(\theta) = -A\cos\theta$ の形の分極電荷分布が現れると仮定してみる．この電荷分布は，問題 6.1 の場合と同様に，誘電体中に電場

$$\boldsymbol{E}' = -\frac{A}{3\varepsilon_0}\left(\frac{a}{r}\right)^3 (3\boldsymbol{n}\cdot\widehat{\boldsymbol{r}}\widehat{\boldsymbol{r}} - \boldsymbol{n})$$

をつくる（a は球の半径，$\boldsymbol{n}$ は $\boldsymbol{E}_0$ 方向の単位ベクトル）．誘電体の分極は全電場 $\boldsymbol{E}(\boldsymbol{r}) = \boldsymbol{E}_0 + \boldsymbol{E}'(\boldsymbol{r})$ から $\boldsymbol{P}(\boldsymbol{r}) = \varepsilon_0\chi\boldsymbol{E}(\boldsymbol{r})$ に従って生じ，空洞表面には電荷密度 $\sigma_P = P_n$ の分極電荷が現れる．法線方向は球の中心に向かう方向，すなわち $-\widehat{\boldsymbol{r}}$ 方向であることに注意すれば，

$$\sigma_P = -\boldsymbol{P}\cdot\widehat{\boldsymbol{r}} = -\varepsilon_0\chi\boldsymbol{E}\cdot\widehat{\boldsymbol{r}} = -\chi\left[\varepsilon_0\boldsymbol{E}_0\cdot\widehat{\boldsymbol{r}} - \frac{2}{3}A\boldsymbol{n}\cdot\widehat{\boldsymbol{r}}\right]$$
$$= -\chi\left(\varepsilon_0 E_0 - \frac{2}{3}A\right)\boldsymbol{n}\cdot\widehat{\boldsymbol{r}} = -\chi\left(\varepsilon_0 E_0 - \frac{2}{3}A\right)\cos\theta$$

これは最初に仮定した $\sigma_P(\theta)$ の形と首尾一貫しているので，仮定が正しかったことがわかる．A は $\chi\left(\varepsilon_0 E_0 - \frac{2}{3}A\right) = A$ より

$$A = \frac{3\chi\varepsilon_0 E_0}{3+2\chi} = \frac{\kappa-1}{2\kappa+1}3\varepsilon_0 E_0$$

と決まる．空洞中の電場は

$$\boldsymbol{E} = \boldsymbol{E}_0 + \boldsymbol{E}' = \boldsymbol{E}_0 + \frac{A}{3\varepsilon_0}\boldsymbol{n} = \left(1 + \frac{\kappa-1}{2\kappa+1}\right)\boldsymbol{E}_0 = \frac{3\kappa}{2\kappa+1}\boldsymbol{E}_0$$

$1 \leqq \dfrac{3\kappa}{2\kappa+1} \leqq \kappa$ であるから，これは上の (1) と (2) の中間に当たる．

注意 (3) の場合と似ている問題に**ローレンツの電場**がある．これはやはり球状の空洞内の電場であるが，その際，誘電体の分極は空洞がないときと同じ $\boldsymbol{P}_0$ のままに保たれるものとする．したがって空洞の壁には分極電荷 $\sigma_P(\theta) = -P_0\cos\theta$ が分布し，これが球内に一様な

電場 $\boldsymbol{E}' = \dfrac{1}{3\varepsilon_0}\boldsymbol{P}_0$ をつくる．空洞内の全電場は

$$\boldsymbol{E} = \boldsymbol{E}_0 + \frac{1}{3\varepsilon_0}\boldsymbol{P}_0 = \left(1 + \frac{\chi}{3}\right)\boldsymbol{E}_0 = \frac{\kappa + 2}{3}\boldsymbol{E}_0$$

で，これがローレンツの電場である．

7.1 磁化電流で考えれば，細長い磁性体は単位長さ当り $J = M$ の電流が流れるソレノイドと同じで，無限に長いソレノイドの磁場の式を用いれば $B_M = \mu_0 J = \mu_0 M$ である．一方磁極で考えれば，円柱の両端に面密度 $\pm M$ の磁荷が現れるが，これがつくる磁場は両端付近を除けば S/l^2（S, l は円柱の断面積と長さ）に比例して小さくなるので，円柱が十分細長ければ $\boldsymbol{H}_M = 0$．したがって $\mu_0\boldsymbol{H}_M = \boldsymbol{B}_M - \mu_0\boldsymbol{M}$ の関係が成り立っている．

7.2 $\mu_0 M = 2\,\mathrm{T}$ であるから，磁化電流密度は $J = M = \dfrac{4\pi}{\mu_0}\dfrac{\mu_0 M}{4\pi} = \dfrac{1}{2\pi} \times 10^7\,\mathrm{A/m}$．円柱の体積は $V = \pi(0.5)^2 \times 10 \times 10^{-6}\,\mathrm{m}^3$，磁気モーメントは $MV = 12.5\,\mathrm{A \cdot m}^2$．

7.3 一様に磁化した磁性体球を磁荷の立場で見れば，一様に分極した誘電体球（例題 6）の場合と同様に，球の表面に面密度 $\sigma_M(\theta) = M_n = M\cos\theta$ の磁荷が分布する．一方磁化電流の立場で見れば，$\boldsymbol{J} = \boldsymbol{M} \times \boldsymbol{n}$ すなわち単位長さ当り $J(\theta) = M\sin\theta$ の磁化電流が，$\boldsymbol{M}$ 方向を軸として球面上を流れる．3.1 節の例題 5 で詳しく見たように，この二つの分布が球外につくる磁場は全く同じである．しかし球内の磁場は二つの見方で異なっている．磁荷分布がつくる磁場は，誘電体球の内部の電場と同様に考えれば $\mu_0\boldsymbol{H}_M = -\dfrac{\mu_0}{3}\boldsymbol{M}$．それに対し磁化電流分布が球内につくる磁場は，3.1 節の問題 5.1 により $\boldsymbol{B}_M = \dfrac{2}{3}\mu_0\boldsymbol{M}$ である．内外ともに $\mu_0\boldsymbol{H}_M = \boldsymbol{B}_M - \mu_0\boldsymbol{M}$ の関係が成立していることに注意．

7.4 $\boldsymbol{H}$ の定義式を考えれば当然の関係式だが，$\mu_0\boldsymbol{H}_M$ を磁荷による磁場と定義しても同じ関係が成立することを一般的に証明せよという問題である．磁性体を磁化電流の立場から見るときには，磁場の源は磁化電流密度 $\boldsymbol{j}_M = \nabla \times \boldsymbol{M}$ で，磁場 $\boldsymbol{B}_M$ は方程式

$$\nabla \times \boldsymbol{B}_M = \mu_0\boldsymbol{j}_M, \quad \nabla \cdot \boldsymbol{B}_M = 0$$

をみたす．ここで $\boldsymbol{B}' \equiv \boldsymbol{B}_M - \mu_0\boldsymbol{M}$ という量を考えると，$\boldsymbol{B}'$ は明らかに

$$\nabla \times \boldsymbol{B}' = \boldsymbol{0}, \quad \nabla \cdot \boldsymbol{B}' = -\mu_0\nabla \cdot \boldsymbol{M}$$

をみたす．ところがこの式は，磁場の源を磁荷密度 $\rho_M = -\nabla \cdot \boldsymbol{M}$ と考えるときの磁場 $\mu_0\boldsymbol{H}_M$ がみたす式にほかならない．したがって解の一意性から $\mu_0\boldsymbol{H}_M = \boldsymbol{B}' = \boldsymbol{B}_M - \mu_0\boldsymbol{M}$ が成り立つ．

8.1 χ_m が一定の所では $\boldsymbol{j}_M = \nabla \times \boldsymbol{M} = \nabla \times (\chi_m\boldsymbol{H}) = \chi_m\nabla \times \boldsymbol{H} = \chi_m\boldsymbol{j}_t$．ここで $\boldsymbol{j}_t$ は真電流密度である．したがって $\boldsymbol{j}_t = 0$ ならば $\boldsymbol{j}_M = 0$．磁化電流が存在するのは，磁性体の表面等，χ_m が変化している場所に限る．

9.1 まず磁化電流の見方で考える．境界面の法線を媒質 ① から ② へ向く方向に $\boldsymbol{n}$ で表すと，境界面を "流れる" 磁化電流密度（単位長さを通る電流）は $\boldsymbol{J} = (\boldsymbol{M}_1 - \boldsymbol{M}_2) \times \boldsymbol{n}$ で与えられる（$\boldsymbol{M}_1, \boldsymbol{M}_2$ は媒質 ①，② 中の磁化）．いま境界面上に微小面積 dS をとり，その両側の点 $\mathrm{Q}_1, \mathrm{Q}_2$ における磁場 $\boldsymbol{B}_1, \boldsymbol{B}_2$ を比較する．磁場 $\boldsymbol{B}$ を，dS を流れる磁化電流を源と

5

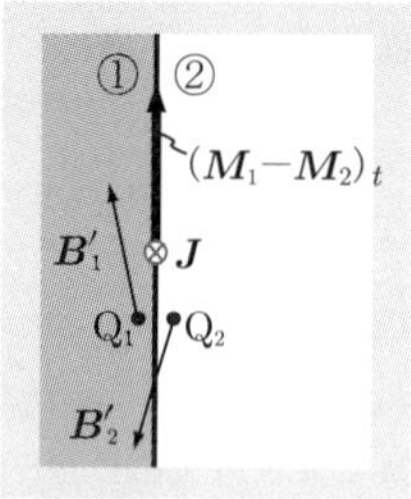

する部分 $\boldsymbol{B}'$ と，それ以外の電流を源とする部分 $\boldsymbol{B}''$（外部磁場を含む）に分けると，$\boldsymbol{B}''$ は dS の両側で連続である．また $\boldsymbol{B}'$ の法線成分も連続であることは容易にわかるので（平面電流の性質），法線成分については $B_{1n}=B_{2n}$ が成り立つ．$\boldsymbol{B}'$ の境界面内の成分 $\boldsymbol{B}_t'$ については，対称性とアンペールの法則から $(\boldsymbol{B}_1'-\boldsymbol{B}_2')_t=\mu_0(\boldsymbol{M}_1-\boldsymbol{M}_2)_t$ がいえるので，全磁場についても $(\boldsymbol{B}_1-\boldsymbol{B}_2)_t=\mu_0(\boldsymbol{M}_1-\boldsymbol{M}_2)_t$ が成り立つ．$\boldsymbol{B}-\mu_0\boldsymbol{M}\equiv\mu_0\boldsymbol{H}$ を用いれば，これは $\boldsymbol{H}_{1t}=\boldsymbol{H}_{2t}$ と表される．

次に磁荷の立場で考えると，境界面には磁荷分布 $\sigma_M=(\boldsymbol{M}_1-\boldsymbol{M}_2)_n$ が現れる．ここから後の議論は例題 3 の誘電体の場合と全く同じで，磁場 $\mu_0\boldsymbol{H}$ の接線成分は境界面の両側で連続であるが，法線成分には磁荷の存在のため不連続 $\mu_0(\boldsymbol{H}_2-\boldsymbol{H}_1)_n=\mu_0(\boldsymbol{M}_1-\boldsymbol{M}_2)_n$ を生ずる．これは $B_{1n}=B_{2n}$ にほかならない．

屈折法則は $B_{1n}=B_{2n}$, $B_{1t}/\kappa_{1m}=B_{2t}/\kappa_{2m}$ より明らかである．

9.2　磁化電流あるいは磁荷のどちらの見方で考えてもよい．磁性体の形が球であるから，球内には $\boldsymbol{B}_0$ 方向の一様な磁化 $\boldsymbol{M}$ ができることは容易に想像できる．これを仮定し，磁化電流の考え方で議論を進めれば，磁性体球の表面には磁化電流 $J(\theta)=M\sin\theta$ が流れる．これが球内につくる磁場は，3.1 節問題 5.1 により $\boldsymbol{B}_M=\dfrac{2}{3}\mu_0\boldsymbol{M}$. したがって球内の全磁場 $\boldsymbol{B}=\boldsymbol{B}_0+\boldsymbol{B}_M$ によって生ずる磁化 $\boldsymbol{M}=\dfrac{\kappa_m-1}{\kappa_m\mu_0}\boldsymbol{B}$ は球内で一様で，

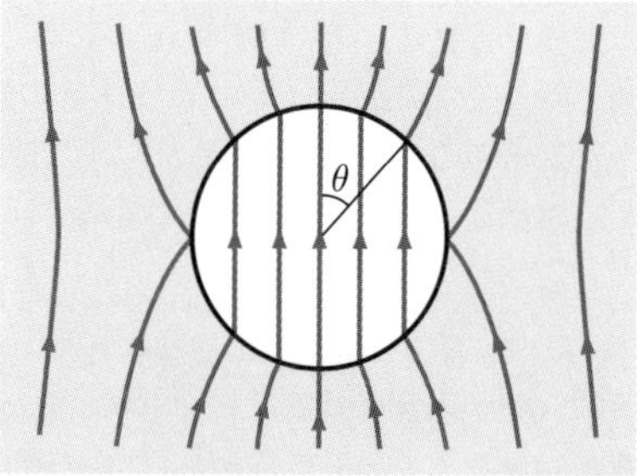

はじめの仮定と首尾一貫している．$\boldsymbol{M}$ および球内の $\boldsymbol{B}$ は，上の 3 式より

$$\boldsymbol{B}=\frac{3\kappa_m}{\kappa_m+2}\boldsymbol{B}_0,\quad \mu_0\boldsymbol{M}=\frac{3(\kappa_m-1)}{\kappa_m+2}\boldsymbol{B}_0$$

と得られる．一方磁化電流による球外の磁場は，3.1 節例題 5 により，球の中心においた磁気モーメント $\boldsymbol{M}V$（V は球の体積）の磁気双極子の磁場に等しい．したがって球外の全磁場は，$\boldsymbol{n}$ を $\boldsymbol{B}_0$ 方向の単位ベクトルとして

$$\begin{aligned}\boldsymbol{B}(\boldsymbol{r})&=\boldsymbol{B}_0+\frac{1}{3}\mu_0M\left(\frac{a}{r}\right)^3\left(3(\boldsymbol{n}\cdot\hat{\boldsymbol{r}})\hat{\boldsymbol{r}}-\boldsymbol{n}\right)\\&=\boldsymbol{B}_0+\frac{\kappa_m-1}{\kappa_m+2}\boldsymbol{B}_0\left(\frac{a}{r}\right)^3\left(3(\boldsymbol{n}\cdot\hat{\boldsymbol{r}})\hat{\boldsymbol{r}}-\boldsymbol{n}\right)\end{aligned}$$

$\kappa_m\gg1$ では，これは一様な電場の中に導体球をおいたときの場の形（1.3 節例題 14）と一致する．

10.1　$H=\dfrac{NI}{l}=10^3\,\mathrm{A/m},\quad B=\mu_0\kappa_mH=\dfrac{\mu_0}{4\pi}\cdot4\pi\kappa_mH=\dfrac{\pi}{5}=0.63\,\mathrm{T}$

10.2　鉄心に第二のコイルを巻き，起磁力用のコイルのスイッチを入れたときに生ずる誘導起電力をみればよい．第二のコイルの巻数を n とすれば，それに生ずる誘導起電力は $\mathscr{E}=-n\dfrac{d\Phi}{dt}$

で，その時間積分 $\int \mathscr{E} dt = -n\Phi$ から Φ がわかる．$\int \mathscr{E} dt$ は第二のコイルに流れる全電気量に比例するので，それをたとえば衝撃検流計で測るわけである．

11.1 $\dfrac{l}{\kappa_m} = 2\,\mathrm{mm}$, $\quad B = \dfrac{\mu_0}{4\pi} \cdot \dfrac{4\pi NI}{\delta + l/\kappa_m} = \dfrac{4\pi \times 10^{-4}}{7 \times 10^{-3}} = 0.18\,\mathrm{T}$.

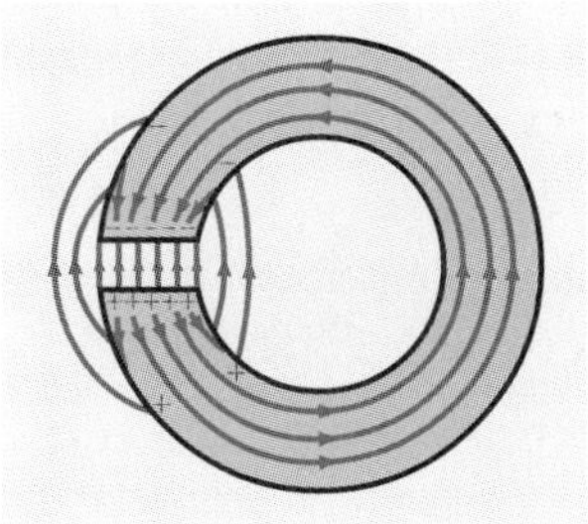

11.2 (1) 磁荷で考える．電流がつくる磁場 $\boldsymbol{B}_{\mathrm{ex}} \equiv \mu_0 \boldsymbol{H}_{\mathrm{ex}}$ は鉄心内で一様とみてよく，大きさ $H_{\mathrm{ex}} = NI/(l+\delta)$ をもつ．磁化 M による磁荷は，鉄心の両端に面密度 $\sigma_m = \pm M$ で現れ，また鉄心の側面にもわずかながら分布する．この磁荷分布がつくる磁場 $\boldsymbol{H}_M$ は右の概念図に示すような形をもつであろう（以下で隙間の $\boldsymbol{H}_M$ を H_M^{gap}，鉄心中の $\boldsymbol{H}_M$ を H_M と表す．$H_M < 0$）．したがって H_M も鉄心内でほぼ一様と見れば，$\boldsymbol{H}_M$ はクーロン場で一周積分はゼロになることから，$H_M^{\mathrm{gap}}\delta + H_M l = 0$，またわき出し $\sigma_m = M$ が隙間と鉄心内に分配されることから，$H_M^{\mathrm{gap}} - H_M = M$ の関係があるので，

$$H_M^{\mathrm{gap}} = \frac{l}{l+\delta} M, \quad H_M = -\frac{\delta}{l+\delta} M$$

が得られる．一方 M は $M = \chi_m H = \chi_m(H_{\mathrm{ex}} + H_M)$ から定まるので，これに上の H_M を代入すれば，M が

$$M = \frac{l+\delta}{l+\kappa_m \delta} \chi_m H_{\mathrm{ex}}$$

と求まり，これより

$$H = H_{\mathrm{ex}} + H_M = \frac{l+\delta}{l+\kappa_m\delta} H_{\mathrm{ex}}, \quad H^{\mathrm{gap}} = H_{\mathrm{ex}} + H_M^{\mathrm{gap}} = \kappa_m H$$

が得られる．$B = \mu_0 H^{\mathrm{gap}} = \mu_0 \kappa_m H$ は例題 11 と一致する．

注意 $\kappa_m \gg 1$ では $H \fallingdotseq 0$, $H^{\mathrm{gap}} \fallingdotseq \dfrac{l+\delta}{\delta} H_{\mathrm{ex}} = \dfrac{NI}{\delta}$ となるが，これは $\kappa_m \to \infty$ の極限は電場でいえば導体に相当し（したがって $H = 0$），起磁力 NI のはたらきがすべて隙間に集中するためである．

(2) 磁化電流で考える．鉄心表面の磁化電流は単位長さ当り $J = M$．これがソレノイドと同様な一様な磁場 B_M をつくるとみなせば，$B_M = \mu_0 Ml/(l+\delta)$．一方 M は $M = \chi_m B/\kappa_m \mu_0 = \chi_m (B_{\mathrm{ex}} + B_M)/\kappa_m \mu_0$ で決まるので，これに上の B_M を代入すれば，(1) と同様に $M = \dfrac{l+\delta}{l+\kappa_m\delta} \dfrac{\chi_m}{\mu_0} B_{\mathrm{ex}}$ を得，これより

$$B = B_{\mathrm{ex}} + B_M = \frac{l+\delta}{l+\kappa_m\delta} \kappa_m B_{\mathrm{ex}}$$

11.3 外部磁場を $\boldsymbol{B}_0 \equiv \mu_0 \boldsymbol{H}_0$ とする．反磁場は $\boldsymbol{H}_M = -A\boldsymbol{M}$ で，一方磁化は $\boldsymbol{M} = \chi_m \boldsymbol{H} = \chi_m(\boldsymbol{H}_0 + \boldsymbol{H}_M)$ から決まるので，この二式から $\boldsymbol{M} = \dfrac{\chi_m}{1 + A\chi_m} \boldsymbol{H}_0$．これより

$$\boldsymbol{H} = \frac{1}{1+A\chi_m}\boldsymbol{H}_0, \quad \boldsymbol{B} = \kappa_m\mu_0\boldsymbol{H} = \frac{\kappa_m}{1+A\chi_m}\boldsymbol{B}_0$$

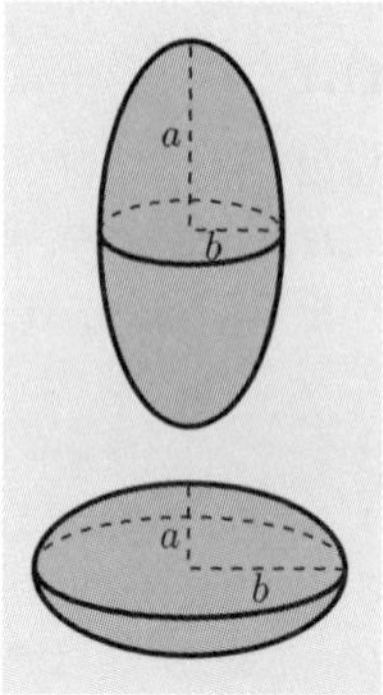

を得る ($\kappa_m = 1+\chi_m$). 例として楕円体が球の場合をとると，三つの軸は同等であるから $A = B = C = 1/3$. これを代入すれば $\boldsymbol{B}$ の式は問題 9.2 の結果と一致する．特に $\kappa_m \gg 1$ のときは $\boldsymbol{B} \fallingdotseq 3\boldsymbol{B}_0$. 細長い葉巻型の回転楕円体の場合は，$a \gg b = c$ ならば，問題 7.1 の考察からも想像できるように $A \fallingdotseq 0$, $B = C \fallingdotseq 1/2$. 実際，回転楕円体の場合は A を与える積分が実行できて，$(b/a) \ll 1$ のときは $A \fallingdotseq \dfrac{b^2}{a^2}\left(\ln\dfrac{2a}{b} - 1\right)$ を得る．したがって a 軸方向に $\boldsymbol{B}_0$ をかけたとき，$A\chi_m \ll 1$ ならば $\boldsymbol{B} = \kappa_m\boldsymbol{B}_0$. しかし $A \ll 1$ でも $A\chi_m \gg 1$ ならば $\boldsymbol{B} \fallingdotseq \boldsymbol{B}_0/A$ で，$\boldsymbol{B}$ は b/a で決まり κ_m にはよらない．

平な回転楕円体の場合は，$a \ll b = c$ ならば $B = C \fallingdotseq 0, A \fallingdotseq 1$ が推察できる．積分の結果は $B = C \fallingdotseq \dfrac{\pi}{4}\dfrac{a}{b}$. したがって a 軸方向に $\boldsymbol{B}_0$ をかけた場合は，κ_m の値によらずに $\boldsymbol{B} = \boldsymbol{B}_0$ となり，これは例題 9 の考察とも一致している．b 軸方向に $\boldsymbol{B}_0$ をかけたときは $\boldsymbol{B} = \dfrac{\kappa_m}{1+B\chi_m}\boldsymbol{B}_0$ で，$B\chi_m \ll 1$ ならば $\boldsymbol{B} \fallingdotseq \kappa_m\boldsymbol{B}_0$. しかし $B \fallingdotseq 0$ でも $B\chi_m \gg 1$ ならば $\boldsymbol{B} \fallingdotseq \boldsymbol{B}_0/B$（$B$ は反磁場係数）である．例題 9 の (1) では無限に広い板を考えたので前者の結果を得たが，板の大きさが有限で $\chi_m \gg 1$ のときは，むしろ後者があてはまる場合が多いであろう．もちろん上の議論はすべて，強磁性体でも $\boldsymbol{M} = \chi_m\boldsymbol{H}$ が成り立つとした場合のことである．

12.1 (1) 鉄心（$\chi_m \fallingdotseq \kappa_m \gg 1$ とする）の一方の端（図の面 $x=0$）の磁荷にはたらく力を考える．例題 11 の記号を用いれば，磁荷面密度は

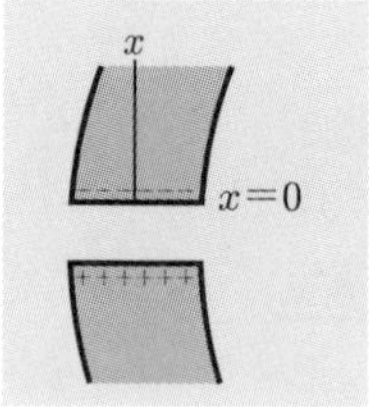

$$\sigma_M = -M = -\chi_m H \fallingdotseq -\frac{1}{\mu_0}B$$

隙間の磁場 H_{gap} と鉄心中の磁場 H の不連続は，この σ_M により生ずる．σ_M がつくる磁場は面 $x=0$ の上下で対称であるから，σ_M 以外に起因する（すなわち他端の磁荷および外部電流がつくる）磁場は

$$H' = \frac{1}{2}(H_{\mathrm{gap}} + H) = \frac{1}{2\mu_0}\left(1+\frac{1}{\kappa_m}\right)B \fallingdotseq \frac{1}{2\mu_0}B$$

これが上の磁荷に及ぼす力は

$$F = \mu_0 H'\sigma_M S = -\frac{1}{2\mu_0}B^2 S$$

(2) 鉄心は，隙間の磁場から単位面積当り $B^2/2\mu_0$ の張力を受ける（磁場は面に垂直だから引っぱりの力になる）．したがってただちに例題 12 の結果が得られる．

12.2 $B = 0.18\,\mathrm{T}$, $S = 10^{-4}\,\mathrm{m}^2$ より，$F = \dfrac{4\pi}{\mu_0}\dfrac{1}{8\pi}B^2 S = 1.29\,\mathrm{N}$

13.1 棒の上端に現れる磁荷は，$SM_z(z_0) = SB_z(z_0)(\chi_m - \chi_a)/\mu_0$ で（$\boldsymbol{M}$ の定義は例題 13 と同じ），これに磁場が及ぼす力は

$$B_z(z_0)^2 S(\chi_m - \chi_a)/\mu_0 = 2F$$

となり F にならない（F は例題 13 で求めた合力）．この不一致は，棒の側面の磁荷分布を考慮に入れてないからである．座標 z の所の側面の磁荷面密度は

$$\sigma_M(z) = M_\rho(z,a) = B_\rho(z,a)(\chi_m - \chi_a)/\mu_0$$

で，z と $z+dz$ の間の部分に磁場が及ぼす力は

$$dF = \frac{\chi_m - \chi_a}{\mu_0} 2\pi a B_\rho(z,a) B_z(z,a) dz$$

これは例題 13 の dF と符号だけ異なるので，z で積分すれば合力は $-F$ となり，上端の力に加えれば全合力 F を得る．

13.2 外部磁場 $\boldsymbol{B}_{\rm ex}(\boldsymbol{r}) \equiv \mu_0 \boldsymbol{H}_{\rm ex}(\boldsymbol{r})$ が真電流分布 $\boldsymbol{j}(\boldsymbol{r})$ によりつくられるときは，$\nabla \cdot \boldsymbol{B}_{\rm ex} = 0, \nabla \times \boldsymbol{H}_{\rm ex} = \boldsymbol{j}$ が成り立ち，したがって全磁場も

$$\nabla \cdot \boldsymbol{B} = 0, \quad \nabla \times \boldsymbol{H} = \boldsymbol{j}$$

をみたす．磁性体の仮想変位に際し $\boldsymbol{j}(\boldsymbol{r})$ を不変に保たせるときは，$\boldsymbol{H}$ の変化 $\delta\boldsymbol{H}(\boldsymbol{r})$ に対しては $\nabla \times \delta\boldsymbol{H} = \boldsymbol{0}$ が成り立つ．$U = \displaystyle\int \frac{1}{2\mu}\boldsymbol{B}^2 dV = \int \frac{\mu}{2}\boldsymbol{H}^2 dV$ の変化は

$$\begin{aligned}\delta U_{I=一定} &= \int \left(\frac{\delta\mu}{2}\boldsymbol{H}^2 + \mu\boldsymbol{H}\cdot\delta\boldsymbol{H}\right) dV \\ &= \int \left(\frac{1}{2}\delta\mu\boldsymbol{H}^2 + \boldsymbol{B}\cdot\delta\boldsymbol{H}\right) dV\end{aligned}$$

$\boldsymbol{B}$ はわき出し無し，$\delta\boldsymbol{H}$ は渦無しであるから，下の注意により第二項の積分は消える．したがって

$$\delta U_{I=一定} = \int \frac{1}{2}\delta\mu\boldsymbol{H}^2 dV \fallingdotseq \int \frac{1}{2\mu_0}\delta\chi\boldsymbol{B}^2 dV$$

4.2 節の問題 10.3 によれば，I = 一定の条件で仮想変位を行うときの仮想仕事の式は $\delta U_{I=一定} = +F\delta z$ であり，$\delta\chi \neq 0$ であるのは上端の δz 部分だけるので，力 F は例題 13 の結果と一致する．

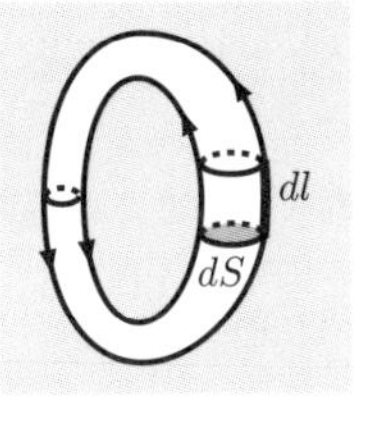

注意 $\boldsymbol{B}$ にはわき出しが無いので，磁束線は必ず閉じる．そこで全空間を磁束管の和に分割し，一本の磁束管内でまず体積積分を行う．体積要素を管の太さ dS と線要素 dl で $dV = dSdl$ と表せば，BdS は管内の磁束で管に沿って一定値をもつので，積分の外に出せる．

$$\int \boldsymbol{B}\cdot\boldsymbol{H} dV = BdS \oint H_l dl$$

H_l は $\boldsymbol{H}$ の $\boldsymbol{B}$ 方向成分．$\boldsymbol{H}$ が渦無しの場合には，$\displaystyle\oint H_l dl = 0$．すべての磁束管について同じことが成り立つので，$\displaystyle\int \boldsymbol{B}\cdot\boldsymbol{H} dV = 0$ を得る．$\boldsymbol{H}$ をこの問題の $\delta\boldsymbol{H}$ にしても，渦無しなので同様．

5

14.1 3.2 節の例題 6 によれば，半径 a の球面上の面密度 $\sigma_m(\theta) = A\cos\theta$ の磁荷分布，および単位長さ当り $J(\theta) = A\sin\theta$ の電流分布は，どちらも球外に，磁気モーメント $m = AV$（V は球の体積）の磁気双極子の磁場 $\boldsymbol{b}_{\mathrm{d}}(\boldsymbol{r})$ をつくる．したがって $m = AV$ を一定値に保ちながら $a \to 0$ とした極限を，磁気双極子のモデルにとることができる．ところで球内の磁場は，磁荷分布による場合は，$\boldsymbol{n}$ を軸方向の単位ベクトルとして $\mu_0\boldsymbol{h}(\boldsymbol{r}) = -\dfrac{1}{3}\mu_0 A\boldsymbol{n}$，電流分布による場合は $\boldsymbol{b}(\boldsymbol{r}) = \dfrac{2}{3}\mu_0 A\boldsymbol{n}$ であった．したがって $V \to 0$, $A \to \infty$, $AV = m$ の極限では，序章の式 (20) のデルタ関数の定義により，

$$\mu_0\boldsymbol{h}(\boldsymbol{r}) = -\frac{1}{3}\mu_0\boldsymbol{m}\delta^3(\boldsymbol{r}),$$
$$\boldsymbol{b}(\boldsymbol{r}) = \frac{2}{3}\mu_0\boldsymbol{m}\delta^3(\boldsymbol{r})$$

となる．球外の磁場を加えれば，磁気双極子の磁場は，それぞれ

$$\mu_0\boldsymbol{h}(\boldsymbol{r}) = -\frac{1}{3}\mu_0\boldsymbol{m}\delta^3(\boldsymbol{r}) + \boldsymbol{b}_{\mathrm{d}}(\boldsymbol{r}),$$
$$\boldsymbol{b}(\boldsymbol{r}) = \frac{2}{3}\mu_0\boldsymbol{m}\delta^3(\boldsymbol{r}) + \boldsymbol{b}_{\mathrm{d}}(\boldsymbol{r})$$

と表される．$\boldsymbol{b} - \mu_0\boldsymbol{h} = \mu_0\boldsymbol{m}\delta^3(\boldsymbol{r})$ の関係がみたされていることに注意．

注意 電子や原子核は一般に磁気モーメントをもち，そのため，原子中の電子のエネルギーに超微細構造と呼ばれる影響が出る．これを，磁場 $\boldsymbol{b}(\boldsymbol{r})$ による相互作用だとして考えてみよう．原点および位置 $\boldsymbol{r}$ にそれぞれ磁気モーメント $\boldsymbol{m}_1$ および $\boldsymbol{m}_2$ の粒子があるとき，この二粒子の間の磁気的な相互作用のエネルギー（3.2 節例題 9 参照）は，$\boldsymbol{m}_1$ が $\boldsymbol{r}$ につくる磁場を $\boldsymbol{b}(\boldsymbol{r})$ とすれば $\widetilde{U} = -\boldsymbol{m}_2\cdot\boldsymbol{b}(\boldsymbol{r})$ で，これに上の磁場の形を代入すれば

$$\widetilde{U} = -\frac{2}{3}\mu_0\boldsymbol{m}_1\cdot\boldsymbol{m}_2\delta^3(r) - \frac{\mu_0}{4\pi}\frac{1}{r^3}\Big(3(\boldsymbol{m}_1\cdot\widehat{\boldsymbol{r}})(\boldsymbol{m}_2\cdot\widehat{\boldsymbol{r}}) - \boldsymbol{m}_1\cdot\boldsymbol{m}_2\Big)$$

と表される．この式が正しいとすると，量子力学の計算では（電子の波動関数が球対称であるとして），電子のエネルギーへの第 2 項の寄与はゼロになり第 1 項の効果だけが残るが，これはディラックによる電子の量子力学的扱いの結果と一致する．

14.2 $\nabla\times\boldsymbol{E} = -\dfrac{\partial\boldsymbol{B}}{\partial t}$ の左辺は $\nabla\cdot(\nabla\times\boldsymbol{E}) = 0$ ゆえ，右辺もわき出しがゼロでなければならない．そのような磁場の候補は $\boldsymbol{B}$ であって $\mu_0\boldsymbol{H}$ ではない．実際にそうなる理由を以下で考えてみよう．磁性体を構成するミクロな磁気モーメントが微小な環状電流であれば，それらがつくる電場，磁場（と外場の和）を $\boldsymbol{e}(\boldsymbol{r},t)$, $\boldsymbol{b}(\boldsymbol{r},t)$ とすれば，これは真空中のマクスウェルの方程式

$$\nabla\times\boldsymbol{e} = -\frac{\partial\boldsymbol{b}}{\partial t}$$

をみたす．磁性体中の巨視的な場 $\boldsymbol{E}$, $\boldsymbol{B}$ は，$\boldsymbol{e}$, $\boldsymbol{b}$ を空間的に平均したものであるから，$\boldsymbol{E}$, $\boldsymbol{B}$ が同じ形の式をみたすことは自然である．一方ミクロな磁気モーメントが正負の磁荷からなるときは，それがつくる電磁場 $\boldsymbol{e}(\boldsymbol{r},t)$, $\mu_0\boldsymbol{h}(\boldsymbol{r},t)$ がみたす式は，4.3 節の例題 11 で求めた，磁荷が存在するときのマクスウェルの方程式

$$\nabla \times \boldsymbol{e} = -\mu_0 \left(\boldsymbol{j}_m + \frac{\partial \boldsymbol{h}}{\partial t} \right)$$

である．ここで $\boldsymbol{j}_m$ は磁流密度を表す．実際，磁気モーメントが時間変化すれば，そこに磁気量の流れが生ずる．$\boldsymbol{h}$ を空間的に平均したものが巨視的な磁場 $\boldsymbol{H}$ で，一方 $\boldsymbol{j}_m$ の空間平均は磁化 $\boldsymbol{M}$ により $\partial \boldsymbol{M}/\partial t$ で与えられる．このことは，誘電体の分極の場合と同様に，$\boldsymbol{M}$ を正負の磁荷密度 $\pm\rho_m$ が $\boldsymbol{\delta}$ だけずれた結果生じたもの $\boldsymbol{M} = \rho_m \boldsymbol{\delta}$ と考えれば理解できる．$\boldsymbol{M}$ の時間変化が正の磁荷分布の速度 $\boldsymbol{v}$ の運動によるとみなせば，磁流密度は

$$\boldsymbol{j}_m = \rho_m \boldsymbol{v} = \rho_m \frac{\partial \boldsymbol{\delta}}{\partial t} = \frac{\partial \boldsymbol{M}}{\partial t}$$

と表される．したがって上のマクスウェル方程式を空間平均すれば，

$$\nabla \times \boldsymbol{E} = -\mu_0 \frac{\partial}{\partial t}(\boldsymbol{M} + \boldsymbol{H}) = -\frac{\partial \boldsymbol{B}}{\partial t}$$

となり，ここでも正しい式が得られる．すなわち，磁性体中の電磁誘導の法則は，$\boldsymbol{B}$ と $\mu_0 \boldsymbol{H}$ のどちらを基本的な磁場と考えても同じ形に帰着する．

付　　表

• MKSA 単位系（SI 組立単位）•

量	単　位	備　考
電　気　量	C　(クーロン)	C = A · sec
電　　流	A　(アンペア)	
電位差・起電力	V　(ボルト)	V = J/C
静電容量	F　(ファラッド)	F = C/V
電　場　$\boldsymbol{E}$	V/m	
電気変位 $\boldsymbol{D}$	C/m^2	
分　極　$\boldsymbol{P}$	C/m^2	
電気抵抗	Ω　(オーム)	Ω = V/A
抵　抗　率	Ω · m	
磁　気　量	A · m	
磁　　束	Wb　(ウェーバー)	Wb = V · sec
インダクタンス	H　(ヘンリー)	H = Wb/A
磁束密度 $\boldsymbol{B}$	T　(テスラ) または Wb/m^2	T = Wb/m^2
磁　場　$\boldsymbol{H}$	A/m	
磁　化　$\boldsymbol{M}$	A/m	
力	N　(ニュートン)	N = kg · m/ sec^2
エネルギー・仕事	J　(ジュール)	J = N · m
仕事率	W　(ワット)	W = J/ sec

注意　磁束密度の単位としてガウスもよく用いられる．1 T = 10^4 G(ガウス)．本書の磁気量 q_m，磁化 $\boldsymbol{M}$ の定義は EB 対応に従っているが，EH 対応を用いる書物では，本書の q_m，$\boldsymbol{M}$ と $\widetilde{q}_m = \mu_0 q_m$，$\widetilde{\boldsymbol{M}} = \mu_0 \boldsymbol{M}$ の関係にある $\widetilde{q}_m$，$\widetilde{\boldsymbol{M}}$ を磁気量，磁化と定義する．$\widetilde{q}_m$ の単位は Wb，$\widetilde{\boldsymbol{M}}$ の単位は Wb/m^2 である．

• 定数表 •

量		数　値
真空の誘電率	ε_0	$1/4\pi\varepsilon_0 = 8.988 \times 10^9$ m/F
真空の透磁率	μ_0	$\mu_0/4\pi = 10^{-7}$ H/m
光速	c	$c = 2.998 \times 10^8$ m/ sec
電子の電荷	$-q_e$	$q_e = 1.602 \times 10^{-19}$ C

索　引

あ 行

か 行

さ 行

た 行

な 行

は 行

ま　行

や　行

ら　行

欧　字

著者略歴

加藤正昭（かとうまさあき）

1955年　東京大学理学部物理学科卒業，東京大学名誉教授　理学博士
2005年　逝去

主要著訳書

フェルミ「熱力学」（訳書，三省堂），「量子力学」（産業図書），
「電磁気学」（東京大学出版会），「物理学の基礎」（サイエンス社），
「基礎演習物理学」（サイエンス社）

改訂者略歴

和田純夫（わだすみお）

1972年　東京大学理学部物理学科卒業
現　在　成蹊大学非常勤講師

主要著訳書

「物理講義のききどころ」全6巻（岩波書店），
「一般教養としての物理学入門」（岩波書店），
「プリンキピアを読む」（講談社ブルーバックス），
「はじめて読む物理学の歴史」（共著，ベレ出版），
「ファインマン講義　重力の理論」（訳書，岩波書店）

セミナーライブラリ 物理学＝3

演習 電磁気学 [新訂版]

1980年6月30日©	初版発行
2007年9月10日	初版第29刷発行
2010年7月10日©	新訂第1刷発行
2018年10月10日	新訂第5刷発行

著者　加藤正昭	発行者　森平敏孝
改訂者　和田純夫	印刷者　杉井康之
	製本者　小高祥弘

発行所　株式会社　サイエンス社

〒151–0051　東京都渋谷区千駄ヶ谷1丁目3番25号
営業 ☎ (03) 5474–8500 (代)　FAX ☎ (03) 5474–8900
編集 ☎ (03) 5474–8600 (代)　振替 00170–7–2387

印刷　（株）ディグ　　製本　小高製本工業（株）

《検印省略》

ISBN978–4–7819–1254–7

PRINTED IN JAPAN